Kritik der neuzeitlichen Naturwissenschaft

ELEMENTA

Schriften zur Philosophie und
ihrer Problemgeschichte

herausgegeben von

Rudolph Berlinger und
Wiebke Schrader

Band 64 — 1995

Rodopi

Amsterdam - Atlanta, GA 1995

Kritik der neuzeitlichen Naturwissenschaft

Phänomenologie in der Alternative zwischen Husserl und Heidegger

Ismail El Mossadeq

∞ The paper on which this book is printed meets the requirements of "ISO 9706:1994, Information and documentation - Paper for documents - Requirements for permanence".

ISBN 90-5183-858-1

Printed in The Netherlands

Dem Andenken an meinen Bruder

YOUSSEF

1. Oktober 1964 - 28. Februar 1992

Vorbemerkung

Die vorliegende Untersuchung wurde im Sommersemester 1993 vom Fachbereich 2 der Bergischen Universität - Gesamthochschule Wuppertal als Dissertation angenommen. Die Arbeit wäre ohne die vielfältige Unterstützung sowie die geduldige und umsichtige Betreuung von Herrn Professor Dr. Klaus Held nicht zustande gekommen, der mich in die phänomenologische Philosophie eingeführt und immer zum Selbstdenken ermutigt hat. Mit seiner beispiellosen Hilfsbereitschaft und ständigen Unterstützung hat er meinen Studienaufenthalt in Deutschland fruchtbar gemacht. Ich danke ihm herzlich für das, was er für die Verwirklichung meines Vorhabens geleistet hat. Mein Dank gilt auch Herrn Professor Dr. Heinrich Hüni, der meine ersten Schritte beim Studium von Heideggers Texten begleitet hat und mir mit seinen Bemerkungen eine große Hilfe gewesen ist. Ebenfalls danke ich den Herren Professoren Dr. Antonio F. Aguirre und Dr. Wolfgang Janke für ihren Beistand und ihre Unterstützung. Frau Dr. Friederike Kuster, die freundlicherweise diese Arbeit für die Veröffentlichung sprachlich durchgesehen und verbessert hat, bin ich zu besonderem Dank verpflichtet. Schließlich möchte ich der Konrad-Adenauer-Stiftung für ihre großzügige Förderung meinen herzlichen Dank aussprechen.

Inhaltsverzeichnis

Hinweis zu den Anmerkungen

Im folgenden werden Husserls und Heideggers Werke in den Anmerkungen mit den folgenden Abkürzungen zitiert:

Husserls Werke:

A. u. V.: Aufsätze und Vorträge (1922-1937)
Cart. Medit.: Cartesianische Meditationen
Erf. u. Urteil: Erfahrung und Urteil
Erste Ph. I: Erste Philosophie. Erster Teil
Erste Ph. II: Erste Philosophie. Zweiter Teil
F. u. tr. Logik: Formale und transzendentale Logik
Ideen I: Ideen zu einer reinen Phänomenologie und phänomenologischen Philosophie. Erstes Buch
Ideen II: Ideen zu einer reinen Phänomenologie und phänomenologischen Philosophie. Zweites Buch
Ideen III: Ideen zu einer reinen Phänomenologie und phänomenologischen Philosophie. Drittes Buch
Krisis: Die Krisis der europäischen Wissenschaften und die transzendentale Phänomenologie
Logos-Aufsatz: Philosophie als strenge Wissenschaft
Phä. Psycho.: Phänomenologische Psychologie

Heideggers Werke:

Athener Vortrag: die Herkunft der Kunst und die Bestimmung des Denkens
Bedrohung: Die Bedrohung der Wissenschaft
Beiträge: Beiträge zur Philosophie
Einf. Meta.: Einführung in die Metaphysik
F. D.: Die Frage nach dem Ding
Grundbegriffe: Grundbegriffe der Metaphysik
Grundfragen: Grundfragen der Philosophie
Grundprobleme: Grundprobleme der Phänomenologie
I. u. D.: Identität und Differenz
K. P. M.: Kant und das Problem der Metaphysik

Leibniz: Metaphysische Anfangsgründe der Logik im Ausgang von Leibniz
Logik: Logik. Die Frage nach der Wahrheit
N.I/N.II: Nietzsche, Bd.I/II
Phä. Int. Kant: Phänomenologische Interpretation von Kants 'Kritik der reinen Vernunft'
Prolegomena: Prolegomena zur Geschichte des Zeitbegriffs
Schelling: Schelling: Vom Wesen der menschlichen Freiheit (1809)
S. D.: Zur Sache des Denkens
S. u. Z.: Sein und Zeit.
S. v. Grund: Der Satz vom Grund
U. z. Sp.: Unterwegs zur Sprache
V. u. A.: Vorträge und Aufsätze
W. h. Denken: Was heißt Denken?
W. i. Ph.: Was ist das - die Philosophie?

Einleitung

Das gegenwärtige Zeitalter in Europa ist wesentlich durch die neuzeitliche Wissenschaft und ihre Anwendung geprägt. Wahrscheinlich ist es nicht zu viel gesagt, wenn man behauptet, daß die moderne Wissenschaft und Technik in der Gestaltung aller Bereiche des menschlichen Lebens von der Wirtschaft und Politik bis zur Freizeit die führende Rolle übernommen haben. In diesem Zusammenhang erscheint mir bemerkenswert, daß die gegenwärtige Epoche der Geschichte Europas von Angehörigen anderer Kulturen mit Vorliebe als Zeitalter der Wissenschaft charakterisiert wird. Dabei wird Wissenschaft im Sinne neuzeitlicher Naturwissenschaft verstanden. Es fällt auf, daß das Streben nach Übernahme naturwissenschaftlicher Errungenschaften auch bei denjenigen sehr stark ausgeprägt ist, die gegenüber anderen Aspekten der europäischen Kultur, wie etwa der Lebensweise oder der politischen Verfassung, Bedenken haben oder Kritik üben.

Dieselbe wissenschaftsgläubige Haltung herrscht auch in Europa. Und doch werden in den letzten Jahrzehnten immer mehr Stimmen laut, die auf die Gefahr der zunehmenden Herrschaft der technisch-wissenschaftlich rational geprägten Weltauffassung und -organisation aufmerksam machen und die Möglichkeit einer kritischen Stellungnahme zur technisch-wissenschaftlichen Zivilisation erwägen. Damit aber diese kritische Stellungnahme mehr ist als eine bloße Reaktion, die durch zufällige Gegebenheiten ausgelöst wird und an diese Gegebenheiten gebunden bleibt, muß sie sich auf ein nüchternes Verständnis des Gesamtgefüges unseres Zeitalters und seiner tragenden technisch-wissenschaftlichen Weltvorstellung stützen. In dieser Weltvorstellung hat die mathematische Naturwissenschaft eine zentrale Bedeutung. Der Grund dafür liegt nicht zuerst darin, daß ihre Ergebnisse in der Regel den schnellsten und kürzesten Weg zur technischen Anwendung finden, sondern vor allem darin, daß in dieser Wissenschaft der unser Zeitalter beherrschende technische Geist am deutlichsten zu sehen ist und daß sie der Verfassung der neuzeitlichen Wissenschaftlichkeit am nächsten liegt. So ist die Besinnung auf die mathematische Naturwissenschaft unentbehrlich für das Verständnis unseres Zeitalters.

Damit aber die Besinnung auf die neuzeitliche Naturwissenschaft für das Verständnis der Gesamtsituation des gegenwärtigen Zeitalters fruchtbar werden kann, muß sie meiner Meinung nach zwei Forderungen erfüllen. Zuerst muß diese Besinnung die Wissenschaft in ihrem Zusammenhang mit den anderen Bereichen des menschlichen Lebens betrachten. Mit anderen Worten, es kann nicht um eine Wissenschaftsanalyse gehen, wie sie in der Tradition der Wissenschaftstheorie oder Epistemologie betrieben wird. Eine solche Betrachtungsweise der Wissenschaft kann zwar auch in eine kritische Stellungnahme zu ihr einmünden. Doch für die Aufhellung der Gesamtsituation unseres Zeitalters läßt sich kaum etwas von ihr erwarten, da sie die Wissenschaft von vornherein als ein selbstverständlich vorhandenes und selbständiges Gebilde auffaßt und sie nur auf ihre Wissenschaftlichkeit prüft. Die Frage nach der Lebensbedeutsamkeit der Wissenschaft und nach ihrer Beziehung zur konkreten Situation des Menschen bleibt in dieser Betrachtungsweise unberücksichtigt. Gerade auf diesen Aspekt der Wissenschaft kommt es aber für unsere Fragestellung an. Gesucht ist also ein Denkansatz, der die Wissenschaft in der Perspektive der lebensweltlichen Existenz betrachtet. Das ist die erste Forderung.

Die zweite Forderung an den gesuchten Denkansatz besteht darin, daß er eine ausdrückliche Thematisierung des Zusammenhangs der neuzeitlichen Naturwissenschaft mit ihrem geschichtlichen Hintergrund ermöglichen soll, da ein Gebilde wie die Wissenschaft nur aus der dazugehörigen Tradition und Geschichte verstehbar werden kann.

Beide Stränge, derjenige, der die Wissenschaft an die alltägliche lebensweltliche Existenz zurückbindet, und derjenige, der ihre historische Genese mitbedenkt - beide Stränge finden sich vereint in der Systematik der Phänomenologie, die ja die neuzeitliche Naturwissenschaft einerseits in der Perspektive der lebensweltlichen Existenz zu sehen lehrt und andererseits diese Wissenschaft in die europäische Geschichte einbezieht. Husserl und Heidegger, dem Begründer und dem ersten radikalen Erneuerer der Phänomenologie, geht es um eine Besinnung auf die Wissenschaft als Ganzes, im Rahmen des europäischen Geschichtsgangs und auf dem Boden der menschlichen Erfahrungswelt.

Beide Denker versuchen, die naturwissenschaftliche Forschung in ihrem Zusammenhang mit den anderen Verhaltensweisen des Menschen zu analysieren. Jedes Verhalten zum Seienden geschieht vor einem Hintergrund, der dieses Verhalten ermöglicht. Dieser Hintergrund ist für Husserl die Welt und für Heidegger das Sein. Jegliches Verhalten des Menschen ist nach Husserl letztlich in einen Universalhorizont eingebettet. Dieser Universalhorizont ist die Welt, die alle Möglichkeiten des menschlichen Erkennens und Handelns vorzeichnet. Auch die exakte und objektive Erkenntnis der neuzeitlichen Naturwissenschaft ist nach Husserl an die Welt als Universalhorizont gebunden. Für Heidegger geschieht jedes Verhalten zum Seienden im Lichte eines Verstehens des Seins. Wie die verschiedenen Verhaltensweisen der alltäglichen Existenz ist auch die theoretisch-wissenschaftliche Erkenntnis auf das Verstehen der Seinsverfassung des zu erforschenden Seienden angewiesen.

Dieser Hintergrund, der alles Erscheinen des Seienden und alles Verhalten zu ihm ermöglicht, wird aber mit der Entstehung der theoretischen Haltung bei den Griechen vergessen. Die Vergessenheit der Lebenswelt bzw. des Seins erfährt nach der Analyse der beiden Denker eine Steigerung in der Neuzeit mit der Entstehung der mathematischen Naturwissenschaft. Auf Grund ihrer zunehmenden Methodisierung und Technisierung emanzipiert sich diese Wissenschaft, so Husserl, radikal von den Horizonten der Welt des Alltags. Diese objektivistische Lebensweltvergessenheit macht Husserl verantwortlich für die Sinnkrise der neuzeitlichen Wissenschaft und des europäischen Menschentums.

Auch nach Heideggers Interpretation gelangt die Seinsvergessenheit, die sich mit der Entstehung der Metaphysik bei den Griechen anbahnt, in der Neuzeit und ihrer naturwissenschaftlich-technischen Weltauffassung ins Äußerste. Das Seiende erscheint nurmehr als Bestand zur Selbstsicherung und zur technischen Bewältigung der Welt. Diese nihilistische Seinsvergessenheit, die den Menschen mit der Vernichtung seines Wesens bedroht, ist der Grund der heutigen Situation des europäischen Menschentums.

Heidegger sucht wie Husserl einen Ausweg aus dieser Vergessenheit, aber die Visionen, die beide Denker zur Überwindung der Vergessenheit ausgearbeitet haben, sind genau entgegengesetzt. Die Befragung der wissenschaftlichen Einstellung vor dem Hintergrund des sinnlich-praktischen Erfahrungsbodens und die daraus abgeleitete bewußtseinsgeschichtliche Motivation ihrer historischen Entstehung führt bei Husserl, kurz gesagt, zum Programm einer Korrektur dieser objektivistisch deformierten Motivation. Die Vergessenheit der Lebenswelt kann also im Rahmen der theoretisch-wissenschaftlichen Praxis durch die Begründung einer Wissenschaft von der Lebenswelt aufgehoben und so korrigiert werden. Genau hierin sieht Husserl in seiner Spätzeit die zentrale Aufgabe der transzendentalen Phänomenologie. Im Gegensatz dazu glaubt Heidegger, daß die heutige Situation des europäischen Daseins nur durch einen anderen Anfang überwunden werden könnte, durch ein ganz neuartiges Denken, das durch die Bereitschaft gekennzeichnet wäre, die Vergessenheit des Seins, die alle bisherige europäische Geschichte bestimmt, als solche zu erfahren, und damit einem vollständig gewandelten Geschichts- und Wissensverständnis auf die Spur zu kommen. Auch Heidegger sieht sein Denken in der Spätzeit als Vorbereitung für diesen anderen Anfang.

Diese tiefe Divergenz zwischen Husserl und Heidegger in ihrer Vorstellung von einem Ausweg aus der heutigen Situation wird oft als Anlaß genommen, um jede Parallelität zwischen ihren Spätphilosophien zu leugnen. Es wird oft behauptet, daß die beiden Philosophen in dieser Phase ihres Denkens so weit auseinandergegangen seien, daß von einer Parallelität zwischen ihnen zu reden nicht mehr möglich sei.

Im Gegensatz zu dieser Auffassung werde ich in dieser Untersuchung zwei Gesichtspunkte besonders berücksichtigen. Der erste betrifft die philosophische Entwicklung von Husserl und Heidegger im Zusammenhang mit ihrer jeweiligen Stellungnahme zur neuzeitlichen Wissenschaft. Die beiden Denker haben erst in ihrer Spätzeit die Kritik an der neuzeitlichen Wissenschaft und am naturwissenschaftlich-technischen Geist in den Vordergrund ihrer philosophischen Überlegungen gestellt. Dies verdankt sich ihrer Entdeckung der Geschichtlichkeit des Bewußtseins bzw. des Seins. Ihre Kritik an der neuzeitlichen Wissenschaft wird zur Kritik des gegenwärtigen Zeitalters und seiner naturwissenschaftlich-technischen Rationalität und bekommt eine zentrale Stelle im Gesamtzusammenhang ihrer Philosophien. Dieser Sachverhalt darf aber nicht verdecken, daß die Wurzeln der kritischen Stellungnahme zur neuzeitlichen Naturwissenschaft sowohl bei Husserl als auch bei Heidegger in ihren frühen Schriften[1] zu finden sind. Ich werde versuchen zu zeigen, daß die beiden Denker bereits in ihren frühen Schriften eine kritische Stellungnahme zur neuzeitlichen Wissenschaft eingenommen haben und daß sich ihre Kritik an der technisch-wissenschaftlichen Weltauffassung der Neuzeit schon in diesen Schriften vorbereitet.

Der zweite Gesichtspunkt, den ich in meiner Arbeit berücksichtigen möchte, betrifft das Verhältnis zwischen Husserl und Heidegger in ihrer Spätzeit. Ich werde versuchen zu zeigen, wie die Analysen, denen die neuzeitliche Naturwissenschaft bei den beiden Denkern in ihrer Spätzeit unterworfen wurde, eine tiefe Parallelität aufweisen[2]. Die beiden Phänomenologen haben im Grunde dieselben Phänomene an der neuzeitlichen Naturwissenschaft gesehen und aufgedeckt, auch wenn ihre Vorstellungen von einem Ausweg aus der heutigen Situation divergieren. Damit ist aber nicht beabsichtigt, die Abweichungen zwischen den Analysen der beiden Denker herunterzuspielen. Im Gegenteil, diese Abweichungen werden erst deutlich und verständlich, wenn man von der Parallelität der beiden Philosophen ausgeht.

Im Zusammenhang des Vergleiches zwischen Husserl und Heidegger werde ich die Welt in Husserls Analyse als parallel zum Sein bei Heidegger betrachten. In beiden Fällen ist ein Hintergrund gemeint, der alles Erscheinen des Seienden ermöglicht. Dabei werde ich mit Rücksicht auf den Umfang dieser Untersuchung von der Frage absehen müssen, ob die eigentliche Sache der Phänomenologie die Welt oder das Sein ist. Aus dem gleichen Grund werde ich davon übergehen, daß Husserl in seinen ersten Schriften das reine Bewußtsein und nicht die Welt als die eigentliche Sache der Phänomenologie betrachtet.

In ihren Analysen zur neuzeitlichen Naturwissenschaft konzentrieren sich Husserl und Heidegger auf die mathematische Physik, und das ist durchaus verständlich, da die Physik als Muster der neuzeitlichen Naturwissenschaft gilt. Daß sie die explizierenden Beispiele der klassischen Physik entnehmen, bedeutet nicht, daß ihre Analyse nur für diese Gestalt moderner Wissenschaft gälte oder daß sie die Entwicklung der neueren Physik verkennen würden. Vielmehr ist diese Vorgehensweise auf ihre Einsicht zurückzuführen, daß die neuere Physik die philosophischen Grundlagen der klassischen Physik nicht sprengt. Die klassische und die neuere Physik beruhen auf denselben Grundlagen[3].

Zuletzt ein Wort zur Gliederung der Untersuchung. Im ersten Teil versuche ich,

Husserls Analysen zur neuzeitlichen Naturwissenschaft nachzuzeichnen. Dabei werde ich nur gelegentlich Hinweise auf die Übereinstimmungen und Abweichungen im Vergleich mit Heideggers Gedanken geben. Demgegenüber werde ich im zweiten, Heidegger gewidmeten Teil den Vergleich intensivieren. Im Schlußteil werde ich die Aspekte des Vergleiches rekapitulieren, bevor ich den Versuch unternehme, die Divergenz der beiden Denker aus ihrem Verständnis von Phänomenologie zu erklären.

1. TEIL

Husserl

Wissenschaft und Lebensweltvergessenheit

"Die Not stammt hier von der Wissenschaft. Aber nur Wissenschaft kann die Not, die von Wissenschaft stammt, endgültig überwinden."

Logos-Aufsatz, S. 66

Die phänomenologische Philosophie Edmund Husserls räumt der Wissenschaftsproblematik einen zentralen Platz ein. Von seiner wissenschaftlichen Bildung her gelangt er zur festen Überzeugung von der Notwendigkeit einer sicheren Begründung der wissenschaftlichen Erkenntnis. Da die Wissenschaftler der positiven Disziplinen den Gegenständen der Forschung hingegeben sind und um Erkenntniskritik unbekümmert sind, können sie dieser Aufgabe nicht gerecht werden, ja sie ahnen nicht einmal ihre Bedeutung. Die Begründung der wissenschaftlichen Erkenntnis muß also der Philosophie als Universalwissenschaft zufallen. Weil die positiven Wissenschaften nicht imstande sind, sich selbst zu begründen, und weil sie sich auf dem Boden des natürlichen Weltlebens bewegen, muß die Philosophie an ihnen Kritik üben. So stand die Wissenschaftskritik seit dem Durchbruch der Phänomenologie auf ihrem Programm.

Die phänomenologische Kritik an den positiven Wissenschaften erreicht ihren Höhepunkt in Husserls Spätwerk, der *Krisis*. Hier ist die letzte Absicht der Kritik weder die Klärung und Sicherung der wissenschaftlichen Begriffe noch die Aufhellung und Aufhebung der Paradoxien und Unklarheiten, die den positiven Wissenschaften anhaften. Die Kritik an der Wissenschaft wird in der *Krisis*-Abhandlung zur Zeitkritik, und die Aufklärung der Krise der positiven Wissenschaften ist zugleich eine Diagnose des gegenwärtigen Zeitalters; denn die Krise der positiven Wissenschaften ist, wie dem Titel des ersten Teils dieser Abhandlung zu entnehmen ist, "Ausdruck der radikalen Lebenskrisis des europäischen Menschentums" - und das aus Gründen, über die noch zu sprechen sein wird. Mit dieser Wissenschaftskritik und dieser Diagnose will Husserl, wie Landgrebe festgestellt hat, die Notwendigkeit der transzendentalen Phänomenologie in der gegenwärtigen Situation nachweisen[1]. Warum bedarf die Notwendigkeit der transzendentalen Phänomenologie aber eines Nachweises?

Im Zeitalter der Verselbständigung der positiven Wissenschaft und ihrer Verzweigung in Einzelwissenschaften kann der Schein entstehen, die Philosophie sei überflüssig geworden[2]; überflüssig und gegenstandslos, nachdem das Weltganze, also das traditionelle Thema der Philosophie, in verschiedene Gebiete aufgeteilt und jedes Gebiet einer Einzelwissenschaft zugewiesen worden war. Gegen diesen Schein muß sich die transzendentale Phänomenologie, und d. h. im Selbstverständnis Husserls die echte Gestalt der Philosophie, dadurch behaupten, daß sie die Wurzeln der Krise der Sinnorientierung aufdeckt, in die die neuzeitlichen Wissenschaften und ihr objektivistisches Selbstverständnis die europäische Kultur hineingedrängt haben. Indem Husserl die Sinnkrise des gegenwärtigen Zeitalters auf die Herrschaft des objektivistischen Ideals der neuzeitlichen Naturwissenschaft und ihre Lebensweltvergessenheit zurückführt, erweist er zugleich die Notwendigkeit der transzendentalen Phänomenologie als der einzigen Instanz, die durch die therapeutische Erinnerung an die

Bezogenheit der objektiv-wissenschaftlichen Theorie auf die subjektiv-relativen Gegebenheiten der Lebenswelt die europäische Kultur aus diesem Zustand des Sinnverlustes herausführen kann.

Husserls Anliegen in der *Krisis* ist aber nicht nur der Nachweis der Notwendigkeit der transzendentalen Phänomenologie, sondern er will auch zeigen, daß die Einführung in sie noch möglich ist; denn in der wissenschaftlich-objektivistisch interpretierten Welt wird es fraglich, ob es noch eine Motivation dafür gibt, das natürliche Leben zu verlassen und in die transzendentale Phänomenologie überzugehen. Es ist wahr, daß der Mensch in der Natürlichkeit des vorwissenschaftlichen Lebens den Gegenständen der Erfahrung als identischen Einheiten ohne Interesse für ihre subjektiven Gegebenheitsweisen hingegeben ist und daß er diesen Gegenständen ein dem Bewußtsein transzendentes Sein zuschreibt. Trotzdem bestünde die Möglichkeit, diese Naivität zu verlassen, indem der natürliche Mensch darauf aufmerksam würde, daß derselbe Gegenstand sich in verschiedenen Erscheinungsweisen darbietet, und demzufolge seinen Blick auf die subjektive Beteiligung am Vollzug des Erscheinens lenkte. Die reale Möglichkeit einer solchen Umstellung erscheint im Zeitalter der zur Selbstverständlichkeit gewordenen objektiven Wissenschaften aber als äußerst fraglich:

Indem die neuzeitliche Wissenschaft der logisch-mathematisch interpretierten Welt ein An-sich-Sein zuschreibt und sie für die einzig wahre Welt unterschiebt, läßt sie die Überzeugung entstehen, die subjektiv-relativen Gegebenheitsweisen seien bestenfalls ein irrelevanter Durchgang zur objektiven Welt der exakten Formeln und Theorien. So werden gerade die Erscheinungsweisen, die vom Vollzug des Subjekts abhängig sind und eventuell die Rolle der Erinnerung an die Lebenswelt als Horizont menschlicher Erfahrung spielen könnten, außer Betracht gelassen. Die Lebensweltvergessenheit wird also durch die Naivität der neuzeitlichen Wissenschaft ins Äußerste getrieben, so daß der Schein entsteht, mit der Herrschaft der objektivistischen Weltinterpretation gäbe es keinen Anhaltspunkt mehr für den Übergang in die transzendentale Einstellung und dadurch für die Überwindung der gegenwärtigen Lebenskrise.

Für die Auflösung dieses Scheins, und d. h. den Nachweis der Möglichkeit des Übergangs in die transzendentale Einstellung, muß gezeigt werden, daß die objektiven Wissenschaften die subjektiv-relativen Gegebenheiten der lebensweltlichen Erfahrung in Anspruch nehmen und daß die Lebenswelt nicht nur ein irrelevanter Durchgang zur substruierten logisch-mathematischen Welt ist, sondern daß sie als Sinnesfundament der neuzeitlichen Wissenschaft fungiert. Nachdem Husserl im Laufe seiner *Krisis*-Abhandlung diese Aufgabe bewältigt hat, wird damit das Problem der objektiven Wissenschaft zu einer Frage von sekundärer Bedeutung; demgegenüber rückt nun das Lebensweltproblem, das sich in der Ausgangssituation nur als ein Teilproblem im allgemeinen Problem der positiven Wissenschaften dargestellt hatte, in den Rang eines philosophischen Universalproblems und löst sich von der ursprünglichen wissenschaftskritischen Motivation ab. Die Thematisierung der Lebenswelt und die Rückfrage nach ihrer Vorgegebenheit soll nun, wie der Titel des Abschnitts A im dritten Teil der *Krisis*-Abhandlung ankündigt, als "Weg in die phänomenologische Transzendentalphilosophie" dienen.

Damit ist Klar, daß diese Abhandlung, wie ihr Untertitel ankündigt, "eine Einleitung in die phänomenologische Philosophie" sein soll. Die *Krisis* hat aber das Besondere, daß sie in die transzendentale Phänomenologie auf dem Wege über eine Kritik an der neuzeitlichen Wissenschaft einzuführen versucht. Warum hat Husserl diesen Weg eigentlich erst in seinem Spätwerk eingeschlagen?

Es wird oft auf Husserls große Aufmerksamkeit für die Lebenskrise in der technisch-wissenschaftlichen Welt hingewiesen, die durch dramatische Ereignisse unseres Jahrhunderts wie etwa "die schweren Erschütterungen des ersten Weltkriegs"[3] oder die "heraufziehende Barbarei"[4] in den dreißiger Jahren hervorgerufen worden sei. Doch in diesem Zusammenhang ist mit Nachdruck daran zu erinnern, daß Husserl längst vor seiner Beschäftigung mit der *Krisis*-Thematik und auch vor den erwähnten Ereignissen auf die Intensität und das Ausmaß der Lebensnot im gegenwärtigen Zeitalter hingewiesen hat. In seinem *Logos-Aufsatz* von 1911 schreibt er : "Die geistige Not unserer Zeit ist in der Tat unerträglich geworden." Ferner heißt es: "Es ist vielmehr die radikalste Lebensnot, an der wir leiden, eine Not, die an keinem Punkte unseres Lebens halt macht."[5] Auch in dieser Zeit war Husserl schon davon überzeugt, daß die Lebenskrise des heutigen Menschen von der Wissenschaft herrührt und daß sie nur durch deren Reform zu überwinden ist.

Gewiß hat sich Husserls Aufmerksamkeit für die europäische Krise und ihre Gefahr für das menschliche Leben nach diesem Aufsatz ständig verschärft, und das bekundet sich nicht zuletzt in seinem kämpfärischen Ton und entschlossenen Engagement zur Überwindung dieser Lebensnot in den ersten Paragraphen der *Krisis* sowie im *Wiener Vortrag*[6],dem Vorläufer der *Krisis*-Abhandlung. Die Aufmerksamkeit auf die Krise des verwissenschaftlichten Lebens kann aber alleine nicht erklären, warum Husserl erst in der letzten Phase seines Schaffens den Weg der Einführung in die transzendentale Phänomenologie über die Wissenschaftskritik eingeschlagen hat. Denn eine Sache ist Husserls Aufmerksamkeit für die Krise; ein andere ist, daß er diese Krise in den Mittelpunkt seiner philosophischen Überlegungen gerückt hat.

Um die Tragweite dieser Klarstellung zu ermessen und die Motivation zu Husserls neuer Einführung in die transzendentale Phänomenologie zu verstehen, muß man die Entwicklung der phänomenologischen Methode bei Husserl seit dem Anfang der zwanziger Jahre in Rechnung stellen. Erst die Entdeckung der genetischen Konstitution und der geschichtlichen Dimension des Bewußtseins hat die transzendentale Phänomenologie in die Lage versetzt, als Zeitkritik aufzutreten. Erst mit dieser entscheidenden Entdeckung ist es Husserl möglich geworden, die in den stummen Kulturformen sedimentierte Geschichte zur Aussprache zu bringen, nach den ursprünglichen Intentionen der europäischen Menschheit zurückzufragen und die deformierte Motivation aufzudecken, die er für ihre Krise verantwortlich macht.

Das bedeutet aber nicht, daß die *Krisis*-Abhandlung eine Diskontinuität in Husserls Denken bezeichnet. Vielmehr wird sich zeigen, daß viele Momente seiner Wissenschaftskritik in der *Krisis* schon in seinen früheren Untersuchungen aufzufinden sind. Aber mit dem Einsatz der bewußtseinsgeschichtlichen Analyse wird die Kritik einerseits vertieft und radikalisiert und andererseits ausdrücklich als Diagnose einer über die Wissenschaft hinausreichenden Krise gedeutet: die Krise der europäischen Kultur im gegenwärtigen Zeitalter.

Die gegenwärtige europäische Kultur ist wesentlich durch die neuzeitliche Wissenschaft geprägt. Innerhalb der neuzeitlichen Wissenschaft kommt aber der Naturwissenschaft eine besondere Rolle zu, da sie das neuzeitliche wissenschaftliche Selbstverständnis gestaltet und dadurch die Verfassung aller neuzeitlichen Wissenschaften mitbestimmt hat. Die Enthüllung der Wurzeln der gegenwärtigen Sinnkrise bedarf deshalb nach Husserl des Rückgangs auf die ursprüngliche Motivation zur Entstehung der neuzeitlichen Naturwissenschaft und des neuzeitlichen Wissenschaftsideals. Husserls Analyse konzentriert sich auf die mathematische Physik, die ja als Muster der Naturwissenschaft gilt.

1. Kapitel

Die Motivation zur Entstehung der neuzeitlichen Naturwissenschaft

Das entscheidende Verdienst der phänomenologischen Analyse der Naturwissenschaft sowohl bei Husserl als auch bei Heidegger scheint mir darin zu liegen, daß sie die theoretische Forschung der Naturwissenschaft in ihrer Beziehung zu den anderen Erfahrungsweisen und Lebensbereichen des menschlichen Daseins betrachtet. Eben dieser Charakter macht die Phänomenologie zu einem geeigneten Instrument zur Analyse der durch die Herrschaft der wissenschaftlichen Weltauffassung geprägten Kultur. In der phänomenologischen Betrachtungsweise wird die wissenschaftliche Erkenntnis nicht als das maßgebende Verhältnis des Menschen zur Welt angesehen und wird nicht als isoliertes, selbständiges Gebilde analysiert. Die wissenschaftliche Erkenntnis stiftet zwar einen spezifischen Bezug des Menschen zur Welt, doch sie ist nur möglich auf Grund von vor- und außerwissenschaftlichen Erfahrungsweisen. Die phänomenologische Analyse der Wissenschaft will also die Beziehung der wissenschaftlichen Erkenntnis zur außerwissenschaftlichen Erfahrung ans Licht bringen, - eine Beziehung, die in der Regel wegen der Exaktheit und Objektivität der Wissenschaft vergessen wird.

Weil die phänomenologische Analyse auf dem Korrelationsprinzip beruht, muß sie die Entstehung der wissenschaftlich-theoretischen Haltung zur Natur im Zusammenhang mit deren intentionalem Korrelat: dem physikalischen Ding oder der physikalischen Natur untersuchen. Die Ausgangsfrage der phänomenologischen Analyse zur Naturwissenschaft ist: Wie konstituiert sich die physikalische Natur im intentionalen Bewußtsein? Dieselbe Frage anders gefaßt: Was motiviert das Bewußtsein, über das wahrnehmungsmäßig gegebene Ding hinauszugehen und das physikalische Ding zu konstituieren?

Bekanntlich hat sich Husserl mit dieser Frage besonders in der *Krisis*-Abhandlung beschäftigt. Im berühmten § 9 dieses Werks versucht er, den Gedankengang Galileis, der in der Begründung der mathematischen Physik gipfelte, zu rekonstruieren. Dabei zeigt Husserl, daß die Entstehung der physikalischen Theorie in der vorwissenschaftlichen Erfahrung der Lebenswelt motiviert ist und daß die Naturwissenschaftler in ihrem logisch-mathematischen Denken stetig die vorwissenschaftlichen Erfahrungen und anschaulichen Evidenzen der Lebenswelt in Anspruch nehmen. Diese Einsicht ist aber bei Husserl nicht neu. Längst vor der *Krisis*-Abhandlung war er davon überzeugt, daß die Wurzeln der wissenschaftlichen Erkenntnis im vorwissenschaftlichen Bewußtseinsleben aufzufinden sind. Besonders in den *Ideen II* hat er den Versuch unternommen, die Motivation zum Übergang vom anschaulichen Ding zum objektiven physikalischen Ding, vom Ding der schlichten sinnlichen *imaginatio* zum Ding der physikalischen *intellectio*, offenzulegen. Daher möchte ich zuerst auf Husserls Überlegungen zu diesem Thema in seinen früheren Schriften eingehen, danach werde ich zu seiner Analyse zur mathematischen Naturwissenschaft in der *Krisis*-Abhandlung übergehen.

A. Husserls Analysen zur Konstitution des physikalischen Dings in seinen frühen Schriften

Husserl hat sein Programm der Begründung der Wissenschaft und der Logik immer als Phänomenologie der Denk- und Erkenntniserlebnisse konzipiert und diese aufgefaßt als in eine allgemeine Phänomenologie der Bewußtseinserlebnisse überhaupt eingebettet. Aus diesem Grund hat er die Abschnürung des theoretisch-wissenschaftlichen Denkens von der vorwissenschaftlichen Erfahrung jederzeit zurückgewiesen.

Im vorwissenschaftlichen Leben ist uns die Welt in schlichten Akten vor allem der sinnlichen Wahrnehmung gegeben, die doxischen Charakter haben. Diese Akte bilden die Grundlage für die theoretisch-wissenschaftlichen Akte, die ebenso Akte der Glaubenssphäre sind, aber auch für die Akte der Gemüts- und Willenssphäre; denn jedes Werten oder praktische Tun setzt vorgegebene Gegenstände voraus. Diese Auffassung hat Heidegger bekanntlich in *Sein und Zeit* bestritten, für ihn bildet das praktische Besorgen den ursprünglichen Zugang zum innerweltlichen Seienden, das in der Welt zuerst als Zuhandenes begegnet. Im praktischen Besorgen wird das zuhandene Zeug in der Regel nicht thematisch-gegenständlich erfaßt, sondern es begegnet im Modus der Unauffälligkeit. Die sinnliche Wahrnehmung, die sich auf das Vorhandene bezieht und es thematisch-gegenständlich erfaßt, ist für Heidegger demgegenüber ein abkünftiger Modus der Entdeckung des Seienden.

Im Gegensatz zu dieser Auffassung besteht Husserl darauf, daß die sinnliche Wahrnehmung den ursprünglichen Zugang zur Welt ermöglicht. Natürlich meint er damit nicht, daß die vorwissenschaftliche Erkenntnis für die alltägliche Lebenspraxis uninteressiert sei. Wir werden noch sehen, daß die praktischen Interessen für Husserl eine bedeutende Rolle in der Motivation des Bewußtseins spielen. Aber für ihn ist jeder praktische oder wertende Akt auf vorgegebene Gegenstände bezogen und deshalb nur möglich, wenn schon Gegenstände in doxischen Akten konstituiert sind. Husserl scheibt: "Zunächst ist die Welt einem Kerne nach sinnlich erscheinende und als 'vorhanden' charakterisierte Welt, in schlichten Erfahrungsanschauungen gegeben und ev. aktuell erfaßt. Auf diese Erfahrungswelt findet das Ich sich in neuen Akten bezogen, z. B. in wertenden Akten, in Akten des Gefallens und Mißfallens."[1]

Die gleiche Feststellung trifft Husserl auch hinsichtlich der Gegenstände begehrender und praktischer Akte[2]. Aber auch die rein theoretische Tätigkeit, die ihrerseits Gegenstände höherer Stufe konstituiert, beruht auf den Gegebenheiten der Erfahrungswelt. Allen höherstufigen Leistungen des Bewußtseins ist die Welt als Alltagswelt, als Welt des vorwissenschaftlichen Lebens, vorgegeben, "und innerhalb ihrer erwächst dem Menschen das theoretische Interesse und die auf die Welt bezogenen Wissenschaften darunter unter dem Ideal von Wahrheiten an sich Naturwissenschaft."[3] Das theoretisch-wissenschaftliche Interesse entsteht also, wie alle Interessen des vorwissenschaftlichen Lebens, innerhalb der vorgegebenen Alltagswelt, und es ist im Horizont der vorwissenschaftlichen Erfahrung als Möglichkeit vorgezeichnet. Das bedeutet, daß es in der alltäglichen Erfahrung horizonthafte Verweisungen gibt, die das intentionale Bewußtsein zum theoretisch-wissenschaftlichen Denken motivieren und hinleiten können.

Wie die Gegenstände der natürlichen Erfahrung sind auch die wissenschaftlichen Gegenständlichkeiten intentionale Einheiten, die ebenfalls im Fluß des Bewußtseinslebens konstituiert werden. Zwar sind die wissenschaftlichen Gegenständlichkeiten durch ihre Exaktheit und objektive Bestimmtheit ausgezeichnet, aber auch sie sind intentionale Korrelate bestimmter Akte des theoretisch-wissenschaftlichen Denkens und sie verweisen auf die Gegenstände der alltäglichen Erfahrung zurück. So schreibt Husserl: "es ist auch darauf Rücksicht zu nehmen, daß, was wir theoretisches oder wissenschaftliches Erkennen nennen, nur eine ausgezeichnete Höhergestaltung ist, die sich auf niedere Erkenntnisstufen zurückbezieht."[4] So bauen sich die exakten wissenschaftlichen Erkenntnisse auf den subjektiven Gegebenheiten der vorwissenschaftlichen Alltagserfahrung auf.

Die Husserlsche Rehabilitierung der vorwissenschaftlichen Erfahrung dokumentiert sich auch darin, daß er Auszeichnungen wie Vernunft und Evidenz, die die philosophische Tradition streng auf die Sphäre des logisch-wissenschaftlichen Denkens zu beschränken pflegte, als mögliche Charaktere der vorwissenschaftlichen Erfahrung betrachtet. Obwohl die vorwissenschaftlichen Erkenntnisse nicht aus theoretischem Interesse erwachsen und rein praktisch motiviert sind, können sie als Wahrheiten oder Evidenzen bezeichnet werden und einen Vernunftcharakter haben. "Man streitet im praktischen Leben über Wahrheit und Falschheit, über Wirklichkeit und Schein, über Vernunft und Torheit. Und man einigt sich auf Grund der Evidenz."[5] Husserl revidiert auch die traditionelle Unterscheidung zwischen Sinnlichkeit und Vernunft; nach ihm hat auch die Sinnlichkeit ihre Regeln der Einstimmigkeit und deshalb ist sie selbst "eine Schicht verborgener Vernunft."[6]

Das bedeutet aber nicht, daß Husserl der wissenschaftlichen Erkenntnis keine Auszeichnung gegenüber der vorwissenschaftlichen zuerkannt hätte. Selbstverständlich ist das Streben nach einer objektiven Wahrheit, die die Grenze der praktischen Interessen des Alltags überschreitet, eine Besonderheit der wissenschaftlichen Erkenntnis. Aber auch der Mensch des natürlichen Lebens hat seine Wahrheiten und Evidenzen, die ihr Recht haben. Und auf der Grundlage dieser alltäglichen Wahrheiten und Evidenzen entsteht das wissenschaftliche Denken, das nichts als die objektive und absolute Wahrheit ersterbt. "Alle Wirklichkeitsurteile, die der Naturwissenschaftler begründet, gehen zurück auf schlichte Wahrnehmungen und Erinnerungen, und beziehen sich auf die Welt, die in dieser schlichten Erfahrung zu einer ersten Gegebenheit kommt."[7]

Nun muß Husserl diese allgemeine Behauptung freilich phänomenologisch einlösen, er muß in bezug auf unser Thema aufzeigen, wie das naturwissenschaftliche Denken aus der vorwissenschaftlichen Naturerfahrung erwächst und wie die Zusammenhänge der alltäglichen Erfahrung auf die Möglichkeit der mathematisch-physikalischen Bestimmung der Natur verweisen.

Die Naturwissenschaft beschäftigt sich mit Dingen, die uns aus der vorwissenschaftlichen Erfahrung - oder aus ihrem Horizont - gegeben sind. Damit ein Gegenstand Thema der wissenschaftlichen Forschung werden kann, muß er schon in einer primären Weise zugänglich sein. Darin stimmen Husserl und Heidegger überein, obwohl sie in der Bestimmung dieser primären Zugangsweise, wie schon angedeutet, auseinandergehen. Nach Husserl erscheint uns das Ding im alltäglichen Leben zuerst in der sinnlichen Wahrnehmung. Das Erscheinen des Dings für das Bewußtsein hat seine Wesensgesetze. Obwohl das intentionale Bewußtsein auf das Ding als identischen Pol gerichtet ist, kann ihm das Ding nur in einer Mannigfaltigkeit von subjektiven Orientierungen, Perspektiven und Abschattungen erscheinen. Das gilt ebenso wie für das Ding auch für alle seine Eigenschaften. In meiner augenblicklichen Orientierung beispielsweise erscheint mir die Raumgestalt dieses Tisches anders als in jener Orientierung. Auch seine Farbe erscheint in verschiedenen Abschattungen - je nachdem, ob ich sie im Tageslicht, in der Nacht oder unter sonst einer bestimmten Beleuchtung wahrnehme.

Das bedeutet, daß die Umstände der Wahrnehmung unsere Erkenntnis der Dinge mitbestimmen. Trotzdem kann das Bewußtsein die Eigenschaften, die dem Ding selbst in der 'Wirklichkeit' zukommen, von denjenigen unterscheiden, welche dem Ding 'eigentlich' nicht zukommen. Ich bin z. B. sicher, daß dieser Tisch da weiß ist, obwohl er mir jetzt unter roter Beleuchtung als rötlich erscheint. Auf diese Weise kann ich unter den verschiedenen Dinggegebenheiten die 'optimale Gegebenheit' konstituieren, "in der das Ding mit den Eigenschaften, die 'ihm selbst zukommen', hervortritt."[8]. In dieser Gegebenheit stellt sich das Ding optimal dar.

Mit diesem Schritt haben wir aber die Relativität der Dinggegebenheit noch nicht überwunden und die Stufe des physikalischen Dings als Substrats von logisch-mathematischen Bestimmungen und Prädikaten noch nicht erreicht. Auch die optimale anschauliche Dinggegebenheit bleibt nach Husserl relativ, nämlich auf mich als erkennendes Subjekt und auf meinen Leib als Orientierungszentrum der Dingkonstitution. "Diese Relativität ist es, die die Konstitution eines in dem anschaulichen Ding sich bekundenden physikalischen Dinges erfordert."[9] Die Konstitution des physikalischen Dings bedarf der Scheidung zwischen dem erscheinenden und dem objektiven Ding. Diese Scheidung ist wiederum nur möglich, wenn ich davon weiß, daß die Dinggegebenheit, auch wenn sie optimal ist, auf mich als Subjekt relativ ist. Die Relativität der anschaulichen Dinggegebenheit bleibt aber im normalen Gang des alltäglichen Lebens unauffällig. Deshalb fragt sich Husserl: Was kann das Bewußtsein zur Entdeckung der Relativität des anschaulichen Dings motivieren?

Wir haben bisher die Dingwahrnehmung, so bemerkt Husserl, unter normalen Bedingungen betrachtet, aber es kann vorkommen, daß in der Dingwahrnehmung Anomalitäten auftreten. Es ist aufschlußreich für die Analyse der Dingkonstitution, die Erfahrung der Anomalität in Betracht zu ziehen. Wenn eines meiner Sinnesorgane erkrankt ist, treten anomale Empfindungen im Empfindungsfeld des betreffenden Organs auf. Die Dinge erscheinen mir in geänderten Qualitäten, wenn ich ihre Fläche mit verbranntem Finger taste oder ihre Farbe mit erkrankten Augen sehe. Aber wie kann ich in diesen Fällen entdecken, daß die Dinge mir nicht in wirklichen, sondern in geänderten Qualitäten erscheinen? Oder anders gewendet: wie wird die Anomalität entdeckt?

In einigen Fällen kann ich die Anomalität eines Sinnesorgans unmittelbar erfahren, wie wenn ich z. B. sehe oder fühle, daß mein Finger verbrannt ist. In anderen Fällen kann ich auf die Anomalität eines Sinnesorgans aufmerksam werden durch das Zeugnis anderer Organe, die den Gegebenheiten des anomalen Organs widersprechen und sie korrigieren. Durch die Anomalität wird die Einstimmigkeit, die normalerweise meinen Erfahrungszusammenhang charakterisiert, beeinträchtigt. Die Gegebenheiten der normalen Organe bestätigen sich wechselseitig im weiteren Fortgang der Erfahrung; nur sie sind an der Konstitution des Dings und seiner Eigenschaften beteiligt; hingegen bleiben die Gegebenheiten des anomalen Organs auf die Dauer unberücksichtigt.

Was haben wir nun aber durch die Berücksichtigung der Erfahrung der Anomalität in der Analyse der Dingkonstitution gewonnen? Durch die Erfahrung der Anomalität kommt das Bewußtsein zu der Einsicht, daß die Gegebenheit des anschaulichen Dings auf das erfahrende Subjekt relativ ist. Diese Einsicht motiviert das Bewußtsein zur Überwindung dieser Relativität und zur Konstitution des objektiven physikalischen Dings.

Doch nehmen wir, so Husserl, den Fall an, daß ein Subjekt die Erfahrung der Anomalität nicht machte. Entweder wären alle seiner Organe stetig normal. Oder es wäre einer Anomalität ausgeliefert, die es nicht entdecken könnte, weil sie nicht direkt wahrnehmbar ist, wie im Fall des verbrannten Fingers, und keine Unstimmigkeit hervorruft. Ein solches Subjekt wäre nicht in der Lage, zu der Einsicht zu gelangen, daß die Sinnesqualitäten des anschaulichen Dings durch physiologische Prozesse bedingt sind und daß die Dinggegebenheit auf das Subjekt relativ ist. In diesem Fall würde die Motivation zur Überwindung der Relativität des anschaulichen Dings fehlen und die Stufe des physikalischen Dings würde nicht erreicht.

An dieser Stelle stellt Husserl fest, daß er bis dahin die Rolle der Intersubjektivität in der Dingkonstitution ausgeklammert und das erfahrende Subjekt bloß als solipsistisches Subjekt betrachtet hat; das ist eine Abstraktion, die jetzt aufgehoben werden muß. Das erfahrende Subjekt ist in seiner Konkretion nicht solipsistisch, es ist eines unter vielen und tritt immer in Verkehr mit anderen Subjekten. Auf dem Wege der Wechselverständigung einzelner Subjekte, die mit relativ verschiedenen Sinnesvermögen ausgestattet sind, kommt das vergemeinschaftete Subjekt zu derselben Unterscheidung, die das solipsistische Subjekt durch die Erfahrung der Anomalität erreichen kann, nämlich die Unterscheidung zwischen dem durch subjektive Erfahrung bedingten Ding und dem objektiven Ding. In der intersubjektiven Erfahrung kann man bemerken, daß es auch zwischen Subjekten, die als normal gelten, Abweichungen in der Auffassung von ein und demselben Ding gibt. Dadurch wird die Abhängigkeit der Sinnesqualitäten vom Subjektleib entdeckt; und das motiviert das Bewußtsein zur Konstitution des objektiven physikalischen Dings.

Hier ist aber einem eventuellen Mißverständnis vorzubeugen. Mit der Hervorhebung der Rolle der Intersubjektivität bei der Konstitution des physikalischen Dings meint Husserl nicht, daß das intersubjektiv erfahrene Ding das objektive Ding oder daß die intersubjektive Übereinstimmung der Maßstab der objektiven Bestimmung des Dings wäre. Die Konstitution des objektiven Dings vollzieht sich nicht durch die Identifizierung der Erscheinungen verschiedener Subjekte oder durch die Fixierung des Dings auf eine menschliche Normalität, "die Normalität ist etwas Zufälliges, gänzlich Relatives, und demnach ist nicht minder diejenige Objektivität, die sich aus solcher Übereinstimmung konstituiert, eine relative und zufällige."[10] Eine Bestimmung des Dings durch sinnliche Qualitäten, auch wenn sie durch intersubjektive Übereinstimmung zustande käme, wäre dadurch noch nicht objektiv.

Mit dieser Bestimmung befinden wir uns noch immer auf der Stufe des anschaulich erscheinenden Dings und die Dinggegebenheit bleibt noch relativ; denn die sinnliche Gegebenheit kann sich der Relativität auf das Subjekt nicht entziehen und das intersubjektiv konstituierte Ding ist selbst eine sinnliche Erscheinung. Die objektive Bestimmung des Dings kann erst mit dem mathematisch-physikalischen Denken erreicht werden, das jede Relativität der Dingerscheinung hinter sich läßt. Das physikalische Ding ist kein sinnlich erscheinendes Ding, sondern eine logisch-mathematische Konstruktion. "Die wahre Natur des Physikers ist eine methodisch notwendige Substruktion des Denkens und ist nur als solche zu konstituieren, nur als 'mathematische' hat sie ihre Wahrheit."[11]

Das physikalische Ding ist Substrat identischer Eigenschaften und hat ausschließlich physikalische - 'primäre' - Qualitäten; die sinnlichen - 'sekundären' - Qualitäten werden in der physikalischen Bestimmung des Dings ausgeschaltet. Nicht die erscheinende Farbenmannigfaltigkeit z. B. interessiert den Physiker, sondern die objektiven optischen Vorkommnisse, die sich darin bekunden und die sich denkmäßig exakt bestimmen lassen. Das physikalische Ding ist nicht anschaulich zu haben, aber seine Eigenschaften dokumentieren sich doch in den Erscheinungen, und nur aus den Erscheinungen heraus können sie bestimmt werden. Trotzdem ist es nach Husserl eine falsche Interpretation des physikalischen Dings, wenn man meint, das anschaulich erscheinende Ding sei nur ein Anzeichen für das physikalische Ding, das selbst nicht erscheint und das erfahrende Bewußtsein transzendiert. Für Husserl ist das wahrgenommene Ding, das die sinnlichen Gestalten, Farben, Geruchs- und Geschmacksqualitäten hat, genau dasselbe, das der Physiker wissenschaftlich erforscht und zum Subjekt von physikalischen Prädikaten macht[12].

Die Konstitution des physikalischen Dings als Substrats von logisch-mathematischen Eigenschaften ist durch das Auftreten von Anomalitäten oder von individuellen Differenzen und Abweichungen in der Bestimmung des anschaulichen Dings motiviert. Nehmen aber an, wir lebten in einer Gemeinschaft, in der keine solchen Anomalitäten und Differenzen aufträten und alle Subjekte die Erscheinungsdinge genau gleich bestimmen, könnten wir dann trotzdem, so fragt Husserl, die Stufe des physikalischen Dings erreichen?

Seine Antwort lautet: "Nun sind wir aber freie intelligente Wesen. Treten uns keine Anomalitäten entgegen, so können wir doch willkürliche Eingriffe in unsere und andere Leiber vollziehen, und nun treten 'Anomalien' auf. Denkend gehen wir den kausalen Zusammenhängen nach und gestalten uns das 'physikalische Weltbild'."[13] Diese Antwort läßt zugleich die Grenze von Husserls Analyse zur Entstehung der Naturwissenschaft vor der *Krisis*-Abhandlung deutlich werden. Die Konstitution der objektiven Natur wird nur als eine Möglichkeit betrachtet, die im Horizont des intentionalen Bewußtseins liegt; sie wird nicht im Lichte ihres geschichtlichen Hintergrunds analysiert. Die Überwindung dieser Grenze ist Husserl erst mit seiner Entdeckung der Geschichtlichkeit des Bewußtseins und der genetischen Konstitution möglich geworden. Wir werden im zweiten Teil dieser Untersuchung sehen, daß auch

Heidegger erst auf Grund seiner Erfahrung der Geschichtlichkeit des Seins die Grenze seiner existenzialen Analyse in bezug auf die neuzeitliche Naturwissenschaft überwinden konnte.

B. Husserls Analysen zur Genesis der mathematischen Naturwissenschaft in der *Krisis*-Abhandlung

Wie schon gesagt, ist es Husserls Absicht in der *Krisis*-Abhandlung, eine Diagnose der gegenwärtigen europäischen Krise zu stellen und einen Ausweg daraus zu suchen. Diese Aufgabe leitet den Gedankengang dieser Abhandlung und bestimmt ihre inneren Bezüge. Die Endabsicht der Analyse zur Entstehung der neuzeitlichen Naturwissenschaft ist hier nicht wie in den *Ideen II* die Aufklärung der Konstitution einer Realitätsregion genannt 'die physikalische Natur'. Die Analyse muß aber bei der Naturwissenschaft ansetzen, weil diese das objektivistische Ideal geprägt hat, das alle positiven Wissenschaften sowie die Philosophie und den ganzen europäischen Geist der Neuzeit beeinflußt hat. Für die Beleuchtung der gegenwärtigen Krise ist es also aufschlußreich zu sehen, wie die Entstehung der Naturwissenschaft und damit des objektivistischen Ideals motiviert ist.

Damit Husserl die phänomenologische Analyse zur Entstehung der neuzeitlichen Naturwissenschaft konsequent durchführen kann, muß er die Eigenart der Wissenschaft als Kulturgebilde in Betracht ziehen. Jede Kulturgestalt steht für uns fertig da als Tradition; wir wissen aber, daß jede Tradition geschichtlich geworden ist, jede hat eine Art Historizität und verdankt sich bestimmten Sinnbildungen, die diese Tradition urgestiftet haben und die in sie mit eingegangen sind, auch wenn sie in Vergessenheit geraten sind. In jeder Kulturgestalt liegt also eine sedimentierte Geschichte beschlossen, die der Phänomenologe zu enthüllen hat.

Demgegenüber sind die idealisierenden Wissenschaften, wie die Physik, dadurch ausgezeichnet, daß ihre theoretischen Erwerbe eine kontinuierliche Kette bilden, in der diese Erwerbe nur unselbständige Momente darstellen. Auch die Erkenntnisse der deskriptiven und klassifizierenden Wissenschaften bilden eine zeitliche Reihe, trotzdem herrscht zwischen ihnen keine innere Beziehung, keine Sinnbeziehung. In den idealisierenden Wissenschaften ist die Sachlage anders. Hier stützt sich jeder neue Erwerb auf die schon gewonnenen Erwerbe und bildet selbst die Grundlage oder die Prämisse für die Erzeugung neuerer Erwerbe usw. So ist die Beziehung zwischen dem Späteren und dem Früheren in diesen Wissenschaften nicht nur zeitlich, sie ist Sinnbeziehung: "indem Sinn auf Sinn sich gründet, gibt geltungsmäßig der frühere

Sinn etwas an den späteren ab, ja in gewisser Weise geht er in ihn ein; also kein Bauglied inmitten des geistigen Baues ist eigenständig."[14]

Auf Grund dieser Sinnbeziehung der theoretischen Erwerbe idealisierender Wissenschaften entsteht ständig "eine kontinuierliche Synthesis, in der alle Erwerbe fortgelten, alle eine Totalität bilden, derart, daß in jeder Gegenwart der Totalerwerb sozusagen Totalprämisse ist für die Erwerbe der neuen Stufe."[15] In der fortschreitenden Arbeit der Sinnbildung verfügt jede Gegenwart einer idealisierenden Wissenschaft passiv über ihre ganze Vergangenheit, die bis zu den ersten Erwerben und den ersten schöpferischen Leistungen hinreicht; die ganze Vergangenheit lebt sozusagen in dieser Gegenwart als Sediment, und d. h. alle vergangenen Bauglieder sind in dieser Gegenwart impliziert, mitbewußt.

Die gerade aufgezeigte Struktur hat eine Parallelität mit der Struktur des Zeitbewußtseins, die Husserl in seinen Vorlesungen Anfang des Jahrhunderts herausgearbeitet hat. Beim Hören eines Tons z. B. wird jeder aktuelle Jetztpunkt stetig von einem neuen abgelöst; den gerade abgelösten Jetztpunkt habe ich nicht mehr als Urimpression, aber er ist noch mitgegenwärtig, ich habe ihn noch in einem modifizierten Bewußtsein, oder genauer gesagt: ich habe ein retentionales Bewußtsein von ihm, ich behalte ihn noch in der Retention. Die Retention ist Retention vom gewesenen Jetztpunkt, aber sie selbst ist aktuell, obwohl sie keine Urimpression ist. In jeder aktuellen Retention bleibt die vorhergehende Retention unmittelbar mitgegenwärtig. So bildet sich ein stetiges Kontinuum derart, daß in jedem Jetztpunkt alle früheren Punkte retentional behalten sind[16]. Und ähnlich wie jeder aktuelle Jetztpunkt beim Hören eines Tons das Erbe der Vergangenheit in sich trägt[17], so trägt jeder neue Erwerb einer idealisierenden Wissenschaft alle vergangenen Erwerbe und Sinnleistungen in sich.

Dieser Zeitbezug zeigt schon, daß die Enthüllung der Krise der neuzeitlichen Wissenschaft der geschichtlichen Besinnung, des Rückgangs auf die Geschichte bedarf. Husserl geht es aber nicht um eine faktische Geschichte, die die tatsächlichen Umstände wie den Ort und die Zeit der Entstehung einer Wissenschaft, ihre Begründer und Entdeckungen festhält, sondern um eine 'ideale' Geschichte, die eidetische Sinnzusammenhänge erschließen will. Den Ausgangspunkt der Analyse bilden die theoretisch-wissenschaftlichen Gebilde, wie sie uns als 'fertige' Gebilde zur Verfügung stehen. Diese Gebilde sind intentionale Einheiten, die im Bewußtsein konstituiert worden sind; und es ist aufschlußreich, sie nach ihrer Genesis, ja nach ihrer gesamten Geschichte zu befragen.

Die konstituierten Einheiten verweisen auf ihre Geschichte zurück; diese geschichtliche Rückverweisung reicht bis zu den schöpferischen Sinnleistungen und ursprünglichen geistigen Motiven der betreffenden Wissenschaft hin. Die Aufgabe der phänomenologischen Analyse ist die Enthüllung der ursprünglichen Evidenzen und Sinnleistungen, die im Horizont der wissenschaftlichen Erkenntnis impliziert sind; "eine echte Geschichte der Philosophie, eine echte Geschichte der Sonderwissenschaften ist nichts anderes als die Zurückleitung der in der Gegenwart gegebenen historischen Sinngebilde resp. ihrer Evidenzen - entlang der dokumentierten Kette historischer Rückverweisungen - bis in die verschlossene Dimension der ihnen zugrundeliegenden Urevidenzen."[18]

Die geschichtliche Analyse ist also nach Husserl eine Sinnauslegung, da sie auf die Sinnquelle, auf die lebendige Intention, aus der die betreffende Wissenschaft als Sinngebilde entsprungen ist, zurückgehen will; auf die Intention, die dieser Wissenschaft zugrunde liegt, auch wenn sie den Begründern dieser Wissenschaft wegen ihrer einseitigen Interessenrichtung verborgen geblieben ist. Daher ist diese Analyse zugleich eine Explikation, eine Enthüllung der intentionalen Implikationen, d. h. der verborgenen Sinnmomente und impliziten Sinnesvoraussetzungen, die die Intentionalität der Wissenschaftler in sich trägt und die den Gang der Wissenschaft bestimmt. Es genügt nicht, auf diese Intentionalität zurückzukommen; man muß sie befragen, "worauf sie eigentlich hinauswill"[19], auch wenn das Intendierte nicht erfüllt oder nur in Halbheiten und Unklarheiten erfüllt worden ist.

Mit Hilfe dieser Methode der geschichtlichen Auslegung will Husserl die neuzeitliche Physik analysieren. Der Ausgangspunkt der Analyse ist die Galileische Physik und vor allem ihre tragende Idee: die Idee der Mathematisierung der Natur. Diese Idee, die für uns eine Selbstverständlichkeit ist, ist selbst das Ergebnis aktiver, urstiftender Sinnleistungen. Deshalb muß sie nach ihrer ursprünglichen Motivation befragt werden. Husserls Frage ist also: Aufgrund welcher Motivationen und Leistungen des Bewußtseins ist die Idee der Mathematisierung der Natur entstanden? Und welche Folgen hat diese Idee für den geschichtlichen Gang der neuzeitlichen Wissenschaft und Philosophie? Im folgenden möchte ich Husserls Antwort auf diese Frage nachzeichnen. Um Husserls Vorgehen zu verdeutlichen, werde ich es in vier Schritte gliedern, jeder Schritt entspricht einer entscheidenden Phase in der Geschichte der europäischen Wissenschaft.

1. Schritt der Analysen

Der erste Schritt bezieht sich auf die Urstiftung der Idee der Wissenschaft bei den Griechen. Für das Verständnis der neuzeitlichen Naturwissenschaft und ihrer ursprünglichen Motivation muß die Analyse bei den Leistungen der altgriechischen Kultur ansetzen. Der Grund dafür liegt nicht nur darin, daß die theoretische Geometrie, die das Denken Galileis auf die Idee der mathematischen Physik hinleitet, bei den Griechen entstanden ist, sondern vor allem darin, daß die Idee der Wissenschaft als strenger und absoluter Erkenntnis, die die neuzeitliche Naturwissenschaft mitbestimmt hat, ihren historischen Ursprung in der altgriechischen Kultur hat.

In Griechenland im 6. und 7. Jhdt. v. Chr. ist, so Husserl, etwas Neuartiges geschehen, da zum ersten Mal in der Kulturgeschichte der Menschheit die Idee und Aufgabe der absolut wahren Erkenntnis entstanden ist. Diese neue Aufgabe übernimmt eine absolut neue Kulturform: die Philosophie oder die echte Wissenschaft. Für Husserl ist die echte Wissenschaft ihrem ursprünglichen Sinne nach Philosophie. Auch die Einzelwissenschaften konzipiert er nur als unselbständige Zweige der Philosophie, d. h. der Universalwissenschaft. Die Entstehung der Philosophie und der Wissenschaft bei den Griechen ist ein einziges Phänomen. Es handelt sich dabei nach Husserl nicht um ein Phänomen, dessen Einfluß auf eine einzige Kulturform - die wissenschaftlich-philosophische - oder auf ein einziges Volk - das altgriechische - beschränkt wäre. Es ist vielmehr das Urphänomen der Geburt der europäischen Kultur, es ist "das Urphänomen des geistigen Europas"[20]. Die Idee der Philosophie ist die Triebkraft, der teleologische Sinn der europäischen Geschichte und Kultur. Mit anderen Worten, die Philosophie und Wissenschaft ist nach Husserl nicht nur eine besondere und höhere Kulturform, sondern sie ist das innere Prinzip und die wirkende Kraft der gesamten europäischen Kultur und Geschichte.

In dieser Hinsicht läßt sich Husserls Verständnis der Philosophie mit Heideggers Deutung der Metaphysik parallelisieren. Allerdings darf man nicht übersehen, daß die Metaphysik nach Heidegger etwas spezifisch Europäisches ist. Dagegen versteht Husserl die Philosophie als eine Möglichkeit, die im Horizont des intentionalen Bewußtseins überhaupt und seiner Tendenz zur Erfüllung liegt. Sie ist also die Zweckidee, worauf die menschliche Kultur hinauswill. Die Auszeichnung der europäischen Kultur aber ist nach Husserl darin zu sehen, daß in ihr die Idee der Philosophie zum ersten Mal zum Durchbruch gekommen ist. Deshalb hängt das Schicksal Europas von dieser Idee ab; und mit ihrer konsequenten Weiterbildung und Erfüllung oder deren Ausbleiben entscheiden sich Gesundheit oder Krankheit Europas.

Husserl charakterisiert die philosophisch-wissenschaftliche Einstellung als Umstellung; denn ihr geht die Einstellung des natürlichen Lebens voraus, diese ist die an sich erste Einstellung, und zwar aus Wesensgründen[21], sie ist die urwüchsige, die ursprünglich natürliche Form des Kulturlebens. Der Mensch des natürlichen Lebens hat auch seine Erkenntnisse, seine Wahrheiten. Diese sind aber rein praktisch motiviert, d. h. sie entstehen nicht aus theoretischem Interesse, sondern sie erwachsen aus den Bedürfnissen der Alltagspraxis und dienen dem Menschen des natürlichen Lebens zur Orientierung bei 'Gelegenheit' bestimmter praktischer Situationen, deshalb nennt Husserl sie Situationswahrheiten oder okkasionelle Wahrheiten. Diese Wahrheiten können in bestimmten Situationen nützlich sein, aber sie haben keine notwendige Gültigkeit, sie sind nichts anderes als habituelle Regeln der Antizipation und der Erwartung, die auf gewöhnliche Situationen und Lebenshorizonte zugeschnitten sind, sie sind an diese Situationen und Lebenshorizonte eng gebunden und können ihre Grenze nicht überschreiten.

All das spricht nicht dagegen, daß im natürlichen Leben höherstufige Kulturformen wie die politische oder die mythisch-religiöse entstehen können, nur können diese Kulturformen die Naivität der natürlichen Einstellung nicht überwinden. Das Tun des Politikers ist auf das allgemeine Wohl und dadurch auch auf sein eigenes Wohl gerichtet, und d. h., es ist eng mit der Lebenspraxis verbunden. In der mythisch-religiösen Weltbetrachtung wird zwar die Welt als Totalität thematisch, Husserl fügt aber hinzu: "die Welt, d. h. hier natürlich die in der betreffenden Menschheit (etwa Nation) konkret-traditional geltende, also mythisch apperzipierte."[22] Die mythische Weltbetrachtung bleibt also an den Horizont der eigenen Kulturwelt gebunden. Außerdem wird sie "von der Praxis möglicherweise angeregt und ist dann selbst eine praktisch interessierte."[23]

Die Naivität des natürlichen Lebens wird also erst mit der philosophisch-wissenschaftlichen Einstellung verlassen. Diese kann sich mit den okkasionellen Wahrheiten der vorwissenschaftlichen Lebenspraxis nicht zufrieden geben, sie will die Wahrheit an sich erreichen, d. h. die unbedingte Wahrheit, die die Schranken der Lebenspraxis und ihrer engen Horizonte überschreitet und absolute Gültigkeit beansprucht. Aus diesem Grund darf sich das philosophisch-wissenschaftliche Denken von den Situationen des Alltagslebens nicht beeinflussen lassen; denn in diesem Fall wären seine Wahrheiten relativ auf diese Situationen. Das philosophisch-wissenschaftliche Denken muß sich von den Bedürfnissen der Praxis abkehren und ausschließlich nach reinen theoretischen Erkenntnissen streben.

In dieser Geisteshaltung wird der Mensch "zum unbeteiligten Zuschauer, Überschauer der Welt, er wird zum Philosophen."[24] Der Philosoph erstrebt nichts als die absolute Wahrheit, die allein auf den Einsichten der Vernunft beruht. Das Vorbild dieser Haltung in der Antike ist, wie Husserl schon in seinen früheren Schriften mehrfach betont hat, Platon. Platon hat das sokratische ethische Prinzip der Rechenschaftsabgabe auf das erkennende Leben übertragen, die Philosophie soll nach dem Platonischen Ideal eine Erkenntnis sein, "die in jedem Schritte und in jeder Hinsicht Endgültigkeit anstrebt, und zwar auf Grund wirklich betätigter Rechtfertigungen."[25]

In Befolgung dieser Forderung muß die Philosophie eine radikal kritische Haltung gegenüber der Alltagsempirie und gegenüber der Macht der Tradition und des Mythos einnehmen. Die philosophische Einstellung verhilft dem Menschen zur Befreiung von der Autorität der Traditionalität und des Mythos; der philosophisch eingestellte Mensch muß gegenüber jeder traditionalen Vorgegebenheit kritisch sein und darf keine vorgegebene Meinung fraglos annehmen. Der Philosoph darf nur diejenige Erkenntnisse akzeptieren, die er selbst in seiner persönlichen Erkenntnistätigkeit nach den Normen der freien Vernunft streng und vollständig begründet und gerechtfertigt hat.

Auch im natürlichen Leben rechtfertigt der Mensch sein Verhalten und legt Gründe für sein Tun vor. Diese Gründe sind aber in der Regel aus dem Horizont der praktischen Interessen geschöpft. Hingegen überwindet der Philosoph die Beschränktheit des natürlichen Lebens auf die praktischen Interessen, indem er sich einzig und allein der Autorität der Vernunft und ihren Prinzipien unterwirft. Eine Begründung, die sich auf die Prinzipien freier Vernunft stützt, hat den Charakter der Letztbegründung. Weil der Philosoph seine Einsichten aus den letzten Gründen rechtfertigt, kann er sie verantworten. So ermöglicht die philosophisch-wissenschaftliche Einstellung ein erkennendes Leben in Freiheit und Selbstverantwortung.

Die Auswirkung dieser Geisteshaltung bleibt aber nicht auf das Erkenntnisleben des Philosophen beschränkt, sondern sie erstreckt sich auf alle Lebensbereiche einschließlich der Lebenspraxis der Einzelnen und der Gemeinschaft. Denn jede Einstellung stiftet einen habituell festen Lebensstil, der alle Kulturformen durchdringt und orientiert. Außerdem ist die Philosophie als Erkenntnis aus Selbstverantwortung dazu berufen, das praktische Leben des Menschen zu gestalten, und sie muß es auf Grund der Normen und Prinzipien der freien Vernunft tun.

Hier ist einem Mißverständnis vorzubeugen. Wir haben eben gehört, daß die philosophisch-wissenschaftliche Einstellung durch die Abkehr vom Alltagsleben und seinen praktischen Bedürfnissen charakterisiert ist und daß der Philosoph die Stellung des 'unbeteiligten Zuschauers' einnehmen muß. In welchem Sinne und mit welchem Recht erwartet Husserl dann aber von der Philosophie eine Beteiligung an der Praxis und eine Gestaltung des praktischen Lebens?

Mit der Abkehr von der Praxis und der Einnahme der Stellung des unbeteiligten Zuschauers meint Husserl, daß die Philosophie ihre Erkenntnisse nicht aus den praktischen Lebenssituationen gewinnen darf; denn mögen die Situationswahrheiten auch für die engen Horizonte bestimmter Lebenserfahrungen gelten, so sie sind doch relativ auf diese Situationen und können deshalb keine unbedingte Gültigkeit beanspruchen. Weil die Philosophie zur unbedingten Wahrheit vordringen will, muß sie sich von den Lebenssituationen des Alltags ablösen und ihre Erkenntnisse aus freier Vernunft gewinnen. Das meint aber nicht, daß die Philosophie kein Interesse für das menschliche Leben habe; die echte Philosophie ist, so Husserl, "keine theoretische Liebhaberei der Menschheit."[26] Hat die Philosophie ihre Wahrheiten aus den Einsichten freier Vernunft gewonnen und hat sie diese Wahrheiten in voller Klarheit und Allgemeinheit begründet und gerechtfertigt, so kann sie nun in das ganze praktische

Leben eingreifen, und ihre Wahrheiten können Normen werden, nach denen das menschliche Leben gestaltet werden soll.

Husserl bezeichnet die philosophisch-wissenschaftliche Einstellung als nicht-praktisch und praktisch zugleich. "Praktisch" ist diese Einstellung aber in einem besonderen Sinne. Husserl schreibt: "Die aufkommende universal gerichtete theoretische Einstellung ist in diesem allgemeinen und bisher ausschließlich die Menschen bestimmenden Sinn unpraktisch. Andererseits ist sie doch, aber in einem völlig neuen Sinne, praktisch."[27] Die Philosophie ist in dem Sinne unpraktisch, daß sie die absolute Wahrheit erstrebt, die abgesehen von allen praktischen Abzweckungen gilt. In diesem Sinne ist z. B. die Einstellung der Sophistik praktisch, weil sie die Möglichkeit der absoluten Wahrheit leugnet und zugleich die Begriffs- und Argumentationsbildung der Philosophie als eine für die politische Rhetorik nützliche Kunst betrachtet[28]. Andererseits ist aber die Philosophie praktisch in dem Sinne, daß jede aus den Einsichten der freien Vernunft gewonnene Wahrheit zur Norm des praktischen Handelns des Einzelnen und der Gemeinschaft wird. In diesem Sinne ermöglicht die Philosophie ein praktisches wie ein theoretisches Leben des Einzelnen und der Gemeinschaft in voller Freiheit, Selbstrechtfertigung und Selbstverantwortung.

Freilich unterwirft sich auch der Mensch des vorwissenschaftlichen Lebens bestimmten Normen, nur sind diese Normen, wie die Wahrheiten des natürlichen Lebens, relativ, sie sind auf enge Horizonte beschränkt und ihre Gültigkeit überschreitet nicht die Grenzen der Familie, des Stammes oder der Nation. Dagegen sind die Normen des philosophischen Lebens, weil sie aus den Einsichten der freien Vernunft gewonnen sind, nicht relativ. Sie haben eine unbedingte Gültigkeit und gelten als ideale Normen. Hier berührt Husserl einen wichtigen Charakter der philosophischen Kultur, sie ist eine Ideenkultur, sie erzeugt ideale Erwerbe, Ideen. Ideen bergen in sich intentionale Unendlichkeiten. Mit der Entdeckung von unendlichen Ideen und Aufgaben wird der Mensch zu einem neuen Menschen, er lebt nicht mehr in einem begrenzten Horizont, sein Interesse richtet sich nun auf das Weltall, auf den Universalhorizont des menschlichen Lebens.

Mit dem wissenschaftlich-philosophischen Denken befreit sich der Mensch von der Befangenheit in den engen Horizonten des praktischen Lebens und in der Traditionalität der eigenen Kulturwelt. Das Interesse des Menschen bleibt nicht mehr beschränkt auf die nächsten Aufgaben des alltäglichen Lebens und auf den nächsten Welthorizont. Sein Blick wird frei für das Weltall. Damit gewinnt die menschliche Kultur eine neue Zeitlichkeit, eine neue Historizität, die ins Unendliche offen ist und die Grenze der Generation oder der heimatlichen Nation nicht kennt, es verbreitet sich "ein besonderes Menschentum, das, in der Endlichkeit lebend, auf Pole der Unendlichkeit hinlebt."[29]

Damit erhebt sich die Frage: Wie ist die Entstehung der philosophisch-wissenschaftlichen Einstellung motiviert? Was veranlaßt die ersten Philosophen, das natürliche Leben zu verlassen und in die philosophisch-wissenschaftliche Einstellung überzugehen? Platon und Aristoteles folgend sieht Husserl den Ursprung der philosophischen Einstellung in der Haltung des *thaumázein*. In dieser Haltung kehrt sich der Mensch von allen praktischen Interessen ab und wird rein theoretisch interessiert, er erstrebt nichts anderes als die reine *theoria*. Auch Heidegger führt die Entstehung des philosophischen Denkens auf die Stimmung des *thaumázein* zurück, aber er fragt nicht nach ihrer Motivation; denn das *thaumázein* entzieht sich, wie jede Grundstimmung, der Erklärbarkeit. Dagegen sucht Husserl die faktische Motivation zu dieser Haltung "im konkreten Zusammenhang geschichtlichen Geschehens."[30]

Das Staunen der ersten griechischen Denker wird nach Husserl durch ihre Entdeckung der Relativität ihrer eigenen Kulturwelten erweckt. Durch den Verkehr der Griechen mit fremden Menschen und Völkern[31] konnten sie bemerken, daß die fremden Völker andere Kulturwelten mit anderen Lebensformen, politischen Einrichtungen, Sitten und mythisch-religiösen Vorstellungen hatten. Die Erfahrung der Diversität der nationalen Kulturen erweckt die Überzeugung, daß die eigene Kultur relativ ist und daß sie ihren Sinn aus der eigenen Tradition und Geschichtlichkeit hat. In der Haltung des *thaumázein* durchbricht der Mensch die Befangenheit in seiner eigenen Kultur. "Die Intention geht auf Gewinnung allgemeiner Gedanken, die das in seiner Endlosigkeit und Unbekanntheit rätselvolle Universum verständlich machen könnten."[32]

An dieser Stelle gilt es darauf aufmerksam zu machen, daß nach Husserl die Wurzeln der Haltung des *thaumázein* und des theoretischen Interesses in der Neugier des natürlichen Lebens liegen. Das *thaumázein* ist nach Husserl eine Abwandlung der Neugier[33]. In dieser Sache vertritt Heidegger die entgegengesetzte Auffassung, für ihn ist die Neugier eine uneigentliche, zur Verfallenheit gehörige Stimmung und hat deshalb mit dem *thaumázein* als bewunderndem Betrachten des Seienden nichts zu tun. Natürlich sieht auch Husserl den großen Unterschied zwischen dem *thaumázein* und der Neugier. Er schreibt: "Das *thaumázein*, das theoretische Interesse, ist nicht eine bloße erweiterte Neugier, eine ins Grenzenlose, in die konkrete endlos weite Umwelt sich ergießende Neugier, dieses umweltliche Ganze kennenzulernen."[34] Das *thaumázein* hat ein anderes Thema als die Neugier; denn das *thaumázein* geht auf die Welt als Welt ein und ist nicht interessiert am Kennenlernen der umweltlichen Dinge und Umstände.

Doch trotz dieses Unterschiedes betrachtet Husserl das *thaumázein* als eine Abwandlung der Neugier, weil auch die Neugier des natürlichen Lebens die Schranken der praktischen Interessen überschreiten kann. "Die Neugier (hier nicht als habituelles 'Laster') ist auch eine Abwandlung, ein Interesse, das sich der Lebensinteressen enthoben, sie fallen gelassen hat."[35] So gibt es nach Husserl im natürlichen vorwissenschaftlichen Leben Tendenzen zur Befreiung von den praktischen Interessen und Situationen, in denen der Mensch von der alltäglichen Lebenspraxis Abstand nimmt und sich einer 'spielerischen Umschau'[36] hingibt. Aus diesem Grund kann man sagen, daß sich der Übergang in die philosophische Einstellung schon im natürlichen Leben vorbereitet. Das menschliche Bewußtsein ist seiner intentionalen Struktur nach auf Vernunft und Evidenz angelegt, und die extreme Erfüllung dieser Tendenz ist die Philosophie als Wissenschaft aus Letztbegründung. Diese extreme Erfüllung kann aber erst mit dem Verlassen der natürlichen Einstellung durch einen Bruch mit ihr zustande kommen.

2. Schritt der Analysen

Damit komme ich zum zweiten Schritt von Husserls geschichtlicher Analyse zur europäischen Wissenschaft. Die Idee der Philosophie als Universalwissenschaft, die bei den Griechen urgestiftet wurde, liegt den Bemühungen des europäischen Menschentums um die freie Gestaltung seines Daseins in der Renaissance zugrunde. Bei ihrer Durchführung erfährt sie aber eine tiefgreifende Sinnwandlung, die sich schon bei Galilei meldet. Galilei lag die 'fertige' Geometrie vor. Begeistert von ihren theoretischen und praktischen Erfolgen, sieht er in ihrer Methode das Vorbild wissenschaftlichen Denkens. Dieser voreilige Glaube, der für die neuzeitliche Wissenschaft und Philosophie verhängnisvoll war, ist darauf zurückzuführen, daß sich Galilei keine Mühe gab, die fertige Geometrie nach ihren Urevidenzen zu befragen und auf ihre schöpferischen Leistungen und ursprünglichen Motivationen zurückzugehen.

Für die phänomenologische Analyse, die sich nicht nur für das interessiert, was die Wissenschaftler ausdrücklich gedacht und getan haben und was ihnen bewußt war, sondern vor allem für das, was im Horizont ihres Denkens und Tuns lag und ihren Blick stillschweigend geleitet hat, - für diese Analyse ist die geschichtliche Rückbesinnung auf die griechische Geometrie unerläßlich zur Enthüllung der Galileischen Gedankenbildung und zum Verständnis der neuzeitlichen Wissenschaft und Kultur.

Ich habe schon erwähnt, daß Husserl die Einzelwissenschaften als Zweige der Philosophie als Universalwissenschaft versteht. Die Einzelwissenschaften können erst dann entstehen, wenn die philosophische Intention und das rein theoretische Interesse entstanden ist. Husserl wurde nie müde zu wiederholen, daß die griechische Geometrie aus dem Geist der Platonischen Philosophie hervorgegangen ist und daß Euklid ein Schüler von Platon gewesen war[37]. Zwar stützt sich die Geometrie auf die lebensweltlichen Evidenzen und die vorwissenschaftlichen Erkenntnisse, die aus den Bedürfnissen der Lebenspraxis entstanden sind. Aber der Durchbruch der Geometrie als theoretischer Wissenschaft wäre ohne Philosophie unmöglich gewesen, und das nicht aus faktischen, sondern aus Wesensgründen. Zur Verdeutlichung seien zwei Hinweise gegeben:

Der erste Hinweis betrifft die Notwendigkeit des theoretischen Interesses für die Entstehung der exakten Erkenntnis. Der Mensch des natürlichen Lebens hat immer schon vorwissenschaftliche Erkenntnisse von den Dingen seiner Umwelt und ihren Eigenschaften, diese Erkenntnisse sind durch die Lebenspraxis motiviert und entbehren der Exaktheit und der Genauigkeit. Das gilt auch für die vorwissenschaftliche Erkenntniss der abstrakt gefaßten Raumgestalten der anschaulichen Dinge. Man erzeugt Raumgestalten, operiert mit ihnen, gewinnt praktische Erkenntnisse über ihre Eigenschaften und bemerkt konstante Verhältnisse zwischen einigen von ihnen. Diese Erkenntnisse werden allmählich verbessert und vervollkommnet, aber im vorwissenschaftlichen Leben bleiben sie immer vage und ungenau. Die vorwissenschaftliche Erkenntnistätigkeit ist zwar auch auf die Wahrheit gerichtet, aber sie gibt ihre Intention auf Erfüllung auf, sobald sich die gewonnenen Erkenntnisse für die Befriedigung der praktischen Bedürfnisse als genügend erweisen. Der Prozeß der Verbesserung und Vervollkommnung der vorwissenschaftlichen Erkenntnisse bricht ab, wenn diese für die Erreichung der gesetzten praktischen Zwecke ausreichen, auch wenn noch Möglichkeiten der Vervollkommnung im Horizont dieser Erkenntnisse vorgezeichnet sind. Die Ungenauigkeiten und Unklarheiten, die notwendigerweise der vorwissenschaftlichen Erkenntnis anhaften, stören in der Regel nicht den Gang der alltäglichen Lebenspraxis; denn entweder werden sie gar nicht bemerkt, oder sie können ohne weiteres geduldet werden.

Im praktischen Leben besteht also keine Motivation, diese Ungenauigkeiten und Unklarheiten völlig zu beseitigen. Solange die Erkenntnistätigkeit durch die Lebenspraxis motiviert ist, kann die absolute Genauigkeit und Exaktheit nicht erstrebt, geschweige denn erreicht werden. Damit die Erkenntnistätigkeit das Genaue und Exakte für sich erstrebt, muß ein Umschlag des Interesses auftreten, es muß ein theoretisches Interesse entstehen und damit eine Distanzierung des Menschen von der alltäglichen Lebenspraxis vollzogen werden. Die Haltung, in der der Mensch rein theoretisch interessiert ist und nichts als die Wahrheit an sich erstrebt, ist, wie oben gezeigt, eine Leistung der philosophischen Kultur. Erst mit der philosophischen Einstellung werden die Grenzen, die die Lebenspraxis der Erkenntnistätigkeit aufzwingt, aufgehoben und der absoluten wissenschaftlichen Erkenntnis die Bahn gebrochen. Husserl schreibt "Das Genau, Exakt ist im praktischen Leben durch den Zweck bestimmt, das 'Gleich' ist gleichgültig für diesen Zweck, für den es irrelevante Differenzen geben kann, die nicht mitzählen. Hier konnte unter Ausschluß aller praktischen Begrenzung die Idee des absoluten Gleich, des mathematisch exakten gebildet werden."[38] Das Streben nach der exakten wissenschaftlichen Erkenntnis kann sich also erst mit der Befreiung des Menschen von den interessenbedingten Horizonten des Alltags und mit der Entstehung des rein theoretischen Interesses bilden.

Der zweite Hinweis betrifft die Notwendigkeit der Idealisierung für die Entstehung der exakten Erkenntnis. Die Vervollkommnung unserer Vorstellungen von den Dingen und ihren Eigenschaften - für unseren Zusammenhang von ihren abstrakt gefaßten Raumgestalten - kann immer wieder fortgesetzt werden. Jede hergestellte Gestalt kann wieder vervollkommnet werden, aber jede auf diesem Wege hergestellte Gestalt bleibt unvollkommen. In der Erfahrung kann man vollkommene Gestalten nicht erreichen, - auch dann nicht, wenn man auf die Phantasie rekurriert. Zwar hat man in der Phantasie eine große Freiheit, und man kann willkürlich neue Gestalten bilden. Aber weil die Phantasie eine Modifikation der Wahrnehmung ist, kann sie die Schranken der Sinnlichkeit nicht überschreiten, sie kann keine streng genaue Bestimmung der Raumgestalten leisten. Die in der Wahrnehmung oder in der Phantasie gegebenen Gestalten bleiben dem Stil des 'Ungefähren' verhaftet, da jede Bestimmung in einem offenen Horizont möglicher näherer Bestimmungen steht.

Mit dieser Art der Bestimmung der Raumgestalten kann sich die wissenschaftliche Geometrie nicht zufrieden geben. Die Geometrie erstrebt exakte Erkenntnisse, und deshalb muß ihre Bestimmung der Raumgestalten eindeutig sein, d. h. sie darf nur mit Gestalten operieren, die mit sich selbst identisch sind. Die wahrgenommenen oder phantasierten Gestalten sind aber mit sich selbst nicht streng identisch; "nur Ideale haben eine strenge Identität."[39] Die Geometrie befaßt sich also mit idealen Gestalten, mit Ideen; Ideen kann man aber nicht durch Wahrnehmung und Phantasie erzeugen. "Ideen entspringen durch eine eigenartige Geistesleistung: durch Idealisierung"[40] Die Ideen sind intentionale unendliche Einheiten, und deshalb kann die Idealisierung nur in einer Kultur entstehen, die auf die Pole der Unendlichkeit hinstrebt und sich unendliche Aufgaben stellt. Der Idealisierungsprozeß - und da ist Husserl eindeutig - kann nur im Rahmen einer Ideenkultur entstehen[41]. Der Idealisierungsprozeß geht von der Philosophie aus und verbreitet sich auf die Einzelwissenschaften wie auf den Bereich der ethischen Normen und Werte.

Diese Hinweise bestätigen, daß die Entstehung der Einzelwissenschaften sich der philosophischen Einstellung verdankt. Husserl hat mehrmals betont, daß die exakte Erkenntnis der idealisierenden Wissenschaft in der alltäglichen Lebenspraxis motiviert ist und daß sie die Evidenzen und Erkenntnisse des vorwissenschaftlichen Lebens in Anspruch nimmt. Damit meint er aber nicht, daß die wissenschaftliche Erkenntnis allein durch die Verbesserung und Vervollkommnung der vorwissenschaftlichen Erkenntnis der Alltagspraxis entstehen könnte. Mit anderen Worten, es gibt nach

Husserl keine lineare kontinuierliche Entwicklung von der vorwissenschaftlichen zur wissenschaftlichen Erkenntnis. Ist einmal das Interesse an reiner theoretischer Erkenntnis da und ist man von den interessenbedingten und beschränkten Lebenshorizonten befreit, so kann man nun die vorwissenschaftlichen Evidenzen in Anspruch nehmen und sie in exakte Erkenntnisse überführen.

Da man bemerkt, daß wissenschaftliche Forschung durch praktisch-technische Interessen geleitet sein kann, ist man verführt zu glauben, die wissenschaftliche Erkenntnis sei unmittelbar aus der vorwissenschaftlichen Praxis entstanden. Für Husserl aber ist das vorwissenschaftliche Leben durch die Bedürfnisse der Lebenspraxis bedingt und durch die konkrete Erfahrung geleitet, es hat also ursprünglich kein Interesse an der objektiv gültigen Wahrheit. Ein Interesse des praktischen Lebens an der objektiven Wahrheit zeigt sich erst dann, wenn die theoretische Wissenschaft schon entstanden ist und ihre objektiven Erkenntnisse sich als nützlich für die Praxis erwiesen haben.

In diesem Zusammenhang schreibt Husserl: "Denn was zuerst das theoretische Interesse erregt, ist nicht der Erfahrungskreis, in dem das tägliche Handeln und Wirken verläuft. Diese konkrete Praxis hat noch kein Bedürfnis nach einer Wissenschaft. Erst schon ausgebildete und technisch fruchtbar sich erweisende Wissenschaft erweckt von der Praxis her wissenschaftliches Bedürfnis."[42] Nun wissen wir, daß sich die theoretische Geometrie vor allen anderen Einzelwissenschaften ausgebildet hat und daß der Idealisierungsprozeß der Raumgestalten schon bei den Griechen eine hohe Stufe erreicht hat. Deshalb stellt sich die Frage: Was motiviert das Bewußtsein zur Idealisierung der Raumgestalten? Und warum werden die Raumgestalten vor den anderen Eigenschaften der Dinge idealisiert?

Das Leben des natürlichen Menschen spielt sich in einer natürlichen Umwelt ab, die ihn ebenso wie anderes Seiende umfaßt. Der Mensch und das ihn umgebende Seiende haben Körperlichkeit. Gewiß erschöpft die Körperlichkeit nicht das ganze Sein von allem Seienden. Menschen, Tiere und Kulturobjekte sind keine bloßen Körper; das ändert aber nichts daran, daß sie eine körperliche Unterlage haben, aufgrund deren sie im Raume lokalisiert werden können. Alles, was dem natürlichen Menschen in seiner Umwelt erscheint, hat also Körperlichkeit. Von daher ist es nicht zufällig, daß der Mensch seine Aufmerksamkeit zuerst auf die Körperlichkeit gerichtet hat. Die alltägliche Welterfahrung zeigt dann, daß die Körper Raumgestalten haben, "auf sie bezogen 'stoffliche' Qualitäten (Farbe, Wärme, Schwere, Härte usw.)"[43] Ferner sind überall praktische Interessen mit der Gestaltseite der Dinge verbunden, z. B. die Verrichtung der Aufrisse für Bauten, die Ausmessung von Feldern, von Weglängen usw.[44] Das Interesse an den Raumgestalten wird also durch die vorwissenschaftliche Welterfahrung und die Bedürfnisse der Lebenspraxis geweckt. So werden vorwissenschaftliche Erkenntnisse über die Raumgestalten gewonnen und praktische Künste erfunden, die die Erzeugung der Raumgestalten und den Umgang mit ihnen ermöglichen und erleichtern.

Die Bestimmung der Raumgestalten in der vorwissenschaftlichen Erfahrung ist, wie schon gesagt, nicht eindeutig und exakt. Sie wird freilich durch den Fortschritt der praktischen Künste verbessert und vervollkommnet. Aber durch die Vervollkommnungspraxis können die idealen Gestalten, die das Gebiet der theoretischen Geometrie ausmachen, nicht erreicht werden, obwohl diese Praxis, wenn einmal das theoretische Interesse da ist, die Erzeugung der idealen Gestalten motivieren kann. Auch die Phantasie vermag nicht, ideale Gegenstände zu schaffen: "Die Phantasie kann sinnliche Gestalten nur wieder in sinnliche Gestalten verwandeln."[45] Husserl hat die Rolle der Phantasie als Lebenselement der Geometrie und aller eidetischen Wissenschaften betont, da der Geometer in der Phantasie "die unvergleichliche Freiheit in der willkürlichen Umgestaltung der fingierten Figuren, in der Durchlaufung kontinuierlich modifizierter möglicher Gestaltungen"[46] hat.

Trotz dieses Vorteils ist die Phantasie nicht in der Lage, ideale Gestalten zu erzeugen; sie kann nur anschauliche, für die Erzeugung der idealen Gestalten gut geeignete Unterlagen liefern. Die Gestalten in der Wirklichkeit wie in der Phantasie sind nur in Gradualitäten denkbar. Die Idealgestalten können, wie schon gesagt, nur durch die besondere Leistung der Idealisierung erzeugt werden. Was versteht Husserl nun aber unter Idealisierung, und wie geht sie vonstatten?

Die Vervollkommnungspraxis ermöglicht die genauere Darstellung der anschaulichen Raumgestalten. Die daraus resultierten Gestalten können abermals genauer dargestellt werden usw. Jede erzeugte Gestalt kann noch genauer bestimmt werden, ohne daß man in der Praxis die vollkommene Genauigkeit und auf diese Weise mit sich selbst identische Gestalten erreichen könnte; denn diese sind in der Unendlichkeit liegende und daher in der Praxis nie zu erreichende Pole. Die idealen Gestalten fungieren im Prozeß der Vervollkommnung der anschaulichen Gestalten als Limes-Gestalten, als Ideale oder ideale Möglichkeiten. In der Idealisierung wird die unendliche Reihe der Fortführung der Vervollkommnung der Gestalten als durchlaufen gedacht[47] und werden jene in der Unendlichkeit liegenden Limes-Gestalten vergegenständlicht. Dadurch entstehen geometrische Idealitäten, die eine absolute Identität haben und Substrate von absolut bestimmbaren Eigenschaften sind.

Der Idealisierungsprozeß kann im vorwissenschaftlichen Leben aus den schon genannten Gründen nicht zustande kommen. Aber es darf nicht übersehen werden, daß die Idealisierung nur aufgrund der Gegebenheiten der vorwissenschaftlichen Lebenserfahrung möglich ist. Die Evidenzen der anschaulichen Welt bilden das Material und die Grundlage der Idealisierung. Sobald aber die idealen Gestalten erzeugt sind und durch Sprache und Schrift sinnliche Verkörperung gewonnen haben, besteht die Möglichkeit des Umgangs mit ihnen ohne Rückgang auf den Prozeß ihrer Sinnbildung. Sie werden zu habituell verfügbaren Erwerben, und ihre Bedeutungen werden in ihren sinnlichen Verkörperungen sedimentiert.

Im Laufe des Umgangs mit den idealisierten Raumgestalten wird auffällig, daß einige von ihnen - wie die gerade Strecke und der Kreis - eine ausgezeichnete Rolle spielen. Ihre Auszeichnung liegt darin, daß sie als Material für die Erzeugung neuer Idealgestalten fungieren können. Dadurch ergibt sich die Möglichkeit, mittels einer kleinen Zahl von idealen Grundgestalten alle erdenklichen Idealgestalten ins Unendliche a priori zu konstruieren und ihre Eigenschaften eindeutig zu bestimmen. Damit eröffnen sich dem Idealisierungsprozeß neue immense Möglichkeiten der Fortführung, da er nicht mehr unmittelbar auf anschauliche Gegebenheiten angewiesen ist. Demnach werden zuerst Idealgestalten aus anschaulichen Gestalten erzeugt, dann werden die Idealgestalten selbst zum Material für die Erzeugung neuerer Idealgestalten; Husserl beschreibt das als "operative Konstruktion von Ideengebilden aus vorgegebenen Ideen."[48] So wird das Bewußtsein von den Schranken der anschaulichen Gegebenheit befreit.

Hier bemerkt Husserl, daß die Verfahrensweise der theoretischen Geometrie - wie auch am Begriff "Geometrie" abzulesen - auf die der Feldmeßkunst zurückverweist. Das Wesen der Feldmeßkunst besteht in der Erzeugung einfacher Gestalten, die als Maßeinheiten für die großen und unregelmäßig aussehenden Flächen fungieren sollen. Auch hier werden die komplizierten Gestalten auf der Grundlage einfacherer Gestalten rekonstruiert und bestimmt. Deshalb kann Husserl sagen, daß die Feldmeßkunst das Sinnesfundament der Geometrie und daß die theoretische Geometrie eine idealisierte Meßkunst ist. Aber bald "wird die weltentfremdete ideale Geometrie zur 'angewandten' und so in einer gewissen Hinsicht zu einer allgemeinen Methode der Erkenntnis von Realitäten."[49] Die reinen theoretischen Erkenntnisse der Geometrie, die sich auf die idealen Gestalten beziehen, werden also zu einem Mittel für die Erkenntnis der realen Raumgestalten und für das Operieren mit ihnen. Die theoretische Geometrie wird zum Mittel für die Praxis der Meßkunst, und das hat eine erhebliche Steigerung der Genauigkeit der Messung zur Folge. Die praktischen Leistungen und Erfolge der idealisierenden Geometrie lassen die der praktischen Meßkunst weit hinter sich.

3. Schritt der Analysen

Der dritte und entscheidende Schritt der Entwicklung der europäischen Wissenschaft ist die Entstehung der Idee der Mathematisierung der Natur bei Galilei. Für den Nachvollzug von Husserls geschichtlicher Auslegung und das Verständnis der Sinnbildung der neuzeitlichen Naturwissenschaft ist von den letzten Betrachtungen zweierlei festzuhalten:

Erstens: die geometrischen Idealitäten, deren Existenz für uns wie für Galilei eine Selbstverständlichkeit ist, sind Sinngebilde; sie sind Produkte einer aktiven sinngebenden Leistung des intentionalen Bewußtseins, die Husserl Idealisierung nennt. Zwar unterscheidet sich die Idealisierung grundsätzlich von den Leistungen des vorwissenschaftlichen Lebens. Aber das ändert nichts daran, daß die geometrischen Idealitäten Sinneinheiten sind, die im Fluß des intentionalen Bewußtseins konstituiert sind.

Zweitens: Der Akt der Idealisierung geht von den Gegebenheiten des vorwissenschaftlichen Lebens aus, die anschaulichen Gegebenheiten der Lebenswelt sind die Sinnquelle der wissenschaftlichen Leistungen der Geometrie. Aus den anschaulichen Raumgestalten, die nur in einer unendlichen Mannigfaltigkeit von subjektiv-relativen Darstellungen gegeben sind, erzeugt die Methode der Idealisierung exakte und objektive Idealgestalten, die in strenger Eindeutigkeit bestimmt sind.

Diese Zusammenhänge, die Husserl aus der geschichtlichen Rückbesinnung auf die Motivationsquelle der Geometrie einsichtig macht, werden in der normalen Einstellung des positiven Wissenschaftlers nicht sichtbar. Die Abhängigkeit der geometrischen Idealitäten von der Leistung der Idealisierung einerseits und von den anschaulichen Gegebenheiten der Lebenswelt andererseits wird vergessen. Wie ist diese Vergessenheit möglich?

Aufgrund der Sinnsedimentierung und der sinnlichen Verkörperung der konstituierten Einheiten verfügt das Bewußtsein habituell über Sinneinheiten als Erwerbe, es kann mit ihnen jederzeit operieren und sie als Grundlage für neue Sinnbildungen in Anspruch nehmen. Dabei braucht es aber nicht den Prozeß ihrer Bildung zu vergegenwärtigen, es verfügt über sie als fertige Einheiten. Ich kann z. B. eine Überzeugung, die ich selbst gebildet oder intersubjektiv gewonnen habe, vergegenwärtigen, sie als meine Überzeugung betrachten und in ihr leben; dafür brauche ich nicht den Prozeß ihrer Sinnbildung Schritt für Schritt zu reaktivieren. Ich kann die spezifischen Eigenschaften von Kulturobjekten verstehen "ohne jedes Wiederanschaulichmachen dessen, was solchen Eigenschaften ihren eigentlichen Sinn gab."[50]

So verhält es sich auch mit den wissenschaftlichen Erwerben; die aktive sinngebende Leistung gerät in Vergessenheit, während die erzeugten Erwerbe dem Bewußtsein verfügbar bleiben. Im Fortschreiten der wissenschaftlichen Erkenntnis werden die durch die Idealisierung erzeugten Erwerbe zum Material für die Erzeugung neuerer Erwerbe. Auf der Grundlage von idealen Grundgestalten werden neue Gestalten a priori konstruiert und eindeutig bestimmt, und dabei hat es der Theoretiker nicht nötig, sich unmittelbar auf die entsprechenden anschaulichen Gegebenheiten zu stützen. So entsteht ein Reich der objektiven Idealitäten, eine 'Sonderwelt' der Geometer, und das ermöglicht ein geistiges Hantieren ohne Rückgang auf die anschauliche Welt.

Weil die Sinnbezogenheit der geometrischen Idealitäten auf die Leistung der Idealisierung einerseits und auf die subjektiv-relativen Gegebenheiten der anschaulichen Welt andererseits dem Blick der positiv eingestellten Wissenschaftler entgeht, entsteht der Schein, die Idealitäten besäßen ein *An-sich-Sein*, welches das Bewußtsein transzendiert. Eben dies ist die Grundhaltung des Objektivismus, den Husserl für die Krise der neuzeitlichen Wissenschaften und ihren Bedeutsamkeitsverlust verantwortlich macht, zumal die mathematische Physik, die als Vorbild für alle neuzeitlichen Natur- und Geisteswissenschaften und auch für die Philosophie genommen wird, ihr Sinnesfundament in der idealisierenden Geometrie hat. Die Sinnüberdeckungen und -verschiebungen der Geometrie gehen in die mathematische Naturwissenschaft ein.

Die Vermeidung des neuzeitlichen Objektivismus wäre nach Husserl nur möglich gewesen, wenn Galilei die Geometrie, die ihm als 'fertige Tradition' vorlag, einer Auslegung ihres Sinnes unterzogen hätte und wenn er die Abhängigkeit der mathematischen Idealitäten von der Leistung der Idealisierung und von den anschaulichen Gegebenheiten gesehen hätte. Das war aber in Galileis Zeit kaum möglich, weil die ursprünglichen Leistungen und Motivationen der Geometrie schon lange nicht mehr lebendig waren. Die Geometrie, die Galilei als fertige Tradition vorlag, hatte sich so weit von den anschaulichen Gegebenheiten der lebensweltlichen Erfahrung entfernt, daß er ihr anschauliches Fundament nicht sehen konnte. Aber, so kann man fragen, warum hatten sich nicht wenigstens die ersten Geometer diese Aufgabe gestellt, und warum hatten sie nicht bemerkt und festgehalten, daß sich die geometrischen Idealitäten der Methode der Idealisierung verdanken und daß die Idealisierung die subjektiv-relativen Gegebenheiten der anschaulichen Welt in Anspruch nimmt?

Husserls Antwort auf diese Frage ist die folgende: "Die logischen Höherbildungen reichten ... noch nicht so hoch hinauf, daß man nicht immer wieder auf den ursprünglichen Sinn hätte zurückgehen können."[51] Eine zusätzliche Antwort liegt in Husserls Hinweis, daß die Methode der Idealisierung aus praktischen Gründen ins Zentrum des Interesses trat. Für den praktischen Erfolg aber kam es nicht darauf an, die für die Methode sinngebende Leistung zu verstehen, sondern nur darauf, sie geschickt zu gebrauchen. So wurde die Geometrie zu einer kunstmäßigen Methode, die man durch Gewohnheit und Übung lernen konnte. Die idealisierende Geometrie wurde tradiert, und zugleich geriet ihre Sinn- und Motivationsquelle in Vergessenheit, und dies wurde dann nach Husserl der neuzeitlichen Wissenschaft und Philosophie zum Verhängnis.

Bisher haben wir die Idee der exakten und objektiven Erkenntnis der Naturvorgänge als eine Selbstverständlichkeit behandelt. Der Phänomenologe Husserl aber kann sich damit nicht zufrieden geben. Für ihn ist jede Selbstverständlichkeit durch Aktivität geworden, sie hat eine Geschichte, die enthüllt werden muß. Deshalb ist es sinnvoll zu fragen: Was motivierte Galilei zur Idee der objektiven Erkenntnis der Natur? Was war dabei eigentlich sein Ziel?

Um die Ausbildung der Gedanken von Galilei verständlich zu machen, zieht Husserl die Geisteshaltung der Renaissance in Betracht. Das europäische Menschentum in der Renaissance bemüht sich um die Erneuerung seines Daseins, es will sich vom Traditionalismus der Scholastik, von ihrer Weltsicht und ihren Vorurteilen befreien. Man möchte nicht mehr in den ererbten, selbstverständlich gewordenen Formen weiterleben, sondern sein Schicksal selbst in die Hand nehmen und sein Leben frei gestalten. Der Wille zu einem Leben aus den Normen der absoluten Vernunft in Freiheit und Selbstverantwortung beherrschte die Geistesbewegung der Renaissance. D. h. die Renaissance nahm die Idee der echten Philosophie und Wissenschaft, wie sie im Altertum urgestiftet worden war, wieder auf. "Die 'Renaissance' bezeichnet sich selbst nicht als Geburt einer schlechthin neuen, sondern als Wiedergeburt der antiken Kulturgestalt."[52]

Die antike Idee der echten Philosophie ist der Beweggrund des geistigen Entwicklungsgangs der Neuzeit und nicht zuletzt der positiven Wissenschaften, so paradox es auch klingen mag. So schreibt Husserl: "In unseren positiven Wissenschaften lebt diese Idee, ihrem historischen Ursprung gemäß, fort, wie wenig dieselben ihr vermöge der Art ihrer Grundlegung wirklich genügen."[53] Die Erfüllung der antiken Idee der Philosophie als Universalwissenschaft, die sich nicht mit der Einseitigkeit der Situationswahrheiten und der subjektiven Welterkenntnisse des natürlichen Lebens zufrieden gibt und nichts als die absolut strenge Wahrheit erstrebt, - das war die eigentlich treibende Intention Galileis ebenso wie der gesamten Geistesbewegung der Renaissance und der frühen Neuzeit. Diese Feststellung ist unabhängig davon, ob Galilei sich dieser in seinem Denken und Tun wirksamen Intention voll bewußt war oder nicht.

Nach dieser letzten Betrachtung können wir uns ein deutliches Bild von Husserls geschichtlicher Interpretation der neuzeitlichen Naturwissenschaft machen. Die Entstehung der mathematischen Naturwissenschaft wird nicht mehr als eine 'überzeitliche' Möglichkeit betrachtet, die im Horizont des intentionalen Bewußtseins liegt. Ebenso wird nicht mehr nach einer 'überzeitlichen' Motivation zur Konstitution der physikalischen Natur gefragt. Die Motivation zur Entstehung der wissenschaftlichen Haltung zur Natur wird nun in der Geschichte gesucht, und das in zwei Schritten. Zuerst wird die mathematische Naturwissenschaft auf die gesamte neuzeitliche Einstellung bezogen. Die Naturwissenschaft wird also erst aufgrund der neuzeitlichen Grundhaltung möglich, die alle Kulturerscheinungen der Neuzeit prägt. Dann wird die neuzeitliche Geisteshaltung selbst in ihrem Bezug zur gesamten europäischen Geschichte begriffen[54].

Die europäische Geschichte bildet also nach Husserl eine kulturelle Einheit, da das Ideal der echten Philosophie und Wissenschaft das Schicksal der europäischen Kulturentwicklung mitbestimmt hat. Die Parallelität dieser Auslegung mit der von Heidegger ist unverkennbar. Auch er interpretiert die mathematische Naturwissenschaft aus dem Hintergrund der neuzeitlichen Grundhaltung und diese erklärt er aus ihrem Zusammenhang mit der europäischen Geschichte, die für ihn ja von der Metaphysik getragen ist.

Während Heidegger aber die neuzeitliche Naturwissenschaft eindeutig als eine Gestalt der Metaphysik betrachtet, meint Husserl, daß diese Wissenschaft die ursprüngliche Idee der Philosophie nicht erfüllt. Denn bei der Durchführung dieser Idee erfährt sie, so Husserl, mehrmalige Sinnverfälschungen und -überdeckungen, die zum Aufkommen eines neuen Wissenschaftsideals führen. Es entsteht das Ideal der mathematischen Erkenntnis, in dem die Mathematik und nicht mehr die Philosophie die führende Funktion übernehmen soll, nicht nur für die positiven Wissenschaften, sondern auch für die Philosophie selbst. Die Verselbständigung dieses Ideals und die Vorbildlichkeit der mathematischen Erkenntnis ziehen verhängnisvolle Folgen nach sich: die Steigerung des Objektivismus, die Unterschiebung der Welt der logisch-mathematischen Konstruktionen für die wahre Welt, die Naturalisierung des Bewußtseins und die Hemmung des transzendental-subjektiven Motivs, das der neuzeitlichen Philosophie zugrunde lag.

Für die Diagnose der Krise der neuzeitlichen Wissenschaft und Kultur kommt es entscheidend darauf an, diese Phase der Entstehung der mathematischen Physik mit Galilei sorgfältig zu rekonstruieren, und nach der Motivation der sie begleitenden Sinnverdeckungen zurückzufragen. Es ist von höchster Bedeutung aufzudecken, wie Galilei auf die Idee der Mathematisierung der Natur kommen konnte. Diese Idee ist uns so selbstverständlich geworden, daß wir sie gar nicht erst auf den Gedanken kommen, sie für klärungsbedürftig halten. Aber alles Selbstverständliche ist nach Husserl geschichtlich geworden. Die Idee der Mathematisierung der Natur war für Galilei selbst nicht selbstverständlich, sie ist erst durch sein Denken und Tun zu einer Selbstverständlichkeit geworden. Deshalb ist es sinnvoll, nach der ursprünglichen Motivation und Sinnquelle dieser Idee zurückzufragen.

Lange vor der *Krisis*-Abhandlung hat Husserl mehrfach betont, daß die gewaltigen

Fortschritte der neuzeitlichen Physik der Anwendung der geometrischen Methode zu verdanken seien[55]. Das Verhältnis der Physik zur Geometrie war galt ihm immer als Vorbild des Verhältnisses, das zwischen den empirischen Wissenschaften und entsprechenden eidetischen Wissenschaften herrschen soll, da nur die eidetischen Evidenzen die Rationalisierung des Empirischen gewährleisten können. Die Geometrie richtet ihren abstraktiven Blick auf die Gestaltseite der konkreten Dinge. Mit der Methode der Idealisierung erzeugt sie Idealgestalten und erarbeitet geometrische Sätze, die für die realen Gestalten a priori gelten sollen. Wie allerdings die Anwendung der idealisierenden Methode nicht nur bei der Bestimmung der abstrakt gefaßten Gestaltseite der Dinge, sondern auch bei der Bestimmung der Dinge als konkreter Gegenstände geschichtlich motiviert ist, - diese Frage hat Husserl damals nicht gestellt, sie gelangt erst mit der Entdeckung der genetischen Konstitution vor seinen Blick.

In seiner bewußtseinsgeschichtlichen Analyse zur Entstehung der mathematischen Physik weist Husserl das Zusammenspiel zwischen der antiken Idee der strengen Erkenntnis einerseits und den Evidenzen der anschaulichen Welt und den Motivationen der Lebenspraxis andererseits auf.

Die Neuzeit beginnt, wie schon gesagt, "als Renaissance der Platonischen Intentionen."[56] Diese Intentionen haben die Ausbildung von Galileis Gedanken mitbestimmt. Galilei erstrebt eine strenge Naturerkenntnis, die die Relativität der subjektiven Auffassungen überwindet. Diese Relativität ist uns im vor- und außerwissenschaftlichen Leben vertraut. Wir erfahren alltäglich, daß unsere Auffassungen der Dinge mit den Auffassungen der anderen Mitsubjekte nicht immer übereinstimmen. Unstimmigkeit kann auch zwischen unseren eigenen Auffassungen in verschiedenen Zeiten oder Situationen auftreten. Deshalb ist die Korrektur unserer Auffassungen durch eigene oder intersubjektive Erfahrung prinzipiell nicht auszuschließen. Der Idee der strengen Erkenntnis entsprechend, will Galilei diese Relativitäten beseitigen und die absolute Wahrheit der Natur und der Dinge, die in allen Situationen gilt, erreichen. Wie aber ist das möglich, obwohl sich uns die Naturkörper und die Dinge wesensmäßig in einer unendlichen Mannigfaltigkeit von subjektiven Gegebenheitsweisen darstellen und sich demzufolge einer absolut exakten Bestimmung entziehen?

Begreiflicherweise sieht Galilei in der idealisierenden Methode der Geometrie den angemessenen Weg zur exakten Bestimmung der Dinge und zur exakten Naturerkenntnis; denn die Geometrie hat schon zweierlei geleistet: Zuerst hat sie aus den subjektiv-relativen Gegebenheiten der anschaulichen Gestalten mittels der Idealisierung Idealgestalten erzeugt, die in absoluter Objektivität und Exaktheit bestimmt sind; mit diesen nunmehr erzeugten Idealgestalten kann man operieren, neue Idealgestalten konstruieren, sie in absoluter Exaktheit bestimmen usw. Zweitens wurde die idealisierende Geometrie auf die empirische anschauliche Welt angewandt, und das hat große praktische Erfolge erbracht. Die idealisierende Geometrie überholt in der Genauigkeit ihrer Konstruktionen und induktiven Voraussichten alle praktischen Meßkünste. Allerdings bleiben diese Erfolge beschränkt auf die abstraktiv gefaßte Gestaltseite der Dinge.

Diese beiden Leistungen machen die Geometrie in den Augen Galileis zum Vorbild für die Naturwissenschaft. Aber, so läßt sich fragen, kann denn die geometrische Methode ohne weiteres auf die Naturvorgänge, auf die Dinge als konkrete Gegenstände angewandt werden? Damit wir mit Husserl Galileis Gedankengang verstehen, müssen wir darauf achten, wie uns die Dinge in der alltäglichen Erfahrung gegeben sind.

In der anschaulichen Welt begegnen uns die Dinge in einem allgemeinen Kausalstil. Die Dinge und ihre Veränderungen treten nicht willkürlich miteinander und nacheinander auf, sondern sie verhalten sich nach Gewohnheiten. Die Kausalität ist nicht eine Entdeckung der wissenschaftlichen Erkenntnis, sondern sie gehört schon zu unserer alltäglichen Erfahrungswelt. Eine Welt ohne Kausalstil ist nach Husserl undenkbar; wie sehr wir auch unsere Erfahrungswelt in der Phantasie variieren, wir könnten uns keineswegs eine Welt ohne Kausalstil ausdenken. Realität und Kausalität sind eng miteinander verbunden. Diese Einsicht war Husserl immer klar, schon im *Logos-Aufsatz* schreibt er: "Alle dinglich-realen Eigenschaften sind kausale."[57] Es ist nicht so, daß wir zuerst das Ding kennenlernen, seine Eigenschaften konstituieren und uns erst dann zusätzlich und nachträglich seinen Kausalverhältnissen zuwenden. Die Erkenntnis von der Realität und von der Kausalität eines Dings lassen sich nicht trennen.

Husserl schreibt: "Ein Ding kennen, heißt daher: erfahrungsmäßig wissen, wie es sich bei Druck und Stoß, im Biegen und Brechen, in Erhitzung und Abkühlung benimmt, d. h. im Zusammenhang seiner Kausalitäten verhält, in welche Zuständlichkeiten es gerät, wie es durch sie hindurch dasselbe ist."[58] Die Konstitution des Dings als Substrats seiner Eigenschaften, sowie die Konstitution dieser Eigenschaften selbst ist nur möglich, wenn man beachtet, wie das Ding sich in bestimmten Umständen gewohnheitsmäßig verhält; das Ding ist das, was es ist, im Verhältnis zu Umständen. Nicht nur das; Husserl macht auch darauf aufmerksam, daß unser Bewußtsein nur deshalb zur Auffassung von der Materialität oder Realität eines Dings gelangen kann, weil jedes Ding uns wesensmäßig in kausalen Verhältnissen gegeben ist. Würde uns das Ding isoliert begegnen, so wären wir nicht in der Lage, ausweisend zu entscheiden, ob es wirklich ein Ding oder nur ein Phantom - das hieße: eine pure farbig erfüllte Raumgestalt ohne Materialität - ist. Nur aufgrund der kausalen Abhängigkeiten der Dinge voneinander können wir sie ausweisend als reale Dinge auffassen.

Der allgemeine Kausalstil ermöglicht dem Menschen des vorwissenschaftlichen Lebens Voraussichten und Induktionen, wie er sie für die praktische Orientierung in der Alltagswelt braucht. Die Induktionen und Voraussichten des vorwissenschaftlichen Lebens bleiben trotz ihrer praktischen Relevanz roh und vage, weil sie auf den inexakten Gegebenheiten der anschaulichen Welt beruhen. In unserer anschaulichen Welt erscheinen uns die Dinge in einer unendlichen Mannigfaltigkeit von subjektiv-relativen Perspektiven, Orientierungen und Abschattungen. In der Erfahrung können wir nicht alle Gegebenheitsweisen eines Dings durchlaufen; denn jede Dinggegebenheit ist von Mit- und Leermeinungen durchsetzt, die zur Fortführung der Erfahrung motivieren. Jede neue Dinggegebenheit verweist wiederum auf andere Möglichkeiten der Näherbestimmung des Dings usw., und so gibt es keine letzte Erfahrung und keine letzte Wahrnehmung, die nicht eine Leerintention enthielte und damit dem Fortgang der Näherbestimmung des Dings eine Grenze ziehen könnte. Die Bestimmung der Dinge und ihrer kausalen Zusammenhänge in der alltäglichen Erfahrung schwebt wesensmäßig im Stil des 'Ungefähren'. Und so bleiben auch die Voraussichten und Induktionen, die wir auf Grund dieser Bestimmung machen, ungenau.

Die Wissenschaft hingegen will zu exakten, objektiven Erkenntnissen über die Dinge und ihre kausalen Zusammenhänge gelangen. Wie aber ist ihr das möglich? Auf welche Weise läßt sich das Ding, das sich im fließenden Wandel der subjektiven Gegebenheitsweisen darbietet, als etwas streng Identisches auffassen? Wie lassen sich das identische Ding und seine identischen Eigenschaften aus den mannigfaltigen Erscheinungen konstituieren? Das ist nach Husserls Überzeugung die treibende Frage, die die Gedankenbildung der neuzeitlichen Wissenschaft motiviert hat.

Galilei sieht, wie es der Geometrie gelungen ist, die Raumgestalten mit Hilfe der Methode der Idealisierung exakt und objektiv zu konstruieren und wissenschaftliche Erkenntnisse sowie genaue Voraussichten im Bereich der Gestaltseite der Welt zu erreichen. Ohne nach der Sinnquelle dieser Methode zurückzufragen, geht Galilei davon aus, daß man exakte und objektive Erkenntnisse über die Dinge gewinnen kann, indem man die geometrische Methode der Idealisierung zu Hilfe nimmt. Die Naturdinge können demnach objektiv und exakt bestimmt werden, wenn es uns gelingt, diese Dinge in ihren real-kausalen Eigenschaften auf Grund der idealisierenden Methode der Mathematik zu konstruieren. So entsteht nach Husserl die Idee der Mathematisierung der Natur, die für uns zur Selbstverständlichkeit geworden ist.

Aus dem Gesagten ergibt sich, daß Galilei nun vor folgendem Problem steht: Die Geometrie beschäftigt sich nur mit einem abstrakten Moment der Dinge, mit ihrer Gestaltseite, und es ist ihr wirklich gelungen, diese Seite objektiv zu konstruieren. Aber die Gestaltseite erschöpft nicht das ganze Sein der Dinge, die Räumlichkeit ist von ihnen nur ein abstraktes Moment, sie ist eine 'Form' für eine 'Materie'. Untrennbar von der Gestaltseite haben die Dinge sinnliche Qualitäten: Farben, Töne,

Geruchs- und Geschmackseigenschaften usw., die die räumliche Ausdehnung der Dinge füllen. Diese sinnlichen Qualitäten fallen nicht unter die Gestaltseite. Damit scheint es so, als entzögen sie sich der Idealisierung bzw. der Mathematisierung. Zwar sind uns auch die sinnlichen Qualitäten in Gradualitäten gegeben, die man schätzen und miteinander vergleichen kann. Aber man kann sie nicht eindeutig bestimmen und messen, und man kann die Genauigkeit ihrer Bestimmung nicht steigern. Dort aber, wo eine Steigerung der Genauigkeit unmöglich ist, ist selbstverständlich auch kein idealer Pol denkbar; d. h., es ist nicht möglich, den sinnlichen Qualitäten Idealitäten zu setzen und sie dadurch objektiv zu konstruieren.

Aber Galilei gibt nicht auf; er fragt sich, ob es nicht vielleicht möglich sei, die sinnlichen Qualitäten indirekt zu idealisieren. Um diese Möglichkeit zu prüfen, muß er alles, was in unserer Welterfahrung die Gestaltseite sowie die Füllenseite der Dinge betrifft, neu überdenken. Wir wissen aus unserer alltäglichen Erfahrung, daß die Gestalt- und die Füllenseite voneinander abhängig sind; es ist mit Evidenz einzusehen, daß eine räumliche Gestalt, die keine sinnlichen Qualitäten hätte, undenkbar ist. Und umgekehrt ist auch eine sinnliche Qualität, die nicht eine räumliche Ausdehnung erfüllte, nicht möglich. Ferner ist liegt auf der Hand, daß kausale Abhängigkeiten gleichermaßen auf der Gestaltseite und auf der Füllenseite herrschen. Die Veränderungen auf beiden Seiten erfolgen nicht willkürlich, sondern nach Regelmäßigkeiten und Gewohnheiten.

Damit ist freilich nicht gesagt, daß die beiden Seiten im Verhältnis der Kausalität zueinander stünden oder daß die Veränderungen auf der einen Seite entsprechende Veränderungen auf der anderen Seite hervorriefen. Mit anderen Worten, von der Idee einer universalen Kausalität, die in ihrer Totalität die Veränderungen auf der Gestalt- und Füllenseite umgreift, ist unsere alltägliche Erfahrung weit entfernt. Der entscheidende Schritt Galileis auf dem Weg der Begründung der mathematischen Physik war nun gerade die Aufstellung der 'kühnen' Hypothese einer universalen Kausalität, die beide Weltseiten umgreift. Und das ist absolut neu. Zwar gibt es in der vorwissenschaftlichen Erfahrung Hinweise, die das Bewußtsein zur Annahme eines kausalen Zusammenhangs der beiden Seiten motivieren könnten; als Beispiel dafür nennt Husserl "die Beobachtung der funktionellen Abhängigkeit der Tonhöhe von der Länge der in Schwingungen versetzten Saite."[59] Doch von einer universalen apriorischen Kausalität war vor Galilei keine Rede. Diese Idee ist eine vollkommen neue Entdeckung der Neuzeit, und sie ist die urstiftende Idee der mathematischen Physik.

Wenn diese Idee, oder besser: Hypothese stimmte, dann hätten alle realen Eigenschaften, die sich auf die Füllenseite des Dings beziehen, ihren 'mathematischen Index' in der Gestaltseite, und da diese Seite schon idealisiert wurde, wäre es möglich, die Vorkommnisse auf der Füllenseite mitzuidealisieren, sie mathematisch zu konstruieren und dadurch objektiv zu bestimmen.

Diese tragende Hypothese der neuzeitlichen Physik kann sich erst dann als sinnvoll erweisen, wenn tatsächlich kausale Zusammenhänge zwischen beiden Seiten entdeckt werden, die sich mathematisch ausdrücken lassen und dadurch eine indirekte mathematische Konstruktion der sinnlichen Qualitäten ermöglichen. Dafür aber müssen, so rekonstruiert Husserl Galileis Gedankengang, zuerst alle bekannten Vorkommnisse aufseiten der Gestaltsphäre idealisiert und mit hoher Genauigkeit gemessen werden. So stellt sich Galilei die Aufgabe, die Technik der Messung auf alle Vorkommnisse der Gestaltseite, die bisher der Messung nicht unterzogen wurden, wie z. B. die Geschwindigkeit und die Beschleunigung, zu erweitern, die bekannten Meßmethoden zu verbessern und neue Methoden zu erfinden. Die Erfüllung dieser Aufgabe verlangt aber eine weitere Entfaltung der mathematischen Wissenschaft selbst. So werden zum Zweck der Mathematisierung der Naturvorgänge in der Neuzeit wichtige Entdeckungen in der Mathematik gemacht und neue mathematische Gebiete wie die analytische Geometrie begründet.

Von der Erweiterung der Messung auf der Gestaltseite und der Perfektionierung der Meßmethoden erwartet Galilei, daß die Füllenseite der Dinge indirekt idealisiert bzw. mathematisiert werden kann. Und in der Tat wird seine Erwartung erfüllt; die Idee der universalen Kausalität, die alle faktischen Gestalten und Füllen in ihrer Unendlichkeit umgreift, bestätigt sich. Die Idealisierung der Füllenseite beruht auf dem Gedanken, "daß alles in den spezifischen Sinnesqualitäten sich als real Bekundende seinen mathematischen Index haben müsse in Vorkommnissen der selbstverständlich immer schon idealisiert gedachten Gestaltsphäre."[60] Die Intensität der Wärme hat ihren mathematischen Index in deren räumlicher Ausdehnung, die Farben und Töne haben ihren mathematischen Index in den Licht- bzw. Luftschwingungen, usw. Weil die Vorkommnisse der Gestaltseite der Welt schon mit geometrischer Methode in Exaktheit und Objektivität bestimmt werden können, lassen indirekt auch die entsprechenden Vorkommnisse der Füllensphäre objektiv und exakt bestimmen. Damit erreicht man, was in der sinnlichen Erfahung nie zu erreichen wäre: die exakte objektive Bestimmung des materiellen Dings. Das Ding, das uns nur in einer unendlichen Mannigfaltigkeit von fließenden subjektiv-relativen Darstellungen gegeben ist, wird auf Grund der Methode der mathematischen Idealisierung als streng identischer Gegenstand mit identischen Eigenschaften konstruiert.

Und ebenso wie die Unendlichkeit der Gegebenheitsweisen, die im Innenhorizont der Dingerfahrung vorgezeichnet ist, wird auch die im Außenhorizont der Dinggegebenheit vorgezeichnete Unendlichkeit durch die Methode der Idealisierung erobert. Die Natur wird zu einem unendlichen mathematisch berechenbaren Universum, das die idealisierende Methode in unendlicher Approximation zu erobern hat. "Demnach überwindet eine derartige Idealisierung auch die Schranken der vermöglichen Endlichkeit des Kennenlernens des alle wirkliche Erfahrungsbekanntheit fortlaufend begleitenden offenen Welthorizontes."[61] Die Eroberung der beiden Unendlichkeiten fand, wie schon gezeigt, auch in der Geometrie statt. Zuerst umgeht die Konstruktion der Idealgestalten die Unendlichkeit der Gestaltgegebenheiten in der empirischen Erfahrung, dann ermöglicht sie die Erzeugung und die apriorische Bestimmung neuerer Idealgestalten ins Unendliche.

Aufgrund der Idealisierung überwindet das Bewußtsein die Grenzen der alltäglichen Dingerfahrung, das Ding wird mit Exaktheit bestimmt. Weil das Ding immer in kausalen Zusammenhängen steht, werden auch diese exakt und eindeutig bestimmt. Die vage Kausalität der anschaulichen Welt wird zur idealisierten Kausalität, die ins Unendliche reicht. Nach Husserl erfahren wir die Dinge und ihre Eigenschaften ausschließlich in kausalen Zusammenhängen, die in der vorwissenschaftlichen Erfahrung nur vage und roh bestimmt werden. Die wissenschaftliche Erkenntnis kann aber auf Grund der Methode der Idealisierung die kausalen Zusammenhänge objektiv und exakt bestimmen und in strengen Kausalgesetzen formulieren. Weil die sinnlichen Qualitäten als Bekundungen von geometrisch-mathematischen Vorkommnissen betrachtet werden, lassen sich diese Kausalgesetze mathematisch ausdrücken, sie nehmen die Form quantitativer Verhältnisse an, die 'Formeln' heißen.

Die Entdeckung der Formeln bildet einen entscheidenden Schritt in der Geschichte der entdeckend-verdeckenden Naturwissenschaft der Neuzeit. Die Formeln haben besonders große Bedeutung für das praktische Leben, weil sie genaue Induktionen und Voraussichten ermöglichen. Zwar macht der Mensch in seinem vorwissenschaftlichen Leben ständig Voraussichten und Induktionen, die geeignet sind, die Bedürfnisse der Lebenspraxis zu erfüllen. Aber sie bleiben trotz ihrer Nützlichkeit roh und vage und haben nur für einen engen Erfahrungsbereich Gültigkeit. Die Formeln hingegen ermöglichen ausgezeichnete Induktionen und Voraussichten. Zunächst überschreiten diese Voraussichten die Sphäre der unmittelbaren Erfahrung. Die mathematischen Formeln ermöglichen die Erweiterung des Bereiches unserer Voraussichten ins Unendliche. Sodann sind die auf Grund der Formeln gestellten Voraussichten berechenbar, und deshalb überschreiten sie in ihrer Genauigkeit und Exaktheit die Voraussichten des vorwissenschaftlichen Lebens.

Wegen ihrer großen Leistung für die Lebenspraxis werden die Formeln zum Kern der wissenschaftlichen Forschung, sie "stehen also in aller naturwissenschaftlichen Forschung im Zentrum des Interesses."[62] Und das hat verhängnisvolle Folgen, die nach Husserl für weitere Sinnverdeckungen in der neuzeitlichen Naturwissenschaft verantwortlich sind. Die Aufgabe der Naturforschung wird auf die Entdeckung der Formeln reduziert. Die Naturerkenntnis erstrebt nicht eigentlich ein Verständnis der Natur, sondern die Erzeugung von neuen Formeln, die unsere Induktionen und Voraussichten perfektionieren und unseren Eingriff in die Natur intensivieren. Die Formeln selbst werden zum Zweck der Naturforschung. Wie einst die Geometrie zur kunstmäßigen Methode der Konstruktion von Idealgestalten und des Operierens mit ihnen geworden war, wird nun die Naturwissenschaft zur Kunst der Erzeugung von Formeln, die im unendlichen Fortschreiten der wissenschaftlichen Forschung die unendliche Totalität der Welt abdecken sollen. Die wissenschaftliche Methode als Kunst der Erzeugung von Formeln beruht mehr auf Übung und Gewohnheit als auf Einsicht und Evidenz. Die wissenschaftliche Forschung wird zum technischen Betrieb, der technische Geist beherrscht die neuzeitliche Wissenschaft.

Weil die wissenschaftliche Forschung zu einer gewohnheitsmäßigen und technischen Hantierung mit den Formeln geworden ist und weil der Ursprungssinn der Formeln und der mathematisch-physikalischen Methode nicht bewahrt wird, entsteht der Glaube, daß die Formeln das wahre Sein der Natur ausmachen. Das ist die Grundüberzeugung des neuzeitlichen Objektivismus. Der Welt der anschaulichen Erfahrung, die vom objektivistischen Selbstverständnis der Neuzeit mit dem Stempel einer verachteten Relativität und Subjektivität versehen wird, steht die objektive Welt gegenüber, - die Welt *an sich*, die nichts anderes ist als die Welt der logisch-theoretischen Konstruktionen und mathematischen Verhältnisse. Die sinnlich erfahrenen Qualitäten unserer Alltagswelt werden weggedeutet, sie werden nur insofern zugelassen, als sie das objektiv mathematische Sein der Natur indizieren.

Damit wird die Welt aus jeder Bezogenheit auf das Bewußtsein herausgelöst; im Selbstverständnis der neuzeitlichen Wissenschaftler ist die objektiv mathematische Welt in ihrem *An-sich-Sein* von allen Bewußtseinsleistungen und allen wirklichen und möglichen Erfahrungen unabhängig. Die horizonthaft perspektivische Gegebenheit der Welt wird als Belastung für die wissenschaftliche Forschung empfunden und ihre Überwindung als Notwendigkeit betrachtet. Wie in der Geometrie die erzeugten Idealgestalten als Objektivitäten betrachtet werden, die ein dem Bewußtsein transzendentes *An-sich-Sein* haben, so erhalten auch die logisch-theoretischen Konstruktionen der mathematischen Physik das Merkmal der Objektivität, des *An-sich-Seins*.

4. Schritt der Analysen

Nun komme ich zum vierten und letzten Schritt von Husserls Analyse. Bisher hat sich erwiesen, daß die Sinnverdeckungen, denen die Geometrie erlegen ist, in die neuzeitliche Physik eingegangen sind; und das ist durchaus verständlich, da die idealisierende Geometrie das methodische Fundament der neuzeitlichen Naturwissenschaft bildet. Es bleibt aber nicht bei den erwähnten Verdeckungen; mit der Entwicklung des mathematischen Denkens in der Neuzeit erfährt die Geometrie und infolgedessen die mathematische Naturwissenschaft zusätzliche, für ihre Auswirkung auf die neuzeitliche Wissenschaft und Philosophie nicht minder verhängnisvolle Verdeckungen und Sinnverschiebungen. Die Rede ist von den Auswirkungen der Formalisierung und Technisierung des mathematischen Denkens, die in die neuzeitliche Naturwissenschaft eingegangen sind. Husserls Analyse dieser Phase ist ziemlich grob und geht nicht sehr weit über die Konstatierung von historischen Tatsachen hinaus. Eine sorgfältige Auslegung des Ursprungssinns dieser Entwicklung und ihrer Motivationsquelle wird nicht durchgeführt. Trotzdem sind Husserls Gedanken dabei klar.

Wir haben schon gesehen, daß das Zentrum des Interesses naturwissenschaftlicher Forschung die Formeln sind; diese sind allgemeine Sätze, die Gesetze der funktionalen Abhängigkeit von Maßgrößen ausdrücken. Die Entwicklung der Zahlen- und Größenlehre und ihre Technisierung wird selbstverständlich einen tiefgreifenden Einfluß auf die Naturwissenschaft ausüben und zu mehr Anschauungs- und Sinnverlust führen.

Die Formalisierung der Zahlenlehre geschieht mit der Algebraisierung der arithmetischen Denkweise. In einer Hinsicht hat das positive Folgen; denn das mathematische Denken wird von jeder Abhängigkeit von den anschaulichen Gegebenheiten befreit. Durch die Formalisierung konnte die Mathematik den Bereich der Berechenbarkeit ins Unendliche erweitern und die Genauigkeit der Berechnungen erhöhen. Diese 'Befreiung' von der Anschaulichkeit ist aber andererseits auch als Sinnverlust zu betrachten, da im logifizierten und formalisierten mathematischen Denken die sachhaltigen Bedeutungen zurücktreten. Die Zahlen, die selbst ideale Denkgebilde sind, werden durch Symbole und Buchstaben, die von jeder Sachbedeutung entleert sind, ersetzt. Die Verbindungszeichen verlieren ihren ursprünglichen Sinn, sie haben jetzt nur operative Bedeutung und werden operativ definiert, indem man in einem formalen mathematischen System die konventionellen Operationsregeln präsentiert, die ein bestimmtes Verbindungszeichen erfüllen muß. So werden die logischen Operationen selbst zu einer Art von Kalkül, den man mit entleerten Symbolen durchführt.

Ohne die positiven Seiten dieser Entwicklung zu leugnen oder zu unterschätzen, macht Husserl darauf aufmerksam, daß das mathematische Denken durch die Formalisierung technisiert wird. Die Mathematik wird zu einer technischen Kunst, "nämlich zu einer bloßen Kunst, durch eine rechnerische Technik nach technischen Regeln Ergebnisse zu gewinnen."[63] Das mathematische Denken wird auf ein technisches geistiges Operieren oder Rechnen[64] mit sinnentleerten Zeichen nach technischen 'Spielregeln' reduziert. Die dieses technische Verfahren sinngebenden Leistungen werden vergessen.

All das wird sich auf die Geometrie und auf die Naturwissenschaft übertragen. Mit der 'Befreiung' des arithmetischen Denkens aus der Abhängigkeit von den anschaulichen Gegebenheiten und mit seiner Logifizierung bzw. Formalisierung ist die 'Arithmetisierung der Geometrie' möglich geworden. In diesem Zusammenhang entstehen die 'analytische Geometrie' und die 'formale Analysis'. Hier werden die geometrischen Raumgestalten, die schon idealisierte Denkgebilde sind, in Zahlgestalten und algebraische Gebilde überführt. Jede Raumgestalt kann mittels einer mathematischen Gleichung umformuliert werden; und das ermöglicht die technische Rechnung mit Raumgestalten, oder genauer mit ihren symbolischen 'Vertretern'. Von Geraden, Kreisen und Winkeln ist nicht mehr die Rede. Ohne Rekurs auf jede Art von Anschauung wird das geometrische Denken nunmehr symbolisch betrieben. Die anschaulichen Gegebenheiten werden dabei als Belastung für das streng logische Denken betrachtet. Man operiert mit mathematischen Symbolen und Gleichungen, entdeckt bestimmte Verhältnisse und erzeugt dadurch neue Gebilde mit bestimmten Eigenschaften.

So wird das rein geometrische Denken jeder Sachhaltigkeit entleert. Da die Geometrie das Sinnesfundament der Naturwissenschaft ist, erliegt auch das naturwissenschaftliche Denken einer verhängnisvollen Sinnentleerung. Im Zentrum des wissenschaftlichen Interesses stehen nun weder das anschauliche Ding noch das idealisierte Ding, sondern die mathematischen Verhältnisse, die sich in Formeln ausdrücken. Das naturwissenschaftliche Denken muß sich in der Welt der Formeln und der mathematisch-physikalischen Konstruktionen bewegen. Die Aufgabe des Naturforschers besteht darin, aus den zur Verfügung stehenden Formeln neue Formeln zu erzeugen. Dabei operiert er mit verwandelten Begriffen und Symbolen, und verwendet formallogische, d. h. technische Denkregeln. Die ursprünglichen Begriffe wie Zeit, Raum, Geschwindigkeit, Licht u. dgl. werden durch Symbole und sinnentleerte Zeichen ersetzt, die das technische Denkverfahren effektiver machen sollen. Das naturwissenschaftliche Denken als Kunst der Erzeugung von Formeln und Theorien verlegt sich in die symbolische Sphäre.

Der objektivistische Glaube an das *An-sich-Sein* der idealisierten Natur, der schon mit der Galileischen Physik entstanden war, wird nun mit der Formalisierung und Technisierung des naturwissenschaftlichen Denkens fortgesetzt und ins Äußerste gesteigert. Die objektivistische Interpretation der Naturwissenschaft vergißt, daß die mathematische Natur nichts anderes ist als ein Konstrukt der physikalischen Denkmethode, d. h. ein Korrelat bestimmter Bewußtseinsleistungen, und daß sie auf der Grundlage der subjektiv-relativen Gegebenheiten der anschaulichen Welt herausgebildet wurde.

Im wissenschaftlichen Selbstverständnis der Neuzeit liegt, daß die Natur in ihrem wahren Sein an sich mathematisch ist und daß die naturwissenschaftliche Methode nur aufdeckt, was die wahre exakte Natur an sich vor jeder Forschungstätigkeit ist. Dagegen wird die anschauliche Welt unseres alltäglichen Lebens dazu herabgestuft, eine vage und ungenaue Bekundung der hinter ihr liegenden mathematischen Welt zu sein. So vollzieht sich, wie Husserl schreibt, die "Unterschiebung der mathematisch substruierten Welt der Idealitäten für die einzig wirkliche, die wirklich wahrnehmungsmäßig gegebene, die je erfahrene und erfahrbare Welt - unsere alltägliche Lebenswelt."[65] Die Lebenswelt erhält durch die neuzeitliche Naturwissenschaft ein sie überdeckendes und verdeckendes Kleid der Ideen und der Symbole, der physikalisch-mathematischen Theorien.

Im zweiten Teil dieser Arbeit werden wir bemerken, daß auch Heidegger in seiner Analyse diese Charaktere der neuzeitlichen Naturwissenschaft aufgedeckt hat. Auch er spricht von der Herrschaft des technischen Geistes über die neuzeitliche Wissenschaft und Kultur und interpretiert die zunehmende Tendenz zur Methodisierung und Formalisierung dieser Wissenschaft als Zeichen für diese Herrschaft. Die neuzeitliche Wissenschaft ist nichts anderes als technisches Rechnen, das zur Eroberung der Welt im Vorstellen und Herstellen dient. Das Seiende selbst und der Bezug des Menschen zu ihm wird dadurch verstellt. Unter der Herrschaft der naturwissenschaftlichen Weltauffassung wird die ursprüngliche Ding- und Welterfahrung verdeckt. Worin sieht nun aber Husserl die Gefahr dieser naturwissenschaftlichen Denkweise?

Die Idealisierung der Natur ermöglicht nach Husserl die Überwindung der Endlichkeit des Kennenlernens der Dinge in der anschaulichen Erfahrung und bewirkt die Steigerung der Genauigkeit unserer Induktionen und Voraussichten, die für unsere alltägliche Lebenspraxis von großer Bedeutung sind. Sie führt aber gleichzeitig zur Steigerung der objektivistischen Verdeckung der Lebenswelt, die die neuzeitliche Naturwissenschaft für 'unwahr' erklärt, da für diese Wissenschaft die logisch-mathematische Welt die einzig wahre Welt ist. "Das Ideenkleid macht es, daß wir für wahres Sein nehmen, was eine Methode ist."[66]

Mit der Vergessenheit der Lebenswelt, des Reiches des Subjektiv-Relativen, ist aber auch die leistende Subjektivität vergessen. Ist das nicht ein 'Vorstoß' gegen die ursprüngliche Intention der Philosophie und Wissenschaft, die den Geist der neuzeitlichen Kultur bewegt? Ist mit der Vergessenheit der Subjektivität noch ein theoretisches und praktisches Leben aus Letztbegründung und Selbstverantwortung möglich? Meldet sich im objektivistischen Selbstverständnis nicht eine Naivität, die der Naivität des natürlichen vorwissenschaftlichen Lebens ähnlich ist?

2. *Kapitel*

Neuzeitliche Wissenschaft und natürliche Einstellung

Die Ausführungen des letzten Kapitels haben gezeigt, daß die antike Idee der Philosophie als Streben nach der unbedingten Wahrheit noch in den Bemühungen der Geister der Renaissance und der frühen Neuzeit um die strenge und wahre Naturerkenntnis fortlebte. Die Frage, die die Gedankenbildung Galileis leitete, war: Wie ist die unbedingte Wahrheit über die Natur zu erreichen? Die Natur ist uns in der alltäglichen Erfahrung immer in unendlicher Mannigfaltigkeit von subjektiv-relativen Erscheinungen gegeben. Eine wissenschaftliche Erkenntnis der Natur muß streng, d.h., so dachte Galilei, nicht relativ sein. Wie ist aber die Relativität der Weltgegebenheit zu überwinden? Weil die idealisierende Geometrie diese Relativität im Bereich der Raumgestalten schon überwunden hatte, nahm Galilei die Methode der Idealisierung ohne Rückfrage nach ihrem Ursprungssinn als Vorbild für alle exakte Erkenntnis. Galilei dachte, die Relativität der subjektiven Naturauffassungen könne erst dann überwunden werden, wenn die Natur idealisiert bzw. mathematisiert werde, und zwar nicht nur in ihrer Gestaltseite, die schon in der Geometrie idealisiert worden ist, sondern auch in ihrer Füllenseite, der Seite der sinnlichen Qualitäten. Wegen des Ausbleibens der Besinnung auf den Ursprungssinn der Methode der Idealisierung in der Geometrie und die Motivationsquelle ihrer Anwendung in der Naturerkenntnis wird die Mathematisierung der Natur von den Naturwissenschaftlern mißinterpretiert. So wird den mathematisch-physikalischen Idealitäten und Konstruktionen ein wahres *An-sich-Sein* beigemessen; dagegen wird die Lebenswelt, die Welt der anschaulichen Gegebenheiten und sinnlichen Qualitäten, als subjektive unvollkommene Bekundung der einzigen wahren Welt, der Welt der mathematisch-physikalischen Formeln und Theorien, betrachtet. Das mathematische Sein der Natur wird nicht als Korrelat der idealisierenden Methode angesehen, sondern es besteht der Glaube, die Natur sei an sich, d.h. in ihrem wahren Sein vor jedem methodischen Zugriff des Wissenschaftlers, mathematisch. Diesen Glauben bezeichnet Husserl als Objektivismus; er ist für ihn die Quelle der Gegenwartskrise. Damit Husserl diesen Glauben als Unsinn entlarven kann, muß er zuerst seine bewußtseinsgeschichtlichen Wurzeln aufdecken. Die Frage ist: Wie ist der Glaube an das *An-sich-Sein* der mathematischen Natur motiviert?

Auf Grund der intentional-geschichtlichen Struktur des Bewußtseins besteht die Möglichkeit der Sedimentierung der Bedeutungen und Sinneinheiten; deswegen kann das Bewußtsein mit den schon konstituierten mathematischen und physikalischen Idealitäten operieren, ohne daß es den ursprünglichen Prozeß ihrer Sinnbildung nachzuvollziehen oder zu reaktivieren braucht. Es entsteht ein 'weltentfremdetes' Reich der Idealitäten, in dem man ein geistiges Hantieren ausüben und dadurch relevante Entdeckungen machen kann. Der ursprüngliche Akt der Sinnbildung dieses Reiches gerät in die Vergessenheit. Man vergißt, daß die Idealitäten intentionale Bewußtseinseinheiten sind und daß sie ihre Existenz einer Leistung des Bewußtseins verdanken, nämlich der Idealisierung. Mit der Vergessenheit des schöpferischen urstiftenden Aktes der mathematisch-physikalischen Gebilde geht die Vergessenheit des 'Urmaterials' zusammen. Es wird vergessen, daß die mathematisch-physikalische Welt aus der anschaulichen Welt unseres alltäglichen Lebens herausgebildet ist. Diese Vergessenheit ist der Grund des objektivistischen Glaubens, daß die mathematische Natur ein vom Bewußtsein unabhängiges Sein hat. Die phänomenologische Erinnerung zeigt aber, daß die durch die Methode der Idealisierung erzeugten höherstufigen Gebilde ihren Sinn aus den Evidenzen der lebensweltlichen subjektiven Erfahrung schöpfen; diese sind nach Husserl die Sinnquelle aller logisch-mathematischen Evidenzen. Der Objektivismus ist also nichts anderes als die Vergessenheit der Lebenswelt als Sinnesfundamentes der theoretisch-wissenschaftlichen Gebilde.

Der Objektivismus ist aber nach Husserl kein spezifisches Phänomen der Physik, sondern ein wesentlicher Gundzug der neuzeitlichen Kultur insgesamt. Wegen ihrer theoretischen und praktischen Erfolge wird die mathematische Physik und ihre Methode zum Vorbild der wissenschaftlichen Erkenntnis; das objektivistische Ideal orientiert den Prozeß der Bildung und Entwicklung aller Natur- und Geisteswissenschaften. Und nicht nur das: die Philosophie selbst, die ihrem ursprünglichen Sinn nach eine Erkenntnis aus Letztbegründung und Selbstverantwortung sein soll, hat der objektivistischen Versuchung nicht widerstehen können. Das zeigt Husserl deutlich in seiner Interpretation zu Descartes' Philosophie.

Die Philosophie Descartes' ist nach Husserls Interpretation von zwei Motiven geleitet, die im inneren Kontrast zueinander stehen. Das erste ist das transzendental-subjektive Motiv, und das ist nichts anderes als die Fortbildung und Radikalisierung der ursprünglichen Idee der Philosophie als Universalwissenschaft, wie sie in der Antike urgestiftet worden ist. Denn das Ziel Descartes' war, "eine völlige Reform der Philosophie zu einer Wissenschaft aus absoluter Begründung. Das beschließt für Descartes eine entsprechende Reform für alle Wissenschaften. Denn sie sind nach ihm nur unselbständige Glieder der einen universalen Wissenschaft, und das ist der Philosophie."[1] Dieses Motiv, das den Gang der ersten und zweiten Meditation Descartes' bestimmt hat, ist der Grund für seinen Radikalismus und seinen festen Entschluß zum sicheren Anfang.

Mit seinem Entschluß zur sicheren Begründung der Philosophie und Wissenschaft und mit seiner Entdeckung des *ego cogito* hat Descartes, so Husserl, eine neue Epoche der Philosophie begründet und dem Strom des philosophiegeschichtlichen Werdens die völlig neue Wendung gegeben[2]. Dieses ursprüngliche Motiv konnte aber nicht voll zum Tragen kommen, weil Descartes selbst unter dem Einfluß des mathematisch-physikalischen Ideals der Neuzeit stand. In der Philosophie Descartes' wirkt nicht nur das subjektiv-transzendentale Motiv, sondern auch das objektivistische Motiv und dieses letzte hat auch den Gang der Überlegungen von Descartes mitbestimmt. Das objektivistische Motiv macht es, daß Descartes die Philosophie nach dem Vorbild der mathematisch-physikalischen Rationalität als 'Universalmathematik' konzipierte. Das ursprüngliche transzendentale Motiv bleibt zwar am Werke, aber es wurde stark gehemmt. Descartes konnte seine Philosophie nicht konsequent aus dem transzendentalen Motiv alleine entwickeln. So ist Descartes nach Husserls Interpretation, wie es E. Fink ausgedrückt hat, 'die janusköpfige Figur'[3].

Aus der doppelseitigen Motivation von Descartes' Philosophie ergibt sich nach Husserl, daß Descartes seinen originären Radikalismus nicht bewahren konnte. Descartes hat den Zirkel, dem er wegen der Auswirkung des objektivistischen Motivs auf sein Denken erlag, nicht bemerkt. Und so setzte er voraus, was er erst zu begründen hatte: Sein Ziel war, wie schon gesagt, die sichere Begründung der neuzeitlichen Wissenschaft als absoluter Erkenntnis; in seinem Philosophieren war er aber ungeachtet seines Willens zum radikalen Neuanfang und seines Bekenntnisses zum Evidenzprinzip bereits vom Ideal der geometrisch-mathematischen Erkenntnis beherrscht.

Ferner macht Husserl die Auswirkung des objektivistischen Ideals auf Descartes dafür verantwortlich, daß er den großen philosophischen Wert seiner bahnbrechenden Entdeckung des *ego cogito* nicht richtig eingeschätzt und nicht fruchtbar gemacht hat. In seiner Eiligkeit zur Begründung der mathematischen Physik versäumt er herauszuholen, was in seiner Entdeckung des *ego cogito* an Schätzen liegt, er hat das 'reine *ego*' nicht danach befragt, "was ihm an Akten, an Vermögen eignet und was es in ihnen als intentionale Leistung zustande bringt."[4] Statt dessen mißinterpretiert er die Selbstgewißheit des *ego cogito*, indem er sie wie ein apodiktisches Axiom nimmt, also wie eine Prämisse für eine Kette von durch Deduktion zu gewinnenden Erkenntnisse. Die Selbstgewißheit des *ego cogito* spielt für Descartes die Rolle der Rettung 'eines kleinen Endchen der Welt', die erlaubt, "durch recht geleitete Schlußfolgerungen nach den dem Ego eingeborenen Prinzipien die übrige Welt hinzuzuerschließen."[5]

Das objektivistische Motiv der Philosophie Descartes' bestimmt auch die Richtung seiner Erörterung der Frage nach der Seinsweise des *Ego*. Hier ist deutlich, daß er der objektivistischen Auffassung der Natur als einer an sich geschlossenen universalen Körperwelt verhaftet geblieben ist. Anstatt daß er die wissenschaftliche Welt als *cogitatum* wissenschaftlicher *cogitationes* betrachtet, macht er die objektivistische Selbstverständlichkeit des *An-sich-Seins* der mathematischen Natur mit. Aus diesem

Grund mißdeutet er das *Ego*, indem er es mit der Seele identifiziert und einer gegenüber der als geschlossen postulierten Körperwelt stehenden seelischen oder geistigen Welt einordnet.

Ich glaube, man kann Husserls Ausführungen zu Descartes deutlicher verstehen, wenn man ihnen die Heideggersche Interpretation gegenüberstellt. Auch Heidegger betrachtet Descartes als den Begründer der neuzeitlichen Philosophie und interpretiert seine Philosophie aus dem Hintergrund der Herrschaft der mathematisch-naturwissenschaftlichen Denkweise in der Neuzeit. Im Gegensatz zu Husserl sieht aber Heidegger keine Doppelseitigkeit in Descartes' Philosophie. Das transzendental-subjektive und das objektivistische Motiv sind nach Heidegger ein und dasselbe. Descartes erliegt der mathematischen Denkweise nicht erst nach seiner Gewinnung des *ego cogito* als Grundgewißheit, sondern Descartes' Überlegungen sind, so Heidegger, von Anfang an von der mathematischen Denkweise beherrscht. Descartes' Bemühung um die Letztbegründung der Philosophie und Wissenschaft aus einer Grundgewißheit - diese Bemühung, die Husserl als Zeichen für Descartes' Radikalismus und echtes Verständnis der Philosophie deutet, ist selbst nach Heidegger nichts anderes als Forderung der mathematischen Denkweise, die in der Neuzeit zur Herrschaft gelangen ist.

Wie schon gezeigt, bestreitet Husserl nicht, daß Descartes unter dem Einfluß des Objektivismus steht. Aber er unterscheidet streng zwischen dem objektivistischen und dem transzendental-subjektiven Motiv. Die Behauptung, daß jeder Versuch der Letztbegründung der Philosophie und Wissenschaft sich aus der Herrschaft des objektivistischen Wissenschaftsideals ergibt, ist nach Husserl unhaltbar. Denn es ist doch grundverschieden, ob man die Philosophie und Wissenschaft auf dem Boden der vorgegebenen Welt oder auf dem Boden der absoluten transzendentalen Subjektivität begründen will. Husserl betont den Gegensatz zwischen dem transzendentalen und objektivistischen Motiv bei Descartes und interpretiert Descartes' Philosophie als Frucht eines Konfliktes zwischen den beiden Motiven. Für Husserl ist die ganze Geschichte der neuzeitlichen Philosophie ein Ringen zwischen dem physikalischen Objektivismus und dem transzendentalen Subjektivismus. Das transzendentale Motiv, d.h. das ursprüngliche Motiv der neuzeitlichen Philosophie, ist nicht voll zum Tragen gekommen. Deshalb bleibt die neuzeitliche Philosophie in allen ihren Gestalten und Varianten mit Paradoxien und Unklarheiten behaftet.

Und wie der Umfang des Objektivismus nicht auf die mathematische Naturwissenschaft beschränkt ist, so ist er auch nicht erst in der Neuzeit entstanden. An objektivistischen Zügen fehlt es nicht in der vorneuzeitlichen Wissenschaft und Philosophie. Selbstverständlich ist damit nicht geleugnet, daß der Objektivismus eine beträchtliche Steigerung in der Neuzeit erfahren hat, daß er sich zum bestimmenden Grundzug der neuzeitlichen Kultur erhoben und eine bedrohende Dimension angenommen hat. Die Frage nach den Vorformen des neuzeitlichen Objektivismus behält trotzdem ihr

Recht.

In einer interessanten Untersuchung über Husserls Kritik an der neuzeitlichen Wissenschaft[6] vertritt B. Rang die Meinung, daß der Objektivismus seinen Ursprung in der europäischen Philosophie und Wissenschaft selbst habe. So ist der Objektivismus ein wesentliches Merkmal der europäischen Philosophie und Wissenschaft seit ihrer Entstehung bei den Griechen. Für Rang ist der neuzeitliche Objektivismus nach Husserls Verständnis "nur eine neue, verschärfte Variante des Objektivismus, der die Entstehung der europäischen Wissenschaft und Philosophie überhaupt bezeichnet."[7] Nun, wie begründet Rang diese These?

Rang geht davon aus, daß der Objektivismus durch den Glauben an ein dem Bewußtsein irrelatives *An-sich-Sein* gekennzeichnet ist. Dann versucht er, dieses Merkmal in der urstiftenden Intention der europäischen Philosophie und Wissenschaft aufzuzeigen. Die Leitidee der griechischen Philosophie ist, so Rang, die Wahrheit 'an sich' als Korrelat der Welt 'an sich'. Die ursprüngliche Intention der Philosophie ist die Erreichung der Wahrheit 'an sich' über die Welt 'an sich'. Er schreibt: " Unter der Leitidee der 'Wahrheit an sich' über eine irrelative 'Welt an sich' konstituiert sich so der Objektivismus der europäischen Wissenschaft in der griechischen Philosophie."[8] Mit der Thematisierung der irrelativen Welt 'an sich' will die Philosophie, so versteht Rang Husserls Analyse, die Überwindung der subjektiv-relativen Auffassungen der Welt, die in den unterschiedlichen mythisch-religiösen Weltvorstellungen der verschiedenen Kulturvölkern enthalten sind. Die Entmythisierung der Welt, die nach Husserl mit dem Anfang der Philosophie geschieht, interpretiert Rang als Entstehung der Haltung des europäischen Objektivismus. Der neuzeitliche Objektivismus wäre also nur eine Zuspitzung des antiken Objektivismus.

In einer eleganten Analyse versucht Rang, eine Strukturparallelität zwischen dem antiken und neuzeitlichen Objektivismus, zwischen dem Objektivismus der antiken Philosophie und dem der neuzeitlichen Naturwissenschaft aufzuweisen. Nach Rang wird in beiden Varianten ein irrelatives *An-sich-Sein* gesetzt, das das Subjektiv-Relative transzendiert, "nur mit dem Unterschied, daß sich die postulierte Irrelativität der Wahrheit im antiken Objektivismus auf die kulturelle Eigenart historisch gewordener Völker und Nationen bezieht, im neuzeitlichen Objektivismus dagegen auf die physische Organisation des sinnlich erlebenden Menschen überhaupt."[9] Nach Rang geschieht in der antiken Philosophie und in der neuzeitlichen Naturwissenschaft ein Überschreiten des Subjektiv-Relativen auf ein absolutes *An-sich-Sein*: Im neuzeitlichen Objektivismus wird die Welt der Formeln und der logisch-mathematischen Konstruktionen hinter die sinnlichen Erscheinungen, die auf die psychophysische Organisation des menschlichen Leibes relativ sind, gesetzt, während im antiken Objektivismus die irrelative 'Welt an sich' hinter die relativen, kulturbedingten Weltvorstellungen verschiedener Völker gesetzt wird.

Rang bleibt aber nicht bei der Feststellung der Parallelität der beiden 'Varianten' des Objektivismus, sondern er fügt hinzu, daß ein historischer Zusammenhang zwischen den beiden bestünde. Die Leitidee des antiken Objektivismus, so Rang, "verhilft denn auch dem Objektivismus der neuzeitlichen Naturwissenschaft zum Durchbruch."[10] Auf diese Weise wird die ursprüngliche Idee der Philosophie, wie sie in der Antike urgestiftet ist, für die Entstehung des neuzeitlichen Objektivismus verantwortlich gemacht. Nun möchte ich prüfen, inwieweit Rangs Überlegungen mit Husserls Verständnis des Objektivismus und seines Verhältnisses zur antiken Idee der Philosophie übereinstimmen.

Es ist nicht zu bestreiten, daß objektivistische Züge schon in der antiken Philosophie aufzufinden sind. Als Beispiel weist Husserl auf den Demokrit'schen Materialismus und Determinismus[11] hin. Ferner nennt K. Held ein weiteres, noch bedeutenderes Beispiel, nämlich die Auffassung von Platon, der eine wahre Welt der 'Ideen' der anschaulichen Welt gegenüberstellt[12]. Husserl bezeichnet in einigen Stellen die neue wie die antike Philosophie als Objektivismus[13]. In einem Text von 1935, erschienen unter dem Titel 'Das Altertum kennt keine Korrelationsforschung'[14], macht er der antiken Philosophie den Vorwurf, daß sie die naive Selbstverständlichkeit und Vorgegebenheit der Welt nicht in Frage gestellt und daß sie trotz der Anregungen der Sophistik das große Problem der Subjektivität als leistender und sinngebender nicht gesehen hat; "man machte sich nicht klar, daß die selbstverständlich seiende Welt des Philosophen und jedermanns die Selbstverständlichkeit ihres Seins und des ganzen Inhalts, mit dem sie jeweils gilt, aus dem subjektiven Leben als Bewußtseinsleben schöpft und daß für den sich philosophisch Besinnenden auch das wichtig werden, von ihm ausdrücklich herausgestellt werden muß."[15] Das Bewußtseinsleben als Ursprung aller Sinngebung und Seinsgeltung wird in der antiken Philosophie nicht untersucht.

Trotz seiner Kritik an der antiken Philosophie scheint mir es aber nicht gerechtfertigt zu behaupten, daß Husserl die Entstehung der europäischen Philosophie einseitig als Entstehung des Objektivismus versteht und daß er die antike Philosophie für die Entstehung des neuzeitlichen Objektivismus verantwortlich macht. Zwar bestreitet Husserl nicht die Auswirkung des objektivistischen Motivs auf die europäische Kulturentwicklung, doch er sieht in dieser Entwicklung auch die Auswirkung eines jeder Art von Objektivismus entgegengesetzten Motivs, und das ist die ursprüngliche Idee und Aufgabe der echten Philosophie als Erkenntnis aus Letztbegründung und Selbstverantwortung. Diese Idee der Philosophie, die ich im ersten Kapitel dieses Teils dargelegt habe[16], ist nach Husserl zugleich der verborgene Beweggrund und der teleologische Sinn der europäischen Geschichte. Sie ist das, worauf das europäische Menschentum hinauswill.

Selbstverständlich meint Husserl nicht, daß die europäische Geschichte die kontinuierliche Entfaltung dieser Idee ist; denn in diesem Fall hätte Husserls Rede von der Sinnkrise der europäischen Kultur keinen Sinn. Husserl Rede von der objektivistischen Krise der europäischen Philosophie und Wissenschaft darf aber wiederum nicht zu dem Schluß verleiten, daß nach ihm die Philosophie in ihrem Wesen objektivistisch ist. Husserl unterscheidet zwischen der ursprünglichen Idee und Intention der Philosophie einerseits und ihrer historischen Entwicklung andererseits, zwischen der Philosophie als Aufgabe und als Faktum[17]. Die Idee der Philosophie ist zwar im Laufe der europäischen Geschichte noch nicht zur vollen Erfüllung gekommen, aber doch liegt sie jeder Bemühung um objektive Erkenntnis mehr oder weniger zugrunde. Auch die positiven Wissenschaften sind von dieser Idee mitbestimmt[18]. Die echte Idee der Philosophie wirkt aber nicht auf alle Kulturphasen und -figuren Europas im gleichen Maße.

In der griechischen Kultur wirkt diese Idee am deutlichsten bei Platon, der für Husserl ein Höhepunkt der europäischen Kultur ist. Die Philosophie im echten Sinne beginnt mit Platon. Dagegen ist nach Husserl das vorsokratische Denken, das in Heideggers Interpretation das Größte der griechischen Denkerfahrung ist, naiv. Deshalb bezeichnet er dieses Denken als Vorstufe der echten Philosophie[19]. Im vorsokratischen Denken ist das theoretische Interesse und die kritische Stellungnahme gegenüber der Tradition und der Alltagsempirie schon da, aber die Vorsokratiker haben keine Überlegungen über die Bedingungen der Möglichkeit der gültigen Erkenntnis angestellt. Diesen Schritt hat erst Platon vollzogen. Husserl schreibt: "Nach der naiven Philosophie der Vorstufenperiode beginnt eigentliche Philosophie und Wissenschaft mit den Sokratischen und Platonischen Reflexionen über die Methode"[20] Platon ist also der Höhepunkt der antiken Kultur, weil er zum ersten Mal in der Geschichte Überlegungen über die Erkenntnistätigkeit, über die Methode und die Normen des Denkens angestellt und damit die Naivität des natürlichen Lebens und der Hingegebenheit an die Welt überwunden hat. Aus diesem Grund ist Platon für Husserl der Begründer des Wissenschaftsideals der Erkenntnis aus Letztbegründung und Selbstverantwortung. Platon selbst hat aber dieses Ideal nicht durchgeführt.

Ein zweiter Höhepunkt der europäischen Kultur sieht Husserl in Descartes, der auch, wie schon gezeigt[21], die Idee der absoluten Begründung der Philosophie und Wissenschaft übernommen und dem geschichtlichen Gang der europäischen Kultur eine positive Wende gegeben hat. Sein Entschluß zum neuen Anfang, sein Radikalismus und sein Rückgang auf das *ego cogito* - all das ist auf seine Übernahme der antiken Idee der Philosophie zurückzuführen. Descartes aber erlag dem Objektivismus und konnte deshalb seine ursprüngliche Intention nicht konsequent erfüllen.

Mit diesen Hinweisen möchte ich zeigen, daß die Idee der Philosophie nach Husserl nicht der Ursprung des Objektivismus sein kann, auch wenn die Philosophie seit ihrem Anfang mit objektivistischen Vorstellungen behaftet ist. Die objektivistische

Krise der europäischen Kultur ist nicht durch die Entstehung der Philosophie und Wissenschaft verursacht, sondern dadurch, daß die europäische Kultur die ihr eingeborene Idee der echten Wissenschaft nicht erfüllt und nicht konsequent durchgeführt hat, oder anders gewendet: weil die europäische Kultur von ihrer urstiftenden Idee abgefallen ist. In diesem Sinn schreibt Husserl: "Die europäische Menschheit ist von ihrem eingeborenen Telos abgeirrt. Sie ist sündhafter Entartung verfallen, sofern sie sich dieses Telos schon bewußt geworden war (vom Baum der Erkenntnis genossen hatte), aber dieses Telos weder zu vollstem Bewußtsein erhoben hat noch dabei geblieben ist, es als ihren praktischen Lebenssinn konsequent durchzuführen, vielmehr diesem Sinn untreu geworden ist."[22]

In seiner Analyse zur Entstehung der mathematischen Naturwissenschaft in der *Krisis*-Abhandlung zeigt Husserl, daß das europäische Menschentum in der Renaissance die antike Idee der Philosophie übernommen hat. Das kann zu dem Schluß verleiten, daß der neuzeitliche Objektivismus wegen der Übernahme dieser Idee entstanden ist. Dieser Schluß entspricht aber nicht dem Gang von Husserls Überlegungen in der *Krisis*. Denn Husserl bewertet die Übernahme des antiken wissenschaftlichen Ideals als positiv. Dagegen sieht er die Wurzeln der objektivistischen Sinnkrise der Neuzeit gerade darin, daß dieses Ideal nicht zur Erfüllung gebracht wird und daß der Glaube an dieses Ideal verlorengeht. Das drückt Husserl deutlich so aus: "Ein bestimmtes Ideal einer universalen Philosophie und einer dazugehörigen Methode macht den Anfang, sozusagen als Urstiftung der philosophischen Neuzeit und aller ihrer Entwicklungsreihen. Aber anstatt daß sich dieses Ideal in der Tat auswirken konnte, erfährt es seine innere Auflösung."[23]

Ich möchte noch einen letzten Hinweis dafür geben, daß Husserl den Ursprung des Objektivismus nicht in der antiken Idee der Philosophie sieht. Husserl versteht seine transzendentale Phänomenologie selbst als Erfüllung der antiken Idee der Philosophie, wie sie durch Platon urgestiftet ist. Über seinen Begriff der Philosophie schreibt Husserl in seinem Nachwort zu *Ideen I*: " In ihm restituiere ich die ursprünglichste Idee der Philosophie, die, seit ihrer ersten festen Formulierung durch Platon unserer europäischen Philosophie und Wissenschaft zugrunde liegt und für sie eine unverlierbare Aufgabe bezeichnet."[24] Ungeachtet seiner Kritik an Platon und Descartes und der gesamten europäischen Philosophie bezeichnet Husserl seine transzendentale Phänomenologie als die Endgestalt, worauf die ganze europäische Philosophie hinauswill. So schreibt er: "Es zeigt sich aber auch, daß auf diesen neuen Sinn von Philosophie die ganze Philosophie der Vergangenheit, obschon ihr selbst unbewußt, innerlich ausgerichtet war."[25] In einer anderen Stelle heißt es: "Es wurde versucht, dabei völlig einsichtig zu machen, daß nur eine solche Philosophie und in solcher Rückfrage bis auf den letztdenkbaren Grund im transzendentalen *ego* den Sinn erfüllen kann, der der Philosophie von ihrer Urstiftung her eingeboren ist."[26] So ist im Selbstverständnis Husserls die transzendentale Phänomenologie, die die europäische Kultur aus ihrer objektivistischen Sinnkrise herausführen soll, nichts anderes als die radikale und konsequente Erfüllung der Idee und Intention der antiken Philosophie. Und es wäre ein Unsinn, den neuzeitlichen Objektivismus mit einer anderen Variante des Objektivismus bekämpfen zu wollen.

Nun ist es klar geworden, daß die antike Idee und Aufgabe der Philosophie im Selbstverständnis Husserls nicht als Variante des Objektivismus und nicht als Vorform des neuzeitlichen Objektivismus betrachtet werden darf, obwohl die historischen Gestalten der Philosophie mit objektivistischen Vorstellungen behaftet sind. Mit dieser Feststellung sind wir aber noch nicht auf die Antwort auf die Frage nach der Vorform des neuzeitlichen Objektivismus gekommen. Ich glaube, wir können eine Antwort auf diese Frage gewinnen, wenn wir uns die Bedeutung des Objektivismus noch einmal vergegenwärtigen. Neuzeitlicher Objektivismus ist nach Husserl vor allem durch den Glauben an das *An-sich-Sein* der mathematischen Natur gekennzeichnet. Für den neuzeitlichen Objektivismus ist die mathematische Natur nicht ein Produkt der idealisierenden Methode oder ein Korrelat des naturwissenschaftlichen Denkens, sondern sie liegt vor jedem methodischen Zugriff hinter der anschaulich erfahrenen Natur. Das Dasein der mathematischen Natur wäre also unabhängig vor jeder vorwissenschaftlichen oder wissenschaftlichen Bewußtseinsleistung oder Erkenntnistätigkeit. Nun wissen wir aber, daß der Glaube an ein vom Bewußtsein unabhängiges *An-sich-Sein* für die naive Einstellung des natürlichen Menschen charakteristisch ist. Es gibt also eine Verwandtschaft zwischen dem Glauben an das *An-sich-Sein* der mathematischen Natur im neuzeitlichen Objektivismus und dem Glauben an das *An-sich-Sein* der Welt in der natürlichen Einstellung. Danach ist der neuzeitliche Objektivismus eine verschärfte Variante nicht der antiken Idee der Philosophie, sondern des Weltglaubens der natürlichen Einstellung. Auf Grund dieser Verwandtschaft des naturwissenschaftlichen Selbstverständnisses mit der natürlichen Einstellung kann Husserl neben dem wissenschaftlichen von dem vorwissenschaftlichen Objektivismus[27] sprechen; damit bezeichnet er den Glauben des vorwissenschaftlichen Menschen an eine Wirklichkeit jenseits des Bewußtseins. Nach E. Fink bezeichnet Husserl die Befangenheit des natürlichen Menschen in der Welt als 'natürlichen Objektivismus'[28].

Aus Aguirres Untersuchung zur Lebenswelt-Thematik kann man entnehmen, daß Husserl die Verwandtschaft des naturwissenschaftlichen Glaubens an das *An-sich-Sein* der mathematischen Natur mit dem Weltglauben der natürlichen Einstellung schon lange vor der *Krisis*-Abhandlung eingesehen hat. Husserls Widerlegung des natürlichen Glaubens an eine Welt jenseits des Bewußtseins und seine Widerlegung des Glaubens des Naturwissenschaftlers an das *An-sich-Sein* des physikalischen Dings in *Ideen I* gehören, so Aguirre, demselben Kontext und haben dieselbe Funktion in der 'phänomenologischen Fundamentalbetrachtung'[29].

Nach dieser Bemerkung ist es klar, daß die Philosophie für die Entstehung des neuzeitlichen Objektivismus nicht verantwortlich gemacht werden kann, da sie die Überwindung jeder Art von Objektivismus und die Zerstreuung jeder unbefragten Vorgegebenhiet und Selbstverständlichkeit erstrebt. Wenn diese Behauptung zu Recht besteht, wie kann dann der Objektivismus die Philosophie befallen? Warum wird in der Philosophie der Naivität des natürlichen Lebens nicht konsequent Einhalt geboten? Ich glaube, man kann das durch die Mächtigkeit der Naivität erklären. Husserl schreibt: "Die Schwierigkeit der Loslösung vom Stil der natürlichen Naivität, die durch die Zeiten hindurch zur festen Typik einer Philosophie in Philosophien erstarrte, führt auf Halbheiten, Mißverständnisse, Widersinnigkeiten"[30]. Der neuzeitliche Objektivismus stammt also nicht aus der antiken Idee der Philosophie und Wissenschaft, sondern aus der natürlichen Einstellung. Und so kann man sagen, daß die neuzeitliche Wissenschaft ein gemeinsames Merkmal mit der natürlichen Einstellung hat.

Noch ein anderes Merkmal der natürlichen Einstellung können wir in der neuzeitlichen Wissenschaft herausheben, wenn wir über die Bedeutung der Formalisierung bzw. Technisierung des mathematischen und naturwissenschaftlichen Denkens der Neuzeit überlegen. Besonders im §9 g) der *Krisis* zeigt Husserl, daß die zur *téchne* gewordene Wissenschaft mit verwandelten Begriffen denkt und daß die anschaulichen Sinneinheiten als Last für das formallogische Denken empfunden werden. Die anschaulichen Gegebenheiten werden allmählich von der methodischen Denkarbeit ausgenommen und durch sinnentleerte Symbole und Begriffe ersetzt. Die Hauptarbeit verlegt sich in die symbolische Sphäre. All das deutet Husserl als Sinnverlust für das wissenschaftliche Denken und als Entfernung von der originären Gegebenheit der Sachen. Die Aufdeckung des technischen Charakters der neuzeitlichen Naturwissenschaft unternimmt aber Husserl nicht erst in der *Krisis*-Abhandlung. Schon lange vorher hat Husserl diesen Charakter der neuzeitlichen Wissenschaft kritisiert und auf seine Gefahr hingewiesen. In *Ideen III* sagt er, daß die Wissenschaften zu "Fabriken sehr wertvoller und praktisch nützlicher Sätze, in denen man als Arbeiter und erfindender Techniker arbeiten, aus denen man als Praktiker schöpfen kann ohne inneres Verständnis."[31] Mehrmals bezeichnet Husserl die neuzeitliche Wissenschaft mit Ausdrücken, die das Wort 'Technik' oder 'Kunst' enthalten, z.B.: 'kunstmäßige Erfindung des Denkens'[32]; 'Erkenntnistechnik'[33]; 'technische Rationalität'[34]; 'theoretische Technik'[35]. Was meint Husserl mit der Bezeichnung der neuzeitlichen Wissenschaft als 'Technik' oder 'praktischer Kunst'?

Die *téchne* oder die praktische Kunst ist eine Art vom Wissen, die dem Menschen in der praktischen Orientierung in der Welt und im Umgang mit den Dingen dienen soll. Charakteristisch für die *téchne* ist, daß sie kein theoretisches Wissen erzeugt, vielmehr ist sie ein Sich-auskennen oder ein Sich-verstehen-auf, das mehr auf Gewohnheit und Übung als auf theoretischem Wissen oder Einsicht beruht. Die *téchne* oder die praktische Kunst ermöglicht eine erfolgreiche Verfertigung oder Herstellung, wobei das theoretische Prinzip, das diesen Erfolg begründen soll, nicht bewußt zu sein braucht. Und so verhält sich nach Husserls Interpretation die Sache auch in der neuzeitlichen Wissenschaft, das drückt er deutlich in dieser rhetorischen Frage so aus: "Gleicht die Wissenschaft und ihre Methode nicht einer offenbar sehr Nützliches leistenden und darin verläßlichen Maschine, die jedermann lernen kann, richtig zu handhaben, ohne im mindesten die innere Möglichkeit und Notwendigkeit sogearteter Leistungen zu verstehen?"[36] Um eine Maschine geschickt handhaben zu können, braucht man nicht ihren Mechanismus zu verstehen. Und so ist auch das wissenschaftliche Denken zu einem gewohnheitsmäßigen Rechnen geworden, das mit hoher Geschicklichkeit und Effektivität Sätze, Formeln und Theorien erzeugt, ohne die Sinnquelle seiner eigenen Leistung zu verstehen. Mit anderen Worten, die Wissenschaft wird "entleerte und erlernbare Technik mit nützlichen praktisch höchst leistungsfähigen Folgen, selbst ohne ein Verstehen der Notwendigkeit einer Evidenz, welche dem ursprünglichen Sinne genugtun."[37] Der neuzeitliche Wissenschaftler kann nicht seine Erkenntnistätigkeit begründen und kann nicht über sein eigenes Tun und Denken Rechenschaft abgeben. Beim neuzeitlichen Wissenschaftler verhält es sich etwa wie beim Menschen des natürlichen Lebens. Die konstituierenden Leistungen des Bewußtseins bleiben dem Menschen in der natürlichen Einstellung verborgen und anonym, sie sind ihm nicht bewußt, und er kann sie nicht thematisieren. Und so ist es in den positiven Wissenschaften, da auch hier die Leistungen des intentionalen Bewußtseins, aus denen das wissenschaftliche Denken mitsamt seiner Mathematisierung und Technisierung entspringt, nicht zum Thema wissenschaftlicher Forschung gemacht werden. Im alltäglichen Leben, so Husserl, "vollziehen sich alle die intentionalen Leistungen des Erfahrens, wodurch die Dinge schlechthin da sind, anonym: Der Erfahrende weiß von ihnen nichts ... Nicht anders in den positiven Wissenschaften."[38] Die neuzeitlichen Wissenschaften sind unfähig, ihre eigenen sinngebenden Leistungen zu verstehen, die leistende Intentionalität bleibt hier wie in der Einstellung des natürlichen Menschen verborgen.

Schließlich ist ein drittes Merkmal der natürlichen Einstellung in der neuzeitlichen Naturwissenschaft herauszufinden. Dafür gehen wir von dieser Frage aus: Wenn die neuzeitliche Wissenschaft die Idee der Erkenntnis aus Letztbegründung und Selbstverantwortung nicht erfüllt, worauf beruht denn ihre Legitimität? Und warum ist sie überall hochgeschätzt? Husserl antwortet: "Die außerordentlich weitreichende praktische Nützlichkeit wurde von selbst zu einem Hauptmotiv der Förderung und Schätzung dieser Wissenschaften."[39] Die neuzeitliche Wissenschaft ist also nach Husserl hochgeschätzt, weil sie erfolgreich ist. Ihr Erfolg beruht darauf, daß sie immer wieder neue Formeln und Theorien erzeugt; diese ermöglichen, wie schon gesagt, genauere Voraussichten und Induktionen, die für die Lebenspraxis nützlich sind. Mit anderen Worten, der Wert der neuzeitlichen Wissenschaft liegt darin, daß ihre Techniken der Theorie "technologische Grundmittel sind für alle anderen außertheoretischen Techniken und deren gewaltigen Fortschritt überhaupt erst ermöglicht haben."[40] Wegen des praktischen Erfolgs erübrigt sich die Aufgabe der Letztbegründung, die für das echte wissenschaftliche Denken unentbehrlich ist. Wie das Bewußtsein in der natürlichen Einstellung sein Streben nach der Erfüllung aufgibt, sobald es seinen Gegenstand soweit bestimmt hat, wie es für die Befriedigung der praktischen Bedürfnisse notwendig ist, so verzichten auch die neuzeitlichen Wissenschaften unter dem Einfluß des berauschenden Erfolgs auf das Prinzip der Letztbegründung und Selbstrechtfertigung. Die Radikalität der philosophisch-wissenschaftlichen Einstellung, die das Bewußtsein von allen Schranken der alltäglichen Praxis und der interessenbedingten Horizonten befreit und nichts anderes als die Erkenntnis aus absoluter Rechtfertigung und Selbstverantwortung erstrebt, wird in der neuzeitlichen Wissenschaft aufgegeben. "So wurde Wissenschaft zu einer Art Erkenntnistechnik, die sich mit dem praktischen Bewußtsein einer befriedigenden Erkenntnisleistung genugtat, während sie nicht im Platonischen Sinne philosophische Erkenntnis war, reine und strenge Wissenschaft, die sich absolut - und das war aus letzter prinzipieller Besinnung - rechtfertigen konnte."[41]

Der Glaube an das *An-sich-Sein* der Welt, die Vergessenheit der leistenden Subjektivität und die Orientierung am praktischen Erfolg mit dem Verzicht auf die Letztbegründung - diese kennzeichnenden Merkmale der natürlichen Einstellung kehren in der neuzeitlichen Naturwissenschaft wieder, so daß wir diese letztere als eine neue natürliche Einstellung bezeichnen können. Damit ist aber nicht eine Verwischung des Unterschieds zwischen der naturwissenschaftlichen Einstellung und der Naivität des natürlichen vorwissenschaftlichen Lebens gemeint. Eine deutliche Unterscheidung zwischen der neuzeitlichen Einstellung und der natürlichen Einstellung, die nach Husserl dem philosophisch-wissenschaftlichen Denken vorangeht, ist notwendig. Die Entstehung der neuzeitlichen Naturwissenschaft wäre ohne die Überwindung der Naivität des vorwissenschaftlichen Lebens unmöglich gewesen. Wir haben schon mit Husserl festgestellt[42], daß wir durch die Vervollkommnung unserer vorwissenschaftlichen Vorstellungen von den anschaulichen Raumgestalten und Dingen die Stufe der Idealgestalt und des physikalischen Dings nie hätten erreichen können. Die Konstitution der Idealgestalt und des physikalischen Dings ist nur auf Grund der Idealisierung möglich, die selbst die Überwindung der natürlichen Naivität durch die philosophisch-wissenschaftliche Einstellung voraussetzt. Diese Überwindung wird aber, wie schon erwähnt, nicht konsequent eingehalten, und deshalb konnte die wissenschaftliche Erkenntnis in die Naivität zurückfallen. Damit Husserl den Unterschied der neuzeitlichen objektivistischen Einstellung von der vorwissenschaftlichen Einstellung klar macht, bezeichnet er sie als "Naivität höherer Stufe"[43]. Zum selben Zweck bezeichnet K. Held die Einstellung der neuzeitlichen Wissenschaft als "zweite natürliche Einstellung" und als "natürliche Einstellung zweiter Stufe"[44].

Die neuzeitliche Naturwissenschaft entspricht also nach Husserls Überzeugung nicht der ursprünglichen Idee der Wissenschaft als Erkenntnis aus Letztbegründung und Selbstverantwortung. Kann man aber daraus folgern, daß er ihre Wissenschaftlichkeit in Frage stellt? Sind nach Husserl die naturwissenschaftlichen Erkenntnissen und Sätze trotzdem gültig oder ist ihr Anspruch auf Gültigkeit nicht berechtigt? Richtet sich Husserls Kritik gegen die Naturwissenschaft selbst oder gegen ihr Selbstmißverständnis?

In seiner schon erwähnten Untersuchung behandelt Rang auch diese Frage und gibt darauf eine eindeutige Antwort. Er meint, Husserl "kritisiert nicht nur das objektivistische Selbstmißverständnis der mathematischen Naturwissenschaft der Neuzeit, sondern auch diese selbst."[45] Rang begründet seine Meinung, indem er Überlegungen zu Husserls Analyse des technischen Charakters der neuzeitlichen Wissenschaft anstellt. Husserl sieht diesen Charakter, wie Rang zu Recht bemerkt, nicht in der Angewiesenheit dieser Wissenschaft auf technische Beobachtungs- und Experimentapparaturen, sondern vor allem darin, daß die Wissenschaft zu einem formalisierten Denken oder Spiel mit sinnentleerten Zeichen geworden ist, das zum Erzeugen oder Hervorbringen von Formeln und Theorien dient. Das Wissen, das zum Hervorbringen oder Herstellen von etwas dient, ist aber keine Wissenschaft, keine *epistéme*, sondern eine *téchne*, eine praktische Kunst. Und in der Tat bezeichnet Husserl, wie schon gesagt, die neuzeitliche Wissenschaft an mehreren Stellen der *Krisis*-Abhandlung und lange vorher als *téchne* oder praktische Kunst. Aber läßt sich daraus folgern, daß Husserl der neuzeitlichen Naturwissenschaft den Charakter der Wissenschaftlichkeit abspricht?

Auf diese Frage gibt Rang eine bejahende Antwort. Aus seinen Überlegungen über den technischen Charakter der neuzeitlichen Wissenschaft zieht er den Schluß, "daß nach Husserl der Weg in die neuzeitliche mathematische und experimentelle Naturwissenschaft ein Weg in die Entwissenschaftlichung der Wissenschaft ist."[46] Deshalb meint er, es sei eine Verharmlosung von Husserls Kritik an der neuzeitlichen Naturwissenschaft, wenn man behauptet, diese Kritik richte sich lediglich gegen ihre Lebensweltvergessenheit und ihren Verlust von Lebensbedeutsamkeit und nicht gegen ihre Wissenschaftlichkeit; für diese Verharmlosung macht Rang auch einige Husserls Äußerungen verantwortlich[47].

Bevor ich mich zu dieser Interpretation äußere, möchte ich diese Frage stellen: Warum kritisiert Husserl die Technisierung des wissenschaftlichen Denkens? Worin genau sieht er die Gefahr der Technisierung?

Das neuzeitliche wissenschaftliche Denken hat den Charakter, sich allmählich in die symbolische Sphäre zu verlegen. Die formallogischen Aktivitäten sowie ihre Korrelate, die formallogischen Evidenzen, gewinnen den Vorrang in der wissenschaftlichen Arbeit. Die wissenschaftliche Forschung wird weitgehend zu einem Rechnen mit sinnentleerten und anschauungsfernen Begriffen. Der ursprüngliche Sinn, der in den symbolischen Begriffen beschlossen liegt, wird vergessen. Die wissenschaftliche Methode selbst wird zu einer sinnentleerten und unbefragten Tradition. Und wie jede Tradition, vergißt auch die wissenschaftliche Methode ihren ursprünglichen Sinn und die ursprünglichen Leistungen, die diese Tradition gestiftet haben. Wegen ihrer Technisierung und Anschauungsferne sind die neuzeitlichen Wissenschaften nicht in der Lage, ihre intentionalen Leistungen und ihre Sinnquelle aufzudecken. Den neuzeitlichen Wissenschaften fehlt nach Husserl die Ursprungsklärung ihrer Begriffe und die radikale Kritik; es fehlt ihnen also das Wissen des Prinzipiellen, "nämlich das Wissen von demjenigen, was den theoretischen Gebilden des objektiven Wissens überhaupt Sinn und Geltung, somit erst die Dignität eines Wissens aus dem letzten Grunde verschaffen könnte."[48] Die neuzeitliche Wissenschaft kann sich selbst nicht aus der letzten Quelle, aus der transzendentalen Subjektivität begründen. Heißt das aber, daß Husserl ihre Wissenschaftlichkeit in Frage stellt?

Eine angemessene Antwort auf diese Frage bedarf der eindeutigen Bestimmung des Ausdrucks 'Wissenschaftlichkeit'. Wenn man mit Wissenschaftlichkeit den Charakter der Erkenntnis meint, die nur auf den strengen Einsichten der Vernunft beruht und sich nur aus der letzten Quelle rechtfertigt und begründet, dann bedarf es keiner großen Mühe, um einzusehen, daß Husserl der neuzeitlichen Wissenschaft diesen Charakter abspricht. Nun aber kann Wissenschaftlichkeit in einem anderen Sinn verstanden werden, nämlich in dem Sinn der Gültigkeit der wissenschaftlichen Sätze und Theorien; und die Frage ist jetzt, ob Husserl der neuzeitlichen Wissenschaft die Wissenschaftlichkeit auch in diesem Sinn abspricht?

Trotz Husserls prinzipieller Kritik an der neuzeitlichen Wissenschaft glaube ich nicht, daß es bei ihm Anhaltspunkte gibt, die eine bejahende Antwort auf diese Frage erlauben. Husserls Interesse für die vorprädikative Sphäre und seine Rehabilitierung der *dóxa* darf nicht als Abwertung der wissenschaftlichen Erkenntnis interpretiert werden. Husserls Absicht ist nicht, die objektivistische Verachtung der dóxa mit einer Verachtung der exakten Erkenntnis zu ersetzen, sondern nur die "Erhüllung des Weges, auf dem zu den höherstufigen Evidenzen zu gelangen ist, und der verborgenen Voraussetzungen, auf denen sie beruhen, und die ihren Sinn bestimmen und begrenzen. Sie selbst werden ihrem Inhalte nach dadurch nicht in Frage gestellt."[49] Im §1 der *Krisis*-Abhandlung kündigt Husserl an, daß er mit seinen Überlegungen nicht beabsichtigt, die Wissenschaftlichkeit der neuzeitlichen Wissenschaft und ihre 'gültigen Entdeckungen'[50] in Frage zu stellen. In derselben Abhandlung bringt er mehrmals seine Bewunderung für die Naturwissenschaft zum Ausdruck, er bezeichnet sie z.B. trotz ihrer Verdeckungen als "Wunder"[51] und im *Wiener Vortrag* als "Triumph des menschlichen Geistes"[52]. In einem Text, der aus Juni 1936 stammt, schreibt er: "Die mathematische Physik ist ein großartiges Instrument der Erkenntnis der Natur, in der wir wirklich leben, der im Wandel der Relativitäten immerfort empirische und konkrete Einheit in Identität durchhaltenden Natur."[53]

Diese Stellung zur neuzeitlichen Wissenschaft hat Husserl auch in seinen früheren Werken vertreten. In *Ideen III* z.B. hat Husserl, wie schon gezeigt, den technischen Charakter der neuzeitlichen Wissenschaft aufgedeckt und kritisiert. Ebenfalls hat er in diesem Werk klargemacht, daß die neuzeitliche Wissenschaft nicht in voller Einsichtigkeit begründet ist. Trotzdem hat er dort die Gültigkeit dieser Wissenschaft nicht in Frage gestellt. So bezeichnet er die Theorien der exakten Wissenschaften als 'richtig'[54] und ihren Geltungsanspruch als 'gut'[55]. Nicht nur das; Husserl hat dort auch die Frage gestellt: Wie ist es möglich, daß die positiven Wissenschaften wahre Aussagen machen können, obwohl diese Wissenschaften nicht im vollen Sinn begründet sind? Um diese Frage zu beantworten, spricht Husserl von einer 'merkwürdigen Teleologie'[56], die in der Entwicklung der Wissenschaften und der menschlichen Kultur insgesamt am Werke ist und die dafür sorgt, "daß wertvolle Produkte ohne Einsicht oder durch ein Gemisch von Einsicht und Instinkt im Walten psychischer Kräfte entstehen können."[57] Aus dieser letzten Stelle geht eindeutig hervor, daß Husserl trotz seiner Kritik an der neuzeitlichen Naturwissenschaft und ihren verdeckenden Charakter die Ergebnisse dieser Wissenschaft nicht in Frage stellt. Wie schon gesagt, hat Husserl auch in seinem Spätwerk diese Meinung vertreten. Deshalb scheint es mir sinnvoll, zwischen Husserls Stellung zur neuzeitlichen Naturwissenschaft und seiner Stellung zum objektivistischen Selbstverständnis zu differenzieren.

Für Husserl sind meinem Verständnis nach die mathematisch-physikalischen Konstruktionen selbst berechtigt; nur darf der Physiker nicht glauben, daß diese Konstruktionen die wahre Natur an sich sind, daß das wahre Sein der Natur mathematisch ist und daß die anschaulichen Gegebenheiten der Lebenswelt nur unvollkommene Bekundung der als wahr postulierten mathematischen Natur sind. Ebenso ist auch berechtigt, daß der Naturwissenschaftler mit sinnentleerten Symbolen operiert und ein formalisiertes Denken betreibt; aber er muß sich darüber im klaren sein, daß diese Symbole keine ursprünglichen Sinneinheiten sind und daß dieses technisierte Denken aus intentionalen Leistungen des Bewußtseins entspringt. Die Technisierung war nach Husserl 'notwendig und berechtigt'[58] für die Bewältigung der Aufhabe der Physik, "welche die Unendlichkeit ihrer Thematik nur durch Unendlichkeiten der Methode beherrschen und diese Unendlichkeiten auch nur durch ein sinnentleertes technisches Denken und Tun beherrschen kann."[59] Husserl begründet die Notwendigkeit der Technisierung der mathematischen Naturwissenschaft mit der Unendlichkeit ihrer

Thematik. Gemeint damit ist nicht nur, daß die neuzeitliche Naturwissenschaft die Welt als unendliches Universum auffaßt, sondern auch, daß jedes Ding als Index für eine ideale Unendlichkeit von subjektiven Darstellungen aufgefaßt wird. Diese Unendlichkeit kann das wissenschaftliche Denken nur mit der Technisierung bewältigen, und das wird mit der Anschauungsferne erkauft. Das endliche Bewußtsein kann das Unendliche nicht zur originären Gegebenheit bringen. In diesem Sinn schreibt Husserl: "Es ist zweifellos eine Tragik der objektiven Wissenschaft, daß sie wesensmäßig nicht an der unmittelbaren Einsicht haftenbleiben kann, daß sie als Wissenschaft von der unendlichen Welt sich in unendliche Mittelbarkeiten induktiver und deduktiver Schlüsse einlassen muß und den Progreß 'in infinitum' nur beherrschen kann durch eine Technisierung der Methode."[60]

Die Technisierung ist also nach Husserl notwendig für die objektive Wissenschaft und sie ist als Methode der Arbeit auch berechtigt, wenn sie mit einer reflexiven Arbeit der Sinnklärung ihres Ursprungs begleitet wird. Das Problem liegt für Husserl aber darin, daß die Methode vererbt werden kann, ohne daß das Vermögen der Reaktivierung ihrer ursprünglichen Motivationsquelle mit vererbt wird. Die Loslösung der Methode von ihrer Motivationsquelle macht sie zur gewohnheitsmäßig geübten Technik und führt zu Sinnverfälschungen und -überdeckungen, die man nur hätte vermeiden können, wenn man die schöpferischen Bewußtseinsleistungen dieser Methode im Auge behalten hätte. Husserl wirft Galilei nicht vor, daß er die Natur mit der idealisierenden Methode erschlossen hat, sondern daß er diese Methode von der Geometrie übernommen hat, ohne sie nach ihren sinngebenden Leistungen zu befragen. Ebenso wirft er den Nachfolgern Galileis vor, daß sie keine Überlegungen über Galileis Motivation zur Idealisierung bzw. Mathematisierung der Natur angestellt haben. Wenn aber die Methode von ihrem ursprünglichen Boden losgerissen ist, wird sie verabsolutiert, und man will sie quasi mechanisch auf alle Bereiche des Seienden übertragen.

In diese Richtung geht auch Husserl Besinnung auf die Spezialisierung der neuzeitlichen Wissenschaft. Das Problem ist wiederum nicht die Spezialisierung selbst; es ist kein Übel, wenn sich die positiven Wissenschaften mit abstrakten Seiten der Welt beschäftigen. Aber die Wissenschaftler müssen darüber im klaren sein, daß sie dabei abstraktiv eingestellt sind, und sie dürfen nicht ihre abstraktiven Gegenständlichkeiten für die konkrete Welt nehmen. "So ist die Technisierung und Spezialisierung notwendig und zugleich - wenn die Gegenbewegung auf Sinnklärung bis in die Totalhorizonte, also das philosophische Universum, hin fehlt - ein Verfall."[61] Das Problem liegt nicht in der Spezialisierung und der Technisierung selbst, sondern in der Entfernung der Einzelwissenschaften vom ursprünglichen Geist der Philosophie und ihrem Radikalismus. "Die viel beklagte Spezialisierung ist an sich kein Mangel, da sie innerhalb der universalen Philosophie eine Notwendigkeit ist, wie auch in jeder Spezialdisziplin die Ausbildung einer kunstmäßigen Methode notwendig ist. Wohl aber ist verhängnisvoll die Abschnürung der theoretischen Kunst von der Philosophie."[62]

die Rückbesinnung auf die methodischen und theoretischen Leistungen der Wissenschaft und die Reaktivierung des in ihnen verschlossenen Ursprungssinnes ist unentbehrlich, um die Sinnentleerung der Wissenschaft und den Verlust ihrer Lebensbedeutsamkeit zu vermeiden. Von der Notwendigkeit dieser Rückbesinnung herrscht aber unter den Wissenschaftlern der positiven Disziplinen totale Ahnungslosigkeit; und das ist darauf zurückzuführen, daß sich die positiven Wissenschaften von der Philosophie abgelöst und als selbständige Spezialwissenschaften etabliert haben. Weil sich die Naturwissenschaft im Anfang der Neuzeit von der Philosophie emanzipiert und von keiner Arbeit der Sinnklärung und der philosophischen Besinnung auf ihre Motivationsquelle begleitet wird, ist die Überzeugung entstanden, die physikalische Erkenntnis sei das Vorbild der Wissenschaftlichkeit, das man auf alle Gebiete übertragen muß, um positive Ergebnisse zu erreichen. Die idealisierende Methode, die tatsächlich in ihrer 'Heimatstätte'[63], d.h. in der Mathematik und Physik, ein großer Erfolg des menschlichen Geistes ist, wird verabsolutiert und auf andere Gebiete, denen sie nicht entspricht, übertragen. So befestigt sich das objektivistische Ideal der mathematisch-physikalischen Methode: Die Welt der Theorien und der Formeln ist die wahre Welt und der alleinige Gegenstand der wissenschaftlichen Erkenntnis, weil sie allein durch ihre Ablösung von den lebensweltlichen Horizonten, die an die subjektive Erfahrung geknüpft sind, von jedem Bezug zum Subjektiven, das die Objektivität wissenschaftlicher Welterkenntnis verhindert, frei sind.

Diesem Ideal entsprechend, entzieht sich das Reich des Subjektiven, also der lebensweltlichen Erfahrung, jeder wissenschaftlichen Thematisierung, es sei denn, daß man es als Bereich empirischer Vorgänge in der realen Welt auffaßt. Auf Grund dieser verdeckenden Auffassung wird das Lebensweltliche der empirischen Psychologie zugewiesen, die es mit der objektiven Methode erschließen soll. Das ist die Leitidee des Psychologismus, den Husserl lange bekämpft hat und den er nun als Form des neuzeitlichen Objektivismus entlarvt. Dem Bereich des Subjektiven, der lebensweltlichen Erfahrung, konnte aber auch die neuzeitliche Philosophie nicht genugtun, da sie nach Husserl Trotz ihres Willens zum Radikalismus dem objektivistischen Ideal, wie Husserl am Beispiel Descartes' zeigt, verfallen ist. Die objektivistische Vergessenheit der Lebenswelt ist fast vollständig.

Die transzendentale Phänomenologie, die die europäische Kultur aus der objektivistischen Sinnkrise herausführen soll, muß das Eigenrecht, ja das Urrecht des Lebensweltlichen zur Geltung bringen und an seine unentbehrliche Notwendigkeit für die objektive Erkenntnis der exakten Wissenschaften erinnern.

3. Kapitel

Objektive Wissenschaft und lebensweltliche Erfahrung

Aus Husserls Rekonstruktion von Galileis Gedankengang, der zur Entstehung der mathematischen Naturwissenschaft geführt hat, hat sich ergeben, daß die Naturwissenschaftler in ihren Bemühungen um die exakte und objektive Naturerkenntnis ständig von den anschaulichen Gegebenheiten der Lebenswelt Gebrauch machen. Daran ändert nichts, daß die Wissenschaftler selbst keine Ahnung davon haben und daß sie ferner die Gegebenheiten der Lebenswelt wegen ihrer Subjektivität und Relativität verachten und außer Betracht lassen. Husserls thematische Behandlung der Sinnbeziehung der wissenschaftlichen Erkenntnis auf die Lebenswelt habe ich bisher mit Absicht ausgekalammert. Nun möchte ich mich dieser Frage zuwenden. Zuerst möchte ich Husserls These der Lebenswelt als Sinnesfundament der objektiven Wissenschaft darstellen. Dann werde ich zeigen, in welchem Sinne Husserl die Zugehörigkeit der Wissenschaft zur Lebenswelt versteht. Schließlich wende ich mich dem Problem zu, ob die beiden Thesen in Einklang zu bringen sind.

A. Die Lebenswelt als Sinnesfundament der Wissenschaft

In der *Krisis*-Abhandlung führt Husserl den Begriff Lebenswelt zuerst ein als Kontrastbegriff zur wissenschaftlichen Welt, der Welt der mathematisch-physikalischen Formeln und Theorien. Die wissenschaftliche Erkenntnis beansprucht Exaktheit und Objektivität. Weil sie die Relativität der subjektiven Auffassungen überwinden will, muß sie ihre Gegenstände von jeder perspektivistisch horizonthaften Gegebenheit 'befreien', und das gelingt ihr durch die idealisierende Methode. Dagegen sind die Gegenstände der lebensweltlichen Erfahrung immer an den Welthorizont gebunden, sie erscheinen uns nur in einer unerschöpflichen Perspektivität, in einem unaufhörlichen Wandel von subjektiv-relativen Perspektiven, Orientierungen und Abschattungen. Husserl bleibt aber nicht bei dem Kontrast der beiden Welten stehen, da er die Lebenswelt als Sinnesfundament der exakten Wissenschaften und ihrer idealisierenden Methode bezeichnet. Diese allgemeine These läßt sich in den folgenden Gedanken ausführen.

Erstens: Die wissenschaftliche Erkenntnis ist eine Leistung des Bewußtseins; jede Art der Praxis, jede vorwissenschaftliche oder wissenschaftliche Erkenntnis setzt die Vorgegebenheit der Lebenswelt als "universale Leistung"[1] voraus, diese universale Leistung geht allen anderen Leistungen voran. Die Lebenswelt ist auch ein Sinngebilde des intentionalen Bewußtseins, aber sie ist nicht aus einem Zweck oder Interesse konstituiert, da sie der Boden aller theoretischen und praktischen Interessen und Zwecke ist. Die selbstverständliche Vorgegebenheit der Lebenswelt nennt Husserl den 'universalen Boden des Weltglaubens'[2] und sie ist nichts anderes als die 'Generalthesis der natürlichen Einstellung'[3]. Die selbstverständliche Vorgegebenheit der Welt verdankt sich nicht einer ausdrücklichen Erkenntnistätigkeit oder dem Vollzug eines prädikativen Urteils, sondern sie geht jeder Tätigkeit voran und ist immer im voraus und stillschweigend gesetzt. Jedes Interesse an einzelnen Gegenständen ist nur möglich auf Grund dieses unausdrücklichen, fraglosen Bodens des Weltglaubens.

In unserem alltäglichen Leben machen wir stetig Annahmen über das Dasein und Sosein einzelner Gegenstände. Im Laufe der Erfahrung können diese Annahmen bestätigt werden, unsere Erwartungsintentionen werden erfüllt. In anderen Fällen aber erleben wir Enttäuschungen, die uns zur Korrektur unserer Annahmen zwingen und zur Durchstreichung einiger Seinsgeltungen führen können. Was wir zuerst im Modus der Gewißheit als seiend gesetzt haben, kann sich z.B. als Schein oder als zweifelhaft erweisen. Von diesen Enttäuschungen und Durchstreichungen einzelner Gegenstände ist aber die Weltgewißheit selbst unbetroffen, ihre Geltung bleibt immer bestehen, sie ist undurchstreichbar und ihr Dasein ist über jeden Zweifel erhaben. "Alle Bezweiflung und Verwerfung von Gegebenheiten der natürlichen Welt ändert nichts an der Generalthesis der natürlichen Einstellung."[4] Jede Korrektur einer Meinung setzt die seiende Welt voraus.

Nun ist Husserls Überzeugung, daß auch die neuzeitliche Naturwissenschaft, die die objektive und exakte Erkenntnis erstrebt und ihrem Selbstverständnis nach keine fraglose Vorgegebenheit zuläßt, sich auf dem Boden der Vorgegebenheit der ungebrochenen Weltgewißheit bewegt. In jeder theoretischen Leistung oder wissenschaftlichen Erkenntnis ist die Lebenswelt vorausgesetzt, sie ist der ständig seinsgeltende Horizont, aus dem heraus uns Gegenstände überhaupt erscheinen können. An diesen Horizont sind auch die exakten Wissenschaften gebunden. "Auch objektive Wissenschaft stellt nur Fragen auf dem Boden dieser ständig im voraus, aus dem vorwissenschaftlichen Leben her, seienden Welt"[5]. Die Aufgabe der objektiven Wissenschaft besteht darin, exakte Erkenntnis über die Gegenstände, die sich uns im Horizont unserer vorwissenschaftlichen Welterfahrung darbieten, zustande zu bringen und für sie wahre Prädikationen und Sätze zu entwerfen. Also bleiben auch die objektiven Wissenschaften vom Weltglauben beherrscht, in ihnen bleibt die Weltgewißheit ungebrochen.

Zweitens: Die Naturwissenschaft beschäftigt sich mit den Dingen der materiellen Natur. Von den Naturwissenschaftlern wird oft behauptet, das physikalische Ding, das Ding der exakten objektiven Bestimmungen und mathematischen Eigenschaften sei das wahre Ding; dagegen sei das Ding der anschaulichen Erfahrung, das uns in sinnlichen Qualitäten erscheint, nur eine subjektive, vage und unvollkommene Bekundung des physikalischen Dings. Husserl weist die Behauptung zurück, hinter dem anschaulichen Ding liege das wahre Ding der physikalischen Forschung. Das Ding, mit dem der Physiker zu tun hat, ist nach Husserl kein hinter dem anschaulichen Ding liegendes, sondern dieses selbst. Das Ding, das der Wissenschaftler "beobachtet, mit dem er experimentiert, das er beständig sieht, zur Hand nimmt, auf die Waagschale legt, in den Schmelzofen bringt: dieses und kein anderes Ding wird zum Subjekt der physikalischen Prädikate, als da sind Gewicht, Masse, Temperatur, elektrischer Widerstand usw. Ebenso sind es die wahrgenommenen Vorgänge und Zusammenhänge selbst, die durch Begriffe, wie Kraft, Beschleunigung, Energie, Atom, Ion usw. bestimmt werden."[6] Die wissenschaftlichen Bestimmungen und Prädikate kommen also dem anschaulichen Ding selbst zu und nicht einem anderen, das hinter ihm läge. Mit anderen Worten, das anschauliche Ding unserer alltäglichen Lebenswelt ist genau dasjenige Ding, das in der idealisierenden Naturwissenschaft behandelt und mit physikalisch-mathematischen Prädikaten bestimmt wird. Das anschauliche Ding unserer sinnlichen Wahrnehmung, das uns nur im strömenden Wandel subjektiver Erscheinungsweisen gegeben ist, liegt in der theoretischen Behandlung als das "Behandelte"[7] zugrunde. Das wahrnehmungsmäßig Gegebene ist das 'Material', das in der wissenschaftlichen Forschung bearbeitet wird. "Alle Wirklichkeitsurteile, die der Naturwissenschaftler begründet, gehen zurück auf schlichte Wahrnehmungen und Erinnerungen, und beziehen sich auf die Welt, die in dieser schlichten Erfahrung zu einer ersten Gegebenheit kommt."[8] Die Gegenständlichkeiten der exakten Wissenschaften werden also auf Grund der lebensweltlichen Gegebenheiten konstituiert.

Drittens: Die Lebenswelt ist mit ihren subjektiv-relativen Gegebenheiten der Boden aller praktischen wie theoretischen Interessen und Tätigkeiten, diese Gegebenheiten werden selbstverständlich in der vorwissenschaftlichen Naturerkenntnis in Anspruch genommen. Aber auch die neuzeitliche Naturwissenschaft, die die Relativität der subjektiven Naturerkenntnisse des vorwissenschaftlichen Lebens überwinden und exakte objektive Naturerkenntnis zustande bringen will, ist nach Husserl auf die subjektiven Gegebenheiten der Lebenswelt angewiesen. "Die Wissenschaften bauen auf der Selbstverständlichkeit der Lebenswelt, indem sie von ihr her das für ihre jeweiligen Zwecke jeweils Nötige sich zunutze machen."[9] Für die Konstitution des physikalischen Dings sowie für seine logisch-mathematische Bestimmung und für die Herausbildung seiner physikalischen Prädikate ist der Physiker auf die sinnlichen Erscheinungen angewiesen, "da nur derartige Erscheinungen es sind, aus denen das Objektive herausbestimmt werden kann."[10] Das Objektive läßt sich nur aus dem Subjektiven herausbestimmen.

Nun könnte man gegen Husserl diesen Einwand erheben: Zwar geht der Naturwissenschaftler von den Gegebenheiten der Lebenswelt aus, aber er nimmt diese Gegebenheiten nur als 'irrelevanten Durchgang' zu seinen mathematisch-physikalischen Konstruktionen. Denn die lebensweltlichen Gegebenheiten sind immer subjektiv-relativ, und die vorwissenschaftliche Naturerkenntnis, die unmittelbar auf ihnen baut, ist vage und ungenau. Der Naturwissenschaftler will dagegen eine objektive und exakte Erkenntnis erreichen, dafür muß er von den anschaulichen Gegebenheiten ausgehen, aber er nimmt sie nur als 'Material' zur Herausstellung der mathematischen Natur als Substrats von exakt und objektiv bestimmbaren Eigenschaften. Dieses der Lebenswelt entnommene 'Material' läßt der Naturwissenschaftler hinter sich, sobald er bei der mathematischen Natur ist. In diesem Sinne wäre die Lebenswelt als Sprungbrett oder als Ausgangsposition gedacht, aus dem heraus die Naturwissenschaft historisch erwachsen wäre; aber mit der Konstitution der mathematischen Natur hätte die Lebenswelt für die Wissenschaft keine Bedeutung mehr.

Husserl widerlegt diesen Einwand, indem er betont, daß die Wissenschaftler nicht nur in der Ausgangsposition ihrer Forschung, sondern "auch fortwährend in ihrer Übung und Fortführung"[11] von den Gegebenheiten der Lebenswelt Gebrauch machen. Die Lebenswelt ist für den Wissenschaftler nicht ein 'irrelevanter Durchgang'[12] zur mathematischen Natur, vielmehr stützt er sich in allen Phasen seiner theoretischen Tätigkeit auf die anschauliche Lebenswelt. Die theoretische Arbeit des Naturforschers setzt nach Husserl die Lebenswelt voraus, "und im Fortgang der Arbeit immer von neuem voraus"[13] Der Naturwissenschaftler will die wahre Natur, die nach seinem Selbstverständnis hinter den sinnlichen Erscheinungen liegt, logischma-thematisch bestimmen, aber gerade in dieser Arbeit muß er von den sinnlichen Erscheinungen Gebrauch machen. Im Labor z.B. verfolgt der Wissenschaftler Naturvorgänge, die ihm sinnlich erscheinen, diese sinnlichen Wirklichkeiten haben für ihn Seinsgeltung. In diesem Sinne schreibt Husserl: "In der jeweiligen Arbeitssituation sieht der Forscher seine Apparate, die Teilstriche der Skalen, er hört Taktschläge, als Chemiker spielt ihm auch das Riechen, Schmecken usw. seine Rolle."[14] In dieser Situation sind die Apparate und Teilstriche dem Wissenschaftler sinnlich farbig, in einer unendlichen Mannigfaltigkeit von Perspektiven, Orientierungen und Abschattungen, d.h. im subjektiven relativen Lebensweltthorizont, gegeben. Trotzdem hält er diese Gegebenheiten nicht für Illusionen oder unvollkommene Erscheinungen, die beseitigt werden müssen, sondern er benutzt sie als wirklich seiende und stützt sich auf ihre Geltungen. Und nur indem er von den anschaulichen Gegebenheiten der Lebenswelt Gebrauch macht, kann er seine objektiven exakten Theorien bewähren und begründen; denn die "wahre Natur des Physikers ist eine methodisch notwendige Substruktion des Denkens und ist nur als solche zu konstituieren, nur als 'mathematische' hat sie ihre Wahrheit."[15] Die wahre Natur des Physikers, diese gedankliche Substruktion, ist zwar theoretisch-mathematisch bestimmbar, aber als solche nie erfahrbar. Das Objektive als es selbst ist nie erfahrbar. Weil die mathematisch-physikalischen Konstruktionen nicht direkt erfahrbar sind, können sie nur durch den Rekurs auf die lebensweltlichen Evidenzen bewährt und begründet werden. In allen Wissenschaften "führt notwendig Begründung zuletzt über die Sphäre des Denkens hinaus auf Anschauung und zuletzt auf originär gebende Anschauung."[16]

Die lebensweltlichen Evidenzen sind nicht nur Ausgangspunkt für die logisch-mathematischen Wahrheiten, sondern sie sind auch ihre Bewährungsquelle; die logisch-wissenschaftlichen Evidenzen sind in den lebensweltlichen Evidenzen fundiert. Obwohl der Naturwissenschaftler auf die objektive Wahrheit absieht, fungiert für ihn das Lebensweltliche "als das für alle objektive Bewährung die theoretisch-logische Seinsgeltung letztlich Begründende, also als Evidenzquelle, Bewährungsquelle."[17] Also ist die Lebenswelt, die sich uns im strömenden Wandel der subjektiven Gegebenheitsweisen darbietet, das Geltungs- und Sinnesfundament der objektiven Wissenschaften und ihrer 'endgültigen' und 'ewigen' Wahrheiten[18].

Viertens: Die Funktion der Lebenswelt als Fundament für die objektiven Wissenschaften zeigt sich nach Husserls Betrachtungen noch darin, daß sie auch die Themen, die als mögliche Gegenstände wissenschaftlicher Forschung fungieren können, vorzeichnet. Die Gegenständlichkeiten der wissenschaftlichen Behandlung und auch ihre Einteilung in verschiedene Gebiete sind als Möglichkeiten im Horizont der Lebenswelt beschlossen. Husserl schreibt: "diese Welt selbst, als die (ursprünglich) rein aus Erfahrung vorwissenschaftlich für uns seiende, gibt in ihrer invarianten Wesensstruktur im voraus alle möglichen wissenchaftlichen Themen an die Hand."[19] Damit ein Gegenstand wissenschaftlich theoretisch konstituiert und erforscht werden kann, muß er schon in unserer lebensweltlichen vorwissenschaftlichen Erfahrung gegeben bzw. in ihrem Horizont mitgegeben sein. Indem die Wesensform der Lebenswelt nach Husserl alles vorzeichnet, was uns anschaulich erscheinen kann, bestimmt sie zugleich die möglichen Themen wissenschaftlicher Forschung. Die Lebenswelt birgt in sich Fragerichtungen für mögliche Idealisierung und theoretische Forschung.

Auch die Aufgliederung der Wissenschaften in verschiedene Sachgebiete hat ihre Motivationsquelle in der lebensweltlichen Erfahrung. In unserem vorwissenschaftlichen Leben treffen wir aus praktischen Interessen und vor jeder theoretischen Tätigkeit Unterscheidungen, die uns ermöglichen, die erfahrenen Gegenstände in verschiedene Klassen einzuteilen. Z.B. unterscheiden wir die leblosen Dingen von den Lebewesen, die Animalien von den Pflanzen, die Natur- von den Kulturgegenständen usw. Diese Unterscheidungen schweben wie alles Lebensweltliche im Stil des 'Ungefähren', sie werden aber in die Wissenschaft aufgenommen, und sie spielen eine entscheidende Rolle in der Aufteilung der wissenschaftlichen Aufgaben und in der Entstehung der Einzeldisziplinen. Darüber schreibt Husserl: "Es ist klar, daß solche allgemeinsten Scheidungen und Gruppierungen von der Lebenswelt her, als der Welt ursprünglicher Erfahrung, für die Scheidungen wissenschaftlicher Gebiete bestimmend sind."[20] Ebenfalls vollziehen wir im vorwissenschaftlichen Leben Abstraktionen und gewinnen wir dadurch abstraktive Seiten oder Schichten, die verschiedene konkrete Gegenstände umspannen: Menschen und Tiere wie Natur- und Kulturgegenstände haben Körperlichkeit, deshalb können wir unser Interesse schon im vorwissenschaftlichen Leben auf ihre körperliche Schicht richten und von ihren anderen Eigenschaften absehen. Als Folge dieser Abstraktion entsteht die materielle Natur. Auf die materielle Natur gerichtet, können wir als Menschen des natürlichen Lebens von der Füllenseite absehen und unser Interesse abstraktiv der Gestaltseite zuwenden; daraus ergeben sich Figuren, Flächen usw. Nun sind diese Abstraktionen, die lebensweltlich motiviert sind, bestimmend für die Entstehung der wissenschaftlichen Disziplinen. Aus dem Interesse für die Gestaltseite der Welt ist die praktische Feldmeßkunst entstanden, diese ist die Sinnquelle der idealisierenden Geometrie. Das Interesse für die materielle Seite der Welt motiviert die Entstehung der neuzeitlichen mathematischen Physik, die einer einseitigen abstraktiven Interessenrichtung entsprungen ist. In diesem Zusammenhang schreibt Husserl: "Die Naturwissenschaft der Neuzeit hat, als Physik sich etablierend, ihre Wurzel in der konsequenten Abstraktion, in der sie an der Lebenswelt nur Körperlichkeit sehen will."[21] Die abstraktive Reduzierung der Welt auf die körperliche Materialität, die die neuzeitliche Physik konsequent durchführt, hat also ihre Motivationsquelle in der Evidenz der lebensweltlichen - obwohl abstraktiven - Erfahrung.

In diesem Zusammenhang ist nochmals darauf hinzuweisen, daß nach Husserl die lebensweltlichen Gegebenheiten des Bewußtseins zur wissenschaftlichen Forschung motivieren können. Husserl schreibt: "Die Naturwissenschaft geht also dem Sinn dessen nur konsequent nach, was das Ding selbst als erfahrenes zu sein s.z.s. prätendiert."[22] Im Horizont der anschaulichen Dingerfahrung sind Linien seiner Näherbestimmung vorgezeichnet, die zur Konstitution des physikalischen Dings führen könnten. Alle wissenschaftlichen Bestimmungen und Prädikationen des physikalischen Dings sind im Horizont der schlichten Dingerfahrung vorgezeichnet: "Was man überhaupt sehen und finden kann in wissenschaftlicher Erfahrung, schreibt die allgemeine Dingerfahrung schon vor."[23]

Nun kann man gegen Husserl den Einwand erheben, daß diese Auffassung für die klassische Physik vielleicht zutreffend sei. Die klassische Physik untersucht Naturvorgänge, die der schlichten Erfahrung des Menschen mindestens teilweise zugänglich sind. Die neuere Physik aber befaßt sich mit Naturvorgängen, die unserer alltäglichen Erfahrung nicht zugänglich sind und von denen wir als vorwissenschaftliche Menschen keine Ahnung haben, wie z.B. die Elementarteilchen und ihre Eigenschaften oder die Phänomene des atomaren Bereichs. Wie kann Husserl behaupten, daß all das in unserer alltäglichen Erfahrung gegeben ist?

Dieser Einwand beruht auf einem Mißverständnis von Husserls Gedanken. Husserl behauptet nicht, daß in der schlichten Dingerfahrung alle Bestimmungen, die die mathematische Physik entdeckt, wirklich vorhanden sind, sondern daß sie im Horizont der schlichten Erfahrung als mögliche Bestimmungen beschlossen liegen. D.h. im Horizont dieser Erfahrung gibt es Linien, die zu diesen Bestimmungen führen könnten. In diesem Sinne sind auch die Vorgänge im atomaren Bereich in unserem Erfahrungshorizont vorgezeichnet. Dazu Husserl: "Es muß Rücksicht genommen werden darauf, daß, was die Naturwissenschaft annimmt als Aufbau eines Dings aus Molekülen und Atomen, jedenfalls in der Weise schon im anschaulichen Ding als Möglichkeit vorgezeichnet ist, daß ein Ding möglich ist als kausalzusammenhängendes Dingaggregat."[24]

Husserl meint aber nicht, die Wissenschaft könnte allein durch die kontinuierliche Verfolgung der Möglichkeiten der Näherbestimmung des Dings, die im Horizont unserer alltäglichen vorwissenschaftlichen Erfahrung vorgezeichnet sind, entstehen. Natürlich kann ich in der alltäglichen Erfahrung das Ding immer wieder näherbestimmen, indem ich einige Leerintentionen in einer Dinggegebenheit zur Erfüllung bringe, aber jede neue Dingerfahrung ist wieder mit Leermeinungen durchsetzt, die auch nach Erfüllung streben usw. Es gibt keine letzte Dinggegebenheit; das Ding kann nur in einer unendlichen Mannigfaltigkeit von Orientierungen, Perspektiven und Abschattungen gegeben werden, die das Bewußtsein in der Anschauung nicht durchlaufen kann. Durch die Methode der Idealisierung aber kann das Bewußtsein diese Unendlichkeit der Gegebenheitsweisen als durchlaufen denken und das Ding exakt und objektiv bestimmen. Nun es darf nicht übersehen werden, daß die Leistung der Idealisierung, wie schon im ersten Kapitel dieses Teils[25] gezeigt, nur im Rahmen einer Ideenkultur, einer philosophischen Kultur möglich ist. Die Idealisierung setzt den Bruch mit der natürlichen Einstellung voraus. Daß die positiven Wissenschaften die ursprüngliche Intention der Philosophie nicht erfüllen und den Bruch mit der natürlichen Einstellung nicht konsequent einhalten konnten, ändert nichts daran, daß die Idee der Philosophie in ihnen fortlebt und daß sich ihre Entstehung dem Bruch mit der natürlichen Einstellung verdankt.

Nach dieser Bemerkung kann ich die Sachlage so zusammenfassen: Die wissenschaftliche Bestimmung des Dings ist als Möglichkeit im Horizont unserer alltäglichen Erfahrung vorgezeichnet, das Ergreifen dieser extremen Möglichkeit kann aber nur auf Grund des Bruches mit der natürlichen Erfahrung geschehen.

Diese Betrachtungen weisen auf, daß die objektiven Wissenschaften die Lebenswelt als Sinnesfundament voraussetzen und daß sie nur auf Grund der lebensweltlichen Evidenzen möglich sind. Dieses Ergebnis widerspricht natürlich dem objektivistischen Selbstverständnis, das die wissenschaftliche Welt als die wahre Welt betrachtet und jeden Bezug dieser als wahr postulierten Welt auf die subjektiv-relative Erfahrung des Menschen und auf den Welthorizont verkennt. Dagegen geht die phänomenologische Analyse davon aus, daß jedes Erscheinende vor einem das Erscheinen ermöglichenden Hintergrund erscheint und daß auch die höherstufigen Gegenstände der exakten Wissenschaften nur vor diesem Hintergrund erscheinen können. Darüber sind sich Husserl und Heidegger einig. Dieser Hintergrund ist nach Husserl die Lebenswelt und nach Heidegger das Sein. Und wie Husserl die exakte Erkenntnis auf die Lebenswelt zurückbezieht, so analysiert Heidegger die exakte Wissenschaft, wie wir noch im zweiten Teil dieser Untersuchung zu zeigen haben, aus dem Hintergrund des Verstehens des Seins, das nach Heidegger jedes Erschienen des Seienden und jedes Verhalten des Menschen zu ihm ermöglicht.

B. Die Lebenswelt als das die wissenschaftlichen Theorien Umfassende

Im ersten Abschnitt dieses Kapitels hat sich erwiesen, daß es zwischen der Wissenschaft und der Lebenswelt, zwischen dem Reich des exakten Objektiven und dem des vagen Subjektiven eine Sinnbeziehung gibt. Die objektiven Wissenschaften bewegen sich auf dem Boden des Weltglaubens und beruhen auf den ursprünglichen Evidenzen der lebensweltlichen Erfahrung als Bewährungs- und Begründungsquelle. Damit will es Husserl nicht bewenden lassen, sondern er stellt die These auf, daß die objektiven Wissenschaften wie alle anderen Kulturgestalten zur Lebenswelt gehören, d.h. sie sind Bestandteil der Lebenswelt. Die Lebenswelt fungiert nicht nur als Sinnesboden für die Wissenschaft, sondern sie umfaßt auch die wissenschaftlichen Theorien und Erwerbe. Diese These kann man in den folgenden Gedanken entfalten und begründen.

Erstens: Die wissenschaftlichen Theorien und Erwerbe sind Denkgebilde, Kulturgebilde; sie sind historisch gewachsen und gehören wie alle Kulturformen zur Lebenswelt. Die Lebenswelt umfaßt nicht nur die materiellen Dinge wie Steine, Bäume und

Häuser, sondern auch die Wissenschaftler mit ihren Theorien und idealisierenden Wissenschaften, welche auch "Kulturtatsachen"[26] sind. Die Wissenschaften sind Leistungen der Wissenschaftler, diese sind Menschen, sie sind "Mitbestände der Lebenswelt"[27], sie gehören als einzelne und auch als wissenschaftliche Gemeinschaft zur Lebenswelt. Als Menschen sind sie zuerst vorwissenschaftliche Personen, sie führen ein alltägliches außerwissenschaftliches Leben, daneben sind sie in bestimmten 'Berufszeiten' rein theoretisch interessiert. Aber auch während ihrer wissenschaftlichen Tätigkeit oder Berufszeiten hören sie nicht auf, vorwissenschaftliche Personen zu sein und außerwissenschaftliche Tätigkeiten zu unternehmen. Zu ihrer wissenschaftlichen Arbeit gehört, daß sie miteinander sprechen, Aufsätze lesen, Vorträge hören usw. Mehrmals bezeichnet Husserl die Wissenschaft als eine besondere Art der Praxis, die, wie alle anderen Praxisarten, zur Lebenswelt gehört.

Zweitens: Nicht nur die Wissenschaftler als Menschen oder Personen gehören zur Lebenswelt, vielmehr sind auch ihre Zwecke und Interessen aus der Lebenswelt gewachsen und in ihr als Universalhorizont beschlossen. Die aus den wissenschaftlichen Zwecken und Interessen entstandene theoretische Welt hat den Charakter einer 'besonderen Welt'[28] oder 'Sonderwelt'[29], damit meint Husserl einen in sich geschlossenen 'Welt'-Horizont[30], der sich aus einem Interesse oder Zweck konstituiert. Dieser Zweck kann momentan oder dauernd, Gemeinschaftszweck oder persönlicher Zweck, praktisch oder theoretisch sein, in allen Fällen leitet dieser Zweck unser Leben in dieser Sonderwelt. Dieser Welt vor allem gilt unser Interesse, und alles, was außerhalb ihrer liegt, ist uns mehr oder weniger gleichgültig.

Die Sonderwelt ist uns als Interessenhorizont thematisch bewußt. Indem wir aber in einer Sonderwelt thematisch leben, leben wir auch unthematisch in der Lebenswelt, die alle Sonderwelten mit ihren Interessen und Zwecken in sich umfaßt. Obwohl unthematisch, ist die Lebenswelt in allen sonderweltlichen Tätigkeiten mitbewußt, sie ist allen Sonderwelten vorgegeben. "Die Lebenswelt ist die ständig vorgegebene, ständig und im voraus seiend geltende, aber nicht geltend aus irgendeiner Absicht, Thematik, nach irgendwelchem universalen Zweck. Jeder Zweck setzt sie voraus."[31] Alle Sonderwelten gehören mit ihren Zwecken, Absichten und Werken zur Lebenswelt und setzen die Lebenswelt voraus. Die Lebenswelt ist zwar wie alle Sonderwelten ein Gebilde des Bewußtseins, aber sie ist dadurch ausgezeichnet, daß sie kein Zweckgebilde ist, sie ist nicht aus einem bestimmten Zweck oder Interesse konstituiert. Jedes Interesse und jeder Zweck setzt die Vorgegebenheit der Lebenswelt voraus.

Die wissenschaftliche Welt ist auch eine Sonderwelt, sie ist der Seinshorizont der Wissenschaftler und ihrer Werke und Theorien. In der wissenschaftlichen Welt wird das Bewußtseinsleben durch die Zweckidee 'objektive Wahrheit' regiert. Unter dieser leitenden Idee werden objektive Theorien, Idealitäten usw. erzeugt; diese allein interessieren das wissenschaftliche Leben, die übrige Welt liegt außerhalb seines Interesses. Die Lebenswelt selbst, das Reich des Subjektiven bleibt außer Betracht, nur das Objektive hat einen Platz in der wissenschaftlichen Welt. Aber das ändert nach Husserl nichts daran, daß die Wissenschaftler mit ihren objektiven Wahrheiten, Idealitäten und Theorien zur Lebenswelt gehören, die wie schon gesagt, alle Sonderwelten in sich umschließt. "Die wissenschaftliche Welt - die systematische Theorie - und die in ihr beschlossene in wissenschaftlicher Wahrheit seiende (in der Naturwissenschaft, der universalen Theorie, ihre Natur, die in den Sätzen, in den formalen, als Substrat geltende) gleich allen den Zweckwelten 'gehört' nun selbst zur Lebenswelt."[32] Also auch die Welt der exakten und objektiven Erkenntnis, die Welt der Idealitäten und der mathematisch-physikalischen Konstruktionen gehört zum subjektiven relativen Reich der Lebenswelt.

Um diese Idee einsichtig zu machen, stellt Husserl die Frage: Was ist der letzte Zweck der wissenschaftlichen Tätigkeit? Was leistet sie? In der Naturwissenschaft erstrebt die logisch-theoretische Tätigkeit die objektive und exakte Naturerkenntnis. Diese ermöglicht Voraussichten und Induktionen, die für unser alltägliches Leben relevant sind. Der letzte Zweck, dem die Naturwissenschaft dienen soll, liegt also in der Welt unseres alltäglichen Lebens. Natürlich leistet schon der Mensch des vorwissenschaftlichen Lebens Voraussichten und Induktionen, die er für die Lebenspraxis braucht. Diese sind aber vage und roh, also kunstlos, und ihre Gültigkeit ist begrenzt, sie überschreitet nicht den Bereich bestimmter typischen Alltagssituationen. Dagegen sind die Voraussichten und Induktionen der Naturwissenschaft durch ihre Berechenbarkeit und Genauigkeit ausgezeichnet. Die naturwissenschaftlichen Voraussichten können die Grenze der alltäglichen Erfahrung überschreiten, weil sie mit Idealitäten operieren. Die idealisierende Methode ermöglicht Induktionen, "die unvergleichlich weiter reichen als die vorwissenschaftlichen Induktionen."[33] Die Naturwissenschaft leistet die Verbesserung und Vervollkommnung der rohen Voraussichten des vorwissenschaftlichen Lebens ins Unendliche. So ist es nach Husserl gerechtfertigt anzunehmen, daß die mathematische Naturwissenschaft mit ihren Zwecken und Theorien zur Lebenswelt gehört.

Drittens: Der letzte Zweck der idealisierenden Wissenschaft liegt, wie schon gezeigt, in der Lebenswelt selbst, da die wissenschaftliche Arbeit in kunstvollen Voraussichten terminiert, die durch ihre hohe Leistungsfähigkeit und Nützlichkeit im alltäglichen Leben ausgezeichnet sind. Die kunstvollen Induktionen der mathematischen Naturwissenschaft gehören genauso wie die kunstlosen des vorwissenschaftlichen Lebens zur Lebenswelt. Ein eindeutiger Nachweis dafür ist, daß diese kunstvollen Voraussichten nichts an der Wesensform der Lebenswelt ändern. Die Wesensform der

Lebenswelt wird nicht dadurch geändert, daß wir in ihr wissenschaftliche Induktionen leisten. In diesem Sinne schreibt Husserl: "Diese wirklich anschauliche, wirklich erfahrene und erfahrbare Welt, in der sich unser ganzes Leben praktisch abspielt, bleibt, als die sie ist, in ihrer eigenen Wesensstruktur, in ihrem eigenen konkreten Kausalstil ungeändert, was immer wir kunstlos oder als Kunst tun."[34] Die vorgegebene Lebenswelt ist der Horizont aller möglichen Induktionen. Man kann sagen, die Wesensform der Lebenswelt ist so beschaffen, daß in der Lebenswelt idealisierende Voraussichten und Induktionen gemacht werden können. Die Wesensform der Lebenswelt birgt in sich die Möglichkeit dieser Art der Induktion wie aller anderen Arten. Wie ist das zu verstehen?

Nach Husserl sind alle Induktionen nur auf Grund des Kausalstils der Lebenswelt möglich. Dieser Kausalstil ist keine Entdeckung der Wissenschaften, sondern er waltet schon in unserer vorwissenschaftlichen Erfahrung. Wir wissen aus unserer vorwissenschaftlichen Erfahrung, daß die Naturvorgänge gewohnheitsmäßig verlaufen und daß die Dinge sich unter ähnlichen Umständen ähnlich verhalten. Nicht nur das; vielmehr ist nach Husserl jede Erkenntnis von einem Ding zugleich Erkenntnis von den Kausalzusammenhängen, in denen es steht. Erkenntnis von Kausalität und Erkenntnis von Realität sind untrennbar, "zum Erfahrungssinn selbst gehört es, daß, was da erfahren ist, seinen kausalen Stil und Horizont hat. Ein Ding kennen, heißt ja voraussehen, wie es sich kausal benehemen wird."[35] In den theoretisch-mathematischen Wissenschaften wird diese lebensweltliche vorwissenschaftliche Kausalität idealisiert, die idealisierte Kausalität ermöglicht die Überführung der rohen Voraussichten in exakte, kunstvolle und leistungsfähigere Voraussichten. Aber sowohl in den vorwissenschaftlichen wie auch in den wissenschaftlichen Voraussichten wird das unmittelbar Gegebene, obzwar in ganz unterschiedlichem Maße, transzendiert oder überschritten. Die Überschreitung des unmittelbar Gegebenen geschieht aber nicht nur in den ausdrücklich vollzogenen vorwissenschaftlichen und wissenschaftlichen Voraussichten, sondern sie ist ein Wesenscharakter unseres gesamten Bewußtseinslebens. Husserl formuliert das kurz so: "Auf Voraussicht, wir können dafür sagen, auf Induktion beruht alles Leben."[36] Diesen Charakter nennt Husserl "die Horizontintentionalität"[37] oder "die Horizontstruktur der Erfahrung"[38]. Damit meint er, daß zu jeder Erfahrung ein Horizont gehört, der über das eigentlich Erfahrene hinausgeht. Bei der Erfahrung eines Raumdings verfügen wir über einen Kern oder Gehalt, der wirklich im eigentlichen Sinne gegeben und bestimmt ist. Dieser Kern ist aber umgeben von einem Vorhaben, Vormeinen[39], Vorwissen oder Mitwissen[40], das den eigentlich selbstgegebenen Kern überschreitet und über ihn hinausmeint. Dieses Vorwissen kann inhaltlich unbestimmt oder unvollkommen bestimmt sein, aber es ist nie vollkommen leer. Auf Grund ihrer Horizontstruktur hält jede Erfahrung Möglichkeiten, oder Vermöglichkeiten, für die Fortführung der Kenntnisnahme des gegebenen

Dings bereit. Jede Einzelerfahrung verweist auf andere mögliche Einzelerfahrungen, und jede Bestimmung auf mögliche Bestimmungen, so daß man sagen kann, daß es keine letzte Bestimmung und keine letzte Erfahrung gibt. Also es gehört zu jeder Erfahrung eine ursprüngliche Induktion oder Antizipation. Induktion oder Antizipation ist also "ein Modus der 'Intentionalität'"[41]. In diesem Sinne liegen die Wurzeln der mathematisch-physikalischen Induktion in der schlichten lebensweltlichen Erfahrung und ihrer Tendenz, das unmittelbar Gegebene zu überschreiten. So verweist die wissenschaftliche Induktion auf die vorwissenschaftliche Erfahrung zurück.

Weiterhin meint Husserl, daß die Wurzeln der Antizipation des physikalischen Dings als idealer Unendlichkeit von relativen Erscheinungen und der mathematischen Natur als unendlicher Mannigfaltigkeit von Dingen in der Horizontstruktur der Erfahrung liegen. Jede Dingerfahrung verweist auf Möglichkeiten der Näherbestimmung des gegebenen Dings, diese Möglichkeiten sind unerschöpflich, sie gehen ins Unendliche. Aber das Ding "hat auch einen offen endlosen Außenhorizont von Mitobjekten"[42], jedes Ding verweist auf andere Dinge, die wieder auf andere Dinge verweisen, und so gehen auch hier die Verweisungen ins Endlose. Diese beiden Unendlichkeiten, auf die unsere lebensweltliche alltägliche Dingerfahrung verweist, obwohl sie uns in der Regel nicht thematisch bewußt sind, können wir in der Anschauung nicht durchlaufen. Die mathematische Physik dagegen versucht, diese Unendlichkeiten denkmäßig zu bewältigen. Die unendlichen Erscheinungsmannigfaltigkeiten des Dings werden als durchlaufen gedacht, und so wird das Ding als absolut Identisches mit der idealisierenden Methode konstituiert. Die Konstitution elementarer physikalischer Idealitäten ermöglicht aber die Konstruktion neuerer Idealitäten usw. Auf diese Weise wird die Natur als mathematische Unendlichkeit antizipiert. Die Wurzeln dieser Antizipation liegen also in der alltäglichen Erfahrung unserer Lebenswelt.

Diese Betrachtungen sollen zeigen, daß die idealisierende Antizipation der mathematischen Naturwissenschaft in der Horizontstruktur unserer lebensweltlichen Erfahrung gründet. Deshalb kann Husserl schreiben: "Die Welt als Lebenswelt hat schon vorwissenschaftlich die 'gleichen' Strukturen, als welche die objektiven Wissenschaften ... als apriorische Strukturen voraussetzen und systematisch in apriorischen Wissenschaften entfalten."[43] Die Wissenschaften mit ihren Idealitäten und Konstruktionen ändern nichts an der Wesensform der vorwissenschaftlichen Lebenswelt. Wesensmäßig ist uns die Welt im vorwissenschaftlichen Leben raumzeitlich und im Kausalstil gegeben. Aus der vagen Raumzeitlichkeit und Kausalität des vorwissenschaftlichen Lebens werden in der idealisierenden Wissenschaft exakte und mathematisch berechenbare Raumzeitlichkeit und Kausalität herausgearbeitet. Das Apriori der objektiven Wissenschaften gründet also im lebensweltlichen Apriori. Die idealisierenden Wissenschaften ändern nichts an der Wesensform der Lebenswelt. Die idealisierende Wissenschaft ist mit ihren antizipierten Unendlichkeiten und theoretischlogischen Konstruktionen selbst in dieser Wesensform als extreme Möglichkeit beschlossen. Diese Möglichkeit ist aber nicht unmittelbar gegeben, sondern sie muß 'erweckt'[44] werden. Die wissenschaftliche Welt gehört auch in diesem Sinne zur Lebenswelt.

Viertens: Husserl bringt noch ein weiteres Indiz dafür vor, daß die objektive Wissenschaft zur Lebenswelt gehört. Er stellt fest, daß die durch die idealisierende Methode entstandenen wissenschaftlichen Theorien Geltung für unsere anschauliche Lebenswelt haben. Diese Geltung können die mathematisch-physikalischen Theorien nur deshalb gewinnen, weil in ihnen das Lebensweltliche im Spiel ist. Die objektiven und exakten Theorien entstehen auf Grund der Idealisierung aus der lebensweltlichen Erfahrung und haben auch, wie Husserl sagt, "Rückverwertung innerhalb der in der Welt wirklicher Erfahrung sich bewegenden Praxis."[45] Dieses Phänomen bezeichnet Husserl als "Einströmen"[46]. Die Erwerbe der aus der Zweckidee der objektiven Wahrheit entstandenen und von ihr regierten Sonderwelt der Wissenschaft strömen in die Lebenswelt ein. Mit anderen Worten, die "entperspektivierten" Ergebnisse der idealisierenden Wissenschaften gewinnen Geltung für Alltagssituationen der Lebenswelt und werden dadurch "reperspektiviert"[47]. Die theoretischen Ergebnisse der Wissenschaften werden der Lebenswelt zugeschlagen, dadurch wird die Lebenswelt bereichert[48]. Wie ist dieses Einströmen konkret zu verstehen?

Ich glaube, man kann mit Husserl von verschiedenen formen des Einströmens sprechen. Eine bekannte Form des Einströmens besteht darin, daß die wissenschaftlichen Theorien die Grundlage für die Erzeugung technischer Produkte und Apparate sind, die in unsere anschauliche Welt eingehen. Die Produkte der Technik verdanken sich logisch-theoretischen Konstruktionen, trotzdem sind sie für uns anschaulich da. Die Produkte der Technik sind uns perspektivistisch, subjektiv-relativ gegeben und haben für das Bewußtsein den Charakter der Anschaulichkeit und Vertrautheit, der die Gegenstände der vorwissenschaftlichen Lebenswelt kennzeichnet.

Hier meldet sich aber ein Bedenken. Zwar sind uns die technischen Produkte und Apparate anschaulich gegeben, und wir können mit ihnen in unserem Alltagsleben mit Vertrautheit umgehen. All das bedeutet aber nicht, daß wir sie verstehen. Ich kann z.B. mit dem Fernsehapparat umgehen, seinen Ton erhöhen usw., trotzdem bleibt er mir fremd, solange ich die wissenschaftlichen Theorien, auf deren Grundlage er erzeugt worden ist, nicht verstehe. Aus diesem Grund kann man den Produkten der Technik nicht ohne weiteres den Charakter der lebensweltlichen Gegenstände zusprechen.

Gegen dieses Bedenken kann man aber sagen, daß auch der Charakter der Vertrautheit mit den Gegenständen des vorwissenschaftlichen Lebens nicht auf einem vollen Verständnis von ihnen beruht. Phänomenologisch, d.h. durch das Wie der Gegebenheit, kann ich die technischen Apparaten von den vorwissenschaftlichen

Gegenstände nicht unterscheiden. Auch die technischen Apparate bieten sich nur horizonthaft in einer Mannigfaltigkeit von Perspektiven und Abschattungen dar. Der Fernsehapparat ist mir genauso gegeben wie der Baum. Natürlich kann ich durch die Wahrnehmung alleine den Fernsehapparat nicht ganz verstehen; den Baum aber auch nicht. Deshalb ist es nicht gerechtfertigt, den Produkten der Wissenschaft und Technik den Charakter der lebensweltlichen Gegenstände abzusprechen, also sie sind wie Bäume und Häuser Bestandteile der Lebenswelt. In dieser Form des Einströmens gewinnen die wissenschaftlichen Theorien den Charakter des Lebensweltlichen, und in diesem Sinne gehören sie zur Lebenswelt.

Eine weitere Form des Einströmens besteht darin, daß die wissenschaftlichen Wahrheiten auf relative Alltagssituationen angewandt werden können. Durch diese Anwendung kann man Voraussichten und Induktionen machen, die eine hohe Leistungsfähigkeit haben und die für die alltägliche Lebenspraxis relevant sind. Die mathematischen Formeln der Physik z.B. werden auf die alltägliche Welt angewandt, um Naturvorgänge in bestimmten Situationen vorauszusehen, sie zu berechnen und zu beherrschen. Natürlich muß die wissenschaftliche Erkenntnis von allen okkasionellen relativen Situationen absehen und die objektive Wahrheit erstreben. Aber, indem sie das tut, kann sie allen relativen Situationen gerecht werden. Die wissenschaftliche Erkenntnis hat, wie Husserl sagt, "das Ziel, die durch die Relativität aller möglichen Situationen hindurchgehende objektive Wahrheit zu erkennen, die von jedermann in seiner konstruierbar ist, und zugleich soll sie es sein, die die für alle möglichen Situationen gültigen relativen Wahrheiten praktisch zureichend abzuleiten gestattet und der objektiven Wahrheit Bedeutung für alle Praxis gibt."[49]

Die wissenschaftliche Erkenntnis strömt in unsere Lebenswelt nicht nur in Form der technischen Produkte und der Voraussichten in Alltagssituationen ein, sondern sie ist auch in unseren alltäglichen Auffassungen und Apperzeptionen im Spiel. Die mathematisch-physikalischen Theorien sind zuerst die Welt der Wissenschaftler, aber dann sind sie für uns alle da, sie bestimmen unser Verständnis und unsere Deutung der Gegebenheiten der anschaulichen Erfahrung. Dafür ist der ausdrückliche Nachvollzug der wissenschaftlichen Erkenntnisse nicht notwendig, da die neuzeitiliche Idee der mathematischen Natur für uns eine Selbstverständlichkeit geworden ist; die Welt ist uns vorgegeben als durchsetzt mit dem Niederschlag von mathematisch-physikalischen Leistungen. "Damit ist von vornherein die Welt unserer Erfahrung gedeutet unter Zuhlilfenahme einer 'Idealisierung'."[50]

Das Phänomen des Einströmens bestätigt, daß die idealisierende Wissenschaft trotz ihrer Überschreitung der Grenzen der alltäglichen Erfahrung zur Lebenswelt gehört; nur auf Grund dieser Zugehörigkeit können die logisch-theoretischen Ergebnisse dieser Wissenschaften in den Horizont der lebensweltlichen Praxis eingehen und Gültigkeit für relative Situationen gewinnen.

Es ist hier zu bemerken, daß die Idee des Einströmens, die Husserl meines Wissens zum ersten Mal in seinem Spätwerk dargelegt hat, schon in seinen früheren Überlegungen zur Wissenschaft keimhaft angelegt ist. Nachdem er am Ende des §40 seiner *Ideen I* gezeigt hat, daß das wahrgenommene Ding das Ding selbst ist, das durch physikalische Prädikate bestimmt wird, schreibt er: "In umgekehrter Richtung dient demnach jede physikalische Erkenntnis als Index für den Lauf möglicher Erfahrungen mit den in ihnen vorfindlichen Sinnendingen und sinnendinglichen Vorkommnissen. Sie dient also zur Orientierung in der Welt der aktuellen Erfahrung, in der wir alle leben und handeln."[51]

C. Die Lebenswelt: Anschauungsboden oder konkrete Universalität?

Bei meinem Versuch, Husserls Verständnis der Beziehung von Lebenswelt und neuzeitlicher Wissenschaft zu erläutern, habe ich zuerst Husserls Überlegungen über die Lebenswelt als Sinnes- und Geltungsfundament der Wissenschaft nachgezeichnet (1). Dann habe ich mich mit der Husserlschen These befaßt, daß die Wissenschaft selbst zur Lebenswelt gehört (2). Bisher habe ich die beiden Thesen zum Zweck ihrer Darlegung auseinandergehalten. Nun möchte ich sie miteinander konfrontieren, um zu sehen, ob sie miteinander verträglich sind.

Auf den ersten Blick scheint es doch, daß ein Widerspruch zwischen den beiden Thesen besteht. Denn die Aussage, die Lebenswelt sei das Sinnesfundament der Wissenschaft, meint, daß sich die Idealitäten der Wissenschaft auf die anschaulichen Evidenzen der Lebenswelt stützen. Die Lebenswelt wird also als Anschauungsboden genommen. So verstanden, kann aber die Lebenswelt, also die Anschauungswelt, nicht die idealisierende Wissenschaft und ihre logisch-theoretischen Konstruktionen umfassen. Und umgekehrt: wenn man davon ausgeht, daß die Wissenschaft zur Lebenswelt gehört, wird die Wissenschaft selbst als eine lebensweltliche Praxisart betrachtet, und es wird dann schwierig, die Behauptung aufrechtzuerhalten, die Lebenswelt sei das Sinnesfundament der Wissenschaft, "vielmehr", so erläutert Claesges diese Seite des Problems, "muß gesagt werden: Ein bestimmter Bereich lebensweltlicher Evidenzen bildet den Boden für eine bestimmte lebensweltliche Praxis, nämlich die theoretisch-logische Praxis der Wissenschaften."[52] Wie ist diese Schwierigkeit zu beseitigen?

Vielleicht könnte man diesen behaupteten Widerspruch ausräumen, wenn man davon ausgeht, daß Husserls Begriff der Lebenswelt zweideutig ist. Danach soll Husserl den Begriff Lebenswelt bald in engerer Bedeutung und bald in weiterer Bedeutung gebraucht haben. In der engeren Bedeutung meint die Lebenswelt die anschauliche Welt, die Welt der ursprünglichen sinnlichen Evidenzen und der subjektiv-relativen Gegebenheiten. Wenn die Lebenswelt in dieser engeren Bedeutung genommen wird, dann ist es verständlich, daß sie das Sinnesfundament der idealisierenden Wissenschaften bildet. Aber in dieser Bedeutung genommen, kann die Lebenswelt nicht die Wissenschaften in sich befassen. Wenn wir aber die Lebenswelt in der weiteren Bedeutung nehmen, dann ist sie nicht als Anschauungsboden verstanden, sondern als geschichtlich gewordene Kulturwelt, als konkrete Universalität, die alle Praxisarten und darunter auch die theoretisch-wissenschaftliche Praxis mit ihren Erwerben und Ergebnissen in sich befaßt. In dieser weiteren Bedeutung kann die Lebenswelt aber nicht als Sinnesfundament der Wissenschaft fungieren. Man kann unterstellen, in jeder der beiden erläuterten Thesen, nämlich: die Lebenswelt ist das Sinnesfundament der Wissenschaft (1) und: die Wissenschaft gehört zur Lebenswelt (2), kommt der Lebenswelt jeweils eine andere Bedeutung zu. In der ersten These ist die Lebenswelt als Anschauungsboden und in der zweiten These ist sie als konkrete Universalität gemeint. Die Sachlage wäre also so zusammenzufassen: die Lebenswelt im engeren Sinne ist das Sinnesfundament der idealisierenden Wissenschaften, die, wie alle Arten der Praxis und ihre Ergebnisse, zur Lebenswelt im weiteren Sinne gehören.

Auf diese Weise kann man versuchen, den behaupteten Widerspruch der beiden genannten Thesen auszuräumen, der Preis dafür ist aber die Unterstellung der Zweideutigkeit in Husserls Gebrauch des Lebensweltbegriffs. Das wäre aber kein Übel, wenn diese Unterstellung zur Klarlegung der Beziehung von Wissenschaft und Lebenswelt beitragen könnte. Deshalb möchte ich zuerst prüfen, ob jede der beiden behaupteten Bedeutungen der Lebenswelt die ihr in ihrer These zugewiesene Funktion zu erfüllen vermag.

Wenn man die Lebenswelt im engeren Sinne nimmt, dann kann man sie ohne weiteres als Fundament der Wissenschaft betrachten. Diese Funktion der Lebenswelt kann aber auch so verstanden werden, daß die lebensweltliche Erfahrung ein 'irrelevanter Durchgang' zur wahren Welt der objektiven Wissenschaft ist. Die Evidenzen der Lebenswelt wären also wie ein 'Sprungbrett', aus dem heraus die Wissenschaft startete und sie dann hinter sich ließe. Die Lebenswelt im engeren Sinne genommen, kann also dem Fundierungsverhältnis zwischen Wissenschaft und Lebenswelt nicht gerecht werden. Die Lebenswelt kann nur dann als Sinnesfundament der neuzeitlichen Wissenschaft im vollen Sinne angesehen werden, wenn es nachgewiesen wird, daß die idealisierende Wissenschaft selbst eine Möglichkeit ist, die in dem subjektiv-relativen Horizont der Lebenswelt gehört. Dies ist aber undenkbar, wenn die Lebenswelt im engeren Sinne genommen wird. Also die Lebenswelt im engeren Sinne genommen, kann nicht die Funktion des Sinnesfundamentes für die Wissenschaft im vollen Sinne erfüllen.

Ein entsprechendes Ergebnis erreichen wir, wenn wir die Funktion der weiteren Bedeutung der Lebenswelt in der zweiten These bedenken. Es ist nur dann sinnvoll, von der Zugehörigkeit der Wissenschaft zur Lebenswelt zu reden, wenn ein Fundierungsverhältnis zwischen ihnen nachzuweisen ist. Sonst wäre die Zugehörigkeit nur als Dasein oder Sichbefinden der Wissenschaftler mit ihren wissenschaftlichen Erwerben und Theorien in der Lebenswelt gedacht ohne Sinnbeziehung zwischen den beiden. Diese Auffassung kann aber Husserls Verständnis nicht entsprechen, da die wissenschaftlichen Ergebnisse nach Husserl nur in die Lebenswelt einströmen und Bestandteile von ihr werden können, weil die Wissenschaft in der Lebenswelt gründet und weil die lebensweltlichen Evidenzen in die wissenschaftlichen Theorien eingehen.

Damit erweist sich, daß die Unterstellung der Zweideutigkeit im Husserls Gebrauch des Lebensweltbegriffs das Verhältnis von Wissenschaft und Lebenswelt nicht zur Klarheit bringen kann. Die Erörterung dieser Interpretation hat aber ein positives Ergebnis, und zwar: Fundierungsverhältnis und Zugehörigkeitsverhältnis von Wissenschaft und Lebenswelt müssen zusammengedacht werden. Jedes Verhältnis kann nur dann richtig verstanden werden, wenn in ihm das andere mitgedacht werden kann. Das ist aber wiederum nur möglich, wenn man nicht von zwei Begriffen, sondern von zwei Bestimmungen oder Betrachtungsweisen der Lebenswelt redet und wenn man darauf achtet, daß die Bestimmung der Lebenswelt als anschauliche Welt und als konkrete Universalität sich nicht widersprechen, sondern im Gegenteil ergänzen. Die beiden genannten Bestimmungen kommen jeder gegebenen Lebenswelt zu, jede Lebenswelt ist immer zugleich als Anschauungsboden und als konkrete Universalität gegeben. Um dies einsichtig zu machen, möchte ich nun die folgenden Betrachtungen in Erinnerung bringen:

Zuerst ist daran zu erinnern, daß jede gegebene Lebenswelt einschließlich derjenigen, die nichts von Wissenschaft und Idealisierung weiß, konkrete Universalität ist. Vor der Wissenschaft entstehen auf dem Boden der Lebenswelt nichttheoretische Praxisarten, z.B. die handwerkliche Praxis, deren Erwerbe in die Lebenswelt einströmen, auch diese Erwerbe bereichern die Lebenswelt und werden Bestandteile ihrer Konkretion[53]. Die Lebenswelt wird nicht erst mit dem Einströmen der theoretisch-wissenschaftlichen Ergebnisse konkrete Universalität, sondern sie ist immer schon konkrete Universalität, weil sie immer schon mit dem Niederschlag von Kulturgebilden druchsetzt ist. Und wenn Husserl versucht, die Wesensstruktur der Lebenswelt herauszustellen, dann darf man das nicht so verstehen, als ob er diese Wesensform mit einem 'vorkulturellen Boden' identifiziere, aus dem heraus die Kulturen gemacht würden und die Geschichte startete. Diese gesuchte Wesensform ist dagegen allen konkreten Welten, seien sie wissenschaftlich oder vorwissenschaftlich, gemeinsam. Diese Bemerkung zeigt, daß im Prinzip zwischen der Bestimmung der Lebenswelt als Anschauungsboden und als konkreter Universalität kein Widerspruch besteht.

Es ist zweitens darauf zu achten, daß es die Tendenz zur Transzendierung der Anschaulichkeit, die besonders die idealisierende Wissenschaft kennzeichnet, schon im Vollzug der vorwissenschaftlichen Erfahrung gibt. Jede sinnliche Wahrnehmung ist, wie schon gesagt, durchsetzt von Mit- und Leermeinungen; in der Auffassung eines Dings als Identischen transzendiere ich schon das eigentlich Gegebene. Alle Arten der vorwissenschaftlichen Praxis beruhen auf antizipierenden Induktionen und Voraussichten. Die Wurzeln der Idealisierung bzw. Mathematisierung der Natur liegen also in der vorwissenschaftlichen Erfahrung, in der Horizontstruktur der Intentionalität.

Die dritte Bemerkung ist, daß das Einströmen der mit der idealisierenden Methode gewonnenen Ergebnisse nichts an der Wesensstruktur der Lebenswelt und an ihrem anschaulichen Charakter ändert. Durch das Einströmen des Objektiv-Logischen ins Subjektiv-Relative bleibt das letztere, wie Aguirre sagt, nicht nur in seinem Wesen unangetastet, "vielmehr wird das Objektiv-Logische von ihm aufgesogen."[54] Die technischen Produkte der Wissenschaft sind uns auch in der Weise der Anschauung gegeben, sie erscheinen uns, wie alle anderen Gegenstände, im Horizont der Lebenswelt perspektivistisch subjektiv.

Nach diesen Bemerkungen kann ich die Sachlage so darstellen: Die Lebenswelt ist kein Inbegriff von Gegenständen, sondern der Universalhorizont, das subjektiv-relative Wie des Erscheinens der Gegenstände. In diesem Sinne ist die Lebenswelt der Boden aller Erkenntnis- und Praxisarten, aller vorwissenschaftlichen und wissenschaftlichen Tätigkeit, die Lebenswelt hält die Möglichkeit aller menschlichen Leistungen bereit. Allen menschlichen Leistungen ist gemeinsam, daß sie die unmittelbare Anschaulichkeit transzendieren, weil sie alle auf antizipierenden Voraussichten und Induktionen beruhen. Unter den Praxisarten aber gibt es eine Art, nämlich die idealisierende Wissenschaft, die die extreme Möglichkeit der Transzendierung des unmittelbar Anschaulichen betreibt, d.h. bis zur Entperspektivierung. Die Tendenz zur Transzendierung des unmittelbar Gegebenen, die das intentionale Bewußtsein kennzeichnet, terminiert gleichsam in der Entperspektivierung. Die Entperspektivierung bzw. Idealisierung liegt aber als Möglichkeit in der anschaulichen vorwissenschaftlichen Welterfahrung bereit. Die Zusammenhänge der anschaulichen Erfahrung selbst verweisen auf die Möglichkeit der Idealisierung, und diese ist nichts anderes als das ideale Durchlaufen der unendlichen Gegebenheitsweisen, die im Horizont jedes anschaulich Gegebenen beschlossen liegen und die das Bewußtsein sinnlich anschaulich nicht zu durchlaufen vermag. Allerdings setzt das Ergreifen dieser Möglichkeit, d.h. der Idealisierung, den Umschlag des Interesses und die Entstehung der philosophisch-wissenschaftlichen Einstellung, in der der Mensch rein theoretisch interessiert ist, voraus. Die idealisierende Wissenschaft bleibt trotzdem in den lebensweltlichen Horizont eingebettet.

Im Ausgang von dieser letzten Betrachtung kann man die beiden oben genannten Thesen in Einklang bringen. Die Wissenschaft gehört zur Lebenswelt, weil ihre Ergebnisse in die Lebenswelt einströmen und dadurch den Charakter der Anschaulichkeit gewinnen, aber auch und vor allem deshalb, weil die idealisierende Wissenschaft eine Möglichkeit ist, die im Horizont der subjektiv-relativen Gegebenheit der Lebenswelt bereitliegt. Aus diesem letzten Grund ist die Lebenswelt zugleich das Sinnesfundament der Wissenschaft. Aber auch fungiert die Lebenswelt als Fundament der Wissenschaft, weil diese trotz aller logisch-theoretischen Konstruktionen auf die anschaulichen Evidenzen angewiesen ist und immer einen Bestandteil von Anschaulichkeit enthält, z.B. die Wahrnehmung der Meßgeräte und Experimentinstrumente. Die Wissenschaft kann die Erwerbe und Gebilde aller lebensweltlichen Praxisarten einschließlich der wissenschaftlichen Praxis selbst gebrauchen. Jede wissenschaftliche Forschung macht Gebrauch von den schon gewonnenen Theorien, wie auch von Produkten, die auf Grund wissenschaftlicher Theorien verfertigt werden. Galilei z.B. hat die theoretische Geometrie, wie auch die Meßgeräte, die auf deren Grundlage hergestellt worden sind, zu Hilfe genommen.

Nicht erst die Entstehung der idealisierenden Wissenschaft macht die Lebenswelt zur konkreten Universalität, die gegebene Lebenswelt ist immer schon auch vor jedem wissenschaftlichen Interessen konkrete Universalität. Andererseits ändert die Entstehung der Wissenschaft nichts an der Anschaulichkeit der Lebenswelt, da das Einströmen der wissenschaftlichen Ergebnisse in die Lebenswelt ihre Anschaulichkeit nicht berührt. Vor der wissenschaftlichen Praxis und nach ihr ist die Lebenswelt zugleich als anschauliche Welt und konkrete Universalität zu betrachten. Anschaulichkeit und konkrete Universalität sind keine widersprüchlichen Bestimmungen der Lebenswelt.

Die Ausführungen dieses Kapitels betrafen den Zusammenhang von objektiver Wissenschaft und subjektivem Lebensweltthorizont. Dabei ergaben sich Schwierigkeiten, und wir haben versucht, sie mit Husserl auszuräumen. Die Einbettung der objektiven Wissenschaft in die Lebenswelt ist keine leere Behauptung, sondern sie hat nun einen konkreten Inhalt. Dagegen erweist sich die objektivistische Auffassung der Unabhängigkeit der mathematisch-physikalischen Welt von jeglichem Bewußtsein als Illusion, die dadurch entstanden ist, daß die positiven Wissenschaftler ihren Ursprungsleistungen keine Aufmerksamkeit schenken und daß die Notwendigkeit der Sinnklärung ihrer Methode nicht in ihrem Fragehorizont liegt. Mit diesem Ergebnis ist aber Husserl noch nicht am Ziel; denn nach der Rückbeziehung der objektiven Wissenschaft auf den Boden der Lebenswelt muß nun der Sinn dieses Bodens geklärt werden. Diese Aufgabe hat Husserl im dritten Teil A der *Krisis*-Abhandlung programmatisch angesprochen. Im nächsten Kapitel versuche ich, seine Überlegungen dort nachzuzeichnen.

Viertes Kapitel

Transzendentale Phänomenologie und Überwindung des Objektivismus

Die Überlegungen der *Krisis*-Abhandlung nehmen ihren Ausgang von der gegenwärtigen Krise des europäischen Daseins, die nach Husserl auf die objektivistische Lebensweltvergessenheit zurückzuführen ist. Diese Lebensweltvergessenheit herrscht nicht nur in den positiven Wissenschaften, sondern auch in der Philosophie und der gesamten Kultur der Neuzeit. Das objektivistische Selbstverständnis der neuzeitlichen Wissenschaft setzt hinter die anschauliche Welt eine unendliche, an sich mathematische Welt, die von den lebensweltlichen Horizonten losgelöst ist. Von den Horizonten der menschlichen Lebenswelt freigesetzt, stellt sich die wissenschaftliche Forschung selbst ihre Aufgabe: die kontinuierliche Erschließung und Eroberung der unendlichen mathematischen Natur. Dieses objektivistische Selbstverständnis bewirkt die Methodisierung bzw. Technisierung der wissenschaftlichen Forschung, die sich nun nur ihrer eigenen Gesetzlichkeit unterwirft. Die Entbindung der neuzeitlichen Wissenschaft von den lebensweltlichen Horizonten führt dazu, daß sie ihre Bedeutsamkeit für den Menschen weitgehend verliert. Lebensweltvergessenheit und Subjektvergessenheit gehören nach Husserl zusammen, da die lebensweltlichen Horizonten an das menschliche Subjekt geknüpft sind. Mit ihrer Lebensweltvergessenheit setzt sich die neuzeitliche Wissenschaft der Gefahr aus, außerhalb der menschlichen Verantwortung zu geraten und jede Lebensbedeutsamkeit für den Menschen zu verlieren.

Das ist Husserls Diagnose der gegenwärtigen Krise, diese Krise ist aber "kein dunkles Schicksal"[1]. Aus der Diagnose dieser Krise soll sich eine, um bei der medizinischen Metaphorik, die Husserl gerne gebraucht[2], zu bleiben, Therapie ergeben. Weil die 'Krankheit' der europäischen Kultur im Bedeutsamkeitsverlust ihrer Wissenschaften liegt, muß die 'Heilung' von der Rückbindung des menschlichen Forschens und Handelns an die Lebenswelt abhängig sein. Dies bedarf wiederum der Sinnklärung der Lebenswelt als Boden aller wissenschaftlichen und außerwissenschaftlichen Tätigkeiten des Menschen und als Sinnquelle aller wissenschaftlichen und vorwissenschaftlichen Objektivitäten. Die Überwindung der Sinnkrise der europäischen Kultur bedarf also der Thematisierung der Welt. Darin sieht Husserl in der *Krisis*-Abhandlung die Hauptfrage der transzendentalen Phänomenologie.

Nun aber erhebt sich eine Frage: Ist die Thematisierung der Welt wirklich die Aufgabe der Phänomenologie? Ist die Welt nicht in den positiven Wissenschaften thematisiert? Die positiven Wissenschaften haben ja keine andere Aufgabe als die Erkenntnis der Welt. Warum bedarf es denn einer neuen Wissenschaft von der Lebenswelt?

Dieses Bedenken entstammt nach Husserl dem objektivistischen Verständnis der

Welt und der Wissenschaft. Nachdem die Gegenstände der Welt in verschiedene Teilgebiete aufgeteilt wurden und jedes Gebiet einer Einzelwissenschaft zugewiesen wurde, ist eine Wissenschaft von der Welt, so das objektivistische Verständnis, überflüssig geworden. Gegen diese objektivistische Auffassung macht Husserl geltend, daß sie die Welt als Gegenstand oder Summe aller Gegenstände versteht. Die positiven Wissenschaften bewegen sich auf dem Boden der Welt und untersuchen Gegenstände in der Welt. Die Welt aber als Horizont, als der Hintergrund, der das Erscheinen der Gegenstände erst ermöglicht, bleibt in den positiven Wissenschaften unbeachtet, vergessen. Indem aber die positive Wissenschaft die Gegenstände der Welt untersucht, glaubt sie die Welt zu thematisieren. So liegt nach Husserl das Versäumnis der neuzeitlichen Wissenschaft und Philosophie darin, daß sie die Welt wie einen Gegenstand nehmen. Die neuzeitliche Wissenschaft und Philosophie verwechseln die Welt mit der Summe aller Gegenstände, sie beachten nicht den Unterschied zwischen Gegenstand und Welt[3], zwischen dem erscheinenden Gegenstand und dem Hintergrund, der das Erscheinen aller Gegenstände sowie allen menschlichen Bezug zu ihnen ermöglicht. Die Welt als Hintergrund des Erscheinens, als Horizont wird in der neuzeitlichen Wissenschaft und Philosophie nicht thematisiert.

Diese Husserlsche Stellung zur europäischen Philosophie und Wissenschaft läßt sich offenbar mit Heideggers Kritik an der abendländischen Metaphysik parallelisieren[4]. Wir werden noch sehen, daß der Kern der Kritik Heideggers an der Metaphysik darin besteht, daß die Metaphysik den Unterschied zwischen Sein und Seiendem nicht bedacht hat. Die Metaphysik denkt das Sein wie ein Seiendes und deshalb versteht sie das Sein als die allgemeine Eigenschaft alles Seienden. Sie denkt das Sein, also den Hintergrund, der das Erscheinen des Seienden ermöglicht, wie ein erscheinendes Seiendes. Der Hintergrund des Erscheinens, das Sein als solches bleibt vergessen. Die Aufgabe der eigentlichen Philosophie ist nach Heidegger wie auch nach Husserl das Denken des Hintergrunds des Erscheinens. Wie dieses Denken aber auszusehen hat, da gehen beide Phänomenologen auseinander. Während Heidegger das Seinsdenken von jeder Art der Wissenschaft scharf unterscheidet, ist die Thematisierung der Welt nach Husserl nur als wissenschaftliche Aufgabe zu denken.

Husserl ist der Ansicht, daß nur die Wissenschaft von der gegenwärtigen Sinnkrise der europäischen Kultur heilen kann. Das ist eine feste Überzeugung Husserls, an der er in seinem ganzen philosophischen Werk festgehalten und die sein Denken mitbestimmt hat. Nur die echte Wissenschaft kann nach Husserl von dem unechten wissenschaftlichen Selbstverständnis heilen. Die Krise der gegenwärtigen Kultur ist nicht auf das Versagen der Wissenschaft, der Vernunft oder des Rationalismus zurückzuführen, sondern auf das Versagen des objektivistischen Ideals, der technisierten Vernunft und auf die Verabsolutierung der mathematischen Rationalität. "Der Grund des Versagens einer rationalen Kultur liegt aber - wie gesagt - nicht im Wesen des Rationalismus selbst, sondern allein in seiner Veräußerlichung, in seiner Versponnenheit in 'Naturalismus' und 'Objektivismus'."[5]

Die Thematisierung der Lebenswelt ist ein wissenschaftliche Aufgabe, sie fällt aber nicht einer positiven Wissenschaft zu, sondern einer von allen positiven Wissenschaften verschiedenartigen Wissenschaft. Weil die positiven Wissenschaften von dem objektivistischen Glauben an das *An-sich-Sein* der Welt geleitet sind, können sie der Seinsart der Lebenswelt, dem Reich des Subjektiv-Relativen, nicht gerecht werden. Jede Thematisierung der Lebenswelt mit Hilfe der positiven Wissenschaften, der Psychologie z.B., ist ein Rückfall in die positivistische Naivität. Aus diesem Grund müssen alle positiven, Natur- und Geisteswissenschaften, außer Kraft gesetzt werden. Es muß hinsichtlich aller positiven Wissenschaften *Epoché* geübt werden. "Das meint nicht bloß eine Abstraktion von ihnen, etwa in der Art eines fingierenden Umdenkens des gegenwärtigen menschlichen Daseins, als ob darin nichts von Wissenschaft vorkäme."[6] Mit der *Epoché* hinsichtlich der positiven Wissenschaften meint Husserl das Entsagen des Mitvollzugs jeder wissenschaftlichen Erkenntnis und der Teilnahme am theoretischen Interesse. Durch diese *Epoché* verschwinden die Wissenschaften nicht bloß von unserer Lebenswelt, sie bleiben vorhanden als Kulturtatsachen, als Kulturgebilde. Wir können unser Interesse auf sie richten, und wir können sie als Kulturtatsachen beschreiben usw. Aber in all dem müssen wir uns über sie stellen; ihre Erkenntnisse und Methoden dürfen wir nicht mitvollziehen, und an ihrem leitenden Interesse dürfen nicht teilnehemen. An dieser Stelle erheben sich aber zwei Fragen:

Die erste Frage: Husserls Absicht ist die Thematisierung der Lebenswelt. Unsere Lebenswelt ist aber vorgegeben als durchsetzt mit dem Niederschlag mathematisch-physikalischer Leistungen. Deshalb bedarf die Thematisierung der Lebenswelt des Rückgangs auf die Welt vortheoretischer Erfahrung, auf die anschauliche vorwissenschaftliche Welt. Durch die oben beschriebene *Epoché* wird aber die 'reine' Lebenswelt nicht gewonnen; denn dieser *Epoché* entsprechend, dürfen wir zwar die wissenschaftlichen Erkenntnisse nicht mitvollziehen, aber die Wissenschaften als Kulturtatsachen verschwinden nicht von unserer Lebenswelt, also wir sind noch nicht bei der vorwissenschaftlichen Welt. Wie ist nun diese zu gewinnen?

Die zweite Frage: Husserl bezeichnet das Reich der Lebenswelt als Reich der okkasionellen Wahrheiten, der subjektiv-relativen Gegebenheiten; diese sind in stetigem Wandel und entziehen sich dem Anschein nach jeder wissenschaftlichen Thematisierung. Die lebensweltlichen Gegebenheiten sind relativ; relativ auf Personen, Völker, Kulturen und Zeiten. Wie können wir sie wissenschaftlich behandeln? Und wie können wir objektive und allgemeingültige Aussagen über die subjektiv-relative Lebenswelt gewinnen?

Die Antwort auf die beiden Fragen erhalten wir, wenn wir Husserls Überlegungen weiter verfolgen. Es ist klar, daß die Lebenswelt das Reich der okkasionellen Wahrheiten und der subjektiv-relativen Gegebenheiten ist; trotzdem können wir unser Interesse auf sie so richten, daß sie doch zum Thema der wissenschaftlichen Forschung wird. Dafür müssen wir von unserer Lebenswelt ausgehen und sie so frei umdenken und umphantasieren, daß wir zu Gesicht bekommen, was in Wesensnotwendigkeit zu jeder Lebenswelt gehört, d.h. die Wesensmerkmale, ohne die keine Rede von der Lebenswelt möglich wäre, oder mit Husserls Worten: "Und eben in diesem freien Variieren und Durchlaufen der lebensweltlichen Erdenklichkeiten tritt in apodiktischer Evidenz hervor ein wesensallgemeiner Bestand, der durch alle Varianten hindurchgeht."[7] Diese Methode der eidetischen Variation ermöglicht uns die Herausstellung der invarianten, allgemeinen Struktur der Lebenswelt, die zum Thema wissenschaftlicher Forschung und allgemeiner Aussagen gemacht werden kann. Denn alle wirklichen Lebenswelten in der Gegenwart, Vergangenheit und Zukunft, sowie alle erdenklichen Lebenswelten haben dieselbe Wesensstruktur. Die Welt der Europäer, der "Neger am Kongo" und der "chinesischen Bauern" mögen sehr verschieden sein, sie alle haben doch einen gemeisamen Wesensbestand, ohne welchen die Lebenswelt nicht denkbar wäre und der bei allem geschichtlichen Wandel und aller Bereicherung der konkreten Lebenswelt erhalten bleibt.

Weil diese invariante Struktur in allen konkreten Lebenswelten vorhanden ist, und weil wir mit Sicherheit wissen, daß Lebenswelt ohne wissenschaftliche Praxis möglich ist und daß die Menschen ohne theoretisch-wissenschaftliches Interesse leben können, kann die invariante Struktur der Lebenswelt, und das ist die Antwort auf das sich in der ersten Frage meldende Bedenken, nichts von den wissenschaftlichen Theorien und Idealitäten enthalten. Husserl bezeichnet die durch die eidetische Variation zu gewinnende Wesensstruktur als Apriori der Lebenswelt. Wir wissen aber, daß auch die Welt der positiven Wissenschaft apriorische Strukturen hat, die den Gegenstand der apriorischen Wissenschaften ausmachen. Diese sind zwar keine empirischen Wissenschaften, aber sie sind doch wie diese objektive Wissenschaften, und d.h., sie auch müssen der *Epoché* hinsichtlich der objektiven Wissenschaften verfallen. Deshalb empfiehlt es sich zu prüfen, ob die Herausstellung der invarianten Struktur der Lebenswelt nicht die apriorischen positiven Wissenschaften, die ja außer Kraft gesetzt werden, in Anspruch nehmen muß, was methodisch unerlaubt wäre.

Husserl stellt fest, daß die apriorischen Strukturen der Lebenswelt die gleichen Namen wie die apriorischen Strukturen der positiven Wissenschaften haben; vorwissenschaftlich wie wissenschaftlich hat die Welt z.B. Raumzeitlichkeit und Kausalstil. Das lebensweltliche Apriori, das von der Exaktheit der objektiven Wissenschaften nichts wissen will, ist aber das Sinnesfundament des objektiven exakten Apriori. Das subjektiv-relative Apriori ist die Sinn- und Rechtsquelle des objektiven Apriori, das als Ergebnis einer bestimmten Leistung, nämlich der Idealisierung, auf dem Boden der Lebenswelt entstanden ist. Husserl schreibt: "Eine gewisse idealisierende leistung ist es, welche die höherstufige Sinnbildung und Seinsgeltung des mathematischen und jedes objektiven Apriori zustande bringt, aufgrund des lebensweltlichen Apriori."[8]

Diese invariante Struktur der Lebenswelt geht also allen empirischen und apriorischen Wissenschaften voran, und deshalb können wir sie im Vollzug der *Epoché* hinsichtlich aller objektiven Wissenschaften zum Thema wissenschaftlicher Forschung machen. Ein invarianter Zug der Lebenswelt ist es, daß sie das All der Dinge enthält, wobei Dinge nicht nur Steine, Tiere und Pflanzen sind, sondern auch Menschen und menschliche Gebilde[9]. Die reine Wesenslehre von den Dingen, von den raumzeitlichen *Onta*, ist die lebensweltliche Ontologie oder die Ontologie von der Lebenswelt, die nun herausgebildet werden muß. Aber warum eine Ontologie von der Lebenswelt? Ist die Absicht der transzendentalen Phänomenologie nicht die Erschließung der die Lebenswelt konstituierenden transzendentalen Subjektivität? Was kann dabei die Ontologie von der Lebenswelt leisten?

In seiner klärenden Untersuchung zu Husserls Lebenswelt-Begriff[10] vertritt Claesges die Meinung, daß der Platz der Ontologie von der Lebenswelt in der transzendentalen Phänomenologie Husserls tatsächlich unklar sei. Diese Unklarheit führt er auf die Zweideutigkeit zurück, die er in Husserls Gebrauch des Lebensweltbegriffs feststellt. Nach Claesges denkt Husserl die Lebenswelt nicht konsequent als Horizont, sondern er nimmt sie gelegentlich als Inbegriff oder Universum der *Onta*. Für die Auffassung der Lebenswelt als Horizont ist der transzendentale Gesichtspunkt bestimmend; dagegen übernimmt für ihre Auffassung als Inbegriff der ontologische Gesichtspunkt die leitende Rolle. Vom Verständnis der Lebenswelt hängt nach Claesges der Weg in die transzendentale Sphäre ab, deshalb überschattet die behauptete Zweideutigkeit in Husserls Lebenswelt-Begriff seine Vorstellung des Wegs zur transzendentalen Position: "Einmal gestattet der Begriff der Lebenswelt einen unmittelbaren Übergang in die transzendentale Position, dann nämlich, wenn Lebenswelt als Horizont verstanden wird."[11] Wenn Husserl dagegen die Lebenswelt als Inbegriff, als Universum oder als All der Dinge auffaßt, dann scheint ihm, so Claesges, der Übergang in die transzendentale Sphäre nur über die ontologische Thematisierung der Lebenswelt möglich. Die Ontologie hat also mit der Lebenswelt nicht als Horizont, sondern als Inbegriff zu tun.

Bevor ich der Frage nachgehe, ob die Herausbildung der Ontologie von der Lebenswelt für die transzendentale Phänomenologie notwendig ist und ob Husserl in der *Krisis*-Abhandlung auf einen 'unmittelbaren Übergang' in die transzendentale Position hinweist, möchte ich zuerst prüfen, ob eine lebensweltliche Ontologie wirklich den Horizontcharakter der Lebenswelt außer acht lassen muß. Dafür reicht die Erinnerung an Husserls Einführung der Aufgabe der lebensweltlichen Ontologie in der *Krisis*-Abhandlung. Er beginnt mit der Feststellung, daß die Lebenswelt das Reich der okkasionellen Wahrheiten und der subjektiv-relativen Gegebenheiten ist. Dieser

Charakter der Lebenswelt macht es fraglich, ob sie Thema der Wissenschaft sein kann, die doch ohne allgemeine Sätze nicht möglich wäre. Husserl weist darauf hin, daß die Lebenswelt trotz ihrer Relativität und Subjektivität eine apriorische Struktur, eine invariante Wesensstruktur hat, die bei allem Wandel und aller Verschiedenheit der konkreten Lebenswelten identisch bleibt. Die Ontologie von der Lebenswelt thematisiert also nicht eine Objektivität, sondern die Dinge in ihrer Subjektivität und Relativität.

Im §51 der *Krisis*-Abhandlung unterschiedet Husserl die lebensweltliche Ontologie scharf von der ontologischen Tradition der Neuzeit, da diese letztere "von einem konstruktiven Begriff einer an sich wahren Welt"[12] geleitet ist. Die Welt aber, deren invariante Struktur die Husserlsche Ontologie herausarbeiten will, "ist freilich in stetem Wandel der Relativitäten auf Subjektivität bezogen."[13] Deshalb stimme ich Aguirre zu, wenn er in seiner schon erwähnten Untersuchung zur Lebenswelt-Thematik schreibt: "Es kann demnach keinen prinzipiellen Widerspruch zwischen der Welt als All der Dinge und der Welt als Horizont geben"[14] Also scheint es mir nicht gerechtfertigt zu behaupten, die ontologische Thematisierung der Lebenswelt könne nur mit dem Herunterspielen ihres Horizontcharakters erkauft werden.

Damit ist aber noch nicht entschieden, ob die Ontologie von der Lebenswelt ein wesentliches Stück der transzendentalen Phänomenologie ist oder ob sie für die Erschließung der transzendentalen Sphäre überflüssig ist. Wie schon angedeutet, ist Claesges der Meinung, die Herausbildung der Ontologie von der Lebenswelt sei nicht notwendig, wenn die Lebenswelt konsequent als Horizont aufgefaßt werde. Er belegt seine Meinung mit dem Hinweis darauf, daß Husserl am Anfang des §37 der *Krisis* die Thematik der lebensweltlichen Ontologie von einer anderen, "die Lebenswelt wesensmäßig betreffenden, aber doch nicht ontologischen Thematik"[15] unterscheidet. Die Kennzeichnung dieser neuen Thematik als eine "konsequent reflexive Einstellung auf das Wie der subjektiven Gegebenheitsweise der Lebenswelt und der lebensweltlichen Objekte"[16] entnimmt er dem Titel des §38 der *Krisis*[17]. Diese reflexive Einstellung führt nach Claesges unmittelbar, d.h. ohne ontologische Thematisierung der Lebenswelt, in die transzendentale Sphäre. Für die Durchführung der neuen, im Anfang des §37 angekündigten Aufgabe wäre die Ontologie nicht notwendig. Auf Grund dieser Interpretation stellt Claesges mit Überraschung fest, daß Husserl, nachdem er eine Weile diese neue Aufgabe verfolgt hat, wieder im §51 die Aufgabe der Ontologie von der Lebenswelt ins Feld seiner phänomenologischen Analyse führt, er schreibt: "Nachdem Husserl diese Analysen eine Weile verfolgt hat, spricht er plötzlich wieder von der Aufgabe einer Ontologie der Lebenswelt."[18] Diese behauptete Unschlüssigkeit führt Claesges auf Husserls Schwanken im Gebrauch des Lebenswelt-Begriffs zwischen der Lebenswelt als Horizont und als Inbegriff der Dinge zurück.

Nun ist es klar, daß es bei Husserl mit der Ontologie von der Lebenswelt nicht sein

Bewenden haben kann; denn die Ontologie von der Lebenswelt bewegt sich noch auf dem Boden der natürlichen Einstellung und kann nicht die transzendentale Wissenschaft von der Lebenswelt und der sie konstituierenden Subjektivität, d.h. die Wissenschaft aus Letztbegründung, ersetzen. Die Frage ist aber, ob die transzendentale Wissenschaft die Ontologie von der Lebenswelt überflüssig macht. Im folgenden versuche ich nachzuweisen, daß die Ontologie von der Lebenswelt eine unentbehrliche Funktion für die Herausbildung der transzendentalen Phänomenologie hat.

Zuerst ist es bemerkenswert, daß die Aufgabe der Herausbildung einer Ontologie von der Lebenswelt nicht erstmals in der *Krisis*-Abhandlung auftaucht. In früheren Werken hat Husserl wiederholt auf die Notwendigkeit dieser Wissenschaft hingewiesen. Ein großer Teil seiner Vorlesung zum Sommersemester 1925, erschienen unter dem Titel *Phänomenologische Psychologie*, ist der Erläuterung dieser Wissenschaft gewidmet. Dort heißt sie 'die apriorische Wissenschaft von der universalen Weltstruktur'[19], oder 'die Wissenschaft vom natürlichen Weltbegriff'[20], und auch 'die Eidetik der natürlichen Erfahrungswelt'[21]. Das ist die universale deskriptive Wissenschaft "vom invarianten Wesen der vorgegebenen wie jeder möglichen erfahrbaren Welt"[22]. Die Methode zur Gewinnung dieser invarianten Struktur, die eidetische Variation, ist dort auch ausführlich dargelegt. Im Schlußwort seiner *Formalen und transzendentalen Logik* erwähnt Husserl diese Wissenschaft unter dem Titel 'transzendentale Ästhetik': "Sie behandelt das eidetische Problem einer möglichen Welt überhaupt als Welt 'reiner Erfahrung', als wie sie aller Wissenschaft im 'höheren' Sinne vorangeht."[23] Deutlich hebt Husserl auch im §59 seiner *Cartesianischen Meditationen* die Notwendigkeit dieser Aufgabe hervor, dort heißt es: "Das ergibt als verständliche und notwendige Folge, daß auch die Aufgabe einer apriorischen Ontologie der realen Welt, die eben die Herausstellung des zu ihrer Universalität gehörigen Apriori ist, ein unabweisbare ist."[24]

In diesen erwähnten Stellen handelt es sich um dieselbe Aufgabe, nämlich die Begründung einer apriorischen Wissenschaft von der invarianten Strukturen der Erfahrungswelt, die in allen konkreten geschichtlichen wie in allen möglichen Welten impliziert sind. Daraus wird ersichtlich, daß diese Aufgabe, die Husserl in der *Krisis*-Abhandlung unter dem Titel der lebensweltlichen Ontologie zur Sprache gebracht hat, ihn schon lange vorher beschäftigt. Das deutet darauf hin, daß die Ontologie von der Lebenswelt einen festen Platz in Husserls Werk hat und daß sie nicht als überflüssig betrachtet werden kann.

Diese Hinweise genügen aber noch nicht, um die Notwendigkeit der Ontologie von der Lebenswelt in der transzendentalen Phänomenologie sachlich nachzuweisen. Es muß gezeigt werden, welche Funktion diese Ontologie hat und wie sie für die transzendentale Phänomenologie unentbehrlich ist. Dafür empfiehlt es sich, Husserls Gedankengang in der *Krisis*-Abhandlung von §37, in dessen Anfang er die Aufgabe der lebensweltlichen Ontologie ruhen läßt, um zu einer 'größeren Aufgabe' fortzuschreiten, bis §51, wo er auf die Aufgabe der lebensweltlichen Ontologie zurückkommt, zu verfolgen.

Wenn Husserl Anfang des §37 die neue Thematik präsentiert, die auch die Lebenswelt betrifft, aber nicht ontologisch ist, dann heißt das jedoch nicht, daß er die Ontologie von der Lebenswelt aufgibt. Vielmehr beschreibt er diese neue Aufgabe als eine sehr viel größere Aufgabe, die die Ontologie von der Lebenswelt selbst umspannt[25]. Husserl geht zur Darstellung der neuen Aufgabe über und läßt zuerst die Ontologie von der Lebenswelt außer Betracht, aber nur 'im jetzigen Zusammenhang', d.h. vorübergehend. Er schreibt: "Für unser Interesse im jetzigen Zusammenhang genügt es, sie angedeutet zu haben."[26] In den darauf folgenden Phragraphen befaßt sich Husserl mit der Darstellung der transzendentalen Wissenschaft und ihren Forschungsrichtungen, bevor er wieder die Notwendigkeit der Ontologie von der Lebenswelt hervorhebt, nicht plötzlich, wie Claesges meint, sondern gerade nachdem er die Darstellung der transzendentalen Wissenschaft so weit getrieben hat, daß die Funktion der Ontologie von der Lebenswelt in dieser Wissenschaft ersichtlich wird. Zur Verdeutlichung versuche ich, Husserls Gedankengang in diesen Paragraphen zu rekonstruieren.

Zuerst erläutert Husserl die Weise, wie uns die Welt im normalen natürlichen Leben bewußt ist. Die natürliche Weise "ist die des geradehin auf jeweils gegebene Objekte hin, also in den Welthorizont Hineinlebens, und das in normaler ungebrochener Beständigkeit, in einer durch alle Akte hindurchgehenden synthetischen Einheitlichkeit."[27] Das Bewußtseinsleben in der natürlichen Einstellung ist ausschließlich auf Gegenstände, Objekte gerichtet. Nur diese, allerdings im weitesten Sinne verstanden, können in dieser Einstellung Thema unseres Interesses sein. Obwohl unser Interesse im natürlichen Leben auf Gegenstände gerichtet ist, ist doch ein Weltbewußtsein da. Die Welt ist uns immer vorgegeben als Horizont aller unserer Interessen und Zwecke. Die vorgegebene Welt ist das Universalfeld, das alle unsere praktischen und theoretischen Tätigkeiten umfaßt, deshalb ist sie immer, obwohl unthematisch, mitbewußt. Die Welt als Universalhorizont unseres Bewußtseinslebens kann in der natürlichen Einstellung nicht thematisiert werden. Die Thematisierung der Welt bedarf eines Einstellungswechsels; statt unser Interesse auf die Gegenstände geradehin zu richten, müssen wir uns auf die subjektiven Gegebenheitsweisen, in denen uns die Gegenstände erscheinen und die im unaufhörlichen Wandel sind, richten. "Ein einheitliches theoretisches Interesse soll sich ausschließlich richten auf das Universum des Subjektiven, worin die Welt vermöge seiner Universalität synthetisch verbundener Leistungen zu ihrem schlichten Dasein für uns kommt."[28] Die subjektiven Gegebenheitsweisen, auf deren Grund Gegenstände und Welt für uns da sind, sind stetig von uns im natürlichen Leben vollzogen, aber sie bleiben verborgen, unthematisch und anonym. Unser Interesse geht auf den Gegenstand als Identisches und nicht auf die Mannigfaltigkeit der subjektiven Gegebenheitsweisen, Meinungen und Geltungsmodi. Die Wissenschaft, die das Reich des Subjektiven thematisieren soll, muß also eigenartig und von den objektiven Wissenschaften, die sich ja auf dem Boden der vorgegebenen Welt bewegen, radikal verschieden sein. Es wäre "eine Wissenschaft von dem universalen Wie der Vorgegebenheit der Welt, also von dem, was ihr universales Bodensein für jedwede Objektivität ausmacht"[29], 'eine Wissenschaft von den letzten Gründen'[30], 'von der Welt vorgebenden Subjektivität'[31]. Diese Wissenschaft ist letztendlich nichts anderes als die transzendentale Phänomenologie.

Für die neue Interessenrichtung ist die *Epoché* hinsichtlich der objektiven Wissenschaften nicht zureichend, da auch mit dieser *Epoché* die vorgegebene Welt noch in Geltung ist, und d.h. wir stehen noch auf dem Boden der natürlichen Einstellung. Husserl führt an dieser Stelle die transzendentale *Epoché* hinsichtlich der Seinsgeltung der Welt ein. Er begründet die Notwendigkeit der transzendentalen *Epoché* so: "Das die Weltgeltung des natürlichen Weltlebens leistende Leben läßt sich nicht in der Einstellung des natürlichen Weltlebens studieren. Es bedarf also einer totalen Umstellung, einer ganz einzigartigen universalen Epoché."[32]

Nun muß darauf geachtet werden, und das ist wichtig für unseren aktuellen Zusammenhang, daß es mit dem Vollzug der transzendentalen *Epoché* nicht sein Bewenden haben kann. Vielmehr muß dafür gesorgt werden, daß die transzendentale *Epoché* systematisch durchgeführt wird. Es kommt nicht nur darauf an, zum transzendentalen *Ego* zu gelangen und es durch Vollzug der *Epoché* apodiktisch zu erreichen. Die echte transzendentale *Epoché* muß den Blick des Philosophen frei machen und die Durchführung der Analysen der neuen Wissenschaft ermöglichen. Die transzendentale *Epoché* kann nur fruchtbar sein, wenn sie die Reduktion der Welt auf das transzendentale Phänomen 'Welt' und damit auf ihr Korrelat: die transzendentale Subjektivität, ermöglicht. Angesichts dieser Forderung kann sich Husserl nun mit dem 'Cartesianischen Weg' zur transzendentalen Sphäre, den er in seinen *Ideen I* beschritten hat, nicht mehr zufrieden geben. Denn dieser Weg hat, so Husserl, den Nachteil, "daß er zwar wie in einem Sprunge schon zum transzendentalen ego führt, dieses aber, da jede vorgängige Explikation fehlen muß, in einer scheinbaren Inhaltsleere zur Sicht bringt, in der man zuerst ratlos ist, was damit gewonnen sein soll."[33] Es muß vermieden werden, daß wir durch die *Epoché* nur zu einem stummen *Ego* kommen, vielmehr muß die systematisch durchgeführte *Epoché* den Blick für die Entdeckung der universalen Korrelation von Welt und Weltbewußtsein freimachen. Es ist hier sehr bemerkenswert, daß Husserl in diesem Zusammenhang der Korrelationsforschung eine große Bedeutung in der transzendentalen Phänomenologie beimißt. In den wenigen Paragraphen, die er in der *Krisis*-Abhandlung der Ausbildung der transzendentalen Wissenschaft gewidmet hat, betont er mehrmals die Bedeutung des Korrelationsapriori und macht aufmerksam auf die unendlichen Phänomene und weitreichenden Perspektiven, die sich für die phänomenologische Forschung erschließen, wenn man das Korrelationsapriori in den philosophischen Blick bekommt. Die Korrelationsforschung, und das ist wichtig für unseren aktuellen Zusammenhang, ist das Hauptstück der transzendentalen Phänomenologie. Es ist nicht zufällig, daß Husserl in einer Fußnote auf Seite 169 seine Lebensarbeit seit dem ersten Durchbruch des universalen Apriori ungefähr im Jahre 1898 als beherrscht von der Aufgabe einer thematischen Ausarbeitung des Korrelationsapriori betrachtet. Jetzt kommt das Korrelationsprinzip zum vollen Tragen. Es ist von höchster Bedeutung zu bemerken, daß Husserl die Einstellung, die die transzendentale *Epoché* schafft, also die transzendentale Einstellung, als 'reine Korrelativeinstellung'[34] bezeichnet.

Das Korrelationsprinzip besagt: "jedes Seiende, das für mich und jedes erdenkliche Subjekt als in Wirklichkeit seiend in Geltung ist, ist damit korrelativ, und in Wesensnotwendigkeit, Index seiner systematischen Mannigfaltigkeiten. Jedes indiziert eine ideelle Allgemeinheit der wirklichen und möglichen erfahrenden Gegebenheitsweisen."[35] Jedes Seiende jeder Art oder Region hat sein Korrelationssystem, seine eigentlichen Weisen, wie es dem Bewußtsein erscheint und wie es mit Evidenz erfaßt werden kann, es ist Index für eine Wesenskorrelation. Alle Wesenskorrelationen sind Bestandstücke der universalen apriorischen Korrelation von Welthorizont und Bewußtseinsleben der die Weltgeltung leistenden Subjektivität[36].

Wenn die *Epoché* systematisch durchgeführt wird, dann wird der Blick des Phänomenologen frei für das Korrelationsapriori, und das hat den Vorteil, daß in der *Epoché* nichts verlorengeht. Mit der *Epoché* setzen wir alle Interessen des natürlichen Lebens, seien sie theoretisch oder praktisch, außer Spiel. In den Berufszeiten der *Epoché* hören wir auf, das natürliche Leben zu vollziehen und Fragen auf dem Boden der natürlichen Einstellung zu stellen. Aber die Welt verschwindet nicht, sie ist noch da, "nur daß sie während der konsequent durchgeführten *Epoché* im Blick steht rein als Korrelat der ihr Seinssinn gebenden Subjektivität, aus deren Gelten sie überhaupt 'ist'."[37] In der *Epoché* stehen wir nicht mehr auf dem Boden der Welt, sondern über ihm, und nur auf Grund dieses Einstellungswechsels können wir die Welt zum Thema machen. Nichts steht dem im Wege, daß wir in der *Epoché* nach der Welt fragen, aber nur nach der Weise fragen, wie sie uns im Wandel ihrer Gegebenheitsweisen ständig gegeben ist. Unser Blick richtet sich in der Reflexion auf das Subjektive als weltkonstituierende und sinngebende Intentionalität.

Die Erschließung des Korrelationsapriori fordert die Ordnung der Arbeitsprobleme der transzendentalen Phänomenologie unter den Titeln '*Ego - cogito - cogitatum*': Das *Ego* als Ichpol, als identischer Vollzieher aller Geltungen, als das intentionale Ich; die synthetische Mannigfaltigkeit der subjektiven Erscheinungen; und das, wovon sie Erscheinungen sind, das, was sie als Gegenstand intentional in sich tragen[38]. Diese drei Weisen der Intentionalität sind voneinander untrennbar, dennoch muß jede von ihnen der phänomenologischen Analyse unterzogen werden. Die Cartesianische Ordnung: '*Ego - cogito - cogitatum*' kann erhalten bleiben, aber die Analyse muß in die umgekehrte Richtung schreiten. Und wie die Analyse jeder besonderen Korrelation von dem jeweils geradehin Gegebenen ausgehen muß[39], so muß die Analyse des universalen Korrelationsapriori von der Lebenswelt, wie sie im natürlichen Leben gegeben ist, ausgehen. Aufgrund der universalen *Epoché* muß die Seinsgeltung der Welt außer Kraft gesetzt werden, sie wird zum Phänomen, und als solches wird sie Index für die Rückfrage nach den Mannigfaltigkeiten der Gegebenheitsweisen und ihren intentionalen Strukturen. Diese selbst müssen wiederum in einer zweiten Reflexionsstufe als Leitfaden für die Auslegung des *Ego* als identischen Pols dienen[40].

Die Analyse muß aber berücksichtigen, daß die Subjektivität nur in der Intersubjektivität konstituierend ist, deshalb müssen die Schritte der Analyse intersubjektiv gedeutet werden, und das macht Husserl so: "die intersubjektiv identische Lebenswelt für alle dient als intentionaler 'Index' für die Erscheinungsmannigfaltigkeiten, die, in intersubjektiver Synthesis verbunden, es sind, durch die hindurch alle Ichsubjekte (und nicht etwa jedes bloß durch seine ihm individuell eigenen Mannigfaltigkeiten) auf die gemeinsame Welt und ihre Dinge ausgerichtet sind, als Feld aller im allgemeinen Wir verbundenen Aktivitäten usw."[41]

Nun ist die phänomenologische Analyse nicht nur rein transzendental, sondern auch in Wesensallgemeinheit durchzuführen. Die Phänomenologie begnügt sich nicht mit der Feststellung von faktischen Gegebenheiten, auch wenn sie allgemein sind, sondern sie will Wesensnotwendigkeiten gewinnen. Um diese Forderung zu erfüllen, müssen die oben genannten drei Titel der Intentionalität: '*Ego - cogito - cogitatum*' in ihre Wesensformen übergeführt werden. Die Analyse muß, wie schon gesagt, mit der Lebenswelt beginnen, wie sich schlicht im natürlichen Leben vor dem Einsatz der *Epoché* gegeben ist[42]. Weil die Analyse nun in Wesensnotwendigkeit durchgeführt werden muß, muß zuerst die schon besprochene Wesensstruktur, die invariante apriorische Struktur der Lebenswelt herausgestellt werden. Gerade dies ist die Aufgabe der in Frage stehenden Ontologie von der Lebenswelt. Die Ontologie von der Lebenswelt will die Wesensstrukturen, die in allen wirklichen und möglichen Lebenswelten identisch sind, herausstellen. Sie beschäftigt sich nicht mit den subjektiven Gegebenheitsweisen selbst, sondern mit den lebensweltlichen Dingen in ihrer Relativität und Subjektivität vor jeder objektiven Wissenschaft. Die Ontologie von der Lebenswelt ist selbstverständlich kein Ersatz für die transzendentale Wissenschaft von der Lebenswelt und der sie konstituierenden Subjektivität bzw. Intersubjektivität, da sie sich noch auf dem Boden der natürlichen Einstellung bewegt. Aber sie ist notwendig für die Durchführung der transzendentalen Wissenschaft. Nach der Ausbildung der Ontologie von der Lebenswelt und der Herausstellung ihrer Wesensstruktur muß diese der transzendentalen *Epoché* verfallen. "Sie bleibt dabei in ihrem eigenen Wesen, was sie war, erweist sich nun aber sozusagen als bloße 'Komponente' in der konkreten transzendentalen Subjektivität und dementsprechend ihr Apriori als eine 'Schichte' im universalen Apriori der Transzendentalität."[43] Der Ausgangspunkt der Analyse ist die Wesensstruktur der Lebenswelt, nach dem Einsatz der *Epoché* muß sich das Interesse auf die konstituierenden Gegebenheitsweisen in ihren Wesensformen richten. "Dann aber auch auf die in all dem fungierenden Subjekte und Subjektgemeinschaften, nach den ihnen zugehörigen ichlichen Wesensformen."[44]

Mit diesen Betrachtungen erweist sich, daß die Ontologie von der Lebenswelt eine notwendige Funktion in der transzendentalen Phänomenologie hat[45], trotzdem ist sie noch nicht phänomenologisch im ursprünglichen Sinne. Der gleiche Standpunkt hat Husserl auch im schon erwähnten §59 seiner *Cartesianischen Meditationen* vertreten. Dort zeigt er, daß die Aufgabe der Ontologie von der Welt notwendig, aber auch einseitig ist; denn eine philosophische Aufklärung der Welt kann nur dann gelingen, wenn die Welt als konstituierter Sinn der transzendentalen Subjektivität verständlich gemacht wird, "wenn damit der natürliche Erkenntnisboden mit dem transzendentalen vertauscht wird."[46]

Trotz dieses Hinweises aus den *Cartesianischen Meditationen* scheint mir, daß das Weltphänomen in der *Krisis*Abhandlung an Relevanz für die transzendentale Phänomenologie noch gewonnen hat und daß dort die Bedeutung des Korrelationsapriori von Welt und transzendentaler Subjektivität bzw. Intersubjektivität am deutlichsten und schärfsten ausgedrückt worden ist. Im Sinne der *Krisis* ist es nicht möglich, die transzendentale Wissenschaft von der Lebenswelt von der Wissenschaft von der Subjektivität zu trennen. Einerseits muß die transzendentale Subjektivität "in systematischer, vom Weltphänomen aus zurückfragender intentionaler 'Analyse'"[47] ausgelegt werden, und damit wird der Nachteil des Cartesianischen Wegs zur Reduktion überwunden. Andererseits aber kann die Welt nur zur letzten Evidenz gebracht werden, wenn es gezeigt wird, wie sie aus der synthetischen Mannigfaltigkeit der subjektiven Gegebenheitsweisen zur Geltung kommt. Man darf sogar annehmen, daß Husserl die eigentliche Aufgabe der transzendentalen Phänomenologie nun gerade in der Sinnklärung des Weltphänomens sieht. Im Laufe seiner Überlegungen über die transzendentale Wissenschaft in der *Krisis*Abhandlung schreibt er: "Unser historisch motivierter Weg von der Interpretation der zwischen Kant und Hume spielenden Problematik hat uns nun zum Postulat der Aufklärung des universalen 'Bodenseins' der vorgegebenen Welt für alle objektiven Wissenschaften und, wie sich von selbst ergab, für alle objektive Praxis überhaupt geführt: also zum Postulat jener neuartigen universalen Wissenschaft von der Welt vorgebenden Subjektivität."[48] Das 'Postulat' der Auflärung des universalen Bodens Welt ist hier gleichgesetzt mit dem 'Postulat' der Wissenschaft von der Welt vorgebenden Subjektivität. Der Rückgang auf die transzendentale Subjektivität dient also der Aufklärung der Welt als universalen Bodens aller menschlichen Praxis. Und nur auf diesem Weg kann die Aufklärung aller Objektivität und darunter aller Leistung der objektiven Wissenschaften aus den letzten Gründen, d.h. aus den Leistungen der transzendentalen Subjektivität, durchgeführt werden. Diese Sinnklärung soll die Überwindung der objektivistischen Lebensweltvergessenheit und damit der Sinnkrise der europäischen Kultur ermöglichen.

Zusammenfassung des I. Teils

Ein zentrales Prinzip von Husserls Phänomenologie besteht darin, daß die Sphären des Bewußtseinslebens nicht nebeneinander stehen, sondern daß sie trotz ihrer Unterschiede eine Einheit bilden. Nach diesem Prinzip muß die exakte Wissenschaft in ihrer Beziehung zum vorwissenschaftlichen Leben betrachtet werden. Damit will Husserl aber nicht die wissenschaftliche Erkenntnis und ihre großen Verdienste herabsetzen. Husserl bestreitet nicht, daß die wissenschaftliche Erkenntnis sich durch Objektivität und Exaktheit auszeichnet; nur darf man wegen dieser Auszeichnung nicht die Beziehung der wissenschaftlichen Erkenntnis zum gesamten Bewußtseinsleben vergessen. Zum einen ist die objektive exakte Erkenntnis eine Leistung des Bewußtseins, sie verdankt sich subjektiven Erkenntnistätigkeiten, und ihre höherstufigen Gegenständlichkeiten sind konstituierte Sinneinheiten des menschlichen Bewußtseins, intentionale Korrelate subjektiver Sinnbildungen. Zum anderen bauen die wissenschaftlichen Erkenntnisleistungen auf den Gegebenheiten des vorwissenschaftlichen Lebens und der alltäglichen Erfahrung auf, die lebensweltlichen Evidenzen sind das Sinnesfundament der exakten Wissenschaften. So wird die Wissenschaft in der phänomenologischen Analyse Husserls aus dem Hintergrund der Lebenswelt befragt und in ihrer Einbettung in den lebensweltlichen Horizont betrachtet.

Die vorwissenschaftliche Erfahrung kann als Sinnesfundament der Wissenschaft fungieren, weil sie auch auf Vernunft und Evidenz angelegt ist. Vernunft und Evidenz sind nach Husserl keine Auszeichnungen der wissenschaftlichen Erkenntnis alleine. Die Intentionalität als Grundcharakter des Bewußtseinslebens ist Streben nach Erfüllung, nach Vernunft, Husserl schreibt: "So ist Evidenz eine universale, auf das gesamte Bewußtseinsleben bezogene Weise der Intentionalität, durch sie hat es eine universale teleologische Struktur, ein Angelegtsein auf 'Vernunft.'"[1] Die extreme Möglichkeit der Erfüllung dieser Tendenz auf Evidenz und Vernunft ist die Philosophie, die echte Wissenschaft. Die Philosophie ist in der intentionalen Struktur des Bewußtseins als Möglichkeit beschlossen, diese Möglichkeit kann aber nur in einem Bruch mit der natürlichen Einstellung ergriffen werden. Die natürliche Einstellung enthält also die Tendenz zu ihrer Überwindung, zur Aufhebung der natürlichen Naivität. Das Verlassen der natürlichen Naivität setzt einen Willensakt des Subjekts voraus, eine Enthaltung, eine *Epoché* hinsichtlich des natürlichen Lebens und seiner Vorurteile. Das philosophische Denken nimmt eine kritische Haltung gegenüber der Alltagsempirie und der Traditionalität ein, es beruht auf der freien Vernunft und läßt nur ihre Einsichten und Normen gelten. In diesem Sinne erstrebt die Philosophie ein theoretisches und praktisches Leben aus Freiheit, Letztbegründung und Selbstverantwortung.

Auf Grund des aus dem philosophischen Denken hervorgegangenen Idealisierungsprozesses entstehen die Einzelwissenschaften, zuerst als Zweige der Philosophie. Wegen ihrer praktischen Relevanz und großen Erfolge werden die Einzelwissenschaften selbst zum Zweck, sie lösen sich von der Philosophie ab. Diese objektivistische Tendenz erreicht ihren höhepunkt in der neuzeitlichen Wissenschaft und Philosophie. Das ursprüngliche Wissenschaftsideal der Erkenntnis aus Letztbegründung und Selbstverantwortung wird aufgegeben; statt dessen entsteht ein neues Ideal, in dem die mathematische Methode die leitende Rolle spielen soll. Damit erfährt der Objektivismus eine Steigerung. Im Selbstverständnis der neuzeitlichen Wissenschaft sind die mathematisch-physikalischen Formeln und Konstruktionen keine Erzeugnisse des menschlichen Bewußtseins, keine Korrelate von methodischen Denkarbeiten, sondern sie sind das wahre Sein der Natur, d.h. die Natur ist an sich mathematisch. Die Leistungen der Subjektivität, die den Sinn der methodisch-wissenschaftlichen Denkarbeit gibt, sowie die lebensweltlichen Evidenzen, die das Sinnesfundament dieser Denkarbeit abgeben, werden vergessen. Vergessenheit der Subjektivität und Vergessenheit der Lebenswelt gehören zusammen.

Der Objektivismus ist eine Deformation der ursprünglichen Motivation, die zur Entstehung der echten Idee der Philosophie und Wissenschaft geführt hat. Diese Deformation gründet aber auch, wie die ursprüngliche Idee der Wissenschaft, in der Struktur des Bewußtseins selbst. Auf Grund der Sedimentierung verfügt das Bewußtsein über fertige Sinneinheiten als Erwerbe, auf die es zurückgehen, mit ihnen operieren und daraus neue Sinneinheiten bilden kann. Dabei braucht das Bewußtsein den Prozeß ihrer Konstitution, ihrer Sinnbildung nicht nachzuvollziehen. Die schöpferische Aktivität der Sinngebung wird vergessen, sie wird von der Passivität umfangen. Diese 'sekundäre Passivität' der Habitualisierung sorgt dafür, daß wir, wie Husserl sagt, für wahres Sein nehmen, was nur eine methodisch-theoretische Konstruktion ist.

Diese Vergessenheit ist aber an sich kein Übel, sie ist sogar unvermeidlich und notwendig; denn das Bewußtsein kann nur neue Horizonte stiften, wenn es über Sinneinheiten als Erwerbe verfügt. Die Vergessenheit der Subjektivität, der Lebenswelt, kann als Hilfsmittel für die Einzelwissenschaften betrachtet werden; nur darf diese Vergessenheit selbst nicht vergessen werden. Die Wissenschaften können sich spezialisieren, sich mit abstrakten Schichten der Welt beschäftigen, aber sie dürfen diese abstrakten Gegenständlichkeiten nicht für die konkrete Welt nehmen. Ebenso können die Wissenschaften mit sinnentleerten Symbolen operieren und ihre Denkarbeit technisieren, um die Unendlichkeit ihrer Thematik bewältigen zu können. Aber sie dürfen den Sinnursprung ihrer Methode nicht vergessen. Die Vergessenheit der Lebenswelt und der Leistungen der transzendentalen Subjektivität, die ja für die Entfaltung der Einzelwissenschaften rechtmäßig und notwendig ist, darf aber nicht zur gewohnheitsmäßigen Blindheit werden; denn so wird ihr Vorteil sehr teuer erkauft. Die Gefahr der Blindheit für das Transzendentale besteht darin, daß sich die Normierung des praktisch-ethischen Lebens nicht aus dem letzten Grund, aus der transzendentalen Subjektivität vollziehen kann. Mit der gewohnheitsmäßigen Vergessenheit des Transzendentalen "entfällt jedwede, und auch diejenige Deutung, die vollzogen sein muß, damit wir wissen, woran wir eigentlich und letztlich mit der Welt sind und welche Art praktisch-ethische Stellungnahmen sie von uns letztlich fordert."[2]

Der Objektivismus, die Vergessenheit der Lebenswelt und der transzendentalen Subjektivität, führt zum Sinnverlust, der die Krise der Sinnorientierung im gegenwärtigen Zeitalter bezeichnet. Die objektivistische Ablösung des Seins der Welt von seinem horizonthaft perspektivistischen Erscheinen muß dazu führen, daß die Bindung der wissenschaftlichen Forschung an die Verantwortlichkeit des menschlichen Handelns verlorengeht[3]. Die Überwindung der gegenwärtigen Krise kann aber nicht durch die Ablehnung der Wissenschaft geschehen, sondern im Gegenteil, nur durch die konsequente radikale Durchführung der Aufgabe der echten Wissenschaft. Für die Überwindung der Krise der Sinnorientierung ist die Rückbindung der wissenschaftlichen Forschung an die menschliche Verantwortung notwendig; und das ist nur möglich, wenn gezeigt wird, daß die objektive Wissenschaft an den subjektiven lebensweltlichen Horizont gebunden bleibt. Das ist die Aufgabe der transzendentalen Phänomenologie, die Husserl als Erfüllung des echten Sinnes der Philosophie betrachtet. Die Phänomenologie muß nachweisen, daß die exakten Erkenntnisse der Wissenschaft sich sinngebenden Leistungen des menschlichen Bewußtseins verdanken und daß sie auf die Evidenzen der subjektiven lebensweltlichen Erfahrung angewiesen sind. Diese Erinnerung ist noch möglich, weil das Lebensweltliche in der objektiven Wissenschaft im Spiel ist.

Die transzendentale Phänomenologie soll die Philosophie vom objektivistischen Selbstverständnis befreien, und das ist ein notwendiger Schritt für die Erfüllung der ursprünglichen Idee der Philosophie, die ein theoretisches und praktisches Leben aus den Einsichten der freien Vernunft ermöglichen soll. Die Philosophie soll alle Leistungen der Subjektivität und alle Arten des menschlichen Tuns streng wissenschaftlich studieren und ihre theoretischen Erkenntnisse zu Regeln für das praktisch-ethische Leben umwandeln. Dadurch wird das personale Leben theoretisch und praktisch auf die Wahrheit, auf die Vernunft gerichtet, "das personale Einzelsubjekt, als Subjekt personalen Lebens, will in all seinem Leben, in all seiner Praxis sich wahrhaft frei entscheiden, d.i. so, daß es jederzeit das Recht seiner Entscheidung vor sich selbst verantworten kann."[4] Die Selbstverantwortung des Philosophen, der sich als Funktionär der Gemeinschaft und der Menschheit weiß, beschließt die Verantwortung für die menschliche Gemeinschaft. Das erstrebenswerte Gemeinschaftsleben ist solches, in dem alles nach der freien Vernunft normiert wird, "in dem kein Platz mehr ist für Irrtum, Sünde usw., in dem der Wille keinem anderen Ziele folgt als dem in absoluter Evidenz als gut erkannten und in dem für jedes mögliche Ziel diese Einsicht vollzogen ist."[5] Dieses vollkommene Leben ist aber eine in der Unendlichkeit liegende Idee, und die Erfüllung dieser Idee ist ein unendlicher Progressus der Vervollkommnung der Menschheit.

Die Überwindung der gegenwärtigen Sinnkrise ist also nach Husserl noch möglich, sie fordert einen Willensakt des Subjekts, das fähig ist, sein Schicksal in die Hand zu nehmen und sein Leben frei zu gestalten; das menschliche Subjekt kann der Verdeckung und der Vergessenheit erliegen, aber es kann immer zu sich selbst zurückkommen, sich an seine Geschichte und gesamte Tradition erinnern und ihre ursprüngliche Intention wiedererkennen und erfüllen.

Auch Heidegger wird in seiner Analyse zur neuzeitlichen Naturwissenschaft und zur Gesamtsituation des menschlichen Daseins im gegenwärtigen Zeitalter von einem phänomenologischen Denkansatz ausgehen. Seine Analyse deckt ebenfalls eine Vergessenheit auf: die Seinsvergessenheit. Seine Vorstellung zur Überwindung dieser Vergessenheit wird jedoch anders aussehen als Husserls Vorstellung. Dies zu zeigen, ist die Aufgabe des nächsten Teils dieser Arbeit.

2. TEIL

Heidegger

Wissenschaft und Seinsweltvergessenheit

"Nur wenn der Mensch als der Hirt des Seins der Wahrheit des Seins wartet, kann er eine Ankunft des Seinsgeschicks erwarten, ohne in das bloße Wissenswollen zu verfallen."

Die Technik und die Kehre, S. 41

In seiner Vorlesung zum Sommersemester 1925, die als Band 20 seiner Gesamtausgabe unter dem Titel *Prolegomena zur Geschichte des Zeitbegriffs* erschienen ist, gibt Heidegger seine Stellungnahme zu Husserls Phänomenologie ab. Hierbei würdigt er Husserls bahnbrechende Entdeckungen wie die Entdeckung der Intentionalität und der kategorialen Anschauung. Allerdings spricht er sich zugleich für die Notwendigkeit einer radikalen Umbildung der Phänomenologie aus. Zwar hat Heidegger gegen die Phänomenologie Husserls und ihr oberstes Prinzip: 'Zu den Sachen selbst!' nichts einzuwenden, doch erhebt er gegen Husserl den Vorwurf, daß dieser bei der Ausarbeitung des thematischen Feldes der Phänomenologie sein 'Prinzip aller Prinzipien' nicht konsequent eingehalten habe. Indem Husserl das 'reine Bewußtsein' zum Sachfeld der phänomenologischen Forschung erhebt, weicht er vom obersten Prinzip der phänomenologischen Methode ab. Die Herausstellung des reinen Bewußtseins als thematischen Feldes der Phänomenologie ist, so Heidegger, nicht den Sachen selbst abgewonnen, sondern von außen her an sie herangetragen, und zwar von der herrschenden philosophischen Tradition der Neuzeit seit Descartes, an den Husserl bekanntlich ausdrücklich anknüpft.

Die Umbildung der Phänomenologie betreffend behauptet nun Heidegger, daß er ihr leitendes Evidenzprinzip konsequent einhalten will, d.h. er will sich von allen Theorien, Vorurteilen und freischwebenden Konstruktionen distanzieren und nur die Sachen selbst sehen lassen. Deshalb bezeichnet er seine Kritik an Husserls Phänomenologie als "immanente Kritik"[1]. Diese Kritik besteht hauptsächlich darin, daß Husserl es versäumt habe, nach dem Sein des Intentionalen[2] und nach dem Sinn des Seins überhaupt[3] zu fragen. Die Seinsfrage bleibt bei Husserl, wie in der gesamten abendländischen Tradition, vergessen. Ohne die Frage nach dem Sinn des Seins zu stellen, geht auch Husserl von dem vulgären unausgewiesenen Verständnis des Seins aus, das das Sein mit der Vorhandenheit und Realität gleichsetzt und es als ständige Anwesenheit vorstellt.

Die immanente Kritik an der Phänomenologie Husserls soll erweisen, daß Heidegger seine einzige philosophische Frage, die Seinsfrage, im Rückgang auf die Sachen selbst, und d.h. in totaler Übereinstimmung mit dem Evidenzprinzip und in konsequenter Fortbildung der Phänomenologie gewonnen hat. Der §14 der oben genannten Vorlesung trägt den Titel: "Die Exposition der Seinsfrage aus dem radikal verstandenen Sinn des phänomenologischen Prinzips"[4]; dort heißt es: "Das phänomenologische Fragen führt seinem innersten Zuge nach selbst zur Frage nach dem Sinn des Intentionalen und vor allem vor die Frage nach dem Sinn des Seins als solchem."[5]

Damit meint Heidegger nicht, daß das Sein das Thema der Phänomenologie sei; denn der Titel Phänomenologie nennt eine Methode, eine Zugangsart und keinen Gegenstand. Da das Sein das Thema einer Wissenschaft genannt Ontologie ausmacht, ergibt sich, daß die Phänomenologie und die Ontologie zusammengehören. Die beiden nennen dasselbe in verschiedenen Hinsichten: die Ontologie in Hinsicht auf den Gegenstand und die Phänomenologie in Hinsicht auf die Methode der Forschung.

Die Zusammengehörigkeit von Ontologie und Phänomenologie bei Heidegger bleibt auch in seinem Hauptwerk *Sein und Zeit* bestehen, obwohl die Seinsfrage hier von Anfang an in den Vordergrund tritt. Die Ausarbeitung der Seinsfrage ist hier nicht eine Aufgabe, auf welche die konsequente Um- und Fortbildung der Phänomenologie notwendigerweise stößt, sondern sie hat ihre eigene Notwendigkeit, und die Phänomenologie erweist sich nach ihrer Umbildung und Radikalisierung als die der Seinsfrage angemessene Methode der Untersuchung, zumal der phänomenologische Begriff von Phänomen gerade "das Sein des Seienden, seinen Sinn, seine Modifikationen und Derivate"[6] meint.

Weil das Sein nur im Seinsverständnis des Daseins zugänglich ist, muß die phämomenologische Analyse sich zuerst mit dem seinsverstehenden Dasein befassen. Die phänomenologische Analyse des Daseins hat zur Aufgabe die Auslegung der Grundstrukturen der Existenz, deshalb ist die Phänomenologie des Daseins Hermeneutik oder Daseinsanalytik. Diese ist der Ausgangspunkt für die Ausarbeitung der Seinsfrage.

Mit der Erhebung der Seinsfrage zur zentralen Frage der Philosophie gewinnen alle philosophischen Fragen einen ontologischen Hintergrund. Alle Fragen können und müssen umformuliert und am Leitfaden der Seinsfrage behandelt werden. Aus diesem Grund kann das Problem der Wissenschaft nach Heidegger nur mit Rücksicht auf die Seinsfrage erörtert werden. Das Problem der Wissenschaft hat ihren Ort in der Ontologie. Damit ist aber nicht gemeint, daß Heideggers Grundabsicht bei der Ausarbeitung der Seinsfrage die Begründung der wissenschaftlichen Erkenntnis sei, wie z.B. C.F. Gethmann behauptet. Für Gethmann hat man in *Sein und Zeit* 'einen wissenschaftstheoretischen Traktat' zu sehen[7]. Er schreibt: "Das Fundierungsproblem der Wissenschaften ist das Problem, auf dessen Lösung die Fundamentalontologie gerichtet ist."[8] Diese Einschätzung des Fundierungsproblems der Wissenschaften in *Sein und Zeit* scheint mir zu hoch veranschlagt zu sein. Zwar ist das Problem der Wissenschaft nach Heidegger nur im Rahmen der Fundamentalontologie zu behandeln, aber das bedeutet überhaupt nicht, daß die zentrale Aufgabe der Fundamentalontologie bzw. der Philosophie die Begründung der Wissenschaft sei. Heidegger schreibt: "Es gibt nicht Philosophie, weil es Wissenschaften gibt, sondern umgekehrt, es kann Wissenschaften geben, nur weil und nur wenn es Philosophie gibt. Aber die Begründung dieser, d.h. die Aufgabe, ihren Grund abzugeben, ist weder die einzige noch die vornehmlichste Aufgabe der Philosophie."[9]

Weil die Ausarbeitung der Seinsfrage ihren Ausgangspunkt in der Darlegung der Seinsverfassung des Daseins und der Grundstrukturen der Existenz hat, ist die ontologische Interpretation der neuzeitlichen Naturwissenschaft zuvörderst daseinsanalytisch oder existenzial. In *Sein und Zeit* ist die wissenschaftliche Forschung als Existenzmöglichkeit des Daseins angesehen und analysiert, d.h. als eine Weise, wie das Dasein existieren und sich zum Seienden verhalten kann. Die leitende Frage der existenzialen Interpretation der Wissenschaft ist: "welches sind die in der Seinsverfassung des Daseins liegenden, existenzial notwendigen Bedingungen der Möglichkeit dafür, daß das Dasein in der Weise wissenschaftlicher Forschung existieren kann?"[10] Die Aufgabe der existenzialen Analyse der Naturwissenschaft liegt darin, die Bedingungen der Möglichkeit der wissenschaftlichen Vergegenständlichung der Natur in der Seinsverfassung des Daseins aufzuweisen.

Nach Heideggers Wendung zum seinsgeschichtlichen Denken erweist sich die existenziale Analyse als unzureichend, da sie den geschichtlichen Hintergrund dieser Wissenschaft nicht wesentlich berücksichtigt. Wie Husserl auf Grund der Entdeckung der Geschichtlichkeit des Bewußtseins, so ist auch Heidegger auf Grund seiner Erfahrung der Geschichtlichkeit des Seins möglich geworden, die Naturwissenschaft auf die Geisteshaltung der Neuzeit und diese wiederum auf die gesamte abendländische Tradition und Geschichte zurückzubeziehen. Das seinsgeschichtliche Denken versteht die neuzeitliche Naturwissenschaft als eine Gestalt der Metaphysik, die nach Heidegger der tragende Grund der bisherigen abendländischen Geschichte ist.

Mit der seinsgeschichtlichen Interpretation der neuzeitlichen Naturwissenschaft tritt Heideggers Kritik an dieser Wissenschaft in den Vordergrund. Das bedeutet aber nicht, daß Heidegger erst nach der 'Kehre' eine kritische Stellung zur neuzeitlichen Naturwissenschaft eingenommen hätte. Im Gegenteil, Heidegger hat schon in *Sein und Zeit* deutlich gemacht, daß die Entdeckungen der neuzeitlichen Naturwissenschaft nur möglich sind auf Grund der Verdeckung der alltäglichen Ding- und Welterfahrung und der Verstellung der ursprünglichen Räumlichkeit und Zeitlichkeit des Daseins. Diese kritische Stellungnahme wird in der seinsgeschichtlichen Interpretation der Wissenschaft beibehalten und radikalisiert.

Weil das seinsgeschichtliche Denken in seiner Analyse zur neuzeitlichen Naturwissenschaft ihren geschichtlichen Hintergrund mit in die Betrachtung einbezieht und diese Wissenschaft in ihrem Zusammenhang mit der neuzeitlichen Geschichte erfaßt, steht die Kritik der neuzeitlichen Wissenschaft in innerer Verbindung mit der Kritik des gegenwärtigen Zeitalters. Die Kritik der neuzeitlichen Naturwissenschaft ist bei Heidegger nicht eine wissenschaftstheoretische Kritik eines Wissensbereiches, sondern vor allem die Kritik des gegenwärtigen, durch die Herrschaft der naturwissenschaftlich-technischen Rationalität geprägten Zeitalters. Die neuzeitliche Naturwissenschaft ist nach Heidegger, wie auch nach Husserl, eine bestimmende Gestalt der neuzeitlichen Geschichte, sie ist eine Grundmacht, die das Verhalten des Daseins zum Seienden in allen Bereichen des modernen Lebens prägt. "Deshalb ist eine Besinnung auf die neuzeitliche Wissenschaft und ihr machenschaftlich verwurzeltes Wesen innerhalb des Versuches einer Hinweisung auf die Seinsverlassenheit als Anklang des Seyns unumgänglich."[11] Die Besinnung auf die neuzeitliche Naturwissenschaft ist eine Notwendigkeit für das Verstehen der Not unseres Zeitalters.

Die Wissenschaftskritik ist also bei Heidegger, wie auch bei Husserl, zugleich eine Zeitkritik. Allerdings mündet Heideggers Kritik des gegenwärtigen Zeitalters nicht in einen Therapievorschlag ein. Im Gegensatz zu Husserl lehnt Heidegger die medizinische Metaphorik ab. Ausdrücke wie Krise, Krankheit, Diagnose und Heilung gehören nicht zu seiner Begrifflichkeit. Dagegen spricht er oft von Gefahr und Rettung. Die Gefahr sieht Heidegger darin, daß unser Zeitalter weitgehend durch die technisch-wissenschaftliche Weltauffassung und -organisation beherrscht ist. Hierhin gelangt die nihilistische Seinsvergessenheit, die als Metaphysik die gesamte abendländische Geschichte bestimmt, ins Äußerste. Die Rettung kann nicht vom Menschen erwirkt, sondern nur vom Sein selbst gewährt werden. Dafür ist aber das Zutun des Menschen notwendig. Die Rettung kann nur geschehen, wenn der Mensch für den Empfang des Geschenks des Seins vorbereitet ist. Die Besinnung auf das Wesen der neuzeitlichen Wissenschaft und Technik muß sich dann als Vorbereitung zum Empfang verstehen.

1. Kapitel

Die existenziale Genesis der theoretisch-wissenschaftlichen Haltung zur Natur

Heideggers Werk *Sein und Zeit* ist bekanntlich eine Abhandlung über das Sein. Dabei ist seine Absicht, die Frage nach dem Sinn des Seins zu wecken und auszuarbeiten. Die Ausarbeitung der Seinsfrage muß ihren Ausgang von der Analytik des Daseins nehmen. Die Auswahl des Daseins als Befragtes der Seinsfrage ist nicht willkürlich, sondern sie hat ihren Grund darin, daß das Dasein einen besonderen Bezug zum Sein hat. Das Dasein ist von allen Seienden dadurch ausgezeichnet, daß es das Sein versteht und sich zum Seienden seinsverstehend verhält. Deshalb sind die Charaktere des Daseins nicht als vorhandene Eigenschaften zu fassen, sondern als Weisen zu sein. Die Verhaltungen des Daseins zu sich selbst und zu den anderen Seienden sind ihm mögliche Weisen zu sein oder Seinsmöglichkeiten. Sie haben ihren Ursprung in der Seinsverfassung des Daseins

Dieser Ansatz muß nach Heidegger auch bei der Analyse der wissenschaftlichen Erkenntnis berücksichtigt werden. Die wissenschaftliche Erkenntnis ist nicht zu betrachten als psychischer Vorgang in der Seele, sondern als eine Existenzmöglichkeit des Daseins, als eine Weise, wie sich das Dasein zu Seiendem verhalten kann. Die Möglichkeit der wissenschaftlichen Erkenntnis hat ihren Grund in der Seinsverfassung des Daseins. Obwohl Heidegger den Menschen anders als Husserl auffaßt, ist die Parallelität ihrer Ansätze leicht erkennbar. Hatte Husserl den Menschen als intentionales Bewußtsein aufgefaßt und die wissenschaftliche Erkenntnis in diesem begründet, so findet Heidegger den Ursprung der wissenschaftlichen Erkenntnis in der Seinsverfassung des menschlichen Daseins, das er nicht mehr als neuzeitliches Subjekt, sondern als In-der-Welt-sein begreift. Wie Husserl, ist auch Heidegger der Meinung, daß die wissenschaftliche Erkenntnis nicht eine primäre Art des Verhaltens des Daseins zum Seienden ist. Die existenziale Aufhellung der neuzeitlichen Naturwissenschaft muß deshalb mit dem Aufweis der primären Art des Verhaltens des Daseins zum Seienden beginnen. Dann muß der wesentliche Grundzug der theoretisch-wissenschaftlichen Haltung der Neuzeit zur Natur ans Licht gebracht werden. Schließlich muß nach der Motivation zur Entstehung der physikalischen Haltung zur Natur gefragt werden. Damit sind die Schritte dieses Kapitels vorgezeichnet.

A. Die primäre Art des Verhaltens zum Seienden. Das praktische Besorgen

Husserl und Heidegger sind sich darüber einig, daß die wissenschaftliche Forschung nicht eine primäre Art des Verhaltens zum Seienden, und daß sie nur auf der Basis des Entdeckens des Seienden in der vorwissenschaftlichen Erfahrung möglich ist. In der Bestimmung der ursprünglichen Zugangsart zum Seienden distanziert sich aber Heidegger radikal von Husserl .Für diesen ermöglichen die schlichten intentionalen Bewußtseinsakte der Glaubenssphäre und vor allem die sinnliche Wahrnehmung den ursprünglichen Zugang zur Welt. Diese Akte bilden die Grundlage für die Akte der Gemüts- und Willenssphäre; denn jedes Werten oder praktische Tun setzt vorgegebene Gegenstände voraus. In der sinnlichen Wahrnehmung werden also Gegenstände konstituiert und dadurch wird jeder Bezug des Bewußtseins zur Welt ermöglicht. An dieser Stelle setzt Heideggers Kritik an Husserl ein. Daß Husserl das ursprüngliche Verhältnis des Menschen zur Welt in einem Akt der Erkenntnis, in der sinnlichen Wahrnehmung sieht, zeigt nach Heidegger, daß Husserl sich trotz seiner entscheidenden Entdeckungen noch auf dem Boden der neuzeitlichen Subjektphilosophie bewegt und daß er die fraglosen Voraussetzungen dieser nicht überwinden konnte. Wie die neuzeitliche Philosophie, so denkt nach Heidegger auch Husserl, das Verhältnis des Menschen zur Welt primär als Verhältnis zwischen Subjekt und Objekt, zwischen Bewußtsein und Außenwelt. Darin sieht Heidegger ein Verfehlen der Seinsverfassung des Daseins sowie der Welt. Die neuzeitliche Philosophie fragt nicht nach dem Sein des Daseins, nach der Subjektivität des Subjekts, sondern sie geht fraglos von der Auffassung des Menschen als 'Ichding', als isoliertes Subjekt oder weltloses Bewußtsein aus. Ebenfalls verfehlt die neuzeitliche Philosophie die Seinsverfassung der Welt, indem sie die Welt fraglos als ausgedehnte Körperwelt faßt und sie mit der Natur identifiziert. Das Phänomen der Welt wird dadurch übersprungen. Die Mißinterpretation der Seinsverfassung des Menschen und der Welt in der neuzeitlichen Philosophie hat ihren Grund in der Vergessenheit der Seinsfrage. Die Frage nach dem Sinn des Seins wird in der neuzeitlichen Philosophie nicht gestellt und die fraglose Auffassung des Seins als Vorhandensein bleibt maßgebend. Das Sein jegliches Seienden wird am Leitfaden des Vorhandenseins interpretiert und die Seinsweise des innerweltlich vorhandenen Seienden wird auf den Menschen und auf die Welt übertragen.

Weil die neuzeitliche Philosophie den Menschen und die Welt als vorhandene Seiende denkt und sie wie zwei Pole einander gegenüberstellt, sieht sie sich mit der Frage konfrontiert: Wie ist die Kluft zwischen Subjekt und Objekt zu überbrücken? Und wie kann ein zunächst weltloses Bewußtsein die Beziehung zu einer jenseits seiner liegenden Außenwelt aufnehmen? Mit anderen Worten: weil die neuzeitliche

Philosophie die Grundverfassung des In-der-Welt-seins nicht gesehen hat, mußte sie erst eine Brücke zwischen dem weltlosen Bewußtsein und der Außenwelt schlagen und begründen. In Anlehnung an die gesamte abendländische Tradition findet die neuzeitliche Philosophie das ursprüngliche Verhältnis des Bewußtseins zur Welt im Anschauen und erkennenden Sehen des innerweltlichen Seienden. Alle anderen Verhaltungen des Menschen zum Seienden sind nach dieser These nur auf Grund des Erkennens möglich. Obwohl Husserl mit seiner Entdeckung der Intentionalität die Grundlage für die Überwindung der neuzeitlichen Subjekt-Objekt-Problematik geschaffen hat, konnte er, so Heidegger, über die These des Vorrangs des erkennenden Sehens vor allen Verhaltungen des Menschen nicht hinwegkommen.

Heidegger bestreitet entschieden die These des Vorrangs des erkennenden Sehens gegenüber allen anderen Verhaltungen des Daseins zum Seienden. In seiner Auseinandersetzung mit dieser These versucht er nachzuweisen, daß nicht nur das theoretisch-wissenschaftliche, sondern auch das vorwissenschaftliche Erkennen ein abgeleiteter Modus des Verhaltens des Daseins zum Seienden ist. Um diese Aufgabe zu erfüllen, muß die Analyse beim Dasein in seiner Alltäglichkeit, d.h. wie es "zunächst und zumeist" ist, einsetzen und die Seinsverfassung des Daseins in Erwägung ziehen.

Die Grundbestimmung des Seins des Daseins ist nach Heidegger das In-der-Welt-sein. Welt meint hier nicht die Allheit des vorhandenen Seienden oder die materielle Natur. Welt ist nach Heidegger ein Seinscharakter des Daseins, ein konstitutives Moment des Daseins als In-der-Welt-sein. Die Bestimmung des Daseins als In-der-Welt-sein ist keine Eigenschaft, die ihm fehlen könnte. Sie ist keine Bestimmung, die dem Dasein neben anderen Bestimmungen zukäme. Das Dasein ist kein isoliertes Ich, das die Möglichkeit hätte, die Beziehung zur Welt aufzunehmen, Die Beziehung zur Welt hängt nicht vom Willen des Daseins ab. Vielmehr ist das Aufnehmen der Beziehungen zum Seienden nur möglich, weil das Dasein von Hause aus die Grundverfassung des In-der-Welt-seins hat. Das Dasein ist immer schon in der Welt, bei den Dingen und mit den Anderen. Das In-der-Welt-sein ist ebenso nicht eine Bestimmung, die die Feststellung des Vorhandenseins des Daseins in der Welt ausdrückt, sondern sie ist eine Wesensbestimmung des Daseins. Das Dasein kann nur als In-der-Welt-sein existieren. "Die Rede vom In-der-Welt-sein ist keine Feststellung des faktischen Vorkommens von Dasein, ja überhaupt keine ontische Aussage. Sie betrifft einen das Dasein überhaupt bestimmenden Wesensverhalt und hat daher den Charakter einer ontologischen These."[1] Das Moment 'In-Sein' meint nicht eine räumliche kategoriale Bestimmung des Daseins in der Welt, als ob Dasein und Welt vorhandene Seiende wären. Das In-Sein ist als Existenzial zu verstehen, es ist "der formale existenziale Ausdruck des Seins des Daseins, das die wesenhafte Verfassung des In-der-Welt-seins hat."[2]

Die Weisen des In-Seins drückt Heidegger mit dem ontologischen Titel 'Besorgen' aus, der alle Weisen des Verhaltens des Daseins zum Seienden umfaßt. Die Weisen des Besorgens, d.h. des In-Seins sind verschiedenartig. Heidegger zählt einige Beispiele auf: zu tun haben mit etwas, herstellen von etwas, verwenden von etwas, erkunden, befragen, betrachten, besprechen, bestimmem[3]. Hier ist zu bemerken, daß unter den Beispielen, die Heidegger anführt, Verhaltungen praktischer wie theoretischer Art vorkommen. Betrachten und Befragen sind ebenso Weisen des Besorgens wie Herstellen oder Verwenden von etwas. Nun stellt sich die Frage: Was ist die primäre Art des Besorgens? Wie verhält sich das alltägliche Dasein zuerst zum Seienden?

Im Gegensatz zu Husserl lehnt Heidegger den Vorrang des erkennenden Verhaltens vor dem praktischen ab. Zunächst verhält sich das alltägliche Dasein zum Seienden nicht im Modus des 'theoretischen' Erkennens, des ausdrücklichen Hinsehens und thematischen Erfassens des vorhandenen Seienden, sondern im Modus des hantierenden, gebrauchenden und zutunhabenden Umgangs mit dem Seienden[4], das zuhanden ist. Zunächst ist das Dasein nicht daran interessiert, das vorhandene Seiende zu betrachten und seine Eigenschaften zu bestimmen, sondern die praktischen 'Lebensaufgaben' zu bewerkstelligen. Das Seiende, womit das Dasein in seinem alltäglichen praktischen Besorgen zu tun hat, nennt Heidegger 'Zeug', die Seinsart des Zeugs ist die Zuhandenheit. Der praktische Umgang mit dem Zeug ist nach Heidegger die primäre Art des Entdeckens des Seienden. Das zuhandene Zeug kann nicht durch das distanzierte 'Sehen' entdeckt werden. Wie scharf auch das Hinsehen auf das Aussehen des Zeugs sein mag, vermag es nicht, das Zeug in seiner Zuhandenheit zu entdecken. Die Entdeckung des Zeugs geschieht nicht durch die Wahrnehmung seines Aussehens und seiner Eigenschaften, sondern nur durch den gebrauchend-hantierenden Umgang mit ihm. Das Hinsehen auf den Hammer z.B. und die Betrachtung seiner Eigenschaften vermag nicht, den Hammer in seiner Zuhandenheit zu entdecken. Der Hammer kann nur durch den praktischen Gebrauch, durch das Hämmern entdeckt werden.

Zur Seinsverfassung des Zeugs gehört, daß es nie als Einzelding entdeckt werden kann, ein isoliertes Zeug gibt es nach Heidegger nie. "Das Gebrauchen und Hantieren mit einem bestimmten Zeug bleibt als solches orientiert auf einen Zeugzusammenhang."[5] Das Zeug gehört immer zu einer Zeugganzheit, einer Gesamtheit zusammengehöriger und aufeinander verweisender Zeuge. Das Zeug begegnet immer aus dem Hintergrund einer schon vorentdeckten Zeugganzheit. Das hat sein Grund darin, daß das Zeug die ontologische Struktur des 'um-zu' hat, es ist 'etwas, um ... zu'; es dient zum Hämmern, zum Befestigen, zum Schreiben usw. Das Zeug hat den ontologischen Charakter der Verweisung von etwas auf etwas, es begegenet immer in einem Verweisungszusammenhang. Das Zeug verweist auf die anderen Zeuge, die in demselben Zeugzusammenhang begegnen, und auf das herzustellende Werk. Weiterhin verweist das Zeug auf die Materialien, die zum Herstellen des Werks benutzt werden oder aus denen das Zeug besteht. Letztlich verweist das Zeug auf das Mitdasein, dem es z.B. gehört oder für das das Werk hergestellt werden muß. Die ontologische Verweisungsstruktur des Zuhandenen drückt Heidegger mit dem Terminus 'Bewandtnis' aus. Mit jedem Zeug hat es seine Bewandtnis bei etwas, mit diesem hat es wiederum seine Bewandtnis bei etwas anderem, und so ist die Bewandtnis jedes Zeuges in eine Bewandtnisganzheit eingebettet. Die Bewandtnisganzheit zeichnet vor, welche Bewandtnis es mit jedem Zeug hat. Die Gesamtheit der Verweisungsbezüge der Bewandtnisganzheit macht die Welt als alltägliche Umwelt aus. "Die Bewandtnisganzheit selbst aber geht letztlich auf ein Wozu zurück, bei dem es keine Bewandtnis mehr hat."[6] Dieses Seiende hat nicht die Seinsart der Zuhandenheit, es ist kein 'Dazu', sondern ein 'Worum-willen'; alles Verweisen hat einen Mittelpunkt, der nicht in die Reihe der Verweisungen gehört: das Dasein, dem es in seinem Sein um dieses Sein selbst geht und um seiner willen die Welt selbst geschieht.

Damit das praktische Besorgen erfolgreich geschieht, muß sich das Dasein den Verweisungsbezügen der Bewandtnisganzheit, in der es sich aufhält, unterstellen. Da Heidegger den Vorrang des theoretischen Sehens vor dem praktischen Besorgen bestreitet, drängt sich die Frage auf: Was ermöglicht dem Dasein eine reibungslose Orientierung in den Verweisungsbezügen? Heideggers Antwort darauf lautet: "Der gebrauchend-hantierende Umgang ist aber nicht blind, er hat seine eigene Sichtart, die das Hantieren führt und ihm seine spezifische Sicherheit verleiht. Der Umgang mit dem Zeug unterstellt sich die Verweisungsmannigfaltikeit des 'Um-zu'. Die Sicht eines solchen Sichfügens ist die Umsicht."[7] Das praktische Besorgen kann sich ohne theoretisches Erkennen vollziehen, weil es seine eigene Sichtart hat.

Nun ist der Charakter des praktischen Verhaltens des Daseins zum innerweltlichen Seienden und zur Welt kurz zusammenzufassen. Das Dasein existiert immer in einer ursprünglichen Vertrautheit mit der Welt, worin es sich orientiert. Diese Vertrautheit beruht nicht auf einer theoretischen Erkenntnis oder einem thematischen Erfassen der Welt. Die Verweisungsbezüge, die die Welt konstituieren, sind beim alltäglichen Besorgen irgendwie da, das Dasein stellt sich unter sie, aber sie werden in der Regel nicht thematisch betrachtet. Auch das Zeug wird im alltäglichen Besorgen nicht thematisch erfaßt. "Das Eigentümliche des zunächst Zuhandenen ist es, in seiner Zuhandenheit sich gleichsam zurückzuziehen, um gerade eigentlich zuhanden zu sein."[8] Damit sich das alltägliche Besorgen problemlos vollzieht, muß das zuhandene Zeug unbeachtet, unauffällig bleiben. Dagegen stört das Auffallen des Zeugs das praktische Besorgen.

Das ursprüngliche Verhalten zum Seienden ist also nach Heidegger nicht gegenständlich gerichtet. Das Seiende begegnet zunächst nicht als Gegenstand eines thematischen Erfassens, sondern als auffälliges Zeug. "Das zuhandene Zeug begegenet hinsichtlich seines 'wahren Ansich' gerade nicht für ein thematisches Wahrnehmen von Dingen, sondern in der Unauffälligkeit des 'selbstverständlich' 'objektiv' Vorfindlichen."[9] Mit dieser Einsicht widerspricht Heidegger Husserl. Dieser meint, daß alle intentionalen Bewußtseinsakte sowohl des vorwissenschaftlichen als auch des wissenschaftlichen Lebens entweder explizit Gegenstände konstituieren oder sich auf schon konstituierte Gegenstände beziehen. Für Heidegger dagegen ist das primäre Verhältnis des Daseins zur Welt und zum Seienden nicht gegenständlich gerichtet. Den extremen Gegenfall zu diesem praktischen Verhalten zur Welt und zu den Dingen stellt die theoretische Haltung der neuzeitlichen Naturwissenschaft dar. Wenden wir uns nun dieser Haltung zu.

B. Die neuzeitliche Physik und der mathematische Entwurf der Natur

Die neuzeitliche Naturwissenschaft wird oft mit Bewunderung betrachtet. Überall stellt man fest, daß diese Wissenschaft in relativ kurzer Zeit unerhörte Fortschritte erzielt hat. Auf Grund der Exaktheit und der Zuverlässigkeit ihrer Ergebnisse ist die neuzeitliche Naturwissenschaft zum Vorbild aller wissenschaftlichen Erkenntnis geworden. Nicht nur das; die Naturwissenschaft hat nicht aufgehört, neue Naturphänomene und sogar Naturbereiche zu entdecken und zu untersuchen. Darüberhinaus sind die praktisch-technischen Erfolge der Naturwissenschaft überall zu sehen. Die Frage liegt nahe: Worauf sind diese theoretischen und praktischen Erfolge zurückzuführen? Was ist das Neue in der Naturerkenntnis der Neuzeit?

Als Antwort auf diese Frage bekommt man oft zu hören, daß der wesentliche Charakter der neuzeitlichen Naturwissenschaft in ihrem Forschungsverfahren, in ihrer Methode liegt. Diese geläufige Meinung versucht, die neuzeitliche Naturwissenschaft von ihrer Methode her zu verstehen. In der Neuzeit habe der Mensch, so meint man, endlich gelernt, methodisch zu denken und zu forschen. Methodisch forschen heißt: ein planmäßiges Verfahren verfolgen und sich an feste Denkregeln binden. Die Methode ist also der Weg, der dem Wissenschaftler die Maßnahmen und die Regeln der Forschung vorschreibt. Der Wissenschaftler muß sich an diese Maßnahmen und Regeln binden, wenn er fruchtbare Ergebnisse erreichen will. So gesehen, ist die wissenschaftliche Forschung nichts anderes als die Anwendung einer vorgegebenen Methode auf einen vorgegebenen Gegenstand. Was sind nun nach der geläufigen Meinung die Hauptmerkmale der neuzeitlichen Naturwissenschaft und ihrer Methode?

An erster Stelle nennt man den induktiven Charakter der neuzeitlichen Wissenschaft. Die neuzeitliche Naturwissenschaft ist vor allem Tatsachenwissenschaft. Die

Beobachtung der Naturtatsachen spielt eine bedeutende Rolle in der wissenschaftlichen Forschung. Der Forscher muß sich von allen Vorurteilen und fraglosen Voraussetzungen befreien und seine Aufmerksamkeit nur auf die Tatsachen richten. Er muß auf die Tatsachen hören und sie mit Objektivität und Genauigkeit beschreiben. Das Sichrichten nach den Tatsachen ist nach geläufiger Meinung ein spezifischer Charakter der neuzeitlichen Wissenschaft. Im Gegensatz dazu spielt die Beobachtung der Naturtatsachen in der vorneuzeitlichen Wissenschaft kaum eine Rolle. Vielmehr beruht die mittelalterliche wie die antike Wissenschaft vorwiegend auf spekulativen Sätzen und allgemeinen Begriffen. Für diese Wissenschaften war vor allem relevant, in die geheimen Eigenschaften der Dinge und ihre verborgene Natur vorzudringen. Deshalb war die Bedeutung der Beobachtung der Tatsachen gering. Erst in der Neuzeit beginnt man, die Beobachtung der Tatsachen zu würdigen.

Ein weiteres Merkmal der neuzeitlichen Naturwissenschaft besteht nach der geläufigen Meinung darin, daß diese Wissenschaft experimentell ist. Entsprechend wird die Methode der neuzeitlichen Naturwissenschaft oft 'die experimentelle Methode' genannt. Die neuzeitliche Naturwissenschaft begnügt sich nicht mit der passiven Beobachtung der Tatsachen, sondern sie verwendet auch das Experiment als Instrument zur systematischen Befragung der Natur. Der Forscher ist nicht gezwungen, die Naturvorgänge in ihrem normalen Verlauf zu beobachten, sondern er kann selbst dank des Experiments die Bedingungen stellen, unter denen er die Naturvorgänge beobachten möchte. Zur Sicherung der Ergebnisse bedient sich das Experiment technischer Apparaturen. Das Experiment war nach der geläufigen Meinung in der vorneuzeitlichen Wissenschaft nicht bekannt.

Schließlich führt man ein drittes Merkmal an: die neuzeitliche Naturwissenschaft ist eine messende und rechnende Wissenschaft, sie operiert mit Maß und Zahl. Es ist hinlänglich bekannt, daß die Anwendung der Mathematik in der Bestimmung der Naturvogänge eine entscheidende Rolle in der neuzeitlichen Naturwissenschaft spielt. Deshalb wird die neuzeitliche Physik auch mathematische Physik genannt. Die Mathematisierung der Natur ermöglicht die Umformulierung der Qualitäten in Quantitäten und verleiht damit den naturwissenschaftlichen Ergebnissen einen hohen Grad von Genauigkeit und Objektivität. So werden die schwankenden subjektiven Schätzungen durch exakte Messungen ersetzt.

Diese sind nach der geläufigen Meinung die Hauptmerkmale der neuzeitlichen Naturwissenschaft, sie zentrieren sich, wie gesagt, um die Methode. Nun wie steht Heidegger zu diesem Verständnis der neuzeitlichen Wissenschaft?

Heidegger bestreitet nicht, daß die Beobachtung der Tatsachen, das Experiment und die Anwendung der Mathematik wichtige Merkmale der neuzeitlichen Naturwissenschaft sind. Aber er stellt fest, daß diese Merkmale nicht ausschließlich in der neuzeitlichen Wissenschaft zu finden sind, sondern sie sind auch in der vorneuzeitlichen Wissenschaft, obzwar in anderer Weise und Weite, vorhanden. Deshalb können diese methodischen Momente das wesentlich Neue in der neuzeitlichen Wissenschaft nicht treffen. Nun gehen wir den drei Merkmalen nach und prüfen wir mit Heidegger, ob sie ausschließlich für die neuzeitliche Wissenschaft bezeichnend sind und ob sie tatsächlich das Wesentliche dieser Wissenschaft ausmachen.

Die Behauptung, die antike und mittelalterliche Wissenschaft beruhten nicht auf den Tatsachen, ist nach Heidegger grundlos. Die Wissenschaftler der Antike und des Mittelalters haben auch Naturtatsachen gesammelt, beschrieben und klassifiziert. In der Wahrheit gibt es keine Naturerkenntnis, die nicht auf der Beobachtung der Tatsachen beruht. Genauso gibt es keine Wissenschaft, in der nicht allgemeine Begriffe und Sätze im Spiel sind. Deshalb ist es irreführend zu behaupten, die neuzeitliche Naturwissenschaft sei Tatsachenwissenschaft, während die alte Naturerkenntnis nur auf Begriffen und allgemeinen Sätzen beruhe. Auf der beiden Seiten gibt es zugleich Tatsachen und Begriffe. Heidegger schreibt: "Auf jeder Seite, der der alten und der neuen Wissenschaft, handelt es sich jeweils um beides, um Tatsachen und Begriffe; das Entscheidende ist aber die Art und Weise, wie die Tatsachen begriffen und wie die Begriffe angesetzt werden."[10]

Weiterhin macht Heidegger deutlich, daß das Experiment nicht eine Erfindung der neuzeitlichen Naturwissenschaft sei. Das Experiment war auch in der Antike und im Mittelalter bekannt und die Wissenschaftler haben auch damals von ihm Gebrauch gemacht. Außerdem dient das Experiment nicht nur zu wissenschaftlichen Zwecken, sondern es ist auch in der handwerklichen Praxis vorhanden. Auch die Handwerker führen in ihrer alltäglichen Tätigkeit Experimente durch, um ihre handwerklichen Fertigkeiten zu verbessern. Trotzdem ist ihre Tätigkeit nicht als eigentlich wissenschaftlich zu bezeichnen.

Schließlich weist Heidegger darauf hin, daß Rechnung und Messung auch den alten Wissenschaften bekannt waren. Die alten Wissenschaftler haben in einigen Bereichen mit Maß und Zahl gearbeitet. Das Entscheidende aber ist nicht das Operieren mit den Zahlen selbst. "Die Frage ist wiederum die, in welcher Weise und in welchem Sinne die Rechnungen und Messungen angesetzt und durchgeführt werden, welche Tragweite sie für die Bestimmung der Gegenstände selbst haben."[11]

Aus diesen Bemerkungen ergibt sich daß die genannten methodischen Momente, auch wenn man sie zusammennimmt, das Wesentliche in der neuzeitlichen Naturwissenschaft nicht treffen können. Wenn diese methodischen Momente schon in der vorneuzeitlichen Wissenschaft vorhanden waren, dann muß untersucht werden, was die neuzeitliche Naturerkenntnis dazu bewogen hat, sich dieser methodischen Instrumente intensiv zu bedienen und welche Prägung sie in der Neuzeit angenommen haben. Die entscheidende Frage für Heidegger ist nicht, mit welcher Methode die Natur in der Neuzeit untersucht wird, sondern wie die Naturphänomene im voraus konzipiert werden müssen, damit man auf die Idee kommen kann, diese Phänomene mit Hilfe der experimentellen Methode zu erforschen. Damit die Einzelphänomene der Natur mit einer bestimmten Methode untersucht werden, muß der gesamte Bereich der Natur so aufgefaßt werden, daß er dieser Methode zugänglich werden kann.

An dieser Stelle ist es aufschlußreich, diese Einsichten von Heidegger mit Husserls Äußerungen zu diesem Thema zu vergleichen. Auf den ersten Blick sieht es so aus, als gingen die Analysen der beiden Phänomenologen völlig auseinander, da Husserl in seiner Analyse zur Entstehung der neuzeitlichen Naturwissenschaft einen großen Wert auf die Methode legt. Zum einen betrachtet Husserl die Idee der Mathematisierung der Natur durch Galilei als die entscheidende Leistung für die Entstehung der neuzeitlichen Physik. Zum anderen spricht er selbst von der Anwendung der Methode der Idealisierung auf die Natur. Daraus könnte man schließen, daß die Methode für Husserl doch das wesentliche Moment der neuzeitlichen Naturwissenschaft ist. Eine genauere Untersuchung kann aber zeigen, daß dieser Schluß mit Husserls Verständnis der neuzeitlichen Naturwissenschaft nicht verträglich ist. Die entscheidende Leistung der neuzeitlichen Naturwissenschaft ist nach Husserl nicht die Anwendung des Experiments oder der Mathematik in der Erforschung der Naturphänomene, sondern die Konstitution des physikalischen Dings und der physikalischen Natur. Mit der Mathematisierung der Natur meint Husserl nicht die Anwendung der Zahlen auf die vorgegebenen Tatsachen, sondern die Konstitution des Bereichs der physikalischen Forschung durch die Methode der Idealisierung, die seit den alten Griechen in der Konstitution der Raumgestalten verwendet wurde. Die Methode der Idealisierung meint nicht das Verfahren der Untersuchung der Naturphänomene, sondern den Grundakt der Konstitution der Gegenständlichkeiten der Untersuchung[12]. Die Gegenstände der physikalischen Forschung sind nicht vorgegeben, sondern sie müssen erst mit der idealisierenden Methode konstituiert werden. Zwar stützt sich die Idealisierung der Natur auf die lebensweltlichen Gegenstände, die sich in den schlichten Akten des vorwissenschaftlichen Lebens konstituieren. Aber es konstituieren sich auf Grund der Idealisierung Gegenstände höherer Stufe, die zum Thema der wissenschaftlichen Forschung gemacht werden können.

Wie Husserl meint auch Heidegger, daß das Entscheidende in der neuzeitlichen Naturwissenschaft nicht die Methode der Untersuchung ist. Die Anwendung eines methodischen Verfahrens auf den Bereich der Natur setzt die Eröffnung dieses Bereichs für den erforschenden Blick voraus. Die Natur muß als Gegenstand der wissenschaftlichen Forschung entworfen werden, d.h. sie muß vergegenständlicht werden. Nun ist es deutlich, warum Heidegger die theoretisch-wissenschaftliche Haltung zur Natur für den extremen Gegenfall zum primären Verhalten des Daseins zum Seienden hält. Im praktischen Besorgen begegnet das Seiende nicht als Gegenstand der thematischen Erfassung, sondern bleibt in der Regel unauffällig. Dagegen setzt die physikalische Theorie die Vergegenständlichung der Natur voraus. Durch die Vergegenständlichung wird ein Bereich des Seienden, hier die Natur, Gegenstand der wissenschaftlichen Forschung. Aber alles, was Gegenstand der wissenschaftlichen Forschung werden kann, muß schon in irgendeiner Weise vorgegeben, vorfindlich sein. "'Seiendes wird Gegenstand' heißt nicht: Es kommt allererst in sein Sein, sondern: Als das Seiende, das es gerade schon ist, soll es für das erkennende Befragen Rede stehen."[13] Damit ein Seiendes Gegenstand der Wissenschaft werden kann, muß es schon in einer vorwissenschaftlichen Weise zugänglich sein. Die wissenschaftliche Forschung ist, wie schon gesagt, nicht eine primäre Art des Entdeckens des Seienden, sondern sie ist nur möglich auf Grund eines vorgängigen Entdeckens.

Die primäre Art des Entdeckens geschieht nach Heidegger im alltäglichen Besorgen. Diese Art des Entdeckens verdankt sich dem Seinsverständnis des Daseins. Das Seinsverständnis ist nach Heidegger die ursprüngliche Bedingung der Möglichkeit der menschlichen Existenz. Verstehen von Sein ist nicht eine Möglichkeit, die das Dasein ergreifen oder auch versäumen könnte. Es steht nicht im Belieben des Daseins, daß es Sein versteht. Vielmehr existiert das Dasein, nur insofern es Sein versteht. "Das Verstehen von sein ist nicht eine Ausstattung unter anderen, sondern die Grundbedingung der Möglichkeit des Daseins als solchen."[14] Und nur weil das Dasein Sein versteht, kann es sich zum Seienden verhalten. Jedes Verhalten des Daseins zum Seienden geschieht notwendigerweise im Lichte des Seinsverständnisses. Dieser Sachverhalt betrifft zuerst unser praktisches Verhalten, das immer vom Seinsverständnis geleitet und getragen ist. Damit das Dasein mit einem Zeug umgehen kann, muß er schon die Seinsart des Zeugs, die Zuhandenheit, irgendwie verstanden haben. Verstehen bedeutet aber nicht ausdrückliches Begreifen. Das Seinsverständnis bleibt meistens unthematisch, vorbegrifflich und dem Dasein selbst verborgen.

Wie das praktische Verhalten sind auch das vorwissenschaftliche und das theoretisch-wissenschaftliche Erkennen des Seienden auf das Seinsverständnis angewiesen. Gegenüber dem praktischen Verhalten und dem vorwissenschaftlichen Erkennen sind die Wissenschaften durch die Ausbildung des unthematischen Seinsverständnisses bezüglich eines bestimmten Gebiets des Seienden ausgezeichnet. D.h. das Sein des Seienden, das Gegenstand der wissenschaftlichen Forschung und Befragung ist, muß schon vor der wissenschaftlichen Vergegenständlichung verstanden gewesen sein. Wenn diese Annahme zu Recht besteht, dann setzt die Vergegenständlichung der Natur in der neuzeitlichen Wissenschaft voraus, daß das Sein der Natur schon vorwissenschaftlich im alltäglichen Besorgen verstanden ist. Wie ist aber das Verstehen des Seins der Natur im alltäglichen Besorgen möglich?

Wir sagten bereits, daß das Dasein nach Heidegger die Grundverfassung des In-der-Welt-seins hat, deshalb ist mit der Erschlossenheit des Daseins auch die Welt erschlossen. Seiendes kann nur auf Grund der Erschlossenheit der Welt entdeckt werden. So ist die Innerweltlichkeit des Seienden eine notwendige Bedingung für seine Entdecktheit. Aber hat auch die Natur den Charakter der Innerweltlichkeit? Begegnet auch die Natur in der Welt?

Oft geht man davon aus, daß die Natur im Vergleich zur Welt der kategorial weitere Begriff ist und daß die Welt selbst nur ein begrenzter Ausschnitt der Natur ist. Nach diesem Verständnis hätte die Natur nicht den Charakter der Innerweltlichkeit. Gegen dieses Verständnis behauptet Heidegger, daß die Natur doch in der Welt begegnet. Die Natur zeigt sich zuerst im alltäglichen Umgang mit den nächstbegegnenden Seienden, ja sie begegnet zuerst in der Seinsart der Zuhandenheit. Im alltäglichen Besorgen begegenet die Natur als Material, das zur Herstellung des Werks dient oder als das, woraus das Werkzeug besteht. "Der Wald ist Forst, der Berg Steinbruch, der Fluß Wasserkraft, der Wind ist Wind 'in den Segeln'. Mit der entdeckten 'Umwelt' begegnet die so entdeckte 'Natur'."[15] Die Natur entdecken wir zuerst in ihrer Gewalt und Macht, "im Kampf mit ihr und Schutz gegen sie, im Herrwerden über sie."[16] Vor jeder Theorie begegnet die Sonne z.B. für uns als Quelle der Wärme und des Lichts. Ursprünglich entdeckt das Dasein die Natur eingebettet in die umweltlichen Verweisungsbezüge.

Weil die Natur in der Welt als innerweltliches Seiendes begegnet und weil das Dasein wesensnotwendig als seinsverstehendes In-der-Welt-sein geschieht, deshalb verstehet das Dasein immer schon das Sein der Natur. Durch die Vergegenständlichung wird diese primäre Verstehen modifiziert und ausgebildet. Die Natur wird zum Thema der wissenschaftlichen Forschung. Aber auf welche Weise wird die Natur in der neuzeitlichen Wissenschaft vergegenständlicht? Die neuzeitliche Naturwissenschaft konstituiert sich, so Heidegger, "in der Vergegenständlichung der Natur auf dem Wege eines mathematischen Entwurfs der Natur."[17]

Der entscheidende Charakter der neuzeitlichen Naturwissenschaft ist also nach Heidegger der mathematische Entwurf der Natur, d.h. die Bestimmung der Seinsverfassung der Natur oder der Weise, wie das Sein der Natur in dieser Wissenschaft verstanden oder entworfen wird. Der wesentliche Unterschied zwischen der alten und neuzeitlichen Naturerkenntnis liegt also primär nicht in der Methode der Forschung, sondern vor allem in der Weise, wie die Seinsverfassung der Natur hier und dort verstanden wird. Heidegger legt diesen Unterschied offen, indem er einen Vergleich zwischen der Bewegungslehre des Aristoteles und derjenigen der Neuzeit anstellt.

Es ist üblich, daß man die Aristotelische Physik mit der neuzeitlichen vergleicht, um den Fortschritt dieser gegenüber jener nachzuweisen. Heideggers Vergleich hat nicht diese Absicht. Für ihn ist es nicht sinnvoll, den Vergleich in Hinsicht auf einen Fortschritt anzustellen; denn jede Physik beruht auf einer eigenen Bestimmung der Seinsverfassung der Natur und hat nur Sinn auf Grund dieser Bestimmung. Der Vergleich muß sich also auf die Bestimmung des Seins der Natur in der antiken und neuzeitlichen Physik konzentrieren. Diesen Vergleich hat Heidegger ausführlich in seiner Vorlesung zum Wintersemester 1935/36, erschienen unter dem Titel *Die Frage nach dem Ding*, angestellt[18].

Aristoteles versteht den Begriff der Bewegung in einem weiteren Sinn, er bezeichnet jede Veränderung als Bewegung und unterscheidet zwischen verschiedenen Arten der Bewegung. Für den beabsichtigten Vergleich kommt nur die Ortsbewegung in Betracht. Ein Naturkörper ist beweglich hinsichtlich des Ortes, seine Ortsbewegung ist durch seine innere 'Natur' bestimmt. Heidegger formuliert das Prinzip der Bewegungslehre bei Aristoteles kurz so: "Wie ein Körper sich bewegt, d.h. wie er sich zum Ort verhält und zu welchem Ort er sich verhält - dies alles hat seinen Grund im Körper selbst."[19]

Die Natur jedes Körpers bestimmt den Ort, zu dem er sich verhält, deshalb hat jeder Körper einen natürlichen Ort. Der natürliche Ort von Erde und Wasser ist 'unten', das hat seinen Grund darin, daß sie schwer sind; dagegen haben Luft und Feuer ihren natürlichen Ort 'oben', weil sie leicht sind. Die Natur des Körpers bestimmt nicht nur seinen Ort, sondern auch seine Bewegungstendenz, weil jeder Körper seinem natürlichen Ort zustrebt und sich von selbst zu ihm bewegt, wenn kein anderer Körper ihn daran hindert. Aus diesem Grund haben Erde und Wasser die Tendenz, sich nach unten zu bewegen; dagegen tendieren Feuer und Luft nach oben.

Die Bewegungsarten der Körper sind unterschiedlich, weil sich die Körper selbst ihrer inneren Natur nach unterscheiden. Neben der Unterscheidung zwischen den körpern in Hinsicht darauf, ob sie schwer oder leicht sind, führt Aristoteles eine noch wesentlichere Unterscheidung zwischen den irdischen und den himmlischen Körpern ein. Es besteht ein großer Unterschied zwischen der Natur der Himmelskörper und der der irdischen Körper. Aus diesem Grund sind ihre Bewegungsarten grundsätzlich verschieden. Die irdischen Körper bewegen sich je nachdem, ob sie schwer oder leicht sind, entweder auf die Mitte zu oder von ihr weg; dagegen bewegen sich die Himmelskörper um die Erde herum, weil sie von einer ganz anderen Beschaffenheit sind als die irdischen Körper. Die Himmelskörper haben eine Kreisbewegung, diese ist vollkommen und ewig, weil der Körper in der Kreisbewegung seinen Ort in der Bewegung selbst hat, er ist immer an dem Ort, auf den er hinstrebt. Der Ort eines irdischen Körpers liegt dagegen außerhalb seiner Bewegung, die gerade ist.

Heidegger macht deutlich, daß der Bewegungslehre von Aristoteles ein bestimmtes Verständnis von der Seinsverfassung der Natur zugrunde liegt. Er schreibt: "Nach der Aristotelischen Auffassung liegt der Grund bei den natürlichen Bewegungen in der Natur des Körpers selbst, in seinem Wesen, d.h. seinem eigensten Sein."[20] Nun will Heidegger nachweisen, daß der Übergang zur neuzeitlichen Wissenschaft sich vor allem einem neuen Verständnis der Seinsverfassung der Natur verdankt. Dafür versucht er eine philosophische Interpretation des 'Beharrungsgesetzes', also des ersten Grundsatzes der neuzeitlichen Physik.

Das Beharrungsgesetz lautet: Jeder Körper beharrt in seinem Zustand der Ruhe oder der gleichförmigen geradlinigen Bewegung, wenn er nicht durch einwirkende Kräfte gezwungen wird, seinen Zustand zu ändern. Zuerst ist zu fragen: Wie wird dieser Grundsatz gewonnen? Ist er das Ergebnis der Beobachtung einer Naturtatsache? Offenbar handelt es sich hier um einen Fall, der in der Natur nicht beobachtbar ist, und es gibt kein Experiment, das diesen Grundsatz unmittelbar bewähren könnte. Dieser Grundsatz konstruiert einen erdachten Fall, einen Idealfall, der als Grundlage für die Beschreibung der wirklichen Bewegungen der Körper fungieren soll. Die Behauptung, daß die neuzeitliche Naturwissenschaft nur auf den Tatsachen beruht, ist also unhaltbar.

Nun zum Inhalt dieses Grundsatzes. Er beginnt mit dem Ausdruck: 'jeder Körper'. Diesem Ausdruck kommt nach Heidegger eine große Bedeutung zu; denn er bekundet eine neue Auffassung des Seins der Natur. Nach der antiken Auffassung, die sich im Laufe des Mittelalters durchgehalten hat, zerfällt der Kosmos in zwei verschiedene Bereiche: den irdischen 'unvollkommenen' Bereich und den himmlischen 'vollkommenen' Bereich. Dagegen geht die neuzeitlichen Auffassung der Natur davon aus, daß alle Körper gleichartig sind. Ihre Gleichartigkeit besteht darin, daß sie denselben Bewegungsgesetzen unterliegen. So ist z.B. diejenige Kraft, die den Fall der 'irdischen' Körper verursacht, dieselbe, welche die 'himmlischen' Körper in ihren Bahnen erhält. Daß z.B. die Bewegung der Himmelskörper kreisförmig und die der irdischen Körper geradlinig ist, erfolgt aus denselben Bewegungsgesetzen. Die Gestalt der Bewegung eines Körpers hat mit einem ihm 'inneren Natur' nichts zu tun, sie ist nur die Folge seiner Lage, d.h. sein Verhältnis zu den anderen Körpern. Demzufolge verschwindet in dieser Auffassung der Vorrang der kreisförmigen vor der geradlinigen Bewegung; die letztere ist jetzt maßgebend, weil sie den einfachsten Fall darstellt, sie hat aber keinen Vorrang. Der Vorrang einer Art der Bewegung gegenüber der anderen ist in diesem Entwurf der Natur sinnlos.

Die Bedeutung des Ortes erfährt auch eine wesentliche Änderung. In der neuzeitlichen Physik hat kein Körper einen natürlichen Ort, der seiner Natur entspricht. Jeder körper kann an jedem Ort sein, die Auszeichnung von bestimmten Orten verschwindet: "Ort ist nicht mehr der Platz, an den der Körper seiner inneren Natur nach hingehört, sondern nur eine Lage, die sich jeweils 'beziehungsweise', in Beziehung auf beliebige andere Lagen ergibt."[21] Der Raum kann nicht mehr in verschiedene Orte gegliedert werden, er ist nichts mehr als eine unendliche Mannigfaltigkeit von Lagemöglichkeiten.

Hierbei ist zu beachten, daß alle qualitativen Unterschiede zwischen den Körpern, den Bewegungsarten und Orten hinfällig werden. Nur diejenige unterschiede bleiben im Spiel, die sich durch Maß und Zahl ausdrücken lassen.

Der Vergleich zwischen der Aristotelischen und neuzeitlichen Bewegungslehre ergibt, daß es zwischen der Antike und der Neuzeit einen wesentlichen Unterschied im Verständnis der Seinsverfassung der Natur gibt. Heidegger faßt diesen Unterschied so zusammen: "Natur ist nicht mehr das innere Prinzip, aus dem die Bewegung der Körper folgt, sondern Natur ist die Weise der Mannigfaltigkeit der wechselnden Lagebeziehungen der Körper, die Art, wie sie anwesend sind in Raum und Zeit, die selbst als Bereiche möglicher Stellenordnung und Ordnungsbestimmung in sich nirgends eine Auszeichnung haben."[22]

Das wesentliche Moment der modernen Naturwissenschaft liegt also nach Heidegger nicht in ihrer Methode, sondern in ihrer Auffassung des Seins der Natur; das Sein der Natur wird in dieser Wissenschaft anders entworfen als in der antiken Wissenschaft. Das Entscheidende einer Wissenschaft ist ihr Entwurf der Seinsverfassung des zu erforschenden Gebiets des Seienden. Aus diesem Entwurf erwachsen die Grundbegriffe, die das Sachgebiet umgrenzen und zeichnet sich die Auslegungs-, Zugangs- und Beweisart, d.h. die Methode der betreffenden Wissenschaft, vor. Die Methode der Forschung bestimmt sich auf der Basis des Verstehens des Seins des betreffenden Gebiets.

Nun gehen wir wieder den methodischen Merkmalen der neuzeitlichen Naturwissenschaft nach und versuchen mit Heidegger, ihre Bedeutung vor dem Hintergrund des neuzeitlichen Entwurfs der Natur zu verdeutlichen.

An erster Stelle hatten wir den induktiven Charakter der neuzeitlichen Wissenschaft genannt. Man sagt, die neuzeitliche Naturwissenschaft beruhe allein auf der Beobachtung und Beschreibung der Tatsachen. Inzwischen hat sich erwiesen, daß dem ersten Grundsatz der neuzeitlichen Physik, dem Beharrungsgesetz, keine Naturtatsache entspricht. Er ist nichts anderes als eine theoretische Konstruktion. Andererseits ist zu bemerken, daß die Aristotelische Physik entgegen den sehr verbreiteten Vorurteilen ebenfalls auf Naturtatsachen beruht. Aristoteles hatte immer die Naturtatsachen vor Augen. Seine Physik ist eine Beschreibung der Natur, und zwar so, wie sie uns in unserer alltäglichen Erfahrung mit den Dingen und Naturkörpern begegnet. Der wesentliche Unterschied zwischen der Aristotelischen und der neuzeitlichen Physik liegt also nicht in der Einschätzung der Tatsachen, sondern darin, was hier und dort als Naturtatsache betrachtet wird. Bloße Naturtatsachen gibt es nach Heidegger nicht. Erst das Verständnis der Seinsverfassung der Natur eröffnet den Spielraum, worin sich die Naturtatsachen zeigen können, und zeichnet vor, wie diese Tatsachen gedacht und in welcher Hinsicht sie betrachtet werden müssen. Die Tatsachen der neuzeitlichen Naturwissenschaft sind also "keine bloßen Tatsachen", sondern diejenigen Tatsachen, die sich im Lichte des mathematischen Entwurfs der Natur zeigen. Der mathematische Entwurf der Natur bestimmt im voraus die Naturtatsachen als Ortsbewegungen von Massenkörpern. Der Physiker sieht deshalb in der Natur nur die Ortsbewegungen. Andere Vorgänge werden nicht als Naturtatsachen aufgefaßt und werden demzufolge auch nicht als Thema der wissenschaftlichen Forschung anerkannt.

Das zweite Merkmal der physikalischen Methode ist das Experiment. Auch das Experiment im neuzeitlichen Sinne wird nach Heidegger erst durch den mathematischen Entwurf der Natur ermöglicht. Das Besondere am Experiment im neuzeitlichen Sinne liegt nicht darin, daß der Naturforscher von technischen Apparaturen, die die genaue Bestimmung der Naturvorgänge ermöglichen, Gebrauch macht, sondern in der neuen Art der Befragung der Natur. Der Forscher muß sich, wie schon Kant in der Vorrede zur zweiten Auflage der *Kritik der reinen Vernunft* bemerkt hat, von der Natur belehren lassen, "aber nicht in der Qualität eines Schülers, der sich alles vorsagen läßt, was der Lehrer will, sondern eines bestallten Richters, der die Zeugen nötigt, auf die Fragen zu antworten, die er ihnen vorlegt."[23] Experimentieren heißt nicht Hantieren mit technischen Apparaturen in einem Labor; Versuche machen ohne genaue Fragestellung ist kein wissenschaftliches Instrument. "Ein Experiment ansetzen heißt: Eine Bedingung vorstellen, dergemäß ein bestimmter Bewegungszusammenhang in der Notwendigkeit seines Ablaufs verfolgbar und d.h. für die Berechnung im voraus beherrschbar gemacht werden kann."[24] Bezeichnend für das Experiment im neuzeitlichen Sinne ist, daß der Wissenschaftler selbst die Bedingungen diktiert, unter denen er die Naturvorgänge beobachten möchte. Bedingungen können aber nur auf Grund eines vorgängigen Verständnisses des Seins der Natur gestellt werden; denn wie könnte der Wissenschaftler die Bedingungen des Experiments bestimmen, wenn er nicht im voraus versteht, wie die Natur verfaßt ist? Außerdem ist das Experiment in der Naturwissenschaft nur deshalb sinnvoll, weil der Naturforscher im voraus weiß, daß die Natur sich gesetzmäßig verhält. Nur weil die Natur im voraus als Bereich von Ortsbewegungen, die strengen Naturgesetzen unterliegen, aufgefaßt ist, kann der Naturforscher die Bedingungen des Experiments stellen und eine Antwort der Natur auf seine Fragen erwarten.

Nun zum dritten Merkmal. Heidegger bestreitet nicht, daß die Mathematisierung der Natur ein wichtiges Merkmal der neuzeitlichen Wissenschaft ist. Die Frage aber ist für ihn: Wie ist die neuzeitliche Naturwissenschaft auf die Idee der Mathematisierung der Natur gekommen? Was ermöglicht die Anwendung der Mathematik auf die Natur? Nach Heidegger muß auch der Grund der Mathematisierung der Natur im mathematischen Entwurf gesucht werden. Die Bezeichnung des neuzeitlichen Entwurfs der Natur als 'mathematisch' meint nicht, daß der Naturwissenschaftler mit der Mathematik arbeitet, sondern daß das Sein der natur auf eine Weise entworfen wird, die die Anwendung der Mathematik erst ermöglicht. Die Mathematisierung der natur ist deshalb möglich geworden, weil die neuzeitliche Wissenschaft die Natur als Bereich der Gleichmäßigkeit entwirft. Die Anwendung der Zahlen setzt die Gleichmäßigkeit des Gezählten voraus. Heidegger schreibt: "Weil der Entwurf seinem Sinne nach eine Gleichmäßigkeit aller Körper nach Raum und Zeit und Bewegungsbeziehungen ansetzt, ermöglicht und fordert er zugleich als wesentliche Bestimmungsart der Dinge das durchgängig gleiche Maß, d.h. die zahlenmäßige Messung."[25] Die Gleichmäßigkeit hat in der neuzeitlichen Wissenschaft eine maßgebende Bedeutung. Sie meint, daß die qualitativen Unterschiede zwischen den Körpern, den Arten der Bewegung usw. wegfallen. Der Bereich der Natur wird nur durch Begriffe wie Zeit, Raum, Geschwindigkeit und Masse, d.h. durch meßbare Parameter, umgrenzt. So herrscht in der Natur, wie schon gezeigt, die Gleichmäßigkeit: kein Körper ist vor dem anderen ausgezeichnet, keine Art der Bewegung ist vor der anderen ausgezeichnet, jeder Ort und jeder Zeitpunkt ist jedem anderen gleich. So ist der Mathematisierung der Natur Tor und Tür geöffnet.

Nicht die Mathematisierung der Natur ist das entscheidende Moment der neuzeitlichen Naturwissenschaft, sondern die Mathematisierung selbst wird erst mit dem Entwurf der Natur als 'gleichmäßigen Bereichs raumzeitlicher Bewegungen von Massenpunkten' ermöglicht. Auf Grund dieser Bestimmung der Natur und im Hinblick auf ihre Mathematisierung werden in der Neuzeit wichtige Entdeckungen in der Mathematik gemacht und neue mathematische Bereiche wie die analytische Geometrie und die Differenzialrechnung gegründet. Dieser Sachverhalt macht deutlich, daß die Natur in der neuzeitlichen Wissenschaft nicht deshalb mathematisiert wird, weil mathematische Erkenntnisse vorhanden gewesen sind, sondern weil der neuzeitliche Entwurf der Natur ihre Mathematisierung ermöglicht und sogar gefordert hat.

Dieses Ergebnis führt zu einer neuen Interpretation des Verhältnisses zwischen der Mathematisierung und der Exaktheit der Naturerkenntnisse. Man hört oft, die neuzeitliche Naturwissenschaft sei exakt, weil sie die Mathematik in der Bestimmung der Naturvorgänge anwende, was die hohe Genauigkeit der Ergebnisse und die Beseitigung der subjektiven Schätzungen ermögliche. Für Heidegger sieht das Verhältnis anders aus: die neuzeitliche Naturwissenschaft muß mit der Mathematik arbeiten, d.h. sie muß exakt sein, um der Strenge, die ja nach Heidegger eine notwendige Bedingung für jede Wissenschaft ist, gerecht zu werden. Die Stenge ist nicht ausschließlich der Charakter der Naturwissenschaft, sondern jede Wissenschaft muß streng sein. Eine Wissenschaft ist streng, wenn ihre Untersuchungen sich an den in dieser Wissenschaft entworfenen Bereich des Seienden binden. In diesem Sinne ist die Geschichte ebenso streng wie die Physik. Alle Wissenschaften sind streng, aber die Arten der Strenge sind unterschiedlich. Die Art der Strenge einer Wissenschaft entscheidet sich je nach dem Entwurf der Seinsverfassung ihres Sachgebietes. Die neuzeitliche Physik entwirft die Natur als Bereich gleichmäßiger Ortsbewegungen von Massenkörpern, deshalb kann sie die Bedingung der Strenge nur dann erfüllen, wenn sie mathematisch, d.h. exakt ist. Die Strenge der Physik hat die Art der Exaktheit. Dagegen darf die Geschichte nicht exakt werden, wenn sie streng sein will. Die

Exaktheit der neuzeitlichen Naturwissenschaft ist also durch den mathematischen Entwurf der Natur ermöglicht. "Eine Wissenschaft muß aber exakt sein (um streng, d.h. Wissenschaft zu bleiben), wenn ihr Sachgebiet im voraus angesetzt ist als ein nur in quantitativer Messung und Rechnung zugänglicher und so allein Ergebnisse gewährender Bereich (der neuzeitliche Begriff der 'Natur')."[26]

Nach diesen Ausführungen ist es klar geworden, daß der wesentliche Charakter der neuzeitlichen Naturwissenschaft im mathematischen Entwurf der Natur liegt. Es ist aber darauf aufmerksam zu machen, daß sich der Entwurf der Seinsverfassung des Sachgebietes einer Wissenschaft und die Ausbildung ihrer Begrifflichkeit nicht über die Thematisierung der ontologischen Voraussetzungen vollzieht. Die Naturwissenschaft macht Gebrauch von Begriffen wie Kraft, Raum und Bewegung; der Wissenschaftler hat ein Wissen um diese Begriffe, aber er kann sie nicht ontologisch bestimmen und begründen. Die Grundbegriffe einer positiven Wissenschaft und die Seinsverfassung ihres Gebietes bleiben dieser Wissenschaft selbst unzugänglich. Die Wissenschaften verhalten sich zum Sein des Seienden vorontologisch. In Anknüpfung an Platon sagt Heidegger, daß alle Wissenschaften von ihrem thematischen Gegenstand nur träumen können[27]. Wie schon gesehen, ist auch Husserl der Ansicht, daß die positiven Wissenschaften nicht in der Lage sind, ihre Leistungen und Grundbegriffe zu verstehen und zu begründen.

Die Analyse der theoretischen Haltung der neuzeitlichen Naturwissenschaft hat in concreto gezeigt, daß sich diese vom alltäglichen Verhalten zum Seienden radikal unterscheidet. Die Frage ist nun: Wie ist die Entstehung dieser Haltung motiviert? Das ist das Thema des nächsten Abschnittes dieses Kapitels.

C. Die Motivation zur Entstehung der neuzeitlichen Naturwissenschaft

Die existenziale Analyse der Wissenschaft geht davon aus, daß das theoretisch-wissenschaftliche Verhalten zur Natur ein Existenzmöglichkeit ist, die in der Seinsverfassung des Daseins als seinsverstehendem In-der-Welt-sein beschlossen ist. Zunächst und zumeist existiert das Dasein nicht in dieser Möglichkeit, sondern hält sich im praktischen Besorgen des Alltagslebens. Die Frage erhebt sich: Wie ist der Umschlag des umsichtigen Besorgens zur wissenschaftlichen Forschung motiviert? Was muß im alltäglichen Besorgen geschehen, damit das Dasein sich vom praktischen Umgang mit dem Zeug distanziert und die Möglichkeit der wissenschaftlichen Forschung ergreift und ausbildet?

Ich möchte diese Frage in Auseinandersetzung mit der These entfalten, die behauptet, daß Heidegger die Motivation zur Entstehung der wissenschaftlichen Forschung im Auftauchen der Störungen im alltäglichen Umgang mit dem Zeug sehe. Ein engagierter Vertreter dieser These ist C.F. Gethmann[28]. Ich möchte zuerst Gethmanns pragmatistische Interpretation zu Heideggers Verständnis des Umschlags des praktischen Besorgens zur wissenschaftlichen Forschung anführen. Dann werde ich prüfen, ob diese Interpretation Heideggers Auffassung entspricht.

Gethmann erinnert an Heideggers Analyse des alltäglichen Umgangs mit dem Zeug als der dem Dasein nächsten Art des Verhaltens zum Seienden. Der Umgang mit dem Zeug ist nicht blind, er hat seine eigene Sichtweise, die Heidegger terminologisch unter den Titel 'Umsicht' faßt. Die Funktion der Umsicht besteht darin, das praktische Besorgen in der Zeugganzheit und den Verweisungsbezügen zu leiten, um ihm Erfolg und Sicherheit zu verleihen. Gethmann interpretiert die Umsicht als 'kognitives Moment' des Besorgens[29], sie ist nach ihm eine 'lebensweltlich primäre Erkenntnisform'[30], die den 'kognitiven Bedarf des Besorgens' deckt[31]. Allerdings unterscheidet sich nach Gethmann die Umsicht als primäre Erkenntnisform von der Erkenntnis im traditionellen Sinne dadurch, daß sie "ein sich selbst nicht thematisierender Vollzug"[32] ist und daß sie sich "nicht an der Wahrheit, sondern an der Zweckhaftigkeit, also an Kategorien des Erfolgs orientiert."[33] Trotzdem ist diese primäre Erkenntnisform, die im praktischen Besorgen enthalten ist, der Keim des theoretisch-wissenschaftlichen Erkennens, oder, wie Gethmann schreibt, der "besonderen Erkenntnisform des theoretischen Entdeckens."[34] Unsere Ausgangsfrage verwandelt sich nach Gethmanns Interpretation in die Frage: Wie ist der Übergang von der primären Erkenntnisform, der Umsicht, zum theoretisch-wissenschaftlichen Erkennen motiviert?

Die Motivation des Übergangs zum theoretischen Erkennen muß nach Gethmann im alltäglichen Umgang mit dem Zeug gesucht werden, und zwar dort, wo die Praxis des Zeuggebrauchs einer Störung erliegt. Das geschieht z.B., wenn das besorgende Dasein entdeckt, daß das Zeug beschädigt, d.h. unverwendbar ist. Solche Entdeckung vollzieht sich nicht durch das Hinsehen auf das Zeug und die Feststellung einer Änderung in seinen Eigenschaften. Das umsichtige Besorgen selbst gibt zu verstehen, daß das Zeug unverwendbar ist, d.h. es dient nicht mehr, wozu es in der Regel dient. Wie kann aber die Störung des praktischen Besorgens die Entstehung des theoretisch-wissenschaftlichen Verhaltens motivieren?

Soweit ich sehe, kann die Störung des praktischen Besorgens nach Gethmann drei Folgen haben, die zusammen für die Entstehung des theoretischen Verhaltens notwendig sind:

Erstens führt die Störung des praktischen Besorgens dazu, daß das Zeug den Seinscharakter der Zuhandenheit verliert und zum vorhandenen Ding wird. Im kontinuierlichen Prozeß des praktischen Besorgens kann sich das Zeug als unverwendbar erweisen, "darin liegt: die konstitutive Verweisung des Um-zu auf ein Dazu ist gestört."[35] Damit erfährt die Bewandtnisganzheit einen Bruch; denn mit dem beschädigten Zeug hat es keine Bewandtnis mehr. Das Zeug verliert seine Zuhandenheit, da die Bewandtnis für die Zuhandenheit konstitutiv ist, an deren Stelle meldet sich die Vorhandenheit. Das beschädigte Zeug tritt aus dem Bewandtniszusammenhang heraus und wird zum isolierten Ding, es tritt in den Vordergrund und wird auffällig. Die Umsicht hat jetzt nicht mit einem unauffälligen Zeug, sondern mit einem vorhandenen Seienden zu tun. "Erst Störungen der kommunikationsgestützten Kooperation - und zwar instrumentelle Störungen (nicht etwa erst Konflikte um Zwecke) - führen zur Aussonderung von Gegenständen und entsprechenden kongnitiven Modi - schließlich zur Konstitutionsgenese der Wissenschaften."[36] Auf Grund der Störung des praktischen Besorgens werden vorhandene Gegenstände aus dem Kontinuum der Werkwelt ausgesondert[37].

Zweitens ermöglicht die Störung bzw. das Aufhören des praktischen Besorgens die Entlastung der Umsicht von ihrer praktischen Funktion. Weil das Zeug infolge seiner Beschädigung sich aus dem Kontext des praktischen Besorgens herauslöst und zum vorhandenen Ding wird, kann sich die nun von ihrer praktischen Funktion befreite Umsicht auf das Vorhandene beziehen und dadurch zum 'puren Entdecken' werden[38]. Die Umsicht als lebensweltliche Erkenntnisform wird zum theoretischen Entdecken. Das theoretische Entdecken entsteht also dadurch, "daß die 'Umsicht' sich auf Vorhandenes bezieht."[39].

Durch die Störung des praktischen Zeuggebrauchs entsteht drittens die Notwendigkeit der Behebung dieser Störung. Genau darin liegt, so interpretiert Gethmann Heidegger, die Aufgabe der theoretischwis-senschaftlichen Forschung. "Wissenschaften sind gemäß der 'existenzialen' Konzeption der Wissenschaft kognitive und operative Störungsbewältigungs- (d.h. -vermeidungs- oder -behebungs-) instrumente."[40]

Nun möchte ich prüfen, ob diese Interpretation Heideggers Verständnis der Wissenschaft entspricht. Dafür stelle ich die drei nächsten Fragen. Erstens: Was versteht Heidegger genau unter 'Besorgen' und 'Umsicht'? Zweitens: Entsteht die theoretisch-wissenschaftliche Haltung nach Heidegger wirklich wegen der Störung der Praxis des Zeuggebrauchs? Drittens: Sind die theoretischen Wissenschaften für Heidegger nur Instrumente zur Behebung der Praxisstörungen?

Ich beginne mit der ersten Frage. Sie betrifft das Verständnis von Heideggers Begrifflichkeit: Was meint Heidegger mit dem Ausdruck 'Besorgen'? Ist die Umsicht wirklich eine 'lebensweltlich primäre Erkenntnisform'? Und wie ist das Verhältnis der Umsicht zum Besorgen?

Gethmann schreibt: "Heidegger sieht selbstverständlich eine Differenz von Erkennen und Handeln, Wissen und Können. Diese primäre lebensweltliche differenz ist durch die Unterscheidung von Umgang und Umsicht begrifflich gefaßt."[41] Gethmann macht darauf aufmerksam, daß sich die Differenz Umgang/Umsicht nicht einfach mit der Differenz Praxis/Theorie deckt. Aber er bestätigt die Parallelität der beiden Differenzen, da er die Umsicht als primäre Erkenntnisform und den besorgenden Umgang als Übersetzung der Praxis versteht[42].

An dieser Stelle ist zu bemerken, daß hier eine Mißinterpretation der Begriffe 'Besorgen' und 'Umgang' liegt. In *Sein und Zeit* führt Heidegger den Terminus Besorgen im §12 ein, den er der Erläuterung des 'In-Seins' widmet. Für das Verständnis des Begriffs Besorgen ist es wichtig, diesen Kontext im Auge zu behalten. Mit dem Terminus Besorgen und dann Umgang, die nach meinem Verständnis dasselbe meinen, will Heidegger das 'In-Sein' konkret darlegen. Das 'In-Sein' ist nach Heidegger keine kategoriale räumliche Bestimmung des Daseins, es meint nicht, daß das Dasein in der Welt neben anderen Seienden vorkommt oder daß es etwa auf der Erde, neben Häusern und Bäumen 'lebt'. Das In-Sein meint nicht die "Inwendigkeit des Daseins in einem Raumgefäß."[43] Das In-Sein ist nach Heidegger ein Existenzial, es nennt einen konkreten Bezug des Daseins zur Welt. Die Gesamtheit der Weisen des In-Seins nennt Heidegger Besorgen oder Umgang. Alle Arten des praktischen sowie des theoretischen Verhaltens zum Seienden gehören dazu. Daraus ergibt sich, daß der Begriff Umgang nicht das Äquivalent des Begriffs Praxis in der Terminologie von Heidegger ist. Heidegger schreibt: "Die nächste Art des Umganges ist, wie gezeigt wurde, aber nicht das nur noch vernehmende Erkennen, sondern das hantierende, gebrauchende Besorgen, das seine eigene 'Erkenntnis' hat."[44] Aus dieser Stelle ist zu ersehen, daß Heidegger auch das theoretischen Erkennen als eine Art des Umgangs mit dem Seienden betrachtet, nur ist es nicht die nächste Art, d.h. es hat keinen Vorrang gegenüber dem praktischen Umgang mit dem zeug, es ist ein abgeleiteter Modus des Umgangs mit dem Seienden[45]. Aus diesem Grund kann Heidegger unter den Weisen des In-Seins, also des Besorgens, theoretische Verhaltungsarten wie erkunden, betrachten, besprechen, und bestimmen aufzählen[46]. Noch eindeutiger in dieser Hinsicht ist diese Stelle: "das Betrachten ist so ursprünglich ein Besorgen, wie das Handeln seine Sicht hat."[47] Heidegger versteht also auch die theoretische Forschung als eine Art des Besorgens bzw. des Umgangs mit dem Seienden.

Das Besorgen fällt nach Heidegger nicht mit der Praxis des Zeuggebrauchs zusammen, sondern es ist umfangreicher, da es auch das theoretische Sehen umfaßt. "Das Besorgen begreift in sich selbst ebensowohl das umsichtige Bewerkstelligen im weitesten Sinne wie das nur sehende Verweilen."[48] Solange das Dasein existiert, existiert es in der Weise des Besorgens, des Umgangs mit dem Seienden. Heidegger gebraucht manchmal den Ausdruck Besorgen bzw. Umgang mit dem Seienden in einem engeren Sinne für die Kennzeichnung der Praxis des Zeuggebrauchs. Dieser Sprachgebrauch darf aber nicht so verstanden werden, als beschränke Heidegger diesen Begriff auf die Praxis des Zeuggebrauchs. Denn zum einen kann man immer aus dem Kontext eindeutig ersehen, ob er den praktischen Umgang mit dem Zeug oder den Umgang mit dem Seienden im weiteren Sinne meint. Zum anderen gebraucht er oft bestimmte Ausdrücke, wenn er das Besorgen bzw. den Umgang im engeren Sinne meint, z.B. den gebrauchenden Umgang[49], den gebrauchend-hantierenden Umgang [50], den praktischen Umgang[51], das umsichtige Besorgen[52] (ich werde noch zeigen, daß die Umsicht praktischer Art ist.) Das deutet wiederum darauf hin, daß Heidegger den Begriff Besorgen und Umgang nicht mit der Praxis des Zeuggebrauchs identifiziert.

Das Dasein existiert immer in der Weise des Besorgens bzw. des Umgangs mit dem Seienden; ein Fehlen des Besorgens bzw. des Umgangs, und d.h. des In-Seins, wäre im Sinne Heidegger unvorstellbar, dagegen ist das Sichenthalten vom praktischen Besorgen des Alltags denkbar.

Nach der Aufhellung des Begriffs Besorgen und Umgang wenden wir uns dem Begriff Umsicht zu und prüfen wir, ob diese nach Heideggers Verständnis eine Erkenntnisform ist. Zuerst ist festzuhalten, daß die Umsicht nicht alle Arten des Umgangs mit dem Seienden leitet, sondern nur die praktische Art, also die Praxis des Zeuggebrauchs. "Die Umsicht gibt allem Beibringen, Verrichten die Bahn des Vorgehens, die Mittel der Ausführung, die rechte Gelegenheit, den geeigneten Augenblick."[53] Die Umsicht bezieht sich auf das zuhandene Zeug und leitet das praktische Besorgen in den Verweisungsbezügen der Bewandtnisganzheit. Heißt das aber nicht, daß die Umsicht eine Art des theoretischen Erkennens ist, das dem praktischen Besorgen vorangeht?

Auf den ersten Blick sieht es so aus; denn, um erfolgreich und sicher zu sein, bedarf der Umgang mit dem Zeug, so könnte man meinen, eines Erkennens des Zeugs und der Verweisungszusammenhänge, in denen es begegnet. Dieses Erkennen leistet anscheinend die Umsicht. Außerdem könnte diese Interpretation mit einigen Stellen in *Sein und Zeit* belegt werden. In einer Stelle schreibt Heidegger: "Die nächste Art des Umgangs ist ... das hantierende, gebrauchende Besorgen, das seine eigene 'Erkenntnis' hat."[54] In einer anderen Stelle heißt es: "Und wie der Praxis ihre spezifische Sicht ('Theorie') eignet, so ist die theoretische Forschung nicht ohne ihre eigene Praxis."[55] Aus den beiden Stellen könnte man entnehmen, daß das praktische Besorgen seine eigene Art von 'Theorie' oder 'Erkenntnis' hätte. Diese Art könnte entsprechend nichts anderes sein als die Umsicht. Die Umsicht wäre also eine, wie es Gethmann ausdrückt, primäre Erkenntnisform. Aber wenn man diese Interpretation verfolgt, entstehen viele Schwierigkeiten.

Die Interpretation der Umsicht als theoretisches Erkennen oder als Erkenntnisform, die die Praxis leitet, bedeutete einfach, daß das Erkennen, in welcher Form auch immer, den Vorrang vor der Praxis hätte. Nach dieser Auffassung hätte das Dasein zuerst eine Erkenntnis von den Dingen, und sei sie auch primärer oder lebensweltlicher Art, und erst im Lichte dieser Erkenntnis könnte es die Beziehung zu den Dingen aufnehmen und mit ihnen hantieren. Aber gerade diese Auffassung will Heidegger, wie schon ausgeführt, widerlegen. Noch mehr, die Überwindung dieser Auffassung ist eine zentrale Aufgabe von Heideggers Philosophie. Daß das praktische Besorgen nicht von einer Art der Erkenntnis geleitet werden kann, geht eindeutig aus dieser Stelle hervor: "Nicht etwa haben wir zuvor ein Wissen von diesen Dingen, um sie dann in Gebrauch zu nehmen, sondern umgekehrt: das Gebrauchen als solches ist die Art des primären und angemessenen Kennenlernens."[56] Die Umsicht, die das praktische Besorgen leitet, kann also nicht eine Art von Erkenntnis oder Wissen sein.

Gegen die Interpretation der Umsicht als theoretisches Sehen spricht auch die Art des umsichtigen Entdeckens des Seienden. Das theoretische Erkennen entdeckt das Seiende durch das Vernehmen seines Aussehens und die Erfassung seiner Eigenschaften. Das Zeug hat aber keine Eigenschaften, es hat Geeignetheiten und Ungeeignetheiten; diese kann man nicht durch das distanzierte Betrachten oder Hinsehen, sondern nur durch den praktischen Gebrauch entdecken. Das theoretische Sehen entspricht nicht der Seinsart der Zuhandenheit und vermag nicht das Zeug als Zeug begegnen zu lassen. Den Hammer kann das Dasein nicht entdecken, indem es sein Aussehen beschreibt und seine Eigenschaften aufzählt, sondern nur indem es ihn in Gebrauch nimmt und mit ihm hantiert. Das umsichtige Entdecken des Zeugs ist also grundverschieden vom theoretischen Entdecken des Seienden.

Schließlich spricht gegen die Interpretation der Umsicht als Art des Erkennens auch der Sprachgebrauch Heideggers, da er deutlich zwischen dem 'theoretischen' und dem 'praktischen' Entdecken des Seienden unterscheidet und nur das letztere als umsichtiges Entdecken bezeichnet. Diese Bezeichnung wäre unangemessen, wenn die Umsicht eine Art der Erkenntnis wäre; denn in diesem Fall wäre die Bezeichnung 'umsichtig' besser geeignet für das theoretische Entdecken. Die Bezeichnung des praktischen Entdeckens durch Heidegger als umsichtig ist aber nicht zufällig, da er an mehreren Stellen von *Sein und Zeit* das theoretische Entdecken als 'unumsichtig' oder 'umsichtsfrei' bezeichnet. So spricht Heidegger vom 'unumsichtigen Nur-Hinsehen'[57], vom 'unumsichtigen thematischen Erfassen'[58] und vom 'umsichtsfreien, nur noch hinsehenden Entdecken'[59]. Wäre die Umsicht ein 'kognitives Moment' oder eine 'Erkenntnisform', wie Gethmann behauptet, wäre dieser Sprachgebrauch unsinnig.

Was aber versteht nun Heidegger unter dem Ausdruck Umsicht? Die Umsicht ist kein theoretisches Erkennen, sondern ein praktisches 'Sichauskennen' in der Bewandtnisganzheit und ihren Verweisungsbezügen. Sie ist eine Art der Sicht, d.h. des Entdeckens des Seienden. Die Tradition betrachtet das Anschauen und Denken als die einzigen Arten der Sicht, des Entdeckens. Dagegen meint Heidegger, daß Anschauen und Denken nicht alle Möglichkeiten des Entdeckens erschöpfen. Es gibt andere Arten des Entdeckens des Seienden wie eben den umsichtigen Umgang mit dem Zeug. Heidegger formalisiert den Ausdruck 'Sicht' so weit, daß er auf alle Arten des Entdeckens bezogen werden kann: "Das 'Sehen' meint nicht nur nicht das Wahrnehmen eines Vorhandenen mit den leiblichen Augen, sondern auch nicht das pure unsinnliche Vernehmen eines Vorhandenen in seiner Vorhandenheit. Für die existenziale Bedeutung von Sicht ist nur die Eigentümlichkeit des Sehens in Anspruch genommen, daß es das ihm zugänglich Seiende an ihm selbst unverdeckt begegnen läßt."[60] Weil wir aber unter dem Einfluß der Tradition das Entdecken mit Theorie und Erkennen gleichsetzen, und somit Heidegger uns die Bedeutung der Umsicht näherbringt, umschreibt er sie in den zitierten Stellen[61] als 'eigene Erkenntnis' und 'spezifische Theorie' des praktischen Besorgens. Hier darf nicht übersehen werden, daß Heidegger die beiden Ausdrücke in Anführunszeichen gesetzt und mit den Eigenschaftswörtern 'eigen' bzw. 'spezifisch' versehen hat. Das deutet darauf hin, daß er die Umsicht nicht einfach als Theorie oder Erkenntnisform versteht. Das Recht dieser Ausdrücke beruht nur darauf, daß die Umsicht einen gemeinsamen Charakter mit der Theorie und der Erkenntnis hat, nämlich den Charakter des Entdeckens.

Die Umsicht ist also keine Art des theoretischen Erkennens, die Umsicht leitet die primäre Art des Besorgens, d.h. des Zeuggebrauchs, während das theoretische Erkennen eine abkünftige Art des Verhaltens zum Seienden ist. Die Entstehung des theoretischen Verhaltens bedarf einer Modifikation des umsichtigen Besorgens. Diese Modifikation besteht nicht einfach darin, daß anstatt auf das Zuhandene sich jetzt die Umsicht auf das Vorhandene bezieht. Vielmehr betrifft die Modifikation die Art der Sicht und der Auslegung.

Nach diesen Bemerkungen über Heideggers Verständnis der Begriffe Umsicht und Umgang komme ich zu meiner zweiten Frage, nämlich: Wie ist der Umschlag des praktischen Besorgens zur theoretisch-wissenschaftlichen Forschung motiviert?

Wie schon gesagt, behauptet Gethmann, daß Heidegger die Entstehung des theoretisch-wissenschaftlichen Verhaltens auf die Störung des alltäglichen Umgangs mit dem Zeug zurückführe. Im alltäglichen Zeuggebrauch kann das Dasein das Zeug nicht thematisch erfassen und bei ihm verweilen, da das Zeug immer über sich hinaus verweist und im Modus der Unauffälligkeit begegnet. Das thematische Erfassen des Seienden und das betrachtende Verweilen bei ihm kann, so versteht Gethmann Heidegger, erst dann geschehen, wenn die Verweisung gestört ist. Das geschieht z.B. wenn ein Zeug sich als unverwendbar erweist, d.h. das Aufgehen des praktischen Besorgens in den Verweisungsbezügen wird aufgehalten. In diesem Falle verliert das Zeug die Seinsart der Zuhandenheit, löst sich aus der Bewandtnisganzheit heraus, fällt auf und wird zum vorhandenen Ding. Die durch die Störung des Zeuggebrauchs und im weiteren das Ausbleiben der Praxis frei gewordene Umsicht kann sich nun auf das zum Vorhandenen gewordenen Zeug richten und es theoretisch-wissenschaftlich untersuchen.

Diese Interpretation scheint zuerst konsequent zu sein. Die Frage ist aber, ob es bei Heidegger Anhaltspunkte für sie aufzufinden sind. Nach meinem Wissen gibt es weder in *Sein und Zeit* noch in Heideggers Vorlesungen dieser Zeit, soweit sie in seiner Gesamtausgabe zugänglich sind, keine Stelle, die diese Interpretation belegen könnte. Heidegger behandelt das Phänomen der Störung des Zeuggebrauchs besonders im §16 und §69a von *Sein und Zeit*. In den beiden Paragraphen gibt es keinen einzigen Hinweis darauf, daß die Störung des Zeuggebrauchs zur Entstehung der theoretisch-wissenschaftlichen Forschung führt. Weil Gethmann seine pragmatistische Interpretation durch keine Stelle von Heidegger belegen kann, versucht er einen indirekten Beleg zu finden. Er geht davon aus, daß das Korrelat des theoretisch-wissenschaftlichen Entdeckens das vorhandene Seiende ist, und er denkt, er könne seine Interpretation dadurch bewähren, daß er nachweist, daß das zuhandene Zeug durch die Störung des praktischen Besorgens zum vorhandenen Ding wird. Aus diesem Grund formuliert Gethmann die Frage: "wie kann man erklären, daß die lebensweltlich primäre, im Besorgen enthaltene Erkenntnisform der Umsicht in die besondere Erkenntnisform des theoretischen Entdeckens 'umschlägt', bzw. - und so wird erst ein 'ontologisches' Problem daraus -: wie ist der Umschlag der Zuhandenheit des Seienden in die Vorhandenheit zu erklären?"[62] So ist jetzt die Frage: Wie wird das Zeug zum vorhandenen Ding? Wie meldet sich die Vorhandenheit am Zeug?

Die Antwort auf diese Frage sucht Gethmann im §16 von *Sein und Zeit*, der im Zusammenhang der Weltanalyse steht. Die leitende Frage dieses Paragraphen ist, ob es eine existenzielle Erfahrung gibt, in der die Welt als Verweisungszusammenhang in den vorphänomenologischen Blick des Daseins kommt. Die gesuchte Erfahrung findet Heidegger eben in der Störung des praktischen Besorgens. Das Zeug kann sich z.B. als beschädigt, unverwendbar herausstellen. Darin liegt, daß die Verweisung, die für die ontologische Struktur der Zuhandenheit konstitutiv ist, verlorengeht. In der Störung des Zeuggebrauchs wird aber die Verweisung ausdrücklich, das Ganze der Verweisungszusammenhänge leuchtet auf, und damit die Welt[63]. Damit sich die Welt für das besorgende Dasein meldet, muß das Zeug seine Zuhandenheit 'in gewisser Weise'[64] verlieren.

Diese Analyse läßt aber nicht den Schluß zu, daß mit der Störung der Praxis die theoretisch-wissenschaftliche Haltung zum vorhandenen Seienden entsteht. Heidegger sagt ausdrücklich, daß das beschädigte Zeug "noch nicht ein nur irgendwo vorkommendes Ding"[65] ist. Zwar meldet sich am beschädigten Zeug die Vorhandenheit, aber dabei wird "das Zuhandene noch nicht lediglich als Vorhandenes betrachtet und begafft, die sich kundgebende Vorhandenheit ist noch gebunden in der Zuhandenheit des Zeugs."[66] die Unverwendbarkeit des Zeugs kann nur umsichtig entdeckt werden. Ein theoretisches Hinsehen auf das Zeug vermag seine Verwendbarkeit bzw. Unverwendbarkeit nicht zu entdecken. "Die Störung ist nicht gegenwärtig als pure Dingveränderung, sondern als ein Bruch der vertrauten Verweisungsganzheit."[67]

Mit dem umsichtigen Entdecken der Unverwendbarkeit des Zeugs hört der praktische Umgang mit dem Zeug nicht auf. Die Umsicht wird mit der Störung des praktischen Zeuggebrauchs nicht 'frei'. Der praktische Umgang mit dem Zeug geht weiter und nimmt die Form der umsichtigen Beseitigung der Störung an, d.h. er wird zur Wiederinstandsetzung des beschädigten Zeugs[68]. Das beschädigte Zeug wird also nicht aus dem Horizont des praktischen Besorgens herausgelöst, sondern es begegnet noch immer vor diesem Horizont, es ist noch kein 'isolierter' Gegenstand für die wissenschaftliche Forschung.

Aber vielleicht könnte man diesen Einwand beseitigen, indem man behauptet, daß das theoretisch-wissenschaftliche Entdecken erst dann zustande käme, wenn das Dasein von allen Formen des praktischen Umgangs einschließlich der Wiederinstandsetzung des beschädigten Zeugs Abstand hielte. Für diese letzte Behauptung gibt es, so könnte es scheinen, einen eindeutigen Anhaltspunkt im §13 von *Sein und Zeit*, es heißt: "Im Sichenthalten von allem Herstellen, Hantieren u. dgl. legt sich das Besorgen in den jetzt noch einzig verbleibenden Modus des In-Seins, in das Nur-noch-verweilen bei ..."[69]

Zu dieser Stelle ist zuerst zu bemerken, daß sie nicht behauptet, daß das Sichenthalten vom praktischen Umgang mit dem Zeug auf die Störung des Zeuggebrauchs zurückgeht. Dann kann man nicht aus dieser Stelle entnehmen, daß das Aufhören der Praxis des Zeuggebrauchs zur Entstehung des betrachtenden hinsehenden Verhaltens zum Seienden führen muß, obwohl diese Stelle den Eindruck erweckt, daß das Sichenthalten vom praktischen Besorgen eine notwendige, keinesfalls aber zureichende, Bedingung für die Entstehung der wissenschaftlichen Theorie sei. Aus mehreren Stellten geht aber eindeutig hervor, daß das Ausbleiben der praktischen Hantierung mit dem Zeug nicht bedeutet, daß das theoretische Erkennen schon da ist. Das umsichtige Besorgen kann andere Formen wie das Nachsehen oder das Überprüfen des Erreichten annehmen, "das Aussetzen einer spezifischen Hantierung im besorgenden Umgang läßt die sie leitende Umsicht nicht einfach als einen Rest zurück. Das Besorgen verlegt sich dann vielmehr eigens in ein Nur-sich-umsehen. Damit ist aber noch keineswegs die 'theoretische' Haltung der Wissenschaft erreicht."[70] Mit dem Ausbleiben der Hantierung mit dem Zeug kann das besorgende Dasein überprüfen, ob die Herstellung des Werks z.B. anders erledigt werden kann oder ob dieses Zeug besser geeignet für diesen Zweck ist als jenes. Dabei ist das Verhalten des Daseins zum Seienden und zur Welt immer noch umsichtig. Im nachsehenden Sichumsehen werden der Zeugzusammenhang und die Verweisungsbezüge thematisch erfaßt. "Diese Thematisierung aber hält sich noch ganz und nur in der Sichtart, die den genuinen besorgenden Gebrauch des Dings führt - in der Umsicht."[71] Das thematische Erfassen des Zeugzusammenhangs und der Verweisungsbezüge ist noch kein theoretisches, umsichtsfreies Verhalten, da es noch an das praktische Interesse gebunden ist.

Aber auch wenn unsere Beschäftigung mit den Dingen sich von allen Aspekten der Dienlilchkeit und der funktionalen Zweckhaftigkeit distanziert, ist unsere Haltung noch nicht wissenschaftlich. Heidegger schreibt: "Auch dann ist unser Verhalten kein wissenschaftliches, wenn wir von jeglichem praktischen, besser: technischen Verhalten zu dem Seienden Abstand nehmen und lediglich betrachtend, beschaulich, kontemplativ beim vorhandenen Seienden verweilen. Mit dem Ausbleiben der technischen Hantierung, d.h. durch das Fehlen von etwas, ist nicht auch schon positiv eine neue Verhaltung und gar die wissenschaftliche da."[72]

Ein weiteres Indiz dafür, daß das Aufhören des praktischen Umgangs mit den Dingen für das theoretisch-wissenschaftliche Verhalten nicht konstitutiv ist, liegt darin, daß die wissenschaftliche Forschung nach Heidegger ihre 'eigene Praxis' hat. Praxisarten wie der technische Aufbau der Versuchsanordnung, die archäologischen Ausgrabungen, die Editionsarbeiten und der Umgang mit dem Schreibzeug[73] sind Beispiele dafür, daß die wissenschaftliche Forschung auf den praktischen Umgang mit den Dingen angewiesen ist. Die primäre Zugangsweise zum Seienden hört nicht mit der Entstehung der wissenschaftlichen Theorie auf. Das deckt sich offenbar mit Husserls Einsicht, daß die idealisierende Wissenschaft notwendigerweise einen uneliminierbaren Bestandteil der Anschaulichkeit, d.h. der nach ihm primären Zugangsweise zum Seienden, enthält.

Nach diesen Bemerkungen drängt sich die Frage auf: Wie kann Heidegger in der oben zitierten Stelle[74] behaupten, daß das theoretische Erkennen des Seienden beim Sichenthalten von dem hantierenden Umgang mit dem Seienden entsteht? Ich glaube, man muß bei der Interpretation dieser Stelle berücksichtigen, daß sie im §13 vorkommt, wo Heidegger die Exemplifizierung des In-Seins unternimmt. Hier setzt er sich mit der traditionellen These auseinander, die das Erkennen als primäre und konstitutive Haltung für alle Beziehungen des Menschen zur Welt betrachtet. Entgegen dieser These behauptet Heidegger mit Nachdruck, daß das Erkennen ein fundierter Modus des In-Seins ist. So läßt ihn die Betonung, ja die Überbetonung des Primats des praktischen Besorgens sagen, daß das theoretische Erkennen beim Aufhören des praktischen Besorgens entsteht.

Schließlich ist festzustellen, daß Gethmann von der Voraussetzung ausgeht, daß die Naturwissenschaft isolierte Dinge oder ausgesonderte Gegenstände zum Thema hätte. Die Störungen des praktischen Besorgens führen zur Entstehung der wissenschaftlichen Forschung, weil sie die Herauslösung oder Aussonderung der Dinge aus dem Kontext des Zeuggebrauchs bewirken. Die Frage ist aber: Beschäftigt sich die Naturwissenschaft mit isolierten Dingen? Freilich betrachtet der wissenschaftliche Blick die Dinge unabhängig von ihrem Bewandtnischarakter und ihren Bewandtnisbezügen. Das bedeutet aber nicht, daß die Dinge in der wissenschaftlichen Thematisierung als isolierte Gegenstände betrachtet werden. Denn vor der Erforschung eines Naturvorgangs muß schon die Seinsverfassung der gesamten Natur entworfen werden. Die Dinge werden in der Naturwissenschaft vor dem Bereich der Natur als Ganzheit verstanden und nicht als isolierte Dinge betrachtet.

Mit diesen Ausführungen hat sich erwiesen, daß Gethmanns These, Heidegger führe die Entstehung der wissenschaftlichen Theorie auf die Störung der Praxis des Zeuggebrauchs unhaltbar ist. Aber kann man nicht trotzdem sagen, daß die Funktion der Wissenschaften nach Heidegger in der Behebung und Vermeidung der Störungen, die in der Praxis des Zeuggebrauchs vorkommen, besteht? Damit komme ich zu meiner dritten Frage.

Gethmann vertritt die These, daß die Wissenschaften nach Heidegger nichts anderes seien als kognitive und operative Instrumente der Störungsbewältigung. Die Wissenschaften hätten nach dieser Interpretation eine praktische Funktion und wären auch an praktischer Zweckhaftigkeit orientiert. So gesehen, wären sie nur Instrumente der Praxis und müßten auch nur nach den Kriterien des praktischen Erfolgs beurteilt werden. Nach meinem Verständnis würde Heidegger nicht bestreiten, daß die wissenschaftliche Forschung tatsächlich auf den Prozeß des praktischen Besorgens auswirken kann und daß die Wissenschaften als Instrumente zur Behebung und Vermeidung der Störungen im praktischen Bereich eingesetzt werden können. Daß das theoretisch-wissenschaftliche Interesse aber seinen Ursprung in dieser funktionalen Zweckhaftigkeit hat, entspricht nicht, soweit ich sehe, Heideggers Verständnis der Wissenschaft.

Ich habe schon gesagt, daß die Wissenschaft nach Heidegger eine Seinsmöglichkeit des Daseins ist. Sie ist eine Weise des Verhaltens des Daseins zum Seienden. Dasein verhält sich zum Seienden nicht nur theoretisch-wissenschaftlich, sondern zunächst und zumeist praktisch-umsichtig. Das vorwissenschaftliche sowie das wissenschaftliche Verhalten sind Weisen des Entdeckens des Seienden. Das Entdecken des Seienden ist also nicht die Eigentümlichkeit der Wissenschaft. Vor jedem theoretischen Erkennen und vor jeder wissenschaftlichen Forschung entdeckt das Dasein das innerweltlich Seiende in der alltäglichen Praxis des Zeuggebrauchs. Trotzdem ist die Wissenschaft ein ausgezeichneter Modus des Entdeckens; ihre Auszeichnung liegt darin, daß sie das Seiende um des Entdeckens willen entdeckt, sie zielt auf das Entdecken selbst ab und hat keinen praktischen Zweck, sie hat ihren Zweck in sich selbst. Aus diesem Grund bezeichnet Heidegger die theoretisch-wissenschaftliche Forschung in mehreren Stellen als eine frei gewählte Haltung der menschlichen Existenz[75], die wissenschaftliche Forschung ist, so Heidegger, "eine Möglichkeit des Existierens im Sinne einer frei ergreifbaren und frei ausbildbaren Aufgabe"[76], "ein freies Sichbinden"[77]. Das theoretische Sehen hat keinen anderen Zweck als das Entdecken des Seienden um seiner Entdeckheit willen. Theorie betrachtet das Seiende nicht hinsichtlich seiner Nützlichkeit und Verwendbarkeit, sondern sie will das Seiende so sehen, wie es sich von sich her zeigt; nicht wie es sich im Lichte der praktischen Haltungen und Abzweckungen zeigt. "Damit fallen alle Abzweckungen des Verhaltens fort, die auf Verwendung des Enthüllten und Erkannten zielen, es fallen all jene Grenzen, die das Untersuchen in geplanter technischer Absicht beschränken."[78] In der wissenschaftlichen Forschung ist das zu enthüllende Seiende die einzige Instanz[79] seiner Bestimmbarkeit. Die Sache selbst hat das erste und letzte Wort[80].

Weil die Wissenschaft das Seiende abgesehen von allen Aspekten der Dienlichkeit und Zweckhaftigkeit betrachtet, richtet sie ihre Aufmerksamkeit auf das Seiende selbst. Was über das Seiende gesagt wird, muß ihm selbst entnommen, aus ihm selbst geschöpft werden. Die wissenschaftliche Theorie darf sich ihrer ursprünglichen Motivation nach nicht vom praktischen Interesse des Alltags leiten lassen. Deshalb scheint mir die These, daß nach Heidegger die wissenschaftliche Forschung aus der Notwendigkeit der Behebung und Vermeidung der Störungen im praktischen Umgang entspringt, unhaltbar. Damit ist meine dritte Frage beantwortet.

Nach der Erörterung dieser drei Fragen ist es klar geworden, daß sich die pragmatistische Interpretation zu Heideggers Verständnis der neuzeitlichen naturwissenschaft nicht auf eine solide Basis stützen kann. Das Zurückführen der wissenschaftlichen Forschung auf die Störung der alltäglichen Praxis und die Auffassung der Wissenschaften als Störungsbewältigungsinstrumente ist meiner Meinung nach nicht verträglich mit Heideggers Verständnis der Wissenschaft.

Damit ist aber nicht über die Frage entschieden, ob die Störung des praktischen Zeuggebrauchs ein faktischer Anlaß zur Entstehung wissenschaftlicher Forschungen sein kann, oder ob die wissenschaftliche Theorie im faktischen Leben zur Bewältigung der Störungen in der alltäglichen Praxis dienen kann. Nach meinem Verständnis würde Heidegger nicht bestreiten, daß die Störungen im praktischen Umgang Anlaß zur wissenschaftlichen Forschung sein können und daß die physikalische Theorie in die funktionale Zweckhaftigkeit eingehen und zur Beseitigung und Vermeidung der praktischen Störungen dienen kann. Diese Hinweise können aber die existenzial-ontologische Frage nach der Motivation zur Entstehung der Naturwissenschaft nicht beantworten. Denn damit die Störung im praktischen Besorgen eine physikalische Untersuchung veranlassen kann, muß schon die Seinsverfassung der Natur entworfen sein. Der Entwurf der Seinsverfassung der Natur, d.h. die Öffnung des Bereichs, worin sich die physikalische Forschung hält, kann selbst nicht auf die Störung des alltäglichen Umgangs mit dem Zeug zurückgeführt werden.

An dieser Stelle ist es bemerkenswert, daß Husserl in seinen frühen Schriften die Motivation zur Entstehung der naturwissenschaftlichen Einstellung in der Störung des Verlaufs der alltäglichen Erfahrung gesucht hat, nämlich in den Anomalitäten und Unstimmigkeiten, die in der Dingwahrnehmung auftreten können[81]. Diese Unstimmigkeiten können das Bewußtsein darauf aufmerksam machen, daß die Auffassung des anschaulichen Dings und seiner Eigenschaften auf das Subjekt relativ ist. Das kann wiederum das Bewußtsein zur Konstitution des physikalischen Dings und der physikalischen Natur als Gegenstand der wissenschaftlichen Forschung motivieren. Aber trotz der Berücksichtigung der Erfahrung der Unstimmigkeit ist es Husserl nicht gelungen, eine befriedigende Aufhellung der Entstehung der naturwissenschaftlichen Einstellung abzugeben, da diese Einstellung in diesen Schriften nur als Möglichkeit betrachtet wird, die im Horizont des intentionalen Bewußtseins liegt; ihr geschichtlicher Hintergrund wird aber nicht mit in die Betrachtung einbezogen. Diese Grenze konnte Husserl, wie schon im ersten Teil dieser Untersuchung gezeigt[82], erst mit seiner Entdeckung der Geschichtlichkeit des Bewußtseins überwinden.

Soweit ich sehe, bleibt auch Heideggers existenziale Interpretation der neuzeitlichen Naturwissenschaft unzureichend, weil er in dieser Interpretation den geschichtlichen Zusammenhang dieser Wissenschaft nicht in den Vordergrund gestellt hat. Auch Heidegger wird diese Grenze mit seiner Erfahrung der Geschichtlichkeit des Seins überwinden. Die seinsgeschichtliche Interpretation zur neuzeitlichen Naturwissenschaft werde ich im dritten Kapitel dieses Teils nachzeichnen. Zuvor möchte ich noch im Rahmen der existenzialen Interpretation bleiben und den Zusammenhang zwischen der naturwissenschaftlichen Haltung und den Strukturen der Existenz in Heideggers Sicht aufweisen.

2. *Kapitel*

Die neuzeitliche Naturwissenschaft und die Strukturen der Existenz

Die bisherigen Ausführungen haben Heideggers Analyse der existenzialen Genesis der wissenschaftlichen Theorie nachgezeichnet. Die Ausgangsthese dieser Analyse ist, daß die Wurzeln der wissenschaftlichen Haltung zur Natur in der Seinsverfassung des Daseins liegen. Diese These möchte ich nun mit Heidegger begründen, indem ich konkrete Zusammenhänge zwischen der wissenschaftlichen Haltung zur Natur in der Neuzeit und den Strukturen der menschlichen Existenz aufzuweisen versuche. Husserlsch gesprochen, geht es im folgenden um den Nachweis der Einbettung der neuzeitlichen Naturwissenschaft in die lebensweltliche Erfahrung.

Die vorbereitende Fundamentalanalyse des Daseins in *Sein und Zeit* nimmt ihren Ausgangspunkt vom In-der-Welt-sein als Grundverfassung des Daseins. Die Strukturen des In-der-Welt-seins zentrieren sich um die Erschlossenheit. Die Gesamtheit dieser Strukturen faßt Heidegger als die Sorge. Die Ganzheit der Sorgestruktur ist so ursprünglich, daß man sie nicht auf ein 'Urelement' zurückführen kann, dennoch ist sie struktural gegliedert. Ihre Strukturmomente sind. Befindlichkeit, Verstehen und Verfallen. Nun möchte ich diesen Existenzialien nachgehen und versuchen zu zeigen, wie sie auch in der naturwissenschaftlichen Haltung der Neuzeit am Werke sind. Die folgende Analyse beansprucht keine Vollständigkeit, sie bleibt auf einige Hinweise beschränkt.

A. Befindlichkeit

Das Dasein ist nach Heidegger dadurch ausgezeichnet, daß es an ihm selbst erschlossen ist. Mit der Erschlossenheit des Daseins als In-der-Welt-sein ist Welt schon erschlossen. Die ursprüngliche Weise der Erschlossenheit ist die Befindlichkeit; diese ist der ontologische Titel für das, was wir ontisch unter Stimmung, Affekt und Leidenschaft verstehen. Es ist ein großes Verdienst Heideggers, daß er auf die Bedeutung der Stimmungen hingewiesen und sie zum Thema der phänomenologischen Analyse gemacht hat. Wichtig für Heidegger ist der Erschließungscharakter der Stimmungen. Gegen die landläufige Meinung, daß das Entdecken des Seienden die Eigentümlichkeit des theoretischen Sehens sei, macht Heidegger geltend, daß das ursprüngliche Entdecken des Seienden in der Stimmung geschieht. Die

Erschließungsmöglichkeit der Stimmungen ist viel größer als die des theoretischen Erkennens. In der Stimmung kann das Dasein entdecken, was dem theoretischen Erkennen gar nicht zugänglich ist. Ein theoretisches Hinsehen, wie scharf es auch sein mag, vermag z.B. nicht, etwas Bedrohliches zu entdecken. Das Bedrohliche kann nur in der Befindlichkeit der Furcht entdeckt werden.

Wenn Heidegger die Befindlichkeit als konstitutive Weise des Seins des 'Da' betrachtet, dann bedeutet das, daß das Dasein immer so oder so gestimmt ist. Stimmungen sind nicht Erscheinungen, die gelegentlich im leeren Raum der Seele auftauchen und dann wieder verschwinden. Vielmehr liegt in der Seinsverfassung des Daseins, daß es immer in der Weise des Gestimmtseins existiert. Stimmungen sind Grundweisen, in denen sich das Dasein so oder so befindet; "das Dasein als Dasein ist immer schon von Grund aus gestimmt."[1] Das Dasein existiert nicht nur gelegentlich in einer Stimmung, sondern jedes Verhalten des Daseins zu sich selbst und zum Seienden ist von Stimmungen getragen.

Wenn nun aber diese Behauptung zu Recht besteht, dann muß die naturwissenschaftliche Haltung der Neuzeit auch von einer Gestimmtheit getragen sein. Das ist aber schwierig zu begreifen; denn es ist ja überall bekannt, daß das theoretisch-wissenschaftliche Verhalten mit den Gefühlen und Stimmungen nichts zu tun hat. Während die Gefühle und Stimmungen in den Bereich des 'Subjektiven' und 'Irrationalen' gehören, sind die Ideale der 'Objektivität' und 'Rationalität' für die wissenschaftliche Forschung konstitutiv und unentbehrlich. Deshalb ist der Wissenschaftler während der Forschung dazu aufgefordert, seine Gefühle und Leidenschaften wie alles 'Subjektive' hinter sich zu lassen. Wie läßt sich dann Heideggers Behauptung, daß auch die theoretische Forschung stimmungsmäßig geschieht, aufrechterhalten?

Der Hintergrund dieses Bedenkens liegt in der traditionellen Konzeption, die die Phänomene des seelischen Lebens in drei Klassen einteilt, nämlich: Vorstellen, Wollen und Gefühle. Nach dieser Konzeption werden die Gefühle und Stimmungen einem beschränkten Bereich des seelischen Lebens zugewiesen; dagegen sind die anderen Bereiche frei von Gefühlen und Stimmungen. Gerade diese Konzeption widerlegt Heidegger in seiner Phänomenologie der Stimmungen. Nach ihm bilden die Stimmungen nicht einen Bereich des seelischen Lebens, sondern sie sind die Weise, wie sich das Dasein inmitten des Seienden befindet. Deshalb ist alles unser Tun und Lassen von Stimmungen getragen. Die Stimmungen sind konstitutiv für alles Verhalten zum Seienden[2], sie "sind die 'Voraussetzung' und das 'Medium' des Denkens und Handelns."[3] Auch das theoretische Denken muß also immer durch Stimmungen getragen sein. In der Theorie verläßt das Dasein das Verhalten der zweckhaften Ausnützung der Dinge und übernimmt die Rolle des 'distanzierten Zuschauers'. Daß das theoretische Verhalten zu den Dingen ein 'distanziertes Hinsehen' ist, bedeutet aber nicht, daß die Theorie alle Stimmungen hinter sich läßt. Es gibt nach Heidegger, wie schon gesagt, kein menschliches Denken oder Verhalten, das frei von Stimmungen ist. Das objektive, 'neutrale' Forschen der exakten Wissenschaften ist selbst von Stimmungen getragen, "auch die Kälte der Berechnung, auch die prosaische Nüchternheit des Planens sind Kennzeichen einer Gestimmtheit."[4]

Nach dieser Feststellung ist der Schluß unausweichlich, daß die theoretisch-wissenschaftliche Haltung der Neuzeit stimmungsmäßig sein muß. Nun erhebt sich die Frage: Welche Stimmung ermöglicht die theoretisch-wissenschaftliche Forschung? Heidegger hat dieses Problem nicht zum Thema einer ausführlichen Analyse gemacht. Trotzdem kann man in seinen Schriften einige Hinweise finden. Im §29 von *Sein und Zeit* sagt Heidegger daß das theoretische Hinsehen, das sich auf das Seiende in seinem puren Aussehen bezieht, d.h. abgesehen von seinem Bewandtnischarakter, bedarf 'eines ruhigen Verweilens bei ...'[5]. Wie kann das Dasein aber zu diesem 'ruhigen Verweilen' kommen?

Die Antwort auf diese Frage ist im Neugier-Paragraphen zu suchen. In seiner Alltäglichkeit ist das Dasein, so heißt es dort, von seiner nächsten Welt eingenommen, es versteht die Dinge nur unter dem Gesichtspunkt der Verwendbarkeit und funktionalen Zweckhaftigkeit. Das dem Dasein nächstbegegnende Seiende hat den Seinscharakter des Zeugs. Jedes Zeug begegnet im alltäglichen Besorgen als ein 'Um-zu' für ein mögliches 'Dazu'. Die Dinge begegnen im Horizont der Bewandtnisbezüge, in die sie eingebettet sind. In dieser Haltung des alltäglichen Besorgens ist das thematische Sichrichten bzw. theoretische Hinsehen auf das Seiende nicht möglich. Aber das praktische Besorgen kann "zur Ruhe kommen im Sinne der ausruhenden Unterbrechung des Verrichtens oder als Fertigwerden."[6] Dieses Zur-Ruhe-kommen des alltäglichen Besorgens kann das ruhige Verweilen bei den Dingen ermöglichen[7]; denn in diesem Ausruhen ist das Dasein nicht mehr unter dem Druck des Verrichtens und Herstellens, es ist von diesem Druck befreit. "Die Sorge wird zum Besorgen der Möglichkeiten, ausruhend verweilend die 'Welt' nur in ihrem Aussehen zu sehen."[8] Diese 'freie' Tendenz zum Sehen, die schon Aristoteles als Ursprung der wissenschaftlichen Forschung betrachtet hat, nennt Heidegger die Neugier.

Wir haben im ersten Teil dieser Untersuchung gesehen, daß auch Husserl in seiner Analyse zur Entstehung der philosophisch-wissenschaftlichen Einstellung die Haltung der Neugier ins Spiel gebracht hat. Zwar hat nach Husserl die Neugier ihren ursprünglichen Ort im natürlichen Leben, aber sie ist dadurch gekennzeichnet, daß sie sich von den Lebensinteressen befreien kann. Für Husserl ist die Neugier nicht durchgängig als Laster zu betrachten. Die Neugier hat auch eine positive Form und das *thaumázein* ist, wie schon im ersten Teil dieser Untersuchung gezeigt[9], eine Abwandlung dieser positiven Form der Neugier.

Im Gegensatz zu Husserl grenzt Heidegger die Neugier scharf von der Stimmung des *thaumázein* ab. In der Stimmung des Staunens geht es dem Dasein darum, "durch

Verwunderung in das Nichtverstehen gebracht zu werden."[10] Das Staunen bringt das Dasein vor das Ungewöhnlichste. In der Stimmung des Staunens sucht das Dasein aber nicht, das Ungewöhnliche zu erklären, sondern es in seiner Ungewöhnlichkeit und Unerklärbarkeit zu ertragen und auszuhalten[11]. Im Staunen entflieht das Dasein nicht dem Ungewöhnlichen zum Gewöhnlichen und Erklärbaren, sondern es hält das Ungewöhnliche und Nichtverstandene fest. Anders als bei Husserl ist die Neugier nach Heidegger nicht eine Vorform, sondern ein uneigentliches, zur Verfallenheit gehöriges Derivat des Staunens. In der Neugier besorgt das Dasein ein Sehen, aber nicht um das Gesehene in seiner Wahrheit festzuhalten, sondern nur um zu sehen. "Die Neugier gegenwärtigt aber das Vorhandene nicht, um es, bei ihm verweilend, zu verstehen, sondern sie sucht zu sehen, nur um zu sehen und gesehen zu haben."[12] Die Neugier drängt immer zum Mehr-wissen und Mehr-erklären. In der Neugier herrscht die Suche nach dem Überraschenden und die Jagd nach dem Neuen. Aber die Neugier "sucht das Neue nur, um von ihm erneut zu Neuem abzuspringen."[13] In der permanenten Suche nach dem Neuen wird das 'ausruhende Verweilen bei' zum Nicht-mehr-verweilen[14], zum Unverweilen beim Nächsten[15]. In der Stimmung der Neugier befindet sich das Dasein in der ständigen Flucht vor dem eigenen Selbst.

Nach Platon und Aristoteles sieht Heidegger den Ursprung des philosophischen Denkens im Aufbruch der Stimmung des Staunens. Damit meint Heidegger nicht, daß das Staunen die Ursache ist, die dem Philosophieren vorangeht und es auslöst. "Das 'pathos' des Erstaunens steht nicht einfach so am Beginn der Philosophie wie z.B. der Operation des Chirurgen das Waschen der Hände voraufgeht. Das Erstaunen trägt und durchherrscht die Philosophie."[16] Die neuzeitliche Wissenschaften, die durch Alles-wissen- und -erklärenwollen gekennzeichnet sind und die sich immer in der Suche nach dem Neuen und Überraschenden befinden, können nicht der Stimmung des *thaumázein* entspringen, sondern sie sind von der theoretischen Neugier getragen. Insofern kann man diese Wissenschaften als uneigentliche Derivate des philosophischen Denkens betrachten. Heidegger bezeichnet schon die Ausbildung der 'Schuldisziplinen' Logik, Physik und Ethik bei den Griechen als Verfall des eigentlichen Philosophierens[17].

In seinem Vortrag Was ist das - die Philosophie? von 1955 spricht Heidegger auch über das neuzeitliche Denken. Im Hinblick auf das philosophische Fragen von Descartes bezeichnet er den Zweifel als die Stimmung des neuzeitlichen Denkens. Aber die "Stimmung des Zweifels ist die positive Zustimmung zur Gewißheit."[18] Heidegger betont die Bedeutung, die die Gewißheit in der Neuzeit gewonnen hat, da sie zum Maßstab der Wahrheit geworden ist. Deshalb nennt er auch die Zuversicht in die absolute Gewißheit des Erkennens als die Stimmung des neuzeitlichen Denkens[19]. Eine ausführliche Analyse dieser Stimmungen liegt jedoch nicht vor.

Diese Hinweise sind sicherlich dürftig; trotzdem können sie mit Deutlichkeit nachweisen, daß auch die mathematische Naturwissenschaft durch Stimmungen getragen ist. Trotz ihrer Objektivität und Exaktheit kann die Naturwissenschaft das Seiende nur stimmungsmäßig entdecken, weil sie eine Existenzmöglichkeit des Daseins ist und weil die Stimmungen für jedes praktische sowie theoretische Verhalten des Daseins zum Seienden konstitutiv sind. Aber nicht die Stimmungen alleine ermöglichen dieses Verhalten; es bedarf des Verstehens, "das jeder Stimmung, jeder Leidenschaft, jedem Affekt seine Helle gibt."[20]

B. Verstehen und Auslegung

Die Erschlossenheit ist die Weise, wie das Dasein existierend sein 'Da' sein kann. Den Seinsvollzug der Erschlossenheit nennt Heidegger das Verstehen. Damit meint er nicht die Erkenntnisart der Geisteswissenschaften im Unterschied zum Erklären als Erkenntnisart der Naturwissenschaften. Erklären und verstehen als Erkenntnisarten sind nur Derivate des ursprünglichen Verstehens. Das Verstehen im ursprünglichen Sinne ist ein Existenzial, eine Seinsweise, die in allen möglichen Verhaltungen des Daseins zu sich selbst, zu den Anderen und zur Welt am Werke ist. Das Verstehen ist die Bedingung der Möglichkeit für alle Arten des praktischen Verhaltens und des Erkennens[21]. So gründen sowohl die Natur als auch die Geisteswissenschaften im Verstehen.

Im Verstehen verhält sich das Dasein zu seinem Seinkönnen. Weil das Dasein wesenhaft die Grundverfassung des In-der-Welt-seinkönnens hat, ist im Sichverstehen immer schon das Mitdasein und die Welt verstanden. D.h. im Verstehen ist immer ein Sein-zu den Anderen und zu dem nichtdaseinsmäßigen Seienden vorgezeichnet. Weil die Natur selbst, wie schon gezeigt, in der Welt begegnet, gründet die Möglichkeit der theoretisch-wissenschaftlichen Erforschung der Natur im Verstehen des Daseins. Dabei ist hier nicht die Rede von einer freischwebenden Möglichkeit; die Möglichkeit im existenzialen Sinne ist nicht gegenwärtig als Gegenstand der Betrachtung, sondern sie ist nur im Entwerfen auf sie da. "Nur im Entwurf, im Sichentwerfen auf ein Seinkönnen, ist dieses Seinkönnen, die Möglichkeit als Möglichkeit, da."[22] Es ist nicht so, daß das Dasein zuerst eine Möglichkeit vorstellt und erst dann sie ergreift, sondern die Möglichkeit ist nur offenbar, solange sie im Entwurf gehalten ist. Und es ist auch nicht so, daß das Dasein ist und dann sich gelegentlich auf Möglichkeiten entwirft, sondern das Dasein ist seine Möglichkeiten als Möglichkeiten. Der Spielraum der Möglichkeiten, auf die sich das Dasein entwerfen kann, ist aber wesenhaft durch seine Geworfenheit bestimmt. Das Dasein kann nur auf die Möglichkeiten entwerfen, "in die es geworfen ist."[23] Daß z.B. mit der Erschlossenheit des Daseins immer innerweltiches Seiendes entdeckt ist, "steht nicht im Belieben des Daseins. Nur was es jeweils, in welcher Richtung, wie weit und wie es entdeckt und erschließt, ist Sache seiner Freiheit, wenngleich immer in den Grenzen seiner Geworfenheit."[24]

Das Verstehen, das die existenziale Struktur des Entwurfs hat, hat die Eigentümlichkeit, daß es das Sein erschließt. In jedem Entwurf auf eine Möglichkeit ist das Sein schon verstanden, nicht aber notwendigerweise begriffen. Weil das Sein im Verstehen erschlossen wird, deshalb ist Verstehen immer Seinsverstehen und ist Seinsverständnis ein Konstitutivum des Daseins. "Die Seinsverfassung jedes Seienden und die des Daseins in einem ausgezeichneten Sinne wird nur im Verstehen zugänglich, sofern dieses den Charakter des Entwurfs hat."[25] Was wir im letzten Kapitel mit Heidegger bezüglich der neuzeitlichen Naturwissenschaft festgestellt haben, erhält jetzt seine existenziale Begründung. Weil das Verstehen die existenziale Struktur des Entwurfs hat, und weil das Sein jeglichen Seienden im Verstehen erschlossen wird, deshalb enthüllt der mathematische Entwurf der Natur deren Seinsverfassung. Mit dem Sichentwerfen des Daseins auf die Seinsmöglichkeit der wissenschaftlichen Erforschung der Natur ist das Sein der Natur mitentworfen. Das Seinsverständnis des zu erforschenden Gebietes des Seienden muß in der Wissenschaft ausgebildet und zum Begriff gebracht werden. Die Ausbildung des primären Verstehens nennt Heidegger Auslegung, sie ist die Grundform aller Erkenntnisart.

Die Auslegung, sei sie praktisch-umsichtig oder theoretisch-wissenschaftlich, ist "nie ein voraussetzungsloses Erfassen eines Vorgegebenen"[26]. Jede Auslegung hat wesenhaft die drei Strukturmomente: Vorhabe, Vorsicht und Vorgriff. Die Einheit dieser Momente nennt Heidegger die Vor-Struktur der Auslegung oder des Verstehens. Die Auslegung hat die Vor-Struktur, weil sie eine Seinsmöglichkeit des Daseins ist. Das Dasein ist durch die Sorge konstituiert, die Struktur der Sorge faßt Heidegger als Sich-vorweg-schon-sein-in-(der-Welt-)als Sein-bei (innerweltlich begegnendem Seienden)[27]. In unserem Zusammenhang ist das Moment des Sich-vorweg-seins hervorzuheben. Das Dasein existiert je umwillen seiner selbst, es geht ihm in seinem Sein um sein Seinkönnen selbst. Es ist immer schon über sich hinaus, es ist immer auf sein Sein aus. Weil das Dasein wesenhaft ihm selbst vorweg ist, und weil die Auslegung ein Seinsmöglichkeit des Daseins ist, deshalb muß die Auslegung die Vor-Struktur haben. Die Vor-Struktur der Auslegung gründet also in der Sorge, d.h. in der Seinsverfassung des Daseins. Die Vor-Struktur ist nicht nur am Werke in der vorwissenschaftlichen Auslegung und nicht nur in den Geisteswissenschaften, sondern auch in der exakten und objektiven Naturwissenschaft. Auch die wissenschaftliche Erkenntnis der Natur ist eine Art der Auslegung und sie ist wesenhaft durch die Vor-Struktur konstituiert. Nun versuche ich die Momente der Vor-Struktur in der wissenschaftlichen Auslegung der Natur aufzuzeigen.

Jede Auslegung gründet in einer Vorhabe. Das auszulegende Seiende muß in eine primär verstandene Vorhabe gestellt und in ihr gehalten werden. In der praktisch-umsichtigen Auslegung wird das Seiende, das hier den Charakter der Zuhandenheit hat, vor einer vorverstandenen Bewandtnisganzheit her ausgelegt. In der wissenschaftlichen Auslegung der Natur wird das Seiende nicht aus einer Bewandtnisganzheit verstanden. Die Vorhabe hier ist die Ganzheit der Natur als Bereich von gleichmäßigen vorhandenen Körpern. Jedes Ding und jeder Naturvorgang wird aus der so verstandenen Natur ausgelegt. Das in die Vorhabe gestellte Seiende wird jeweils in einer bestimmten Hinsicht ausgelegt, es wird in einer bestimmten Weise anvisiert. Das, woraufhin das auszulegende Seiende anvisiert ist, ist die Vorsicht. In der naturwissenschaftlichen Auslegung ist die Natur als Bereich raumzeitlicher Bewegungsquantitäten von Massenkörpern anvisiert. Jede Auslegung hat letztlich ihren Vorgriff; d.h., die Begrifflichkeit, die der Seinsart des auszulegenden Seienden und der abgezielten Art der Auslegung entspricht, ist auch vorgezeichnet. Die Begrifflichkeit wird nicht nachträglich bestimmt, sondern jede Auslegung ist schon in einer Begrifflichkeit angelegt. In der Naturwissenschaft wird die Begrifflichkeit in Richtung der Mathematik bestimmt. Diese Begrifflichkeit entspricht der Seinsverfassung der Natur als Bereich der Gleichmäßigkeit und der angestrebten Naturerkenntnis, die durch die Exaktheit ausgezeichnet sein soll.

Daraus daß die theoretisch-wissenschaftliche Erforschung der Natur sich in der Vor-Struktur der Auslegung bewegt, kann man aber nicht den Schluß ziehen, daß die Natur in der neuzeitlichen Wissenschaft subjektiv angesehen und umgedeutet wird. die Vor-Struktur der Auslegung wird nicht willkürlich bestimmt, sondern sie muß mit dem auszulegenden Seienden konfrontiert und dadurch bewährt werden.

Der Vollzug der Auslegung muß seinem Wesen nach nicht ausgesprochen werden, die umsichtige Auslegung kann sich vollziehen, "ohne dabei ein Wort zu verlieren"[28], wenn z.B. das besorgende Dasein während des Hantierens ein ungeeignetes Werkzeug weglegt bzw. wechselt. Aber die theoretisch-wissenschaftliche Auslegung vollzieht sich notwendigerweise in der Aussage. Die Vollzugsform der theoretischen Auslegung ist die Aussage. Deshalb ist es zum näheren Verständnis der naturwissenschaftlichen Auslegung aufschlußreich, auf das Phänomen der Aussage einzugehen.

In der traditionellen Logik kommt der Aussage eine gewichtige Bedeutung zu, da sie als der ursprüngliche Ort der Wahrheit angesehen wird. Nach der traditionellen Logik kann das Seiende in seiner Wahrheit nur in der Aussage entdeckt werden. Wie begründet die Tradition diese Auffassung der Wahrheit? In der Aussage werden Vorstellungen verbunden. Die Vorstellungen selbst können nicht als wahr oder falsch bezeichnet werden, dagegen kann die Verbindung zwischen Vorstellungen, d.h. die Aussage, wahr oder falsch sein. So ist die Wahrheit nur auf Grund der Aussage möglich. Wahrheit und Aussagewahrheit galten in der Tradition als Synonyme.

Heidegger kritisiert scharf die Reduzierung des Phänomens der Wahrheit auf die Aussagewahrheit. Anhand einer existenzialen Analyse der Aussage zeigt er, daß die Aussagewahrheit ein abkünftiger Modus der Wahrheit ist. Für Heidegger meint die Wahrheit im ursprünglichen Sinne die Erschlossenheit des Daseins. Weil das Dasein die Grundverfassung des In-der-Welt-seins hat, ist mit der Erschlossenheit des Daseins innerweltliches Seiendes immer schon entdeckt. Dieses ursprüngliche Entdecken ermöglicht erst die Aussage und die Aussagewahrheit. Die Aussagewahrheit ist also nur möglich auf Grund der Entdecktheit des Seienden, die zur Wahrheit im ursprünglichen Sinne, d.h. zur Erschlossenheit des Daseins gehört. In diesem Sinne schreibt Heidegger: "Der Satz ist nicht das, darin Wahrheit erst möglich wird, sondern umgekehrt, der Satz ist erst in der Wahrheit möglich ... Satz ist nicht der Ort der Wahrheit, sondern Wahrheit der Ort des Satzes."[29] Die Aussage ist keine primäre Art des Entdeckens, sie ist abkünftig, weil sie ein vorheriges Entdecken voraussetzt. Das Aussagen ist nie ein primäres Verhältnis zum Seienden. "Seiendes muß schon enthüllt sein, damit eine Aussage darüber möglich ist."[30] Das Aussagen stiftet keinen ursprünglichen Bezug zum Seienden in seiner Wahrheit, sondern es "ist selbst nur möglich auf der Basis eines Schon-seins-bei-Seiendem."[31] Wie ist denn nach Heidegger die Aussage auf Grund der primären Art des Entdeckens möglich?

Nach Heidegger ist die primäre Art des Entdeckens, wie mehrmals gesagt, die umsichtige Auslegung, die im praktischen Umgang mit dem Zuhandenen geschieht. Im praktischen Besorgen ist das Seiende aus dem 'Wozu' seiner Dienlichkeit her entdeckt, "es ist schon in eine Deutung gestellt - es ist bedeutet."[32] Es ist aber nicht so, daß wir zuerst Seiendes erfassen und erst dann es mit einer Bedeutung versehen, sondern das Seiende ist ursprünglich gegeben 'als etwas zum'. Dieses 'Als' muß nicht notwendigerweise ausgesprochen werden, es ist aber immer da, es ist konstitutiv für jede Auslegung. Im praktischen Umgang mit dem Seienden lege ich es als etwas zum Schreiben, zum Befestigen usw. aus, ohne daß ich dabei eine Aussage vollziehe. Das 'Als' taucht also nicht erst mit der Aussage auf, es liegt jeder Auslegung zugrunde. In der Aussage wird aber das 'existenzial-hermeneutische Als' der umsichtigen Auslegung zum 'apophantischen Als'[33].

Damit ist aber nicht gemeint, daß die Aussage selbst keine spezifischen Momente im Vergleich zur umsichtigen Auslegung enthält und daß sie nur ausspricht, was schon in der umsichtigen Auslegung liegt. In der Aussage erfährt das ursprüngliche 'Als' eine Modifikation. Diese Modifikation legt Heidegger offen am Beispiel der theoretischen Aussage, die für ihn den extremen Gegenfall zur umsichtigen Auslegung darstellt. Daher trifft die folgende Analyse nicht unbedingt für alle Arten der Aussage zu, sondern vor allem für die theoretisch-wissenschaftliche Aussage über das Vorhandene; diese ist durch drei Momente charakterisiert:

Erstens wird das Seiende in der theoretischen Aussage entdeckt und in seinem 'Als was' bestimmt um des Entdeckens willen; das Entdecken geschieht nicht im Verrichten oder Herstellen von etwas. Die theoretische Aussage zielt nur auf das Entdecken oder das 'Nur-sehen-lassen' des Seienden und sonst nichts[34].

Zweitens wird das, 'Als was' das Angesprochene bestimmt ist, nicht aus dem 'Wozu' des Verrichtens gewonnen; das Seiende begegnet nicht mehr als ein Zuhandenes, mit dem es eine Bewandtnis bei etwas hat. Die Bestimmungen, die dem Angesprochenen zugesagt werden, werden aus ihm selbst geschöpft. Im praktischen Besorgen wird der Hammer z.B. umsichtig ausgelegt als etwas zum Hämmern, zum Befestigen. In der physikalischen Aussage 'der Hammer ist zu schwer' wird der Hammer nicht als Gebrauchsding ausgelegt, sondern als vorhandener Naturkörper, dem die Eigenschaft der Schwere zukommt. Diese Bestimmung wird aus dem Hammer selbst geschöpft und nicht im Hinblick auf seinen Bewandtnischarakter. Freilich kann ich auch während des Verrichtens den Hammer als 'zu schwer' auslegen, aber in dieser Auslegung begegenet der Hammer noch in seinem Bewandtnischarakter, er ist 'zu schwer' für ein bestimmtes Verrichten, d.h. ungeeignet für ein bestimmtes 'Dazu'.[35]

Drittens wird in der theoretischen Aussage das 'Womit' des praktischen Umgangs zum 'Worüber', d.h. es wird thematisch erfaßt. Im Hantieren wird der Hammer in seiner Geeignetheit oder Ungeeignetheit entdeckt; dieses Entdecken wird aber nicht thematisch ausdrücklich vollzogen. Im Aussagen dagegen wird das entdeckte Seiende thematisiert[36].

Mit dem theoretischen Aussagen öffnet sich ein breiter Spielraum des puren Entdeckens des Seienden, dies wird aber notwendigerweise mit Verdeckungen erkauft. Zuerst werden die Verweisungsbezüge, in die das Ding im praktischen Besorgen eingebettet ist, abgeblendet. Das zuhandene Zeug wird aus seiner Bewandtnisganzheit herausgelöst und als vorhandenes Ding betrachtet. Es verweist nicht mehr auf ein 'Dazu' und wird nicht mehr im Hinblick auf ein mögliches Verrichten verstanden und ausgelegt. Das Zeug wird also entweltlicht. In der theoretisch-wissenschaftlichen Bestimmung des Seienden wird die Welt vergessen. Mit der Abblendung der Verweisungsbezüge hängt die Verdeckung des Bewandtnischarakters des Seienden zusammen. Das Seiende begegenet nicht mehr als Zuhandenes, das auf ein bestimmtes 'Dazu' zugeschnitten ist, es wird zum bloßen Ding nivelliert und auf seine Stofflichkeit reduziert, d.h., in der theoretisch-wissenschaftlichen Auslegung der Natur wird der ursprüngliche Seinscharakter des Seienden als Gebrauchsding vergessen, das Seiende wird nur als Vorhandenes angesehen.

Das Verdecken ist aber nicht charakteristisch für jede Art der Aussage, es bezeichnet besonders die theoretisch-wissenschaftliche Aussage. Jedoch gibt es Aussagen, die den Bewandtnischarakter des Gebrauchsdings nicht verdecken und seine Verweisungsbezüge nicht abblenden, wie z.B. die Aussagen, die während des Verrichtens gemacht werden. Wenn ich während des Schreibens an die Tafel sage: 'die Kreide ist zu sandig'[37], nehme ich die Kreide als Gebrauchsding, ich lege sie als etwas zum Schreiben aus. In dieser Aussage spreche ich der Kreide keine vorhandenen Eigenschaften zu, sondern ich lege die Kreide noch als Gebrauchsding im Horizont des praktischen Besorgens aus. Mit dieser Aussage meine ich: die Kreide hemmt mich beim Schreiben an die Tafel. Der Seinscharakter und die Verweisungsbezüge der Kreide sind hier nicht verdeckt. Dagegen werden in der Aussage: 'die Kreide ist weiß' der Seinscharakter der Kreide als Gebrauchsding und ihre Verweisungsbezüge verdeckt, die Kreide wird zum vorhandenden weißen Ding. Die Auslegung der neuzeitlichen Naturwissenschaft hat nach Heidegger notwendigerweise den Charakter der Verdeckung.

C. Verfallen

Die neuzeitliche Naturwissenschaft ist nach Heidegger eine Art des Entdeckens des Seienden. Als Gegenbewegung zu diesem Entdecken geschieht aber das Verdecken der primären Efahrungsweise. Die reichen Entdeckungen und Errungenschaften der neuzeitlichen Naturwissenschaft sind mit Verdeckungen erkauft. Diese Verdeckungen sind nach Heidegger keine Mängel, die der neuzeitlichen Wissenschaft zufällig anhaften und die zu beheben wären. Vielmehr sind diese Verdeckungen notwendig, ja konstitutiv für die theoretisch-wissenschaftliche Haltung zur Natur.

Zuerst möchte ich mit Heidegger Hinweise auf die Verdeckungen in der neuzeitlichen Naturwissenschaft geben. Ich beginne mit der Verdeckung der Dingerfahrung. In der alltäglichen Erfahrung läßt das Dasein das Ding zunächst als Gebrauchsding, als Zuhandenes begegnen. Das Ding wird umsichtig aus seiner Bewandtnisganzheit ausgelegt. In der naturwissenschaftlichen Auslegung wird das Ding vergegenständlicht, es wird zum Vorhandenen. Die Zuhandenheit, die den Seinscharakter des Gebrauchsdings bezeichnet, wird verdeckt. Der Seinscharakter des Gebrauchsdings wird vergessen. Die umweltlichen Verweisungsbezüge, in die das Gebrauchsding im alltäglichen Besorgen eingebettet ist, werden abgeblendet. Das Ding wird aus dem Horizont seines primären Gegebenseins herausgelöst, es wird in der Naturwissenschaft als vorhandenes Naturding aufgefaßt, d.h. es wird auf seine Stofflichkeit reduziert. Das Ding begegnet jetzt nur als Massenpunkt im mathematischen Raum-Zeit-Kontinuum.

Mit der Verdeckung der primären Dingerfahrung hängt die Verdeckung des Phänomens Welt zusammen. Die Welt, die Heidegger als konstitutives Moment des Daseins als In-der-Welt-seins betrachtet, wird in der neuzeitlichen Wissenschaft verdeckt. Die Welt wird als das All des vorhandenen Seienden aufgefaßt, sie verliert ihren Horizontcharakter, sie geschieht nicht mehr umwillen des Daseins. Das Umhafte der Welt geht verloren, die Welt wird entschränkt. Mit der neuzeitlichen Wissenschaft wird die Welt entweltlicht; die Natur im Sinne der neuzeitlichen Naturwissenschaft ist die entweltlichte Welt[38]. Die reichen Entdeckungen der neuzeitlichen Naturwissenschaft sind nur auf Grund der Abblendung der Welt auf die Einförmigkeit des puren Vorhandenden hin möglich.

Die Verdeckung der primären Welt- und Dingerfahrung hat auch Husserl in seiner Analyse zur neuzeitlichen Naturwissenschaft aufgewiesen und als Lebensweltvergessenheit bezeichnet. Die Lebensweltvergessenheit erreicht nach Husserl ihren Höhepunkt im neuzeitlichen Objektivismus. Die Methode der Idealisierung, die erst in der Neuzeit auf die Natur angewandt wird, verdeckt die ursprüngliche Gegebenheit des Dings im Horizont der Lebenswelt. Das Ding, das uns in der alltäglichen Erfahrung nur in einer unendlichen Mannigfaltigkeit von subjektiv-relativen Gegebenheitweisen begegnet, wird idealisiert. Die Idealisierung ermöglicht die objektive exakte Bestimmung des Dings und seiner Eigenschaften. Damit wird aber das Ding aus seiner subjektiv-relativen Gegebenheit, also aus seinen Verweisungsbezügen, herausgelöst; dem idealisierten Ding und der idealisierten Natur wird ein *An-sich-Sein* jenseits des Bewußtseins zugesprochen. Auch bei Husserl hängt die Verdeckung der ursprünglichen Dingerfahrung mit der Vergessenheit der Welt zusammen. Die Welt verliert ihren Horizontcharakter, sie wird als die Gesamtheit aller Gegenstände aufgefaßt; sie wird zum unendlichen mathematischen Universum, das das Bewußtsein transzendiert.

So zeichnet eine deutliche Parallelität zwischen Husserl und Heidegger in ihren Analysen zur neuzeitlichen Naturwissenschaft ab. Beide Phänomenologen stimmen darin überein, daß in der naturwissenschaftlichen Auslegung die primäre Erfahrung des Dings als anschaulichen Dings bzw. als Gebrauchsdings, sowie die primäre Erfahrung der Welt als Korrelats des Bewußtseins bzw. als konstitutiven Moments des In-der-Welt-seins verdeckt wird.

Die Tendenz des Verdeckens in der neuzeitlichen Wissenschaft zeigt sich nach Heidegger auch in der Weise, wie sie ihre Grundbegriffe versteht. Die neuzeitliche Wissenschaft operiert mit vulgären, abgeleiteten und anausgewiesenen Begriffen, die aus der öffentlichen Ausgelegtheit des 'Man' geschöpft sind.

Sehen wir nun mit Heidegger, wie die Naturwissenschaft die ursprüngliche Räumlichkeit und Zeitlichkeit verdeckt und wie sie Zeit und Raum zu bloßen Parametern der Bewegungsmessung macht.

'Entferntheit' und 'Nähe', die dem innerweltlich Zuhandenen zukommen, werden im alltäglichen Besorgen umsichtig entdeckt und sind mit der Orientierung des Daseins in einem Zeugzusammenhang, wo jedes Zeug seinen 'Platz' hat, verbunden. Platz heißt hier nicht eine Stelle im entschränkten Raum. "Der Platz eines Zeugs innerhalb eines Zeugzusammenhanges bestimmt sich immer mit Rücksicht auf die durch die Bewandtnisganzheit vorgezeichnete und von ihr aus geforderte Handlichkeit des Zuhandenen."[39] An die Stelle der Entferntheiten, die umsichtig geschätzt werden, treten in die Naturwissenschaft 'Abstände' ein, die gemessen werden können und müssen. Abstand deckt sich nicht mit Entferntheit. Abstand kann man nur zwischen zwei vorhandenen Dingen oder geometrischen Punkten bestimmen. In der naturwissenschaftlichen Auslegung verliert das innerweltlich Zuhandene und seine Räumlichkeit jeden Bewandtnischarakter. Z.B. das Nächste im alltäglichen Besorgen ist das, "was in einer durchschnittlichen Reich-, Greif-, und Blickweite entfernt ist"[40]; dagegen ist das Nächste in der 'objektiven Raumauffassung derjenige Körper, der den kleinsten Abstand von mir als Ichpunkt hat.

In dieser Auffassung ist die Welt als Bewandtnisganzheit verdeckt, der Raum wird zum geometrisch-mathematischen Punktsystem, zur dreidimensionalen Mannigfaltigkeit von gleichmäßigen Stellen, die mit beliebigen Dingen ausgefüllt werden kann. In diesem homogenen Naturraum sind alle Stellen gleich, keine hat den Vorrang vor den anderen. Diese Auffassung des homogenen Raums ermöglicht eine hohe Genauigkeit in der Messung der Bewegungsvorgänge der Natur. Der Preis dieser Exaktheit ist aber die Verdeckung der ursprünglichen Räumlichkeit des innerweltich Zuhandenen und des In-der-Welt-seins.

Wie die Räumlichkeit wird auch die ursprüngliche Zeitlichkeit in der neuzeitlichen Naturwissenschaft verdeckt; diese Wissenschaft operiert mit dem vulgären abgeleiteten Zeitbegriff. Heidegger betrachtet die ursprüngliche Zeitlichkeit als den Sinn der Sorge; die ekstatisch-horizontale Zeitlichkeit ermöglicht die Transzendenz des Daseins und dadurch jedes Verhalten des Daseins zum Seienden[41]. Die ekstatisch-horizontale Verfassung der Zeitlichkeit wird durch die öffentliche Ausgelegtheit des 'Man' verdeckt; die Zeit wird als vorhandenes Seiendes verstanden, worin die Weltvorkommnisse fallen und mit dem das Dasein in seiner alltäglichen Besorgen rechnet. Über diesen vulgären Zeitbegriff, der aus der ursprünglichen Zeitlichkeit abgeleitet ist, geht die neuzeitliche Naturwissenschaft nicht hinaus. "Die Wissenschaft von der Natur behält grundsätzlich den Boden und den Horizont des Besorgens der Welt, d.h. sie rechnet im Bestimmen der reinen Naturvorgänge mit der Zeit."[42] Wie im alltäglichen Besorgen wird auch in der Naturwissenschaft, obzwar in anderer Weise, mit der Zeit gerechnet. Die Zeit ist hier wie im vorwissenschaftlichen Verständnis als 'reine Jetztfolge-Mannigfaltigkeit'[43] begriffen, als kontinuierlicher Ablauf von gleichen Jetztpunkten, die nacheinander folgen und die sich voneinander nur hinsichtlich ihrer Stelle in der unendlichen Reihenfolge unterscheiden.

Die neuzeitliche Auslegung der Natur befreit sich nicht von der öffentlichen Ausgelegtheit, die das 'Man' vorzeichnet; die 'Allgemeinheit der Maßstäbe' und die Ansprüche auf 'Allgemeinheit, die die naturwissenschaftliche Haltung der Neuzeit kennzeichnen und ihr 'Objektivität' verschaffen, sind nach Heidegger nichts als Forderungen des 'Man'[44], das für 'die Einebnung aller Seinsmöglichkeiten'[45] sorgt. Heidegger bezeichnet das Erklären, d.h. die Erkenntnisart der Naturwissenschaft, als eine 'Abart von Verstehen'[46], als "eine abgeleitete, abgefallene Weise der Auslegung und Entdeckung des Seienden."[47]

Die Verdeckung der primären Ding- und Welterfahrung sowie der ursprünglichen Zeitlichkeit und Räumlichkeit, mit der die Erfolge der neuzeitlichen Naturwissenschaft erkauft sind, ist nicht zufällig. Sie ist nicht etwa auf einen Mangel in der Erkenntnisausstattung des Daseins zurückzuführen, sondern sie hat ihren Grund in der Seinsverfassung des Daseins und zwar in seinem Verfallen. Das verfallende Sein-bei der 'Welt' legt die Richtung der alltäglichen Auslegung fest. Diese alltägliche Auslegung, die das 'Man' vorzeichnet, hat die Tendenz, die Seinsart des Daseins, der Welt und des nächstbegegnenden Seienden von der Seinsart des innerweltlich vorhandenen Seienden her zu verstehen. Dieses vorontologische Verständnis des Seins als Vorhandenheit bestimmt nicht nur die alltägliche, vorwissenschaftliche Ausgelegtheit, sondern die traditionelle Ontologie ist selbst seit der Antike diesem Verständnis anheimgefallen. Die traditionelle Ontologie geht von der fraglosen Voraussetzung des Seins als Vorhandenheit voraus. Diese vulgäre und unausgewiesene Auffassung liegt auch der naturwissenschaftlichen Haltung der Neuzeit zugrunde.

Wenn diese Überlegung Recht beanspruchen kann, dann muß die neuzeitliche Naturwissenschaft in der Uneigentlichkeit der Existenz gründen. Wir haben aber oben gesagt, daß die Wissenschaft eine freie Möglichkeit des Daseins ist, weil es ihm in dieser Möglichkeit um das pure Entdecken des Seienden geht. In der Wissenschaft wird das Seiende unabhängig von jedem funktionalen Aspekt betrachtet, es wird entdeckt um des Entdeckens willen. Außerdem sagt Heidegger im §69b von *Sein und Zeit*, daß die Wissenschaft aus der eigentlichen Existenz entspringt[48]. Wie ist nun diese Schwierigkeit auszuräumen? Gründet die neuzeitliche Naturwissenschaft in der Eigentlichkeit oder in der Uneigentlichkeit der Existenz? Zur Lösung dieses Problems muß man zuerst die Frage beantworten, wie die Eigentlichkeit und die Uneigentlichkeit zueinander stehen.

Man kann die Eigentlichkeit und die Uneigentlichkeit als zwei mögliche Vollzugsformen der Existenz interpretieren, die sich gegenseitig ausschließen. D.h. mit der Entschlossenheit des Daseins zu seiner eigenen Existenz würde es aus der Verlorenheit in das 'Man' und seine herrschende verdeckende Ausgelegtheit herausgeholt, und der Zustand der Uneigentlichkeit würde damit aufgehoben. Mit dieser Interpretation wäre es unmöglich, die genannte Schwierigkeit zu beseitigen. Außerdem scheint es mir, daß diese Interpretation Heideggers Verständnis der Eigentlichkeit und Uneigentlichkeit nicht entspricht.

Heidegger weist mehrmals darauf hin, daß Eigentlichkeit und Uneigentlichkeit eine rein ontologische Bedeutung haben. Uneigentlichkeit und Verfallen dürfen nicht als negative Bewertungen genommen werden[49]. Die Analyse des Verfallens ist ontologisch, sie ist keine moralisierende oder kulturphilosophische Kritik der Alltäglichkeit[50]. Heidegger hält zwei mögliche mißverständliche Interpretationen seiner Analyse zum Verfallen fern. Zum einen hat diese Analyse nichts zu tun "mit einer Lehre von der Verderbnis der menschlichen Natur oder irgendeiner Theorie der Erbsünde"[51], das Verfallen meint nicht den Fall des Daseins aus einem reineren und höheren 'Urstand'[52]. Zum anderen darf das Verfallen nicht aufgefaßt werden als negative Eigenschaft, die mit dem Fortschritt der Menschheitskultur zu beheben wäre[53]. Wie ist dann das Verfallen zu verstehen?

In mehreren Stellen bezeichnet Heidegger das Verfallen, die Uneigentlichkeit und das 'Man' als Existenzial, d.h. als wesenhafte Struktur der menschlichen Existenz[54], als konstitutive Struktur des Daseins wie Entdecktheit, Mitsein und In-Sein[55]. In diesem Sinne ist die Eigentlichkeit nur eine Modifikation der Uneigentlichkeit[56]. Die Entschlossenheit bedeutet also nicht die totale Aufhebung des Verfallens. "Eigentlichkeit ist nur eine Modifikation und keine totale Ausstreichung der Uneigentlichkeit."[57] Das Verfallen an die 'Welt' ist nicht eine Eigenschaft, die beim Dasein gelegentlich vorkommt, sondern ist die Weise, wie das Dasein bei seiner Welt ist. "Dasein 'ist' nicht nur überhaupt wesensmäßig in der Welt, sondern 'ist' ihr verfallen"[58]. Und das hängt damit zusammen, daß das Dasein, solange es ist, auf seine 'Welt' angewiesen ist. Das Angewiesensein auf die Welt und das Verfallen gehören zur Faktizität des Daseins, zu seiner Geworfenheit. Aus diesem Grund nimmt Heidegger das Verfallen als konstitutives Moment in die Struktur der Sorge, d.h. des Seins des Daseins, auf.

Mit dieser Interpretation der Eigentlichkeit und Uneigentlichkeit bietet sich die Möglichkeit an, die oben genannte Schwierigkeit auszuräumen. In der Wissenschaft wird das Seiende entdeckt nicht für die Zwecke des praktischen Besorgens, sondern um der Entdecktheit willen. Die Entdecktheit des innerweltlich Seienden gründet aber in der Erschlossenheit des Daseins, die den ursprünglichen Sinn der Wahrheit ausmacht. Das Dasein kann als In-der-Wahrheit-sein diese Möglichkeit ergreifen und ausbilden. Mit dem Ergreifen dieser in der eigentlichen Existenz gründenden Möglichkeit ist aber nicht alle Möglichkeit des Verfallens vernichtet; denn "das Dasein bereitet ihm selbst die ständige Versuchung zum Verfallen"[59]. Und so kann die Wissenschaft selbst, obwohl sie ihren Ursprung in der Eigentlichkeit hat, der öffentlichen Ausgelegtheit des 'Man' verfallen und zu einer Art der Verdeckung werden[60]. Heidegger schreibt: "Damit wird aber deutlich, daß die Forschung und Wissenschaft selbst nur Seinsmöglichkeiten des Daseins darstellen und deshalb notwendig auch den Seinsmodifikationen des Daseins unterliegen, nämlich als solche, sofern sie faktisch selbst notwendig auch mehr oder minder dem Verfallen ausgesetzt sind, im Betrieb aufgehen, oder, da wo keine Apparate und dergleichen sind, im Gerede aufgehen."[61]

In diesem Punkt kann man zwischen der Interpretation der neuzeitlichen Naturwissenschaft bei Husserl und Heidegger einen Vergleich ziehen. Der Ursprung der Wissenschaft liegt nach Heidegger in der Eigentlichkeit der Existenz und nach Husserl in der philosophischen Einstellung[62]. Die Einzelwissenschaften können nach Husserl nur auf Grund der Überwindung der Naivität des natürlichen Lebens entstehen. Der Zusammenhang zwischen der Entstehung der Philosophie und der Einzelwissenschaften besteht auch in der Neuzeit. Die neuzeitliche Wissenschaft hat ihren Ursprung in der Übernahme der antiken Idee der Philosophie als Erkenntnis aus Letztbegründung und Selbstverantwortung. Die neuzeitliche Wissenschaft konnte aber dieser Idee nicht genugtun und die Überwindung der Naivität des natürlichen Lebens nicht konsequent einhalten. Indem die neuzeitliche Naturwissenschaft der unendlichen mathematischen Natur, die in der Wahrheit nichts anderes als ein methodisches

Konstrukt des Bewußtseins ist, ein wahres *An-sich-Sein* jenseits des Bewußtseins zuspricht, fällt sie in die natürliche Einstellung zurück, die vor allem durch den Glauben an das *An-sich-Sein* der Gegenstände jenseits des Bewußtseins gekennzeichnet ist.

Eine dieser Bewegung ähnliche können wir in Heideggers Analyse sehen. Das pure Entdecken des Seienden hat seinen existenzialen Grund in der Entschlossenheit des Daseins, d.h. in der eigentlichen Existenz. Die Ausbildung und Institutionalisierung der Einzelwissenschaften schon in der Antike bewertet Heidegger als Verfall des eigentlichen Denkens und Philosophierens[63]. Die Einzelwissenschaften verfallen der öffentlichen Auslegung des 'Man'. Das pure Entdecken wird zur betriebsamen Neugier.

Wie sehen nun die beiden Phänomenologen den Ausweg aus dieser Situation? Für Husserl ist die neuzeitliche Naturwissenschaft durch ihre objektivistische Lebensweltvergessenheit gekennzeichnet. Deshalb bedarf es der Erinnerung an die Lebenswelt und der Rückbindung der objektiven Wissenschaft an die Lebenswelt als Horizont der vorwissenschaftlichen sowie der wissenschaftlichen Erkenntnis, d.h. als Hintergrund alles Erscheinens. Die Phänomenologie soll den Hintergrund alles Erscheinens thematisieren, sie soll eine Wissenschaft von der Lebenswelt ausbilden.

Auch Heideggers Analyse deckt eine Vergessenheit der Welt in der neuzeitlichen Wissenschaft auf, diese Vergessenheit ist aber nicht der letzte Grund der Situation dieser Wissenschaft. Der letzte Grund dafür ist die Seinsvergessenheit, weil nach Heidegger das Sein der Hintergrund alles Erscheinens ist. Die Seinsvergessenheit macht es, daß das Sein mit dem Vorhandensein gleichgesetzt wird. Dieses Verständnis hat seinen Grund in der Verfallenheit des Daseins. Auf Grund seiner Verfallenheit an die 'Welt' hat das Dasein die Tendenz, das Sein überhaupt als Vorhandenheit zu verstehen. Das Dasein verfällt aber nicht nur seiner 'Welt', sondern auch seiner Tradition. Die abendländische philosophische Tradition sanktioniert die Seinsvergessenheit. Die Aufgabe ist deshalb, die Seinsfrage zu wecken und auszuarbeiten.

Wie nach Husserl die Naturwissenschaft die Aufgabe der Ausbildung der Wissenschaft von der Lebenswelt nicht bewältigen kann, so ist sie auch für Heidegger der Aufgabe der Ausarbeitung der Seinsfrage nicht gewachsen. Es ist sicher, daß jede Wissenschaft ein Verständnis von der Seinsverfassung ihres Sachgebiets hat. Der physiker versteht vorontologisch die Seinsverfassung der Natur und weiß um die Grundbegriffe der Physik wie Zeit und Bewegung, aber er kann das Wesen der Zeit oder der Bewegung nicht bestimmen, dafür sind seine Mittel und Methoden untauglich. Die thematische Ausbildung der Seinsverfassung jedes Sachgebiets und die ausdrückliche Ausarbeitung seiner Grundbegriffe leisten die regionalen Ontologien; diese bleiben aber blind, wenn die Frage nach dem Sinn von Sein überhaupt nicht ausgearbeitet wird. Die Ausarbeitung der Seinsfrage ist die Aufgabe der Fundamentalontologie.

Weil die Seinsfrage in Vergessenheit geraten ist, bedarf es der Erinnerung an sie. Die Art der Erinnerung muß aber der Art der Vergessenheit entsprechen. Die hier gemeinte Vergessenheit ist die Vergessenheit im primären Sinne, sie ist ein Modus des Verhaltens des Daseins zu seiner Gewesenheit. Sie gehört zur faktischen Existenz und hat ihren Grund im uneigentlichen Verstehen. Im Sichentwerfen auf Möglichkeiten, die aus den besorgten Dingen geschöpft sind, oder auf solche, die das 'Man' vorzeichnet, hat das Dasein schon sein geworfenes Seinkönnen vergessen. "Um an die Zeugwelt 'verloren' 'wirklich' zu Werke gehen und hantieren zu können, muß sich das Selbst vergessen."[64] Die Vergessenheit meint hier nicht das Ausbleiben einer Erinnerung oder das Fehlen eines Erlebnisses, sie "ist nicht nichts ... sondern ein eigener, 'positiver' ekstatischer Modus der Gewesenheit."[65] Weil die Vergessenheit ekstatisch ist, hat sie den Charakter des Ausrückens vor der eigenen Gewesenheit. Auf Grund dieses Ausrückens verschließt die Vergessenheit die Gewesenheit und damit verschließt sie für sich selbst: " Es liegt im ekstatischen Wesen des Vergessens, daß es nicht nur das Vergessene, sondern das Vergessen selbst vergißt."[66] Im uneigentlichen Sichentwerfen vergißt das Dasein sein 'Gewesen' und sein Wesen als geworfenes seinsverstehendes Dasein. Nur auf Grund dieser primären Vergessenheit ist das Behalten der Dinge möglich, diesem Behalten entspricht ein Nichtbehalten, ein Vergessen im abgeleiteten Sinn.

Weil die primäre Vergessenheit ein uneigentlicher Modus des Verhaltens des Daseins zu seiner Gewesenheit ist, kann sie nur auf Grund eines eigentlichen Verhaltens des Daseins zu seiner Gewesenheit überwunden werden. Das eigentliche Sein zur Gewesenheit nennt Heidegger 'Wiederholung'[67]. Die eigentliche Auseinandersetzung mit der seinsvergessenden Tradition hat den Charakter der Wiederholung. Die Wiederholung vollzieht sich nicht als ein Wiederbringen des 'Vergangenen'[68], sondern als Destruktion der Tradition. Die Destruktion ist aber keine 'Abschüttelung' der Tradition[69], sie sucht nicht den Bruch mit der Tradition, sondern den Anschluß an sie, d.h. ihre Aneignung; und das ist nur möglich, wenn die ursprünglichen und verborgenen Möglichkeiten der Tradition erschlossen und der lebendige Boden, aus dem heraus sie erwachsen sind, ans Licht gebracht werden.

Bei der Destruktion der Tradition geschieht die philosophierende "'Erinnerung' an den verborgenen Entwurf des Seins auf die Zeit"[70]. Diese Erinnerung nennt Heidegger die metaphysische Erinnerung und bestimmt sie so: "Das ist nicht die vulgäre Erinnerung an ontisch Geschehenes, an Seiendes, sondern die metaphysische Erinnerung, in der sich jene ursprüngliche Zeitbezogenheit von Sein bekundet. In dieser metaphysischen Erinnerung versteht sich der Mensch in seinem eigentlichen Wesen: als das Seiende, das Sein versteht und auf dem Grunde dieses Verstehens sich zu Seiendem verhält."[71]

Es erweist sich, daß die Destruktion der Tradition und die Ausarbeitung der Seinsfrage miteinander zusammenhängen. Die beiden haben ihren Grund in der eigentlichen Existenz. Damit aber die Untersuchung nicht der Tradition und ihren Theorien verfällt, muß sie 'die Sachen selbst' sehen lassen, sie muß phänomenologisch sein. Indem die phänomenologische Ontologie die Seinsfrage ausarbeitet, liefert sie den Grund, aus dem heraus die neuzeitliche Naturwissenschaft in ihrem Recht und ihrer Grenze verstanden werden kann; denn nur am Leitfaden eines hellen Begriffs von Sein kann der verdunkelte Seinsbegriff, der der neuzeitlichen Naturwissenschaft zugrunde liegt, verstanden werden.

Die Kritik an der neuzeitlichen Naturwissenschaft ist bei Husserl mit der Frage nach der Lebenswelt und bei Heidegger mit der Frage nach dem Sein eng verbunden, also mit dem, was jeder als Hintergrund alles Erscheinens des Seienden, d.h. als die Sache der Phänomenologie, betrachtet. Die nächsten Kapiteln werden zeigen, daß diese Verbindung bei Heidegger auch nach seiner Wendung zum seinsgeschichtlichen Denken bestehen bleibt.

3. Kapitel

Die mathematische Naturwissenschaft und die neuzeitliche Geschichte

Die existenziale Interpretation der Wissenschaft hat gezeigt, daß die naturwissenschaftliche Haltung der Neuzeit eine Existenzmöglichkeit des Daseins ist. Das Dasein kann diese Möglichkeit ergreifen und ausbilden. Diese Interpretation hat ihre Grenze darin, daß sie den geschichtlichen Zusammenhang der wissenschaftlichen Vergegenständlichung der Natur mit der Geisteshaltung der Neuzeit nicht zureichend aufdecken konnte. Dazu kommt Heidegger erst mit seiner Wendung zum seinsgeschichtlichen Denken und seiner Erfahrung der Geschichtlichkeit des Seins.

Hier ist eine Parallelität zwischen der Entwicklung von Husserls und Heideggers Analyse der neuzeitlichen Naturwissenschaft zu sehen. Im ersten Teil dieser Arbeit hatte sich gezeigt, daß Husserl in seinen ersten Untersuchungen zur neuzeitlichen Naturwissenschaft die Konstitution des physikalischen Dings und damit die Entstehung der naturwissenschaftlichen Einstellung nur als eine Möglichkeit darstellt, die im Horizont des intentionalen Bewußtseins und seiner Tendenz zur Erfüllung beschlossen liegt. Erst mit seinem Übergang zur genetischen Phänomenologie und seiner Entdeckung der geschichtlichen Dimension des Bewußtseins konnte Husserl den Zusammenhang der naturwissenschaftlichen Einstellung mit der Geisteshaltung der Neuzeit klarlegen und die Verwurzelung der neuzeitlichen Naturwissenschaft in der abendländischen Geschichte, die mit der Urstiftung der ursprünglichen Idee und Aufgabe der Philosophie bei den alten Griechen beginnt, ans Licht bringen. Ebenfalls werden wir zeigen, daß auch Heidegger auf Grund seiner Erfahrung der Geschichtlichkeit des Seins die naturwissenschaftliche Haltung auf den neuzeitlichen Geist deutlich beziehen und ihre Zugehörigkeit zur abendländischen Geschichte seit dem 'ersten Anfang' bei den Griechen aufhellen konnte.

Doch zuerst: was meint das seinsgeschichtliche Denken? Und wie verhält es sich zu Heideggers Denken im Umkreis von *Sein und Zeit*?

A. Von *Sein und Zeit* zum seinsgeschichtlichen Denken

Heideggers Denken war immer von derselben Frage, der Seinsfrage, bewegt. Das spricht aber nicht dagegen, daß es eine Wende erfahren hat; diese Wende wird unter den Terminus 'Kehre' gefaßt und literarisch von den meisten Interpreten in der Abhandlung *Vom Wesen der Wahrheit* lokalisiert, die Heidegger seit 1930 mehrmals gehalten hat und erst im Jahre 1943 in ihrer ersten Auflage erscheinen ließ. Gemeint ist hier die Kehre vom existenzial-ontologischen Ansatz zum seinsgeschichtlichen Denken. In *Sein und Zeit* geht die Ausarbeitung der Frage nach dem Sinn des Seins, wie schon gesagt, von der Analytik des Daseins als des seinsverstehenden Seienden aus. Die zuerst als 'erste Hälfte' von *Sein und Zeit* erschienene Abhandlung hatte einen vorbereitenden Charakter; sie sollte den Sinn des Seins des Daseins herausstellen, um den Weg zur Ausarbeitung der Seinsfrage vorzubereiten. Im dritten Abschnitt des ersten Teils von *Sein und Zeit*, der in der 'zweiten Hälfte' erscheinen sollte, wollte Heidegger den Versuch unternehmen, im Ausgang von dem Sinn des Seins des Daseins, der sich in der 'ersten Hälfte' als 'Zeitlichkeit' herausgestellt hatte, in den Sinn des Seins überhaupt vorzudringen und die Zeit als Entwurfsbeireich des Seins offenzulegen. Wie bekannt, ließ sich die 'zweite Hälfte' von *Sein und Zeit* nicht anschließen. Seit den dreißiger Jahren wendet sich Heidegger zu seinem seinsgeschichtlichen Denken und versucht einen unmittelbaren Zugang zum Sein. In *Sein und Zeit* konnte das Sein nur im Entwurf und Verstehen des Daseins erschlossen werden, jetzt wird das Dasein selbst im Lichte der Wahrheit des Seins erblickt und interpretiert.

In diesem Zusammenhang ist dem Mißverständnis vorzubeugen, es lasse sich der Bezug von Sein und Dasein als Objekt-Subjekt-Beziehung erfassen, wobei in *Sein und Zeit* das Dasein zuerst existiere und dann erst das Sein entwürfe, während im seinsgeschichtlichen Denken das Sein zuerst ohne das Menschenwesen 'wese' und sich nachträglich dem Menschen zeige. Zwar geht Heidegger in *Sein und Zeit* davon aus, daß das Sein nur im Entwurf und Verstehen des Daseins erschlossen werden kann. Doch steht dort nirgendwo, daß das Dasein das Sein erwirkt und es nach seinem Belieben bestimmt. Das Seinsverständnis darf nicht als vorstellendes Setzen der leistenden Subjektivität verstanden werden; denn *Sein und Zeit* will gerade den neuzeitlichen Standpunkt der Subjektivität überwinden. Daher scheint mir Heideggers selbstinterpretierende Bemerkung in seinen *Beiträgen zur Philosophie* gerechtfertigt, wenn er dort schreibt: "Wenn in 'Sein und Zeit' gesagt wird, daß durch die 'existenziale Analytik' hindurch erst das Sein des nichtmenschlichen Seienden bestimmbar werde, dann heißt das nicht, der Mensch sei das zuerst und zunächst

Gegebene, nach dessen Maßgabe das übrige Seiende die Prägung seines Seins erhalte."[1]

Andererseits ist darauf aufmerksam zu machen, daß im seinsgeschichtlichen Denken das Sein nicht zuerst irgendwie 'wese' und erst dann sich dem Menschen zeige. Ebenso wie in *Sein und Zeit* das Seinsverständnis eine Wesensbestimmung des Daseins ist, so geschieht auch die Entbergung des Seins nach Heideggers seinsgeschichtlichem Denken nur für das Dasein. Das Sichentbergen des Seins für den Menschen ist nicht eine Beschaffenheit, die dem Sein nachträglich zukäme, sondern Sein 'ist' nur im Sichentbergen. "Sein hat sein Eigenes im Sichentbergen. Sein ist nicht zuerst etwas für sich, das dann erst ein Sichentbergen bewerkstelligt."[2] Ebenso meint das Sichverbergen des Seins nicht, daß das Sein irgendwo außerhalb des menschlichen Erfahrungsbereichs ausbleibt. Das Sichverbergen ist gerade die Weise, wie sich das Sein entbirgt, d.h. sich dem Menschen zuschickt. Der Bezug des Seins zum Dasein ist nicht nachträglich, im Menschenwesen liegt der Bezug zum Sein beschlossen, und im Sein des Seienden schwingt der Bezug zum Menschen mit. "In jedem der beiden Glieder der Beziehung zwischen Menschenwesen und Sein liegt schon die Beziehung selber. Aus der Sache gesprochen: es gibt hier weder Glieder der Beziehung noch diese Beziehung für sich."[3] Der Bezug von Sein und Menschen beruht darin, daß einerseits der Mensch dem Sein gehört und andererseits das Sein selbst den Menschen braucht. "Das Seyn braucht den Menschen, damit es wese, und der Mensch gehört dem Seyn, auf daß er seine äußerste Bestimmung als Dasein vollbringe."[4] Der Mensch ist dadurch ausgezeichnet, daß er die Stätte ist, die das Sein für seine Eröffnung benötigt. Der Mensch wird vom Sein gebraucht und in Anspruch genommen, damit er seine Wahrheit im Seienden gründet.

Weder erwirkt das Dasein in *Sein und Zeit* das Sein noch kann das Sein nach dem seinsgeschichtlichen Denken ohne Menschen 'wesen'. Was kennzeichnet dann das seinsgeschichtliche Denken im Vergleich zu Heideggers Denkansatz in *Sein und Zeit*?

In *Sein und Zeit* nennt Heidegger den Existenzvollzug des Daseins Verstehen. Das Verstehen hat die Struktur des Entwurfs. Verstehen und Entwurf werden im seinsgeschichtlichen Denken als geworfen gedacht. Verstehen ist geworfener Entwurf. "Der Werfer selbst, das Dasein, ist geworfen, ereignet durch das Seyn."[5] Der Entwurf ist keine subjektive Leistung des Menschen, sondern vom Sein selbst geworfen. "Der Entwurf des Seyns kann nur vom Sein selbst geworfen werden."[6] Im Entwurf des Seins enthüllt sich der Werfer als geworfen. "Indem der Werfer entwirft, die Offenheit eröffnet, enthüllt sich durch die Eröffnung, daß er selbst der Geworfene ist und nichts leistet, als den Gegenschwung im Seyn aufzufangen."[7] Der Mensch ist vom Sein selbst in die Wahrheit des Seins geworfen. Daraus ergibt sich, daß der eigentliche Werfer nicht der Mensch, sondern das Sein selbst ist: "Das Werfende im Entwerfen ist nicht der Mensch, sondern das Sein selbst, das den Menschen in die Eksistenz des Daseins als sein Wesen schickt."[8] Im seinsgeschichtlichen Denken wird der Mensch als Eksistenz, ekstatisches Innestehen in der Wahrheit des Seins gedacht[9]. Der Mensch kann die Offenheit des Seins nicht schaffen, aber er ist wohl für sie gebraucht. Ohne den Menschen kann die Wahrheit des Seins nicht geschehen, und das Seiende kann nicht erscheinen und bewahrt werden.

Vom Standpunkt des seinsgeschichtlichen Denkens wird die Geschichtlichkeit des Daseins neu überdacht. Hat Heidegger in *Sein und Zeit* die Geschichtlichkeit des Daseins und der Welt als Konkretisierung der ekstatischen Zeitlichkeit des Daseins herausgestellt, so ist das Dasein nun nur deshalb geschichtlich, weil es in die Seinsgeschichte einbezogen ist, d.h. weil es die benötigte Stätte für das Geschehen der Wahrheit des Seins ist. Der Mensch ist nicht deshalb geschichtlich, weil er im Verlauf der Zeit geschieht, sondern weil er in der Lichtung des Seins steht. Die Geschichte ist im eigentlichen Sinne die Geschichte des Seins. Die Geschichte des Seins meint aber bei Heidegger nicht die Abfolge von Zeitabschnitten, wobei in jedem Zeitabschnitt das Sein eine bestimmte Prägung hat. Die Seinsgeschichte kann nicht aus dem Geschehen, sondern nur aus dem Geschick des Seins her gedacht werden: "Das Geschichtliche der Geschichte des Seins bestimmt sich aus dem Geschickhaften eines Schickens, nicht aus einem unbestimmt gemeinten Geschehen."[10] Das Geschick ist die jeweilige Weise, wie sich uns das Sein zuschickt. In jedem Geschick des Seins waltet eine Weise des Sichentbergens und zugleich des Sichverbergens oder Sichentziehens des Seins. Und nur weil das Geschick des Seins wesensnotwendig von einem Sichentziehen durchwaltet ist, deshalb erscheint das Sein in epochaler Prägung und gibt es Epochen des Seins. Epoche meint hier nicht einen Zeitabschnitt im Geschehen des Seins, sondern sie ist als Grundzug des Schickens zu denken. Jedes Geschick des Seins stiftet einen Zeit-Spiel-Raum, in dessen Lichte das Seiende dem Menschen erscheint und dadurch das Handeln und Denken des Menschen bestimmt.

Nun wenden wir uns der Frage nach dem Verhältnis des seinsgeschichtlichen Denkens mit Heideggers Denken in *Sein und Zeit* zu. Ist mit Heideggers Wendung zum seinsgeschichtlichen Denken das Denken von *Sein und Zeit* aufgegeben? Hat sich dieses vom Standpunkt des seinsgeschichtlichen Denkens aus als falsch erwiesen? Oder gibt es doch ein Kontinuität zwischen dem 'frühen' und dem 'späten' Heidegger? Die ausführliche Erörterung dieser Fragen liegt außerhalb der Absicht dieser Arbeit, deshalb beschränke ich mich auf kurze Audeutungen und Hinweise, die den Standpunkt dieser Arbeit verdeutlichen sollen.

Heidegger selbst hat sich zu dieser Frage mehrmals geäußert. Über seinen Denkweg von *Sein und Zeit* zum *Ereignis* schreibt er: "Auf diesem 'Weg', wenn das Stürzen und Steigen so heißen kann, wird immer die selbe Frage nach dem 'Sinn des Seyns' und nur sie gefragt."[11] Hier wiederholt Heidegger, daß seine einzige philosophische Frage die Seinsfrage ist. Sein Weg bei der Ausarbeitung dieser Frage ist aber nicht gerade, er ist vom 'Stürzen und Steigen' durchdrungen, deshalb gibt es keine 'gradweise Entwicklung'[12] in seinem Denken. Die Frage ist dieselbe, aber die 'Standorte des Fragens' sind verschieden[13]. Deshalb ist es nicht angemessen, so Heidegger, "das Frühere als 'falsch' aufzugeben, oder das Spätere als 'schon' im Früheren 'gemeint' nachzuweisen."[14]

Ich glaube, daß diese Äußerungen Heideggers einen angemessenen Ansatz zum Verständnis seines Denkweges von *Sein und Zeit* zum seinsgeschichtlichen Denken bilden. Einerseits läßt sich eine gradweise Entwicklung von Heideggers Denken nicht sachlich nachweisen; man kann nicht nachweisen, daß Heideggers Denken sich so entwickelte, wie er es in *Sein und Zeit* 'geplant' hat. Andererseits aber ist die Behauptung, Heidegger habe mit seiner Wendung zum seinsgeschichtlichen Denken sein Denken in *Sein und Zeit* aufgegeben und einen neuen Ansatz gesucht, weil er das Scheitern dieses Weges zur Ausarbeitung der Seinsfrage konstatiert habe, nicht aufrechtzuerhalten. Denn die Einsicht in die Geschichtlichkeit des Seins, die der Grundgedanke des seinsgeschichtlichen Denkens ist, konnte Heidegger nur auf Grund seiner Analysen und Befunde in *Sein und Zeit* gewinnen. Mit der Kehre wird der Standpunkt von *Sein und Zeit* nicht verlassen, sondern radikalisiert. In diesem Zusammenhang scheint mir die Behauptung gerechtfertigt, daß die Kehre durch Heideggers Absicht motiviert ist, den neuzeitlichen Standpunkt der Subjektivität zu überwinden[15]. Bekanntlich spielt diese Absicht schon in *Sein und Zeit* eine leitende Rolle.

Bei der Interpretation von Heideggers Wendung zum seinsgeschichtlichen Denken erhebt sich eine weitere Frage. Es handelt sich um die Frage nach Heideggers Stellung zur phänomenologischen Methode. Ich möchte diese Frage nicht ausführlich behandeln, sondern ich bleibe auch hier bei kurzen Hinweisen.

Heidegger hat sein Denken gerade in den Jahren nach *Sein und Zeit* nicht mehr als phänomenologisch bezeichnet und hat kaum mehr Bezug auf Husserl genommen. Das hat einige Interpreten zu behaupten veranlaßt, daß Heidegger nach *Sein und Zeit* die phänomenologische Methode verabschiedet habe. In seiner berühmten Untersuchung lokalisiert O. Pöggeler die Aufgabe der phänomenologischen Methode durch Heidegger in seiner Freiburger Antrittsvorlesung[16]. Heidegger selbst hat aber in seiner Spätzeit wiederholt behauptet, sein Denken sei immer phänomenologisch geblieben, vorausgesetzt, daß der Titel Phänomenologie keine philosophische Richtung oder Lehre meint, sondern die Möglichkeit, der Sache des Denkens zu entsprechen[17]. Unter anderen hat F.-W. von Herrmann in mehreren Untersuchungen[18] versucht, diese Behauptung von Heidegger zu begründen und die phänomenologischen Züge des seinsgeschichtlichen Denkens aufzuzeigen. Von besonderer Bedeutung in diesem Zusammenhang ist K. Helds Untersuchung *Heidegger und das Prinzip der Phänomenologie*[19]. Dort behauptet Held nicht nur, daß das Denken Heideggers auch nach der Kehre phänomenologisch geblieben ist, sondern er zeigt auch anhand der

Rekonstruktion einiger Zentralgedanken Heideggers, daß sich die Kehre aus Heideggers Versuch ergeben hat, das Evidenzprinzip der Phänomenologie zu Ende zu denken. Er schreibt: "So führt eine immer konsequentere Besinnung auf die antinominalistisch-antivoluntaristischen Implikationen des Evidenzprinzips Heidegger zur 'Kehre'."[20]

Diese Bemerkungen sollen den gesamten Rahmen des seinsgeschichtlichen Denkens von Heidegger und das Verhältnis dieses Denkens zu Heideggers Denken in *Sein und Zeit* zeichnen. Aus diesen Bemerkungen ergibt sich, daß das seinsgeschichtliche Denken zwar nicht aus einer gradweisen Entwicklung des Denkens von *Sein und Zeit* entstanden ist, jedoch streicht jenes nicht dieses durch. Wenn diese Behauptung zu Recht besteht, dann kann die seinsgeschichtliche Interpretation der neuzeitlichen Naturwissenschaft die existenziale Interpretation nicht einfach durchstreichen. Wohl aber erweist sich die letztere vom Standpunkt des seinsgeschichtlichen Denkens als nicht mehr zureichend. Die neuzeitliche Naturwissenschaft muß nun geschichtlich interpretiert werden. Heidegger bleibt noch immer bei seiner Überzeugung, daß die wissenschaftliche Erforschung der Natur nur auf Grund ihrer Vergegenständlichung auf dem Wege des mathematischen Entwurfs ihrer Seinsverfassung möglich ist. Dieser Entwurf muß nun aber geschichtlich interpretiert werden, d.h. er muß in seinem Zusammenhang mit der metaphysischen Grundstellung der neuzeitlichen Geschichte gedacht werden. Denn alle Erscheinungen eines Zeitalters sind nach Heidegger durch die metaphysische Grundstellung dieses Zeitalters bestimmt, jede metaphysische Grundstellung ist durch ihre Auffassung des Seienden im Ganzen und ihre Auslegung der Wahrheit gekennzeichnet. Der geschichtliche Grund der neuzeitlichen Naturwissenschaft muß in der metaphysischen Grundstellung der Neuzeit gesucht werden.

Nun aber scheint diese Ansicht unhaltbar zu sein, und zwar aus zwei Gründen. Zum einen ist die neuzeitliche Naturwissenschaft durch ihre Objektivität und Positivität ausgezeichnet, und deshalb ist es äußerst fraglich, ob sie in einer metaphysischen Vorstellung gründen kann. Ist die positive Wissenschaft und vor allem die Naturwissenschaft nicht gerade durch die Überwindung aller metaphysischen Naturvorstellungen entstanden? Zum anderen ist die Metaphysik etwas 'Abstraktes', sie beschäftigt sich mit dem 'übernatürlichen' Bereich. Deshalb ist es schwierig einzusehen, wie sie der Grund einer sachlichen Erkenntnis von der Naturrealität sein kann.

Diese Einwände beruhen auf einem verkürzten Verständnis der Metaphysik. Die Entstehung der mathematischen Naturwissenschaft bedeutet nach Heidegger nicht den Übergang von der Metaphysik in die positive Wissenschaft. Wie die Aristotelische Physik, gründet auch die neuzeitliche Physik in einer metaphysischen Grundstellung, d.h. in einer Auslegung des Seins der Natur und des Seienden im Ganzen. Es wird nicht hier Wissenschaft und dort Metaphysik betrieben, sondern auf der beiden Seiten beruht die wissenschaftliche Naturerkenntnis jeweils auf einem bestimmten

Verständnis des Seins. Dieses Verständnis selbst eröffnet den Spielraum, worin die Naturtatsachen hier und dort erscheinen und interpretiert werden können. Die neuzeitliche metaphysische Grundstellung läßt die Natur so erscheinen, daß sie zum Thema der wissenschaftlichen Vergegenständlichung gemacht werden kann.

Mit der Metaphysik meint Heidegger nicht eine philosophische Disziplin neben anderen wie Ethik und Logik. Die Metaphysik ist der tragende Grund des abendländischen Denkens und der abendländischen Geschichte. Jede metaphysische Grundstellung begründet ein Zeitalter und druchherrscht alle seine Erscheinungen, sie bestimmt das Grundverhalten des Menschen zum Seienden und prägt alle Gestalten des menschlichen Lebens von der Alltäglichkeit bis zur Wissenschaft und Technik. Als spezifische Erscheinung der Neuzeit muß die mathematische Naturwissenschaft in der metaphysischen Grundstellung der Neuzeit gründen.

Die Aufgabe der geschichtlichen Interpretation der Naturwissenschaft besteht zuerst in der Einbeziehung dieser Wissenschaft in die gesamte Haltung der Neuzeit. Diesen Weg hat auch Husserl, wie ich im ersten Teil dieser Arbeit gezeigt habe, verfolgt. Dieser unternimmt in der *Krisis*-Abhandlung den Versuch, die Entstehung der neuzeitlichen Physik bei Galilei aus der philosophischen Einstellung der Renaissance und der frühen Neuzeit aufzuklären. Die wissenschaftliche Naturerkenntnis in der neuzeit ist, so Husserl, erst auf Grund der Übernahme der antiken Idee der Philosophie und ihrer Forderung nach einer Erkenntnis aus Letztbegründung und Selbstrechtfertigung möglich geworden. Wie Husserl, behauptet auch Heidegger, daß die Naturwissenschaft ihre Wurzeln in der neuzeitlichen Geschichte hat. Nun möchte ich im folgenden Abschnitt zeigen, wie Heidegger diese Behauptung begründet.

B. Die mathematische Naturwissenschaft und die Grundstellung der neuzeitlichen Metaphysik

Unsere Darstellung muß auf den wesentlichen Grundzug der neuzeitlichen Naturwissenschaft zurückgreifen. Im ersten Kapitel dieses Teils hat sich herausgestellt, daß der wesentliche Grundzug dieser Wissenschaft in ihrem Entwurf der Seinsverfassung der Natur liegt. Diesen Entwurf bezeichnet Heidegger als mathematisch. Mit dieser Bezeichnung meint er, daß die Natur als Bereich von Bewegungsgrößen gleichmäßiger Massenpunkte entworfen wird. Dieser Entwurf ermöglicht das Experiment sowie die Mathematisierung der Naturvorgänge. Mit dieser Bestimmung der Bedeutung des 'Mathematischen' kann sich Heidegger nicht mehr zufrieden geben. Das

Mathematische muß jetzt gründlicher hinterfragt und nach seinem seinsgeschichtlichen Ort bestimmt werden.

Ein notwendiger Schritt dafür ist die Unterscheidung zwischen dem Mathematischen im ursprünglichen Sinne und der Mathematik, also dem Zahlenhaften. Diese Unterscheidung war schon in Heideggers existenzialer Analyse der neuzeitlichen Naturwissenschaft im Spiel, jetzt muß sie scharf und deutlich gefaßt werden. Man darf das Mathematische nicht mit dem Zahlenhaften identifizieren; denn das Zahlenhafte ist nur eine bestimmte Ausformung des Mathematischen im ursprünglichen Sinne[21]. Das Zahlenhafte ist mathematisch im abgeleiteten Sinne. Was bedeutet nun das Mathematische im ursprünglichen Sinne?

Zur Verdeutlichung der Bedeutung des Mathematischen greift Heidegger auf die griechische Wurzel des Wortes zurück. Das Mathematische ist die deutsche Übersetzung des griechischen Wortes *ta mathemata*. Nach Heideggers Ausführungen gehört *ta mathemata* in der griechischen Erfahrung zu den Hinsichten, nach denen die Dinge betrachtet werden können. Das Mathematische betrifft die Dinge in einer bestimmten Hinsicht, es bezeichnet nicht das, was wir erfahrungsmäßig lernen und aus den Dingen selbst schöpfen, sondern das, was wir an den Dingen schon im voraus kennen müssen, um sie überhaupt kennenlernen zu können, und was unser Betrachten der Dinge und unseren Umgang mit ihnen ermöglicht und orientiert; z.B. an den Körpern das Körperhafte, an den Tieren das Tiermäßige usw. Nur im Hinblick auf diese Bedeutung des Mathematischen können wir die Zahlen als mathematisch bezeichnen und von einer wissenschaftlichen Disziplin genannt Mathematik sprechen; denn wir gewinnen die Zahlen nicht erfahrungsmäßig und wir schöpfen sie nicht aus der Betrachtung der Dinge, sondern die Sache ist umgekehrt: nur unter der Bedingung, daß die Zahlen uns bekannt sind, können wir die Dinge zählen und mit ihnen umgehen und rechnen. Weil die Zahlen die bekannteste Form des Mathematischen sind, ist man dazu verführt, sie mit dem Mathematischen zu identifizieren.

Im Ausgang von dieser Erläuterung der Bedeutung des Mathematischen behauptet Heidegger, daß die mathematische Naturwissenschaft nicht deshalb mathematisch ist, weil sie die Mathematik auf die Naturvorgänge anwendet und mit den Zahlen operiert, sondern umgekehrt: diese Wissenschaft kann die Mathematik nur anwenden, weil in ihr das Mathematische im Spiel ist, d.h. weil sie neuzeitlich ist. Denn die Herrschaft des Mathematischen ist ein Grundzug der neuzeitlichen Denkart insgesamt.

Bisher haben wir das Mathematische von der Mathematik abgehoben und die Mathematik als bestimmte Ausformung des Mathematischen herausgestellt, nun muß der mathematische Zug der neuzeitlichen Naturwissenschaft aufgezeigt werden. Es hat sich herausgestellt, daß der wesentliche Grundzug der neuzeitlichen Naturwissenschaft im mathematischen Entwurf der Natur liegt. Dieser Entwurf liefert einen

Grundriß, der den Bereich der Natur umgrenzt und im voraus bestimmt, was als Naturvorgang angesehen werden kann. "In diesen Grundriß von Natur muß jeder Vorgang hineingesehen werden. Im Gesichtskreis dieses Grundrisses wird ein Naturvorgang erst als ein solcher sichtbar."[22] Dieser Entwurf ermöglicht, wie schon gezeigt, das Experiment und die Mathematisierung der Naturvorgänge, weil er die Natur im voraus als einen in sich geschlossenen Bewegungszusammenhang raumzeitlich bezogener Massenpunkte auffaßt. Der mathematische Entwurf der Natur ist also ein Vorausgriff in das Wesen der Naturvorgänge, deshalb kann er nicht wissenschaftlich gelernt oder erfahrungsmäßig gewonnen werden, sondern er ist, und aus diesem Grund ist er mathematisch, das, was unsere wissenschaftliche Erfahrung und Erforschung der Natur erst ermöglicht und bestimmt.

Die Sätze, die das Wesen der Naturvorgänge vorzeichnen, sind keine wissenschaftlichen Sätze, sie sind mit der wissenschaftlichen Denkweise nicht einmal zu fassen, geschweige denn zu begründen. Sie selbst ermöglichen die Wissenschaft und liegen jeder wissenschaftlichen Forschung und Erkenntnis zugrunde. Ein Satz wie 'jeder Naturvorgang ist raumzeitlich bestimmbar' kann mit den wissenschaftlichen Mitteln und Methoden nicht ausgewiesen werden. Der Grund dafür liegt nicht nur in der Unmöglichkeit, alle Naturvorgänge in der Gegenwart, Vergangenheit und Zukunft zu beobachten und sie auf ihre raumzeitliche Bestimmbarkeit hin zu prüfen, sondern vor allem darin, daß dieser Satz erst festlegt, was als Naturvorgang gelten darf. Deshalb sind die im Entwurf vorausgreifenden Bestimmungen keine wissenschaftlichen Sätze, sondern Grundsätze oder Axiome. Sie setzen kein Wissen und keine Erfahrung voraus, vielmehr muß alles Wissen aus ihnen folgen.

Die Forderung nach der Begründung des Wissens aus Grundsätzen oder Axiomen, die nichts vor ihnen dulden und aus denen alles Weitere in einsichtiger Folge hervorgehen muß, ist gerade nach Heidegger der eigentliche Grundzug des Mathematischen, das in der Neuzeit zur Herrschaft gekommen ist und sich als Maßstab für das gesamte Wissen gesetzt hat. "Das Mathematische ist eine bestimmt gerichtete Auffassung vom Wesen des Wissens überhaupt. Danach gehört zum Wissen die selbst anfangende Begründung des Wißbaren aus und in begründungsunbedürftigen ersten Sätzen."[23] Das Mathematische ist eine Wesensform des Wissens in der Neuzeit. Aufgrund der Herrschaft des Mathematischen als Wissensform erfolgt die neuzeitliche Ausformung der Mathematik sowie die Axiomatik und die Forderung nach der Systembildung, die alle nach Heidegger spezifische Erscheinungen der Neuzeit sind. Das Wissen will sich überhaupt nur an selbst übernommene Grundsätze binden.

Diese Forderung betrifft auch die mathematische Naturwissenschaft als Erscheinung der Neuzeit. Der mathematische Entwurf der Natur legt die Grundsätze fest, an die sich die Naturforschung binden muß. "Im mathematischen Entwurf vollzieht sich die Bindung an die in ihm selbst geforderten Grundsätze."[24]

Die Herrschaft des Mathematischen fordert eine gesicherte Begründung des Wissens in Grundsätzen, aus denen alles Weitere hervorgehen muß. Weil alles von diesen Grundsätzen abhängt, müssen sie einsichtig, d.h. gewiß sein. Ihre Gewißheit begründet ihre Wahrheit. Das ist für Heidegger entscheidend, der Grund der Herrschaft des Mathematischen liegt also im Wandel des Wesens der Wahrheit, d.h. darin, daß die Wahrheit in der Neuzeit als Gewißheit aufgefaßt wird.

Wir haben im ersten Teil dieser Arbeit festgestellt, daß auch Husserl die Herrschaft der mathematischen Denkweise in der gesamten neuzeitlichen Kultur eingesehen hat. Auch Husserl ist sehr fern von der oberflächlichen Meinung, daß die Entstehung der neuzeitlichen Physik sich der Anwendung der Zahlen auf die vorgegebenen Naturvorgänge verdankt. Nach ihm setzt die Anwendung der Zahlen auf die Natur die Konstitution des physikalischen Dings und der physikalischen Natur voraus. Die Konstitution des physikalischen Dings vollzieht sich mittels der Idealisierung. Bekanntlich ist die Idealisierung die Methode der Mathematik, deshalb kann die Idealisierung der Natur in der Neuzeit als Übertragung der mathematischen Methode auf den Bereich der Natur verstanden werden. Auf Grund der theoretischen und praktischen Erfolge der idealisierenden Methode im Bereich der physikalischen Natur gelangt sie zur Herrschaft auch in den anderen Bereichen des Wissens, die grundsätzlich verschieden sind von der Mathematik und der Naturwissenschaft, wie in den Geisteswissenschaften und in der Philosophie. Die idealisierende Methode erobert allmählich neue Bereiche und wird zum Vorbild der wissenschaftlichen Erkenntnis und zur Denkgwohnheit des neuzeitlichen Menschen.

Heidegger hat eine andere Interpretation zur Herrschaft der mathematischen Denkweise in der Neuzeit. Das Mathematische entsteht nicht durch Verallgemeinerung oder Übertragung der mathematischen Erkenntnis. "Vielmehr sind die neuzeitlichen Naturwissenschaften und die neuzeitliche Mathematik und die neuzeitliche Metaphysik aus derselben Wurzel des Mathematischen im weiteren Sinne entsprungen."[25] Der Grund der Herrschaft des Mathematischen liegt darin, daß die Gewißheit zum Maßstab der Wahrheit geworden ist. Die Auffassung der Wahrheit als Gewißheit kennzeichnet die metaphysische Grundstellung der Neuzeit. Das Mathematische gelangt also zur Herrschaft auf Grund der neuzeitlichen metaphysischen Grundstellung.

Dieser Unterschied zwischen den beiden Phänomenologen wird sich aber als wenig bedeutend erweisen, wenn man Husserls Interpretation noch tiefer erfaßt. Denn, wenn man mit Husserl davon ausgeht, daß die Idee der Philosophie der gesamten neuzeitlichen Kultur zugrunde liegt, dann kann man leicht ersehen, daß die Herrschaft der idealisierenden Methode ihren letzten Grund in der Übernahme der Idee der Philosophie hat. Also ist auch für Husserl die Herrschaft des Mathematischen und die Übertragung der mathematischen Methode auf andere Wissensbereiche nicht als vereinzelte Entscheidung zu fassen. Die Übertragung der idealisierenden Methode der Mathematik auf die Naturwissenschaft entstammt der gesamten Einstellung des europäischen Menschentums in der Renaissance und der frühen Neuzeit. In dieser Zeit wollte das europäische Menschentum sich von den mittelalterlichen bindungen befreien, sein Leben selbst gestalten und das Gesamtwissen auf sicheren Boden begründen. Galilei hat die Natur nicht aus Vorliebe für die Methode der Mathematik idealisiert, sondern weil er, so interpretiert Husserl Galilei, nur durch diese Methode ein sichere Naturerkenntnis, die die Relativität der subjektiven Auffassungen des Alltagswissens überwindet, zu erreichen glaubte. Also bezieht auch Husserl die Herrschaft der mathematischen Denkweise auf eine umfassende geschichtliche Haltung des europäischen Menschentums in der Renaissance und sein Streben nach einer sicheren Erkenntnis. Die Forderung nach sicherer Erkenntnis ist auch bei Husserl bezeichnend für die neuzeitliche Einstellung. Dieser Einstellung liegt aber, und da ist der Unterschied zu Heidegger zu sehen, ein freier, willentlicher Entschluß des europäischen Menschentums zugrunde. Im Gegensatz dazu meint Heidegger, daß eine metaphysische Grundstellung nicht durch eine subjektive - oder auch intersubjekive - willentliche Entscheidung zu erwirken ist. Daß die Wahrheit in der Neuzeit zur Gewißheit geworden ist, ist nicht vom Menschen gewollt, sondern vom Sein selbst geschickt. Doch was meint Heidegger mit dem Wandel der Wahrheit zur Gewißheit? Und welche Rolle spielt dieser Wandel in der Entstehung der mathematischen Naturwissenschaft?

Der Wandel der Wahrheit zur Gewißheit bedeutet zuerst, daß nun das menschliche Denken selbst über die Wahrheit entscheidet. "Das Denken und seine Gewißheit wird der Maßstab für die Wahrheit."[26] Der Maßstab der Wahrheit des Wissens liegt in dem Wissen selbst, in seiner Selbstgewißheit. "Das Wissen hält sich dann für gegründet, wenn es seiner selbst gewiß ist."[27] Die Selbstgewißheit des Denkens und Wissens wird zum Gerichtshof, der entscheidet, was wahr und was nicht wahr ist. Die Wahrheit des Wissens liegt nicht in seiner Übereinstimmung mit irgendetwas, das außerhalb seiner liegt, sondern mit sich selbst. "Diese Gewißheit vollbringt nicht erst und nur die Aneignung einer Wahrheit an sich, sondern sie ist das Wesen der Wahrheit selbst."[28]

Auf Grund der Gleichsetzung der Wahrheit mit der Gewißheit ist das neuzeitliche Denken überall bemüht, die Gewißheit des Wißbaren sicherzustellen. "Dieses Sicherstellen muß ein Berechnen sein, weil nur die Berechenbarkeit gewährleistet, im voraus und ständig des Vorzustellenden gewiß zu sein."[29] So ist die neuzeitliche Wissenschaft deshalb eine rechnende, weil sie in der Auffassung der Wahrheit als Gewißheit gründet und weil das Rechnen die Gewißheit am sichersten gewährleistet. Die rechnende Sicherstellung bestimmt nicht nur die wissenschaftliche Forschung, sondern sie prägt das Grundverhalten des neuzeitlichen Menschen zum Seienden. Das

Seiende erscheint "im Gesichtskreis der Berechenbarkeit"[30] und wird so bearbeitet, daß es in den planbaren Vorgriff der Berechenbarkeit eingefangen wird.

An dieser Stelle muß aber darauf hingewiesen werden, daß Heidegger, wie auch Husserl, das Rechnen nicht mit dem Operieren mit Zahlen identifiziert. Das rechnende Denken verwendet nicht unbedingt Zahlen. Heidegger gebraucht den Ausdruck Rechnen in einem weiteren und wesentlichen Sinne. Das Einzigartige des Rechnens besteht darin, "daß wir, wenn wir planen, forschen und einen Betrieb einrichten, stets mit gegebenen Umständen rechnen. Wir stellen sie in Rechnung aus der berechneten Absicht auf bestimmte Zwecke. Wir rechnen im voraus auf bestimmte Erfolge. Dieses Rechnen kennzeichnet alles planende und forschende Denken."[31] Das rechnende Denken stellt jedes Seiende in die Bahn der Vorausplanungen und Berechnungen und fordert die restlose Sicherung der Planung und Ordnung. Die Auffassung der Wahrheit als Gewißheit fordert, daß alles Seiende in die Kette der Berechenbarkeit eingefügt wird. Kein Wißbares und kein Seiendes kann sich nun der Gewalt der Berechenbarkeit entziehen, "das Unberechenbare ist hier nur das in der Berechnung noch nicht Bewältigte, an sich aber einst auch Einzufangende; also keineswegs das Außerhalb jeder Rechnung"[32] In allen Bereichen des Lebens ist der neuzeitliche Mensch darauf aus, die Dinge nach seinen Zwecken zu meistern und zu steuern. Planen und Berechnen werden in allen Bereichen und Situationen betrieben. Berechnen ist nun das "Grundgesetz des Verhaltens."[33]

Daß das Rechnen und Planen das gesamte Verhalten des neuzeitlichen Menschen zum Seienden prägt, hat seinen Grund, wie gezeigt, darin, daß die Gewißheit zum Maßstab der Wahrheit geworden ist. Daraus ist zu ersehen, daß die metaphysische Frage nach dem Wesen der Wahrheit keine 'abstrakte', über der menschlichen Wirklichkeit freischwebende Frage ist. Vielmehr hängt der Bezug des geschichtlichen Menschen zum Seienden davon ab, welche Gestalt die Wahrheit in einem Zeitalter annimmt. "Was immer sich mit dem geschichtlichen Menschen begibt, ergibt sich jeweils aus einer zuvor gefallenen und nie beim Menschen selbst stehenden Entscheidung über das Wesen der Wahrheit."[34] Daß die neuzeitliche Wissenschaft eine rechnende ist, geht nicht auf die Entscheidung einer Person oder einer wissenschaftlichen Kommission zurück, sondern darauf, daß die Wahrheit in der Neuzeit zur Gewißheit und damit das Rechnen zum sicheren Zugang zum Seienden geworden ist.

Nun haben wir gesagt, daß Heidegger den Ausdruck Rechnen in einem weiteren Sinne als Planen, Steuern und Sicherstellen versteht. Die neuzeitliche Naturwissenschaft ist aber nicht nur eine rechnende Wissenschaft in diesem weiteren Sinne, sondern auch im engeren Sinne, nämlich im Sinne des Operierens mit Zahlen, der Messung und der Mathematisierung der Naturvorgänge. Deshalb ist mit dem Hinweis auf den Wandel der Wahrheit in der Neuzeit noch nicht gezeigt, was die Messung der Naturvorgänge und ihre mathematische Behandlung ermöglicht. Dafür müssen wir ein anderes Moment der metaphysischen Grundstellung der Neuzeit in Erwägung ziehen, nämlich, welche Auslegung des Seins des Seienden in dieser Grundstellung herrscht.

Der Übergang von der Darstellung der Auffassung der Wahrheit zur Bestimmung des Seins des Seienden in der metaphysischen Grundstellung der Neuzeit legt den Eindruck nahe, als ginge es hier um die Aufzählung von Merkmalen, die zusammen das Wesen der Neuzeit ausmachten. Dieser Eindruck muß mit Entschiedenheit ferngehalten werden; denn er widerspricht eindeutig Heideggers Verständnis der Zusammengehörigkeit von Sein und Wahrheit. Sein und Wahrheit gehören zusammen und sind gleichursprünglich. Das hat Heidegger von *Sein und Zeit* bis zu seinen letzten Schriften mehrfach betont. Wahrheit ist in der ursprünglichen Erfahrung, wie sie sich bei den ersten griechischen Denkern dokumentieren läßt, nicht ein Charakter unserer Erkenntnisse oder Aussagen über das Seiende, sondern sie ist ein Grundzug des Seienden selbst. Dieser Sachverhalt bleibt auch dann bestimmend, wenn die Metaphysik diese ursprüngliche Zusammengehörigkeit von Sein und Wahrheit verkennt und den Ort der Wahrheit in das menschliche Denken und Aussagen verlegt. Die Auffassung der Wahrheit in einem Zeitalter kommt nicht zur Auffassung des Seins hinzu, sondern die beiden sind gleichursprünglich. Jedes Geschick des Seins ist zugleich eine Entscheidung über die Wahrheit. Die neuzeitliche Auffassung der Wahrheit wird deshalb erst dann voll begriffen, wenn wir wissen, welche Auffassung des Seins des Seienden in der metaphysischen Grundstellung der Neuzeit herrscht.

In der Neuzeit wird das Seiende als Gegenstand angesehen. "Das Seiende erscheint als Gegenstand. Das Sein kommt als die Gegenständigkeit der Gegenstände zum Scheinen."[35] Das Seiende muß uns begegnen, entgegenkommen; und nur auf Grund dieses Entgegenkommens kann es zum Stehen kommen und Stand gewinnen. Die Ständigkeit des Gegenstandes ist auf unser Denken und Vorstellen angewiesen. "Insofern das Sein in der Gegenständigkeit der Gegenstände erscheint, überantwortet es seine Bestimmbarkeit dem Vorstellen im Sinne der reflektierenden Repräsentation. Diese stellt das Seiende dem Vorstellen als Gegenstand zu."[36] Mit der Bestimmung des Seienden als Gegenstand wird es also auf das menschliche Vorstellen bezogen; denn das Seiende wird zum Gegenstand durch das menschliche Vorstellen, das seiner selbst gewiß sein muß. Das Vorstellen selbst ist die "vorgehende, meisternde Vergegenständlichung"[37]. Heidegger versucht die ursprüngliche Nennkraft des Wortes Vorstellen herauszuspüren und dadurch seine philosophische Bedeutung zu verdeutlichen. Etwas vorstellen heißt: etwas vor sich haben, vor sich bringen, "von sich her etwas vor sich stellen und das Gestellte als ein solches sicherstellen"[38]. Das Vorstellen als Vor-sich-stellen ist relativ auf einen Bezugspunkt oder maßgebenden Bereich, und das ist der Vorstellende selbst, d.h. das menschliche Subjekt, das auf sich zu das Seiende zustellt und zurückzwingt. Die Zustellung des Seienden auf den

Vorstellenden muß gewiß, d.h. sicher sein. Auf Grund dieser sicherstellenden Zustellung wird das Seiende vor den vorstellenden Menschen entgegengestellt und zum Stand gebracht, es wird zum Gegen-Stand.

Diese Auffassung des Seins bedeutet aber nicht, daß das Seiende zuerst ist und dann durch das menschliche Vorstellen zum Gegenstand gemacht wird. Im Gegenteil entscheidet das Vorstellen selbst über das Sein des Seienden. Nur das, was vor das menschliche Vorstellen gestellt werden kann, gilt als wahr, d.h. als seiend. Das Seiende ist nur insofern als seiend anerkannt, als es das im Vorstellen Entgegen-Gestellte, Gegen-Ständige. Damit meint Heidegger wiederum nicht, daß die neuzeitliche Metaphysik das Seiende subjektiviert, es als bloße Vorstellung im menschlichen Subjekt betrachtet und in den Erlebnissen und Vorkommnissen des Bewußtseins auflöst. Nach Heidegger bezweifelt die neuzeitliche Metaphysik nicht das wirkliche Sein der Welt und der Dinge. Die Frage ist aber, was das wirkliche Sein besagt, worin es gesucht werden muß und von woher das Seiende das Siegel des Seins empfängt. Die neuzeitliche Antwort auf diese Frage lautet: nur das, was dem menschlichen Subjekt mit Gewißheit, d.h. im rechnenden Vorstellen, zugestellt werden kann, ist wahr und wirklich, d.h. seiend.

Aus dieser Betrachtung ist die Zusammengehörigkeit der neuzeitlichen Auffassung des Seins und der Wahrheit deutlicher zu ersehen. Das Sein schickt sich in der Neuzeit als Gegenständigkeit des Gegenstandes und Vorgestelltheit des Vorgestellten zu. Das Vorstellen gibt das Gesetz des Seins, es entscheidet darüber, was als Seiendes betrachtet werden kann und was nicht. Nur das, was mit Gewißheit und Sicherheit vorgestellt werden kann, gilt als wahr und zugleich als seiend. Heidegger schreibt: "Das Vorstellen wird zum Gerichtshof, der über die Seiendheit des Seienden entscheidet und sagt, daß künftighin als ein Seiendes nur gelten sollte, was im Vorstellen durch dieses vor es selbst gestellt und ihm so sichergestellt ist."[39]

Was folgt nun aus der Bestimmung des Seins als Gegenständigkeit? Weil das Dasein sich zum Seienden immer seinsverstehend verhält, und weil das Sein in der Neuzeit als Gegenständigkeit für das menschliche Vorstellen zum Vorschein kommt, wird die Vergegenständlichung zum Grundverhalten des Daseins zum Seienden und zur Welt. "Die Vergegenständlichung ist jetzt das Grundverhalten zur Welt"[40]. In der Neuzeit gelangt die Vergegenständlichung zur Herrschaft, damit beginnt der Prozeß der Eroberung des Seienden im sicherstellenden Vorstellen. Alles Seiende begegenet dem menschlichen Denken und Handeln nur im Lichte dieser Auslegung des Seins als Gegenständigkeit und wird nur als Gelegenheit der Meisterung und Eroberung im rechnenden Vorstellen angesehen. Der Prozeß der Vergegenständlichung geht je und je voran, er erkennt keine Grenze an. "Indem das Vorstellen im vorhinein darauf geht, alles Begegnende als Vorgestelltes sicherzustellen, übergreift es das Vorzustellende ständig. Dergestalt geht das Vorstellen, je und je sich übergreifend, über sich hinaus."[41] Es scheint so, daß sich nichts dem Zugriff der sichernden Vergegenständlichung entziehen kann und nichts in der Lage ist, diesem mit Tatkraft und Entschiedenheit voranschreitenden Prozeß Einhalt zu gebieten vermag. Die Vergegenständlichung erstrebt die Eroberung aller Seinsgebiete.

Diese Auffassung des Seins als Gegenständigkeit des Vorstellens und der Wahrheit als Gewißheit des Vorstellens, die die metaphysische Grundstellung der Neuzeit beherrscht, ermöglicht nach Heidegger die Entstehung der neuzeitlichen Wissenschaft. Diese bezeichnet er im Vergleich zur antiken und mittelalterlichen Wissenschaft als Forschung[42]. Nur wenn das Seiende als Gegenstand des menschlichen Vorstellens erscheint, kann der vorstellende Mensch in das Seiende vorausgreifen und im voraus bestimmen, was zum Sein des zu erforschenden Gebietes des Seienden gehört. Damit öffnet sich dem menschlichen Erkennen ein Bereich des Seienden, der erforscht, d.h. vor das rechnende Vorstellen gebracht werden kann.

Daß die Naturwissenschaft eine rechnende Forschung ist, liegt in der neuzeitlichen Auffassung des Seins und der Wahrheit begründet. Damit ist aber noch nicht gezeigt, aus welchem Grund die neuzeitliche Naturwissenschaft eine messende ist; denn Rechnen heißt, wie schon gesagt, nicht unbedingt Messen. Die Frage ist: Was macht die Naturwissenschaft zur messenden Wissenschaft?

Es hat sich früher gezeigt, daß die Anwendung der Messung auf die Naturvorgänge darauf zurückzuführen ist, daß der mathematische Entwurf die Natur als Bereich der Gleichmäßigkeit versteht: die Dinge werden auf die Stofflichkeit und Bewegung reduziert, die Zeit wird als kontinuierlicher Ablauf von gleichmäßigen Jetztpunkten und der Raum als unendliches Kontinuum von geometrischen Punkten verstanden. Die primäre Erfahrung des Dings als Gebrauchsding und der alltäglichen Welt als Bewandtnisganzheit wird verdeckt. Die ekstatische Zeitlichkeit und die primäre Räumlichkeit des besorgenden Daseins werden verstellt. Die Wissenschaft operiert also mit den vulgären Begriffen der öffentlichen Ausgelegtheit des 'Man'. Vom Standpunkt der Existenzialanalytik liegt der Grund dieser Verdeckungen in der Verfallenheit des Daseins. Weil nun aber das Dasein selbst aus dem Geschick des Seins interpretiert wird, muß die wissenschaftliche Auslegung der Natur auf das neuzeitliche Seinsgeschick zurückbezogen werden. Das Sein schickt sich in der Neuzeit als Gegenständigkeit des Vorstellens zu. Nur weil alles Seiende auf das menschliche Vorstellen gestellt wird, können die Dinge als gleichmäßig erscheinen und gemessen werden. Die Mathematisierung der Natur hat nun ihren letzten Grund in der Auslegung des Seins als Gegenständigkeit und Vorgestelltheit.

Mit der Herrschaft der Vergegenständlichung wird das Seiende je und je eingeebnet, die Welt wird allmählich einförmig und gleichmäßig, die Unterschiede zwischen den verschiedenen Bereichen des Seienden werden neutralisiert. Ein bedeutendes Beispiel dafür ist nach Heidegger das Verschwinden des Unterschiedes zwischen den

Maschinen und den Lebewesen in der Kybernetik, "Der kybernetische Weltentwurf ... ermöglicht eine durchgängig gleichförmige und in diesem Sinn universale Berechenbarkeit, d.h. Beherrschbarkeit der leblosen und der lebendigen Welt."[43]

Indem das Sein als Gegenständigkeit erscheint, wird die Vergegenständlichung zum Grundverhalten des Daseins zum Seienden. Die Vergegenständlichung schreitet immer weiter voran, sie kennt keine Grenze und ihre Herrschaft führt zur Neutralisierung der Unterschiede zwischen den verschiedenen Bereichen des Seienden. Diesen Charakter des neuzeitlichen Denkens hat auch Husserl aufgedeckt und beschrieben. Wie Heidegger, bezieht auch Husserl die idealisierende Vergegenständlichung der Natur auf die Grundstellung des neuzeitlichen Menschen und sein Streben nach der sicheren Begründung des Wissens und Handelns. Um die Idee der sicheren Erkenntnis hinsichtlich der Natur zu erfüllen, greift Galilei, so Husserl, auf die idealisierende Methode zurück, die schon bei den alten Griechen in der Geometrie große Erfolge bewirkt und sichere exakte Erkenntnis der Raumgestalten ermöglicht hat. Damit beginnt der Prozeß der Eroberung der Welt mit der Methode der Idealisierung. Auch nach Husserl erkennt die idealisierende Vergegenständlichung der Welt keine Grenze an, die Welt erscheint als mathematische Unendlichkeit, als unendliche Idee, die in einem unendlichen Prozeß der Idealisierung zu erobern ist. Weil die Besinnung auf die ursprüngliche Motivation zur Idealisierung der Raumgestalten und der Naturvorgänge ausgeblieben ist, wird die Idealisierung zur vorbildlichen Methode der wissenschaftlichen Erkenntnis. So entsteht das objektivistische Ideal der wissenschaftlichen Erkenntnis, das keine Rücksicht auf die Unterschiede der Erkenntnisbereiche nimmt. Die Unterschiede zwischen den verschiedenen Bereichen des Seienden werden neutralisiert, da alle Bereiche mit der idealisierenden Methode erschlossen werden sollen. So möchte man auch den Bereich des Geistes und des Bewußtseins der mathematisch-physikalischen Methode unterwerfen. Das Sein selbst erscheint im Lichte der Idealisierung. Den mathematisch-physikalischen Konstruktionen und Idealitäten wird ein *An-sich-Sein* jenseits des Bewußtseins zugeschrieben, und sie werden für das wahre Sein der Welt gehalten. Die idealisierte Welt, die ursprünglich nur ein methodisches Konstrukt ist, wird zur wahren Welt. Die Idealisierung entscheidet also über das Sein. Nur das, was idealisiert werden kann, wird als wahr, d.h. als seiend betrachtet.

Bei all diesen Parallelitäten dürfen die Unterschiede zwischen den beiden Philosophen in ihrer Interpretation der neuzeitlichen Naturwissenschaft nicht übersehen werden. Nach Husserl geht die Herrschaft der idealisierenden Vergegenständlichung auf eine Deformation der ursprünglichen Motivation der neuzeitlichen Philosophie und Wissenschaft zurück. Diese Deformation entsteht wegen des Ausbleibens der Besinnung auf die Motivationsquelle der Idealisierung der Natur. Die Methode der Idealisierung wird automatisch auf alle Bereiche des Seienden ohne Rücksicht auf ihre spezifischen Eigentümlichkeiten übertragen. Demgegenüber ist nach Heidegger die

Vergegenständlichung von vornherein das Grundverhalten des neuzeitlichen Menschen zur Welt, und deshalb sieht er keine Deformation einer ursprünglichen Grundstellung. Im Gegenteil, es liegt im Wesen dieser Grundstellung selbst die Notwendigkeit des ständigen Fortschreitens des Prozesses der Vergegenständlichung und der Neutralisierung der Unterschiede zwischen den verschiedenen Bereichen des Seienden beschlossen. Der Grund der Herrschaft des vergegenständlichenden Verhaltens liegt nicht in einer menschlichen Entscheidung, sondern darin, daß das Sein sich dem neuzeitlichen Menschen als Gegenständigkeit zuschickt und das Seiende nur als Gegenstand der menschlichen Berechnung und Beherrschung erscheinen läßt.

Bisher haben wir die neuzeitliche metaphysische Grundstellung durch ihre Auslegung des Seins und der Wahrheit charakterisiert. Das Sein wird zur Gegenständigkeit des Vorstellens und die Wahrheit zur Gewißheit des Vorstellens. Sein und Wahrheit beziehen sich auf das Vorstellen. Vorstellen ist ein Verhalten des Menschen. Deshalb enthält die metaphysische Grundstellung der Neuzeit eine Entscheidung über den Menschen. Der Mensch erscheint jetzt als Bezugsmitte des Seienden und der Wahrheit. Der Mensch richtet sich in der Neuzeit als Maß und Mitte des Seienden im Ganzen ein. Nur das, was durch das menschliche Vorstellen gestellt werden kann, ist als seiend anerkannt. "Der Mensch ist der ausgezeichnete, allem Vorstellen von Seiendem und seiner Wahrheit zum-Grunde-liegende Grund, auf den alles Vorstellen und dessen Vorgestelltes gestellt wird und gestellt sein muß, wenn es einen Stand und Bestand haben soll."[44] Das menschliche Vorstellen entscheidet jetzt über das Sein des Seienden. Weil aber der Mensch gemäß der Tradition durch Vernunft ausgezeichnet ist, wird die Vernunft zum Gerichtshof, der entscheidet, was als Seiendes angesehen werden kann und was nicht. "Der alleinige und höchste Gerichtshof, in dessen Gesichts- und Spruchfeld entschieden wird, was seiend sei und was nichtseiend, ist die Vernunft. Bei der Vernunft steht die äußerste Vorentscheidung darüber, was Sein besagt."[45] Von nun an gilt als seiend nur das, was durch die menschliche Vernunft und ihr rechnendes Vorstellen sichergestellt werden kann.

Dieser Wandel in der Auslegung des Menschen im neuzeitlichen Denken betrifft aber nach Heidegger nicht nur seine Stellung. Es ist nicht so, daß der Mensch nur eine neue Stellung inmitten des Seienden errungen hätte, während sein Wesen gleich geblieben wäre. Vielmehr erfährt in der Neuzeit das Wesen des Menschen selbst einen tiefen Wandel. Der Mensch wird das allem Seienden Zugrundeliegende, er wird zum Subjekt. Die Auszeichnung des Menschen als Subjekt ist nicht nur ein Wandel im Sprachgebrauch, sondern sie hat ihren Grund in der Sache selbst. Sie bekundet eine neue Auffassung des Wesens des Menschen sowie das Aufkommen einer neuen metaphysischen Grundstellung. Das deutsche Wort Subjekt stammt aus dem lateinischen *subjectum* und dieses ist wiederum eine Übersetzung, d.h. nach Heidegger eine Interpretation des griechischen *hypokeimenon*. Vor der Neuzeit hatte das Wort *subjectum* keinen besonderen Bezug zum Menschen. *Subjectum* meinte das, was einem Seienden, welcher Art auch immer vor- und zugrunde liegt. Das Wort konnte auch als Bezeichnung für das, was einem Tier, einem Stein oder einer Pflanze zugrunde liegt, gebraucht werden. Jedes für sich vorhandene Ding galt als *subjectum*. Jetzt wird das Wort *subjectum* ausschließlich als Auszeichnung für den Menschen, und kann nicht mehr in bezug auf andere Seiende gebraucht werden. Der Mensch ist zum *subjectum* im eigentlichen Sinne geworden, weil das menschliche Vorstellen nun allem Seienden zugrunde liegt und weil das menschliche Subjekt jetzt die Instanz ist, welcher jedes Seiende zugestellt werden muß, damit es das Siegel des Seins und der Wahrheit empfangen kann. "Wenn aber der Mensch zu dem ersten und eigentlichen Subjectum wird, dann heißt das: Der Mensch wird zu jenem Seienden, auf das sich alles Seiende in der Art seines Seins und seiner Wahrheit gründet. Der Mensch wird zur Bezugsmitte des Seienden als solchen."[46] Alles Seiende wird zum Gegenstand, zum Objekt für das menschliche Subjekt.

Mit dem Wandel der Bedeutung des Begriffs *subjectum* geschieht, so Heidegger, ein entsprechender Wandel des Begriffs *objectum*. Das lateinische Wort *objectum* meint das im bloßen Sichvorstellen Entgegengeworfene, also jenes, was 'wirklich', d.h. neuzeitlich objektiv, nicht existiert und sich dem bloßen einbildenden Vorstellen des Menschen verdankt. Ein *objectum* war z.B. ein goldener Berg. Nach dem heutigen Sprachgebrauch ist ein goldener Berg kein Objekt, sondern etwas bloß Subjektives. Weil nun aber jedes Seiende nur dann als solches anerkannt wird, wenn es dem menschlichen Vorstellen zugestellt werden kann, deshalb kann jedes Seiende als Objekt, als Gegenstand bezeichnet werden.

Mit dieser Interpretation des Wandels der Bedeutung von *subjectum* und *objectum* in der Neuzeit will Heidegger nicht sagen, daß die neuzeitliche Grundstellung das Sein als bloßes Gebilde des menschlichen Bewußtseins, als *objectum* im mittelalterlichen Sinn, also solipsistisch auffaßt. "In der neuzeitlichen Bedeutung von Objekt liegt aber zugleich, daß das Zugeworfene, durch das Trachten der forschenden Betrachtung Beigestellte, keine bloße Einbildung ist, sondern etwas von sich her Anwesendes dem vorstellenden Ich zustellt."[47] Die Wirklichkeit des Wirklichen steht hier nicht in Frage. "Alle Objektivität ist 'subjektiv', bedeutet: Das Begegnende wird zu dem in sich selbst stehenden Gegenstand aufgestellt."[48] Heidegger meint auch nicht, daß das Seiende im neuzeitlichen Denken subjektivistisch 'egoistisch' aufgefaßt wird und daß jeder einzelne Mensch die Dinge nach seinem Belieben bestimmt. "Die Subjektivität ist nichts Subjektives in dem Sinne, daß damit nur das auf einen einzelnen Menschen Beschränkte, das Zufällige seiner Besonderheit und Beliebigkeit gemeint sein könnte."[49] Alles, was durch die vorstellende Vergegenständlichung mit Gewißheit sichergestellt wird, gilt als seiend für alle menschlichen Subjekte und hat den Charakter der Verbindlichkeit. Daß das Subjekt in der Neuzeit zum Grund des Seienden geworden ist, meint nicht, daß jeder Mensch die Dinge nach seiner besonderen Situation auffassen darf und daß die Abweichung der verschiedenen Menschen in der Auffassung der Dinge hingenommen werden muß. Heidegger behauptet dagegen, daß die Subjektivität und Objektivität im neuzeitlichen Denken zusammengehören. Ohne Subjektivität gibt es keine Objektivität; Objektivität ist immer Objektivität für eine Subjektivität. Deshalb steigt die Objektivität des Seienden mit der Steigerung der Herrschaft der Subjektivität. "Je umfassender und nämlich durchgreifender die Welt als eroberte zur Verfügung steht, je objektiver das Objekt erscheint, um so subjektiver, d.h. vordringlicher erhebt sich das Subjectum."[50]

Es ist hier daran zu erinnern, daß die Auffassung des Wesens des Menschen als Subjekt, der Wahrheit als Gewißheit des Vorstellens und des Seins als Gegenständigkeit des vorstellenden Menschen miteinander verbunden sind. Sie alle bezeichnen aus verschiedenen Hinsichten dieselbe Sache. Die Verbundenheit der Auffassung des Menschen, des Seins und der Wahrheit darf aber nach Heidegger nicht anthropologisch interpretiert werden. Es ist nicht so, daß zuerst der Mensch sich selbst zum Subjekt, also zur Bezugsmitte des Seienden gemacht und sich als Herr über sich selbst und über das Seiende im Ganzen gesetzt hätte und erst dann das Sein und die Wahrheit entsprechend seiner neuen Stellung umbestimmt hätte. Nicht der zum Subjekt gewordene Mensch hätte das Sein und die Wahrheit als Gegenständigkeit bzw. als Gewißheit seines eigenen Vorstellens gesetzt. Die Sachlage ist umgekehrt: "Wesentlicher gedacht, zeigt sich jedoch, daß die Subjektivität sich aus dem Wesen der Wahrheit als 'Gewißheit' und aus dem Sein als Vorgestelltheit bestimmt."[51] Der Mensch vermag von sich her nicht, sein Wesen und seine Stellung inmitten des Seienden im Ganzen zu bestimmen, geschweige denn das Wesen des Seins und der Wahrheit. Das Wesen des Menschen und sein Bezug zum Seienden im Ganzen bestimmt sich jeweils aus der Weise, wie sich uns das Sein zuschickt und wie die Wahrheit uns erscheint. Jeder Seinsentwurf ist geworfen, d.h. vom Sein selbst geschickt. Der Mensch vermag nur dem Geschick des Seins zu entsprechen und in seiner Offenheit das Seiende zu bewahren. Daß das menschliche Subjekt in der Neuzeit zur Bezugsmitte des Seienden im Ganzen wird, liegt darin begründet, daß das Sein sich neuzeitlich als Gegenständigkeit des Vorstellens entbirgt und die Wahrheit als Gewißheit des Vorstellens zum Vorschein kommt. "Weil Wahrheit jetzt heißt Gesichertheit der Zustellung, also Gewißheit und weil Sein bedeutet Vorgestelltheit im Sinne dieser Gewißheit, deshalb wird der Mensch gemäß seiner Rolle in dem so den Grund legenden Vorstellen zum ausgezeichneten Subjekt."[52]

Mit diesen Ausführungen habe ich Heideggers Auslegung der neuzeitlichen metaphysischen Grundstellung nachgezeichnet. Diese Grundstellung ermöglicht die neuzeitliche Naturwissenschaft. Auch Husserl betrachtet die neuzeitliche Wissenschaft in ihrem Bezug zur neuzeitlichen Einstellung. Beide Philosophen meinen aber damit nicht, daß die neuzeitliche Naturwissenschaft aus einer ausdrücklichen, voll bewußten Befolgung und Verwirklichung dieser Grundstellung entstanden ist. Es ist nach Heidegger nicht so, daß die neuzeitliche Grundstellung ausdrücklich vollzogen und erst dann auf den Bereich der Natur angewandt worden wäre. Die neuzeitliche metaphysische Grundstellung ist auch keine nachgelieferte Lehre, die die neuzeitliche Naturwissenschaft und gar die neuzeitliche Geschichte nachträglich im Sinne einer Ideologie untermauern sollte[53]. Auch Husserl bezieht die neuzeitliche Naturwissenschaft, wie schon gezeigt, auf die neuzeitliche Grundstellung. Die neuzeitliche Grundstellung geht aber nach Husserl auf den willentlichen Entschluß des europäischen Menschentums in der Renaissance zurück. Trotzdem meint Husserl nicht, daß den Denkern der Neuzeit alle Intentionen und Motivationen, die ihr Denken bestimmt haben, voll bewußt waren, sondern sie sind ihnen meistens verborgen geblieben. Das meint aber wiederum nicht, daß Husserl diesen Denkern fremde Intentionen und Motivationen nachträglich unterschieben will. Vielmehr haben nach Husserl diese Intentionen und Motivationen in diesen Denkern gelebt und sich auf ihr Denken und Tun ausgewirkt, auch wenn sie selbst ihnen nicht voll bewußt waren. Die phänomenologische Analyse Husserls will gerade den Bestand der wissenschaftlichen Erkenntnis analysieren, um die in ihr wirkenden Motivationen und Voraussetzungen, die den Wissenschaftlern selbst nicht voll bewußt sind, herauszuspüren. Beide Philosophen sind auch darüber einig, daß die neuzeitliche Grundstellung am deutlichsten bei Descartes zum Ausdruck gekommen ist. Zur Verdeutlichung von Heideggers Verständnis der neuzeitlichen Grundstellung ist also eine Darstellung seiner Interpretation zu Descartes' Philosophie unentbehrlich.

Mit seiner Interpretation zu Descartes' Philosophie will Heidegger nicht sagen, daß Descartes die neuzeitliche metaphysische Grundstellung bestimmt hat, sondern umgekehrt: er möchte zeigen, wie diese Grundstellung das Denken Descartes' bestimmt hat. Entgegen der Meinung, Descartes habe die Metaphysik verlassen und die Philosophie als Erkenntnistheorie begründet, versteht Heidegger das Denken von Descartes als eine Metaphysik, die erst die Grundlage für die Erkenntnistheorie und ihre Herrschaft in der neuzeitlichen Philosophie verschafft hat. Die Metaphysik bewegt sich in der Frage nach dem Sein des Seienden. Descartes hat diese Frage nicht in dieser Formel gestellt, da er sich vor allem um die Grundlegung der Erkenntnistheorie bemüht hat. Die Erkenntnistheorie ist aber nach Heidegger nichts anderes als die Metaphysik der Neuzeit, d.h. des Zeitalters, in welchem sich die Grundsätze des Seienden im Ganzen ins menschliche Subjekt verlagert haben. Daß die neuzeitliche Philosophie ihre Hauptaufgabe in der Analyse des menschlichen Erkenntnisvermögens und der Darlegung seiner Grundsätze sieht, bedeutet nicht, daß sie das metaphysische Fragen verabschiedet, sondern es nur umformuliert, d.h. neuzeitlich gestellt hat, da in der Neuzeit die Grundsätze des Erkenntnisvermögens zugleich als Grundsätze des Seienden angesehen werden.

In der Philosophie Descartes' vollzieht sich eine Grundlegung des Seienden im Ganzen. Weil in der Neuzeit Wahrheit soviel heißt wie Gewißheit, muß sich diese Grundlegung auf einen gewissen Grund stützen; und weil ferner die Grundlegung hier das Seiende im Ganzen betrifft, kann dieser gewisse Grund nichts voraussetzen und nichts vor ihm dulden, er muß eine Grundgewißheit sein, eine Gewißheit, in der alle anderen Gewißheiten, d.h. neuzeitlich: Wahrheiten, gründen. Die Grundgewißheit, das *fundamentum absolutum inconcussum* muß in jeder Gewißheit mitgesichert sein. Weil das Sein nur als Gegenständigkeit des Vorstellens und die Wahrheit auch als Gewißheit des Vorstellens aufgefaßt wird, muß im Vorstellen selbst nach dieser Grundgewißheit gesucht werden. Die Grundgewißheit muß in jedem Vorstellen mitgesichert und mitvorgestellt sein; und das, dessen sie gewiß ist, muß jedem Vorstellen vor- und zugrunde liegen, d.h. es muß *subjectum* im ausgezeichneten Sinne sein. Was jedem Vorstellen, und sei es auch dem Zweifeln, zugrunde liegt, ist der Vorstellende selbst; die Grundgewißheit ist die Gewißheit meiner selbst. Descartes formuliert es so: *ego cogito, (ergo) sum*, ich denke, (also) bin ich. In jedem Satz ist diese Gewißheit mitgesetzt, in jeder Gewißheit ist die Selbstgewißheit des Vorstellenden, also des menschlichen Subjekts, mitgesichert. Das menschliche Bewußtsein ist Selbstbewußtsein. "Alles Bewußtsein von den Dingen und dem Seienden im Ganzen wird auf das Selbstbewußtsein des menschlichen Subjektes als den unerschütterlichen Grund aller Gewißheit zurückgeführt."[54]

Damit ist aber nicht gemeint, daß jedem Bewußtsein von Gegenständen ein Selbstbewußtsein nachträglich hinzukäme und daß ich neben dem Bewußtsein von den Dingen zusätzlich ein Bewußtsein meiner selbst hätte. Im Gegenteil dazu muß jedem Bewußtsein das Selbstbewußtsein vor- und zugrunde liegen. Nur auf Grund der Gewißheit meiner selbst kann ich Gegenstände vor-mich-stellen und meines Vorstellens von ihnen gewiß sein. "In solchem Vor-sich-stellen stellt jedoch das Vorstellen je notwendig sich selbst mit vor; dies aber nicht nachträglich und gar als einen Gegenstand, sondern zuvor als jenes, dem alles zugestellt sein muß und in dessen Umkreis allein ein jegliches sichergestellt sein kann."[55]

Wir haben im ersten Teil dieser Arbeit gesehen, daß auch Husserl Descartes eine besondere Stellung in der neuzeitlichen Philosophie einräumt. Descartes hat, so Husserl, die ursprüngliche Motivation der Philosophie als Universalwissenschaft aus Selbstrechtfertigung und Letztbegründung wieder zur Geltung gebracht. Deshalb suchte er eine Begründung des Wissens, eine Gewißheit, die die gesamte Wissenschaft und Philosophie begründen sollte. Diese Gewißheit ist die Selbstgewißheit, das *ego cogito*. Bis zu diesem Punkt hat Descartes nach Husserl radikal gedacht. Diese Radikalität konnte aber nicht zum Tragen kommen, weil das Denken Descartes' von seinem Glauben an das objektivistische Ideal und an die Vorbildlichkeit der mathematisch-physikalischen Erkenntnis mitbestimmt gewesen ist. Aus diesem Grund konnte Descartes sich selbst nicht richtig interpretieren. Sobald er die Gewißheit des *ego cogito* erreicht hatte, hat er sie mißverstanden und wie ein geometrisches Axiom genommen, woraus das weitere Wissen wie in der Geometrie abgeleitet werden sollte. So konnte Descartes die Radikalität seiner ersten und zweiten Meditation nicht aufbewahren. Genau da, wo Husserl eine Abweichung Descartes' von seinem radikalen Anfang sieht, sieht Heidegger eine konsequente Entfaltung desselben; denn das Mathematische und Axiomatische im ursprünglichen Sinne haben Descartes wie auch das ganze neuzeitliche Denken von Anfang an beherrscht. Die Suche nach einer ersten Gewißheit ist selbst eine Forderung des Mathematischen. Deshalb gibt es für Heidegger keinen Anlaß, bei Descartes eine Doppelmotivation vorauszusetzen. Das subjektiv-transzendentale Motiv und das objektivistische Motiv sind nach Heidegger zwei Seiten derselben Medaille. Objektivismus ist in seinem Wesen Subjektivismus.

Mit der Darstellung von Heideggers Interpretation zu Descartes Philosophie ist die neuzeitliche metaphysische Grundstellung klarer geworden. Nun möchte ich vor dem nächsten Schritt ihren Zusammenhang mit der neuzeitlichen Naturwissenschaft kurz zusammenfassen. Das Wesentliche in der neuzeitlichen Naturwissenschaft ist nach Heidegger von *Sein und Zeit* bis zu seinen späteren Schriften der mathematische Entwurf der Natur, d.h. die Bestimmung der Seinsverfassung der Natur in einem Grundriß, der nicht erfahrungsmäßig oder wissenschaftlich gewonnen ist, sondern erst die wissenschaftliche Erforschung und Erkenntnis der Natur ermöglicht. Nach der existenzialen Interpretation der Wissenschaft hat dieser Entwurf seinen Grund im Seinsverständnis des Daseins. Weil das Dasein nach Heidegger als In-der-Welt-sein verfaßt ist, hat es immer ein Verständnis des Seins der Welt und der Natur, die ja in der Welt begegenet. In der Wissenschaft wird dieses unthematische Verständnis artikuliert. Daraus entstehen die Grundbegriffe der Wissenschaft und ihre Zugangsart. Vom Standpunkt des seinsgeschichtlichen Denkens wird das Seinsverständnis nicht verleugnet, sondern gründlicher interpretiert. Das Seinsverständnis wird nun als Eksistenz, als Innestehen in der Lichtung des Seins verstanden[56]. die Lichtung des Seins ergibt sich je aus einem Geschick. Die Neuzeit ist durch ein neues Geschick gekennzeichnet, das sich in der neuzeitlichen metaphysischen Grundstellung ausdrückt. In dieser metaphysischen Grundstellung muß nun der mathematische Entwurf der Natur seinen Grund haben. Weil das Sein jetzt als Gegenständigkeit des Vorstellens und die Wahrheit als Gewißheit des Vorstellens erscheint, kann die Seinsverfassung der Natur als berechenbarer Zusammenhang gleichmäßiger Bewegungsgröße entworfen werden, bevor ihr Bereich im Einzelnen und Besonderen gefaßt wird. Und von da her bestimmen sich die Grundbegriffe, die den Bereich der Natur ausgrenzen sollen, und die Methode der Untersuchung.

Mit diesen Ausführungen zeigt sich, wie Heidegger die Naturwissenschaft auf die metaphysische Grundstellung der Neuzeit bezieht. Aber es hat sich noch nicht erwiesen, daß seine seinsgeschichtliche Interpretation der neuzeitlichen Naturwissenschaft, wie schon behauptet, eine deutliche zeitkritische Dimension hat. Und das hat seinen Grund darin, daß wir unsere Darstellung von Heideggers Interpretation bis jetzt, abgesehen von einigen Hinweisen, nur auf den Bezug der Naturwissenschaft auf die neuzeitliche metaphysische Grundstellung beschränkt haben. Wir haben aber wiederholt erwähnt, daß die metaphysische Grundstellung nicht nur die Wissenschaft und die Philosophie, sondern alle Lebensbereiche des modernen Menschen prägt. Damit die zeitkritische Dimension von Heideggers Interpretation ans Licht kommt, muß die neuzeitliche Wissenschaft im Zusammenhang mit der gesamten geschichtlichen Situation des neuzeitlichen Menschen, die als Ganzes durch die metaphysische Grundstellung der Neuzeit geprägt ist, betrachtet werden. Damit kommen wir zum letzten Abschnitt dieses Kapitels.

C. Die mathematische Naturwissenschaft und das machenschaftlich-technische Wesen der Neuzeit

Ein Kennzeichen der metaphysischen Grundstellung der Neuzeit besteht darin, daß der Mensch zum Subjekt und die Welt zum Gegenstand geworden ist. Die Subjekt-Objekt-Beziehung darf aber nicht als eine bloß erkenntnismäßige Beziehung betrachtet werden. Die Kennzeichnung des neuzeitlichen Menschen als Subjekt für die Welt meint nicht nur, daß die Welt als Gegenstand für das menschliche Erkennen aufgefaßt wird. Vielmehr ist die erkenntnismäßige Aneignung der Welt selbst nur ein Aspekt des Willens zur Eroberung der Welt, der den neuzeitlichen Menschen charakterisiert. Der Wille zur Eroberung der Welt bestimmt jedes Verhalten des neuzeitlichen Menschen zum Seienden und prägt die gesamte neuzeitliche Geschichte. Auf Grund dieses Willens zur Herrschaft wird die Welt zum Gegenstand der Eroberung im Handeln und Wissen durch das menschliche Subjekt. Der Mensch will das Seiende unter seine Herrschaft bringen und diese Herrschaft immer wieder steigern, er will seine Herrschaft über das Seiende in immer zunehmendem Maße ausdehnen. Der Erfolg bei der Herrschaft über das Seiende wird zum maßgebenden Prüfstein für die Leistungsfähigkeit des Menschen. Daraus erfolgt, daß das Seiende im Ganzen nur in der Hinsicht auf die Eroberung durch den menschlichen Willen erscheint. "Das Ganze des Seienden ist der eine Gegenstand eines einzigen Willens zur Eroberung."[57] Das Seiende wird im weiteren Sinne des Wortes vergegenständlicht, es wird zum Gegenstand der Eroberung und des Angriffs durch das menschliche Tun und Wissen.

Weil der Mensch die Natur und die Dinge nur im Hinblick auf ihre Dienlichkeit und Nutzbarkeit für die Sicherung und Steigerung der menschlichen Herrschaft ansieht, verlieren sie ihre ursprüngliche Dimension, sie werden auf ihre Stofflichkeit reduziert. Die Natur wird als Rohstoff und als Material ausgenutzt. Weil der Wille zur Herrschaft immer mehr ausgedehnt und gesteigert wird, bleibt er nicht nur auf die Dinge und die leblose Natur beschränkt, sondern er breitet sich auf andere Gebiete des Seienden aus. In diesem Prozeß bleibt selbst der Mensch nicht verschont: "In diesen Prozeß ist auch der Mensch einbezogen, der seinen Charakter, der wichtigste Rohstoff zu sein, nicht mehr länger verbirgt."[58] Alles kann im Dienste der unbedingten Ermächtigung des Willens zur Macht verwendet werden. Für die unbeschränkte und vollständige Herrschaft ist neben der rechnenden Meisterung der Dinge auch die Züchtung des Menschentums erforderlich, der Mensch muß alle seine Vermögen und Fähigkeiten für die Herrschaft über das Seiende einsetzen. In diesem Zusammenhang erscheint der Mensch in der Neuzeit als Arbeiter und als schöpferisches Wesen, diese Auszeichnungen des Menschen treten nach Heidegger erst in der Neuzeit zur Erscheinung und sind dem Griechentum fremd[59]. Die Züchtung und Entfaltung der schöpferischen Kräfte des Menschen müssen letztlich der Eroberung des Seienden dienen. Die wissenschaftliche Erkenntnis hat nun, wie alle gestalterischen Kräfte des Menschen, die Aufgabe, "das Seyn im Ganzen in einem beherrschbaren Gefüge ins leitende Wissen zu heben."[60]

Der Wille zur Herrschaft prägt das Verhalten des neuzeitlichen Menschen zum Seienden. Nach Heidegger aber vollzieht sich jedes Verhalten im Lichte eines Verständnisses des Seins des Seienden. Deshalb fragt es sich: Welches Verständnis des Seins ermöglicht das Aufkommen des Willens zur Herrschaft? Wie muß das Seiende aufgefaßt werden, damit der Wille zu dessen Eroberung erscheinen kann? Wir wissen schon, daß das Sein in der Neuzeit als Gegenständigkeit erscheint. Da es sich aber gerade gezeigt hat, daß diese Gegenständigkeit nicht nur eine des Wissens, sondern vor allem des Machens ist, wobei das Wissen selbst neuzeitlich eine Art des Machens ist, nennt sie Heidegger in einigen Werken 'die Machenschaft'.

Die Machenschaft ist eine Bestimmung des Seienden, dergemäß dies nur als Gegenstand des menschlichen Machens erscheint. Das Seiende wird neuzeitlich als Gegenstand des Vorstellens verstanden. Vorstellen heißt Vor-sich-stellen, Vor-sich-bringen. Das Vorgestellte ist das, was das Subjekt vor sich bringt, nicht nur im Meinen und Rechnen, sondern auch im Herstellen und Durchführen[61]. Diese Bestimmung wird zum Grundgesetz des Verhaltens des Menschen zum Seienden, sie bestimmt das gesamte menschliche Verhalten zu allem Seienden. Die Machenschaft drängt nach schrankenloser Herrschaft über das Seiende, das Seiende wird als

Gemächte des Menschen angesehen, die Machenschaft meint "jenes Wesen der Seiendheit, das sich auf die Machsamkeit einrichtet, in der Alles als machbar auf seine Machbarkeit hin zuvor ausgemacht wird."[62] Nun machen Greifbarkeit und Dienlichkeit aus, was seiend ist. Seiend ist das, was gemacht wird oder sich machen läßt. Die machenschaftliche Herrschaft über das Seiende kennt keine Grenze, und nichts darf ihr widerstehen. Alle Dinge und alle Machenschaften gehen in die Fraglosigkeit, die Machenschaft kennt nichts Fragwürdiges: "Innerhalb der Machenschaft gibt es dagegen sehr wohl und um so mehr 'Probleme', die bekannten 'Schwierigkeiten', die nur dazu da sind, um überwunden zu werden."[63] Nichts ist unauflösbar und alle Probleme sind wiederum nur Stoff und Gelegenheit für neue Aufgaben und weitere Fortschritte.

Die Machenschaft bringt alles Seiende unter ihre Herrschaft, indem sie es als Gegenstand der Planung, Ordnung und Berechnung erscheinen läßt. Alles drängt auf Planung und Regelung und will in die Kette der Vorausberechnungen eingehen. Das Seiende ist das, was sich planen und vorausberechnen läßt, das Verhalten zum Seienden ist Verwirklichung von Vorausplanungen und Vorausberechnungen. Planen und Berechnen sichern die Herrschaft des Menschen über das Seiende und seine Meisterung. "Der Mensch stellt von sich aus sein Wesen auf Sicherheit inmitten des Seienden gegen und für dieses. Die Sicherung im Seienden sucht er durch eine vollständige Ordnung alles Seienden im Sinne einer planmäßigen Bestandsicherung zu bewerkstelligen."[64] Nur die Planung sichert die machenschaftliche Herrschaft. Deshalb kann sich kein Seiendes der Gewalt der Planung entziehen, alle Seiende muß in die Planung eingepaßt werden: "Alles ist jetzt eingefaßt in die geplante Lenkbarkeit und Genauigkeit des sicheren Ablaufs und der 'restlosen' Beherrschung."[65]

Mit der Herrschaft dieser Auslegung des Seins wird auch die Wahrheit in das Gefüge der Machenschaft einbezogen, die Machenschaft entscheidet über die Wahrheit. Die Wahrheit ist jetzt die Sicherheit der machenschaftlichen Herrschaft über das Seiende; sie besteht darin, daß das Seiende in der Kette der machenschaftlichen Planungen und Rechnungen gesichert wird. "Wahrheit wird zu der vom Menschen selbst gesicherten Sicherstellung alles Seienden für das herrschaftliche Sicheinrichten in seinem Ganzen."[66] Die neuzeitliche Auslegung der Wahrheit als Gewißheit hat ihren Hintergrund in der Herrschaft der Machenschaft, die Wahrheit ist nun die Machenschaft selbst. "Descartes' Schritt ist bereits eine erste und die entscheidende Folge, die Folgeleistung, wodurch sich die Machenschaft als gewandelte Wahrheit (Richtigkeit), nämlich als Gewißheit, in die Herrschaft setzt."[67]

Es ist hier darauf aufmerksam zu machen, daß die Machenschaft nach Heidegger ursprünglich nicht ein menschliches Verhalten bezeichnet, sondern den Spielraum, worin das Seiende als Gegenstand des menschlichen Machens erscheint und welcher das machenschaftliche Verhalten des Menschen zum Seienden ermöglicht. Daß das

Seiende in der Neuzeit im Lichte der Machenschaft erscheint und zum Gegenstand des menschlichen Willens zur Herrschaft wird, hängt nicht vom Willen des Menschen selbst ab, sondern ist ein Geschick des Seins. Das Sein schickt sich neuzeitlich als Machenschaft zu und läßt das Seiende nur als Gegenstand des menschlichen Wollens und Machens erscheinen.

Bei der Analyse der Machenschaft als Grund der neuzeitlichen Geschichte haben wir die Grundzüge der neuzeitlichen metaphysischen Grundstellung - Sein als Gegenständigkeit, Wahrheit als Gewißheit und Mensch als Subjekt - wieder aufgefunden. Heidegger versucht, diese Grundzüge immer einheitlicher zu denken. In diese Richtung wird er das Wesen der Neuzeit weiterdenken. Seine Versuche gipfeln in den Überlegungen zur modernen Technik, die er besonders in seinem Vortrag von 1953, erschienen unter dem Titel *Die Frage nach der Technik*[68], mitgeteilt hat. Der Grund der neuzeitlichen Geschichte, worin die neuzeitliche Naturwissenschaft wurzelt, erweist sich hier als 'das Wesen der Technik'. Der Ausdruck 'das Wesen der Technik' wird an die Stelle der Machenschaft eintreten. Es handelt sich aber nicht um einen neuen Namen für eine alte Sache. Von der Machenschaft bis zum Wesen der Technik waren weitere Denkschritte erforderlich. Wie denkt nun Heidegger das Wesen der Technik? Und in welchem Sinne bestimmt das Wesen der Technik die neuzeitliche Geschichte und damit die mathematische Naturwissenschaft?

Man stellt überall fest, daß unser Zeitalter durch die Technik beherrscht ist. In allen Bereichen des modernen Lebens werden Maschinen und technische Apparate gebraucht. Heidegger möchte über diese richtige, aber nichtssagende Feststellung hinausgehen. Nicht das Vorhandensein von Maschinen macht unser Zeitalter technisch, sondern umgekehrt: das Vorhandensein von Maschinen ist nur auf Grund dessen möglich, daß unser Zeitalter von vornherein technisch ist. "Die moderne Technik beruht nicht darauf und nicht darin, daß Elektromotoren und Turbinen und ähnliche Maschinen in Betrieb gesetzt sind, sondern dergleichen kann nur erstellt werden, insofern das Wesen der modernen Technik schon in die Herrschaft gelangt ist."[69] Nur die Feststellung des Vorhandenseins von Maschinen und technischen Apparaten bringt nicht weiter. Um das Wesen der modernen Technik ans Licht zu heben, muß sie nach Heidegger als Weise des Entbergens betrachtet werden, d.h. als Weise, wie das Sein sich entbirgt und das Seiende erscheinen läßt.

Was bezeichnet nun die Entbergungsweise der modernen Technik? Heidegger antwortet: "Das in der modernen Technik waltende Entbergen ist ein Herausfordern, das an die Natur das Ansinnen stellt, Energie zu liefern, die als solche herausgefördert und gespeichert werden kann."[70] Die Weise des Entbergens, die in der modernen Technik herrscht, läßt das Seiende nur als Energiequelle erscheinen, und damit bestimmt sie auch das menschliche Verhalten zum Seienden. Der Mensch ist aufgefordert, die Energien zu fördern, zu speichern und zu steigern. Das Seiende zeigt sich unter der Herrschaft der modernen Technik als 'Bestand', der gestellt wird und zum weiteren Bestellen zur Verfügung steht. Der gestellte Bestand muß gesteuert und gesichert werden. Alle Bezüge des herausfordernden Entbergens versammeln sich im Wesen der Technik. Heidegger nennt es 'Gestell'.

Nach dieser kurzen Schilderung erhebt sich die Frage: Was ist die Stellung des Menschen in dieser Weise des Entbergens? "Indem der Mensch die Technik betreibt, nimmt er am Bestellen als einer Weise des Entbergens teil. Allein, die Unverborgenheit selbst, innerhalb deren sich das Bestellen entfaltet, ist niemals ein menschliches Gemächte."[71] Das herausfordernde Entbergen kann nicht, sowenig wie jede Weise des Entbergens, ohne den Menschen geschehen; denn jede Weise des Entbergens ist ein Geschick des Seins, das Sein aber schickt sich immer dem Menschen zu, es entbirgt sich für den Menschen. So ist der Mensch auch im Geschick des Gestells gebraucht. Zugleich ist aber das Gestell und das Geschick der modernen Technik nicht vom Menschen selbst gefordert und erwirkt. Denn zum einen bleibt der Sinn dieses Geschehens dem Menschen verborgen, und zum anderen ist der Mensch selbst an das herausfordernde Entbergen gefesselt. Zwar erweckt die menschliche Beteiligung am Geschehen der Technik mit Verhaltensweisen wie: Stellen, Bestellen, Speichern, Steigern, Meistern und Sichern den Eindruck, daß der Mensch selbst das Seiende als Energiebestand entbergen will, um diesen als Mittel zur Erfüllung menschlicher Bedürfnisse und Zwecke zu verwenden. Doch für Heidegger gehört der Mensch selbst mit seinem Willen, seinen Bedürfnissen und Zwecken in den Bereich der Technik. Dieser Bereich kann nicht, sowenig wie alle Entbergungsbereiche, durch den menschlichen Willen aufgeschlossen werden, obwohl das menschliche Zutun dafür notwendig ist.

Die Weise des herausfordernden Entbergens herrscht nicht nur da, wo Maschinen und technische Apparate sind, sondern sie waltet nach Heidegger in allen Bereichen des menschlichen Lebens und bestimmt jedes Verhalten des modernen Menschen zum Seienden. Wenn aber die Sache so ist, dann muß auch die mathematische Naturwissenschaft als Erscheinung der Neuzeit vom Wesen der modernen Technik beherrscht sein. Um diese Behauptung zu belegen, versuche ich mit Heidegger zu zeigen, wie sich die neuzeitliche Naturwissenschaft in den technisch-machenschaftlichen Weltentwurf einfügt.

Wir haben schon gezeigt, daß der Mensch für die Sicherung seiner Herrschaft über das Seiende alle seine Vermögen einsetzt. In den Bereich dieser Vermögen gehört auch die Wissenschaft, wie sie neuzeitlich verstanden wird. Die neuzeitliche Wissenschaft ist an die praktisch-technische Dienstbarkeit ausgeliefert. In der Neuzeit verschwindet die Gestalt des Gelehrten[72]. Der Wissenschaftler wird zum Forscher, der Forscher sucht nach brauchbaren Ergebnissen, die die Herrschaft über das Seiende und ihre Steigerung sichern. Die Brauchbarkeit und Effektivität der Ergebnisse entscheidet über ihre Wahrheit. "Die Ergebnisse und vollends gar ihre unmittelbare Nutzungseignung sichern die Richtigkeit der Untersuchung, welche wissenschaftliche Richtigkeit als Wahrheit eines Wissens gilt."[73] Die wissenschaftliche Forschung wird gebraucht, damit die herrschaftliche Lenkung und Meisterung des Seienden möglichst perfekt und sicher erfolgt. Das Wesen der neuzeitlichen Wissenschaft ist die "Einrichtung von Richtigkeiten innerhalb der Beherrschung und Lenkung alles Gegenständlichen im Dienste der Nutzung und Züchtung."[74]

Diesen Charakter der neuzeitlichen Naturwissenschaft hat auch Husserl in seiner Analyse aufgezeigt. Die praktischen Erfolge und Leistungen der Naturwissenschaft, die vor allem darin bestehen, die Grundlage für sichere und perfekte Voraussichten und Induktionen bereitzustellen, treten in den Vordergrund und machen das Fragen nach den schöpferischen Leistungen und Motivationen der Wissenschaft überflüssig. Ebenso sieht es auch bei Heidegger aus. Die Jagd nach brauchbaren Erkenntnissen und Ergebnissen macht das ursprüngliche Fragen nach dem Sein des zu erforschenden Seienden unbedeutend. Das Seiende wird nur im Hinblick auf die Brauchbarkeit angesehen. Diese 'Vorsicht' auf die Brauchbarkeit ist aber nach Heidegger nicht auf ein Versagen des Menschen zurückzuführen, sondern sie hängt mit der Weise zusammen, wie sich das Seiende in der Neuzeit zeigt. Das Seiende erscheint als Gegenstand für das menschliche Betrachten und Machen und für die menschliche Betriebsamkeit, es wird "zum rechnerisch beherrschbaren und durchschaubaren Gegenstand"[75]. Das Seiende erscheint als das für die menschliche Bemächtigung Verfügbare. "Jetzt erscheint die Welt wie ein Gegenstand, auf den das rechnende Denken seine Angriffe ansetzt, denen nichts mehr soll widerstehen können."[76]

Diese Betrachtungen lassen den Eindruck entstehen, daß die neuzeitliche Wissenschaft ein Instrument für die Technik sei. Und das kann wiederum zur Auffassung führen, daß die neuzeitliche Technik nichts anderes sei als die Anwendung der mathematischen Naturwissenschaft auf die Praxis. Nach dieser Auffassung liegt die Auszeichnung der neuzeitlichen Technik gegenüber der 'handwerklichen Technik' darin, daß sie sich der exakten Naturwissenschaft bedient. Diese bekannte Auffassung hält Heidegger für falsch; denn das Wesentliche der modernen Technik liegt nicht in den 'Mitteln', die sie verwendet, sondern in der Weise des Entbergens des Seienden, die diese Technik durchherrscht. Und nur weil diese Weise des Entbergens auch in der neuzeitlichen Naturwissenschaft schon lange vor der Entstehung der Maschinentechnik waltet, konnte die moderne Technik darauf kommen, sich dieser Naturwissenschaft zu bedienen. Aus diesem Grund können die angeführten Betrachtungen nicht zureichend nachweisen, daß die mathematische Naturwissenschaft in den Bereich des Wesens der modernen Technik gehört. Sie zeigen nur, daß diese Wissenschaft eine Stellung innerhalb des technisch-machenschaftlichen Weltentwurfs hat. Nun muß gezeigt werden, wie die Entbergungsweise der modernen Technik auch schon in der Naturwissenschaft als Theorie waltet. Das kann man mit Heidegger in zwei Hinsichten sichtbar machen. Zuerst in dem, was die Naturwissenschaft in der Natur anvisiert und erforscht. Dann in der Weise, wie diese Wissenschaft selbst arbeitet und sich entfaltet.

Die Entbergungsweise des Seienden in der modernen Technik ist ein Herausfordern; der Mensch ist darauf aus, die Energiebestände herauszufördern und sie als Bestand für das weitere Bestellen zu stellen. Das Seiende erscheint als Energiebestand. "Die Natur wird zu einer einzigen riesenhaften Tankstelle, zur Energiequelle für die moderne Technik und Industrie."[77] Das Gestell läßt die Natur als Energiequelle begegnen. Diese Entbergungsweise herrscht auch in der modernen Physik, die Natur erscheint in der modernen Physik als beherrschbarer und berechenbarer Zusammenhang von Kräften. Überall verfolgt die physikalische Forschung die Naturkräfte und -energien, um sie in exakte Naturgesetze einzufangen und sie damit für die Speicherung, Umschaltung und sichere Meisterung bereitzustellen. "Daß die Natur in diesen Energien erscheint, besagt: Die Natur ist zum Gegenstand geworden und zwar eines Vorstellens, das ihre Vorgänge als berechenbaren Bestand herausstellt und sichert."[78] Die moderne Naturwissenschaft bleibt aber nicht dabei, die vorhandenen Energiequellen zu erforschen und ihre Nutzung und Meisterung sicherzustellen, sondern sie muß immer wieder nach neuen Energiequellen suchen, sie freisetzen und ihre Verwendung sichern. Und so scheint es, daß die mathematische Naturwissenschaft diesen Weg ins Unabsehbare gehen wird.

Daß die Physik die Natur als Energiekräfte ansieht und sie in der Weise der Meisterung und Sicherstellung bestellt, ist aber kein Einfall der Wissenschaftler selbst. Wenn die Physik die Naturkräfte erforscht und als zu bestellende Bestände stellt, dann entspricht sie nur dem Anspruch der Entbergungsweise, die in der neuzeitlichen Geschichte waltet. "Dieses Vornehmen der Natur auf ihren Kräftebestand hin kommt aus dem verborgenen Wesen der modernen Technik."[79] So kann Heidegger zum Schluß kommen, daß die mathematische Naturwissenschaft "sich immer eindeutiger als eine maßgebende Funktion und Form des Wesens der modernen Technik herausstellt."[80] Allerdings muß hier bemerkt werden, daß Heidegger sich immer, wie es aus den letzten Stellen zu ersehen ist, vorsichtig ausdrückt. Er bringt die Naturwissenschaft in Verbindung mit dem Wesen der modernen Technik und nicht einfach mit der modernen Technik schlechthin. Die Naturwissenschaft gehört nicht in den Bereich der Technik, also des Maschinenhaften, sondern in den Bereich des Wesens der modernen Technik, d.h. in den Bereich des Seinsgeschicks, das in der modernen Technik wie in der ganzen neuzeitlichen Geschichte waltet.

Es hat sich gezeigt, daß die moderne Naturwissenschaft zum Wesen der Technik gehört, weil sie die Natur als Energiekräfte begegnen läßt. Nun muß gezeigt werden, wie die Naturwissenschaft in ihrer Arbeitsweise technisch geprägt ist. Wie Husserl, sieht auch Heidegger den technischen Charakter der neuzeitlichen Wissenschaft in ihrer zunehemenden Tendenz zur Methodisierung. Die Sachgebiete der verschiedenen Wissenschaften werden unter die Herrschaft des methodischen Zugriffs gebracht. Nach Heidegger ist diese Tendenz zur Methodisierung eine neuzeitliche Erscheinung, sie hat ihren Grund in der Auslegung der Wahrheit als Gewißheit. Die metaphysische Frage der Neuzeit ist nicht nur: Was ist das Sein des Seienden?, sondern auch und vor allem: Wie ist das Seiende zu erkennen? Auf welchem Weg kann das Seiende mit Sicherheit und Gewißheit erkannt werden? Was ist der sichere Grund, der eine sichere Erkenntnis ermöglichen kann? "Die überliferte Leitfrage der Metaphysik: Was ist das Seiende? wandelt sich im Beginn der neuzeitlichen Metaphysik zur Frage nach der Methode, nach dem Weg, auf dem vom Menschen selbst und für den Menschen ein unbedingt Gewisses und Sicheres gesucht und das Wesen der Wahrheit umgrenzt wird."[81] Die Sicherung des Sicheinrichtens des Menschen in die Welt und die Herrschaft über das Seiende bedarf eines Vorgehens, eines Im-voraus-sicherns[82], und das leistet die Methode. "'Methode' ist jetzt der Name für das sichernde, erobernde Vorgehen gegen Seiendes, um es als Objekt für das Subjekt sicherzustellen."[83]

Mit der Herrschaft des methodischen Vorgehens und Sicherns wandelt sich die wissenschaftliche Erkenntnis zu einem 'Sichauskennen', zu einem technischen Betrieb. Zur Gewinnung von praktisch relevanten Ergebnissen wird das Seiende solange bearbeitet, bis es in den vorentworfenen Schemata eingefangen werden kann. Der Vorrang der effektiven Ergebnisse drängt nach einer technischen Bearbeitung des Seienden. Wissenschaft "wird eine Technik des Kennens und der Abrichtung in den verschiedenen Techniken und Praktiken."[84] Sie ist "heute in all ihren Bezirken eine technische, praktische Sache der Kenntnisgewinnung und -vermittlung."[85] Die Wissenschaft ist also nicht deshalb technisch, weil sie praktischen Zwecken dient, sondern weil sie in der Art ihrer Erkenntnisgewinnung und -vermittlung technisch verfährt, d.h. weil sie zu einem technisch organisierten Betrieb geworden ist. Die Wissenschaft entwickelt sich zu einer in sich geschlossenen Ordnung des Umgangs mit dem Seienden. Die Wissenschaft hat den Charakter der Industrie und wird von der Industrie übernommen[86]. Das zeigt sich darin, daß die wissenschaftliche Forschung heute überall in bestimmten Einrichtungen betrieben wird, die die Gewinnung von Erkenntnissen, ihre Überprüfung und Mitteilung erleichtern und fördern sollen. Und das macht sich bemerkbar sowohl in den Natur- als auch in den Geisteswissenschaften, die z.B. auf die organisierten Bibliotheken und die Beschaffung der Archiven angewiesen sind.

Damit meint Heidegger aber nicht, daß erst das Sicheinrichten der wissenschaftlichen Forschung in den technisch organisierten Einrichtungen der neuzeitlichen Wissenschaft den technischen Charakter verleihe. Die mathematische Naturwissenschaft ist nicht deshalb technisch, weil sie sich technischer Apparaturen bedient und in organisierten Einrichtungen betrieben wird, sondern umgekehrt: all das ist nur möglich auf Grund der in ihr angelegten Tendenz zur Technisierung, d.h. weil sie in ihrem Wesen technischen Charakter hat.

Dieser technische Charakter der neuzeitlichen Naturwissenschaft bleibt in ihren ersten Anfängen und lange Zeit danach verborgen, aber er tritt allmählich in Erscheinung. So ist die Physik heute zu einem System von Informationen zur Manipulation der Naturvorgänge geworden; die Information ist eine Grundmacht für die Meisterung der Natur: "Die Information ist als Benachrichtigung auch schon die Einrichtung, die den Menschen, alle Gegenstände und Bestände in eine Form stellt, die zureicht, um die Herrschaft des Menschen über das Ganze der Erde und sogar über das Außerhalb dieses Planeten sicherzustellen."[87] Die Information macht nun den Inhalt der Wissenschaft selbst aus. Die Wissenschaft wird zum 'Bestand' von Informationen, die auch wie die Energiebestände gespeichert, bearbeitet und gesteuert werden können und sollen. Der Naturwissenschaftler unterzieht sich der Gewalt des Gestells, er muß die Natur als Informationsbestände entbergen und diese für das weitere Bestellen bereitstellen. Die herausfordernde Entbergungsweise waltet also in der mathematischen Naturwissenschaft. Die hohe Schätzung der Axiomatik, die nach Heidegger eine spezifische Erscheinung der Neuzeit ist, sowie die Forderung nach der Axiomatisierung aller wissenschaftlichen Erkenntnis und nach der Überführung aller Wissenschaften in gegenstandlose formale Systeme, ist nichts anderes als Zeichen für das Walten des Wesens der Technik in der neuzeitlichen Wissenschaft. "Dieses axiomatische Denken ist bereits dabei, ohne daß wir dies merken und in seiner Tragweite durchschauen, das Denken des Menschen so zu verändern, daß es sich dem Wesen der modernen Technik anpaßt."[88]

An dieser Stelle ist zu bemerken, wie erstaunlich sich Heideggers Beschreibung der Technisierung der neuzeitlichen Wissenschaft mit der Husserlschen deckt. Auch Husserl hat in der *Krisis*-Abhandlung den technischen Charakter der neuzeitlichen Wissenschaft und die Verdeckungen, die er mit sich bringt, ans Licht gebracht. Für ihn auch liegt dieser Charakter nicht darin, daß die neuzeitliche Wissenschaft für technische Zwecke verwendet wird, und auch nicht darin, daß sie sich zur Sicherung ihrer Ergebnisse technischer Apparaturen bedient. Vielmehr herrscht in der naturwissenschaftlichen Denkweise selbst schon der technische Geist. Husserl auch hat den Zusammenhang der Technisierung der Wissenschaft mit ihrer Methodisierung und Formalisierung herausgestellt. Auf Grund ihrer praktischen Relevanz rücken die Informationen, oder Husserlsch gesprochen, die Naturformeln ins Zentrum der wissenschaftlichen Forschung. Die Aufgabe der Wissenschaft ist nun die Erzeugung der Formeln. Daher wird die wissenschaftliche Forschung zu einem technischen Rechnen und Hantieren mit den entdeckten Formeln zum Zwecke der Erzeugung neuerer

Formeln, und so weiter ins Unabsehbare. Zur Steigerung der Effizienz der Formeln wandelt sich das wissenschaftliche Denken zu einem Rechnen mit sinnentleerten Symbolen und Zeichen, die das wissenschaftliche Forschen und Entdecken erleichtern sollen. Dafür werden auch formale Denkregeln oder Spielregeln, die von jedem anschaulichen Inhalt abstrahiert sein müssen, gebraucht. Das wissenschaftliche Denken wird, so führt Husserl weiter, zu einer hervorragenden 'Kunst' zur Erzeugung der Formeln und Theorien. Der Preis dafür ist die Sinnentleerung der Wissenschaft, ihr Anschauungsverlust und die Steigerung ihrer Lebensweltvergessenheit. Die Natur, wie sie in unserer Lebenswelt gegeben ist, wird verdeckt; die Natur wird zu einem mathematischen unendlichen Universum, das die wissenschaftliche Forschung in einem unendlichen Prozeß in mathematische Formeln und Theorien einzufangen hat. Die wissenschaftliche Forschung entbindet sich so von den lebensweltlichen Horizonten, sie foglt nun ausschließlich ihrer eigenen Gesetzlichkeit. Die Gefahr dieser Situation liegt nach Husserls Analyse darin, daß sich die wissenschaftliche Forschung der menschlichen Verantwortung entzieht und damit jede Lebensbedeutsamkeit verliert. Worin sieht nun Heidegger die Gefahr der Methodisierung und Technisierung der Wissenschaft?

Normalerweise wird die Methode verstanden als Instrument zur Gewinnung von Erkenntnissen über einen Bereich des Seienden. In diesem Sinne muß die Methode dem zu erschließenden Sachgebiet entsprechen. Nun erfährt in der Neuzeit diese Beziehung von Methode und Sache der Forschung eine Umkehrung, da die Methode den Vorrang vor die Sache gewinnt. Diesen Umstand hat schon Nietzsche im letzten Jahrhundert bemerkt und festgehalten, er schreibt: "Nicht der Sieg der Wissenschaft ist das, was unser 19. Jahrhundert auszeichnet, sondern der Sieg der wissenschaftlichen Methode über die Wissenschaft."[89] Heidegger bezieht sich mehrmals ausdrücklich auf diese Aussage und macht sie sich zu eigen. Die Methode kommt in der Neuzeit zur Herrschaft und wird bestimmend für den Gegenstand der Forschung selbst. "In den Wissenschaften wird das Thema nicht nur durch die Methode gestellt, sondern es wird zugleich in die Methode hereingestellt und bleibt in ihr untergestellt."[90] Es ist hier darauf aufmerksam zu machen, daß Heidegger die Methode nun nicht im geläufigen Sinne versteht. Mit Methode meint er nicht die Gesamtheit der Denkregeln und Forschungsmaßnahmen, die den Weg der wissenschaftlichen Forschung vorzeichnen. Die Methode im Sinne des Instruments der Forschung hat nach Heidegger, wie wir schon im ersten Kapitel dieses Teils gesehen haben, keinen Vorrang; denn sie selbst wird durch den Entwurf der Seinsverfassung des Sachgebietes bestimmt. Die Methode ist "zumal in der neuzeitlich-modernen Wissenschaft, kein bloßes Instrument im Dienste der Wissenschaft, sondern die Methode hat ihrerseits die Wissenschaften in ihren Dienst genommen."[91] Mit Methode meint Heidegger nun die Weise, wie das zu erforschende Sachgebiet bestimmt ist, sie "ist der vorgreifende

Entwurf der Welt, der festmacht, woraufhin allein sie erforscht werden kann. Und was ist dies? Antwort: die durchgängige Berechenbarkeit von allem, was in Experiment zugänglich und nachprüfbar ist."[92] Die Methode in diesem Sinne grenzt das Gebiet der Wissenschaft aus und bestimmt im woraus, was als Gegenstand der Forschung gelten darf und was nicht. Alles, was der berechnenden Beherrschung und dem Experiment nicht irgendwie zugänglich ist, wird nicht als Gegenstand der Forschung oder gar als seiend betrachtet. Die Methode bestimmt im voraus, wie das zu untersuchende Sachgebiet anvisiert werden muß. Daraus erfolgt eine unvermeidliche Verstellung des Seienden, da es im voraus in eine bestimmte Hinsicht der Erklärbarkeit gebracht wird. Die Wissenschaft sieht die Welt durch ihre, Husserlsch gesprochen, 'methodischen Scheuklappen', und dadurch wird das Sachgebiet verdeckt. "Durch den Vorrang der Methode und ihre Verfestigung zur Technik vollzieht sich eine wachsende Ablösung vom Sachgebiet als solchem und damit vor allem die Zerstörung des Bezugs zu dem Seinsbereich, aus dem das Sachgebiet herausgeschnitten ist."[93] Der Seinsbereich selbst entgleitet dem methodischen Zugriff, er ist ihm nicht zugänglich. Keine Wissenschaft kann ihren Seinsbereich mit den Mitteln dieser Wissenschaft fassen, und keine Wissenschaft kann sich über ihre eigene Arbeit Klarheit verschaffen. Das ist die innere Grenze der neuzeitlichen Wissenschaft.

Bemerkenswert an dieser Stelle ist, daß auch Husserl diesen Charakter der neuzeitlichen Wissenschaft gesehen hat. Die Methode der Forschung, die Idealisierung, erzeugt exakte Erkenntnisse, aber sie verdeckt zugleich unsere anschauliche Lebenswelt. So wird z.B. in der mathematischen Physik die mathematische unendliche Natur, die idealisierte Natur, als die wahre Natur unterschoben. Und wie die objektive Wissenschaft die Lebenswelt nicht zu ihrem Recht kommen lassen kann, so kann sie ebenfalls ihre eigenen Leistungen nicht thematisieren und ihre Methode nicht begründen. All das wird aber nicht beachtet, weil die Wissenschaft nutzbare Ergebnisse erzielt. Und so ist es auch bei Heidegger: "Die Methode ist die sieghafte Herausforderung der Welt auf eine durchgängige Verfügbarkeit für den Menschen."[94] Die Methode leistet und versichert die Herrschaft des Menschen über die Welt, indem sie die Welt in der Gestalt der technisch-wissenschaftlichen Vergegenständlichung erscheinen läßt. Die Eroberung der Welt im rechnenden Vorstellen und Herstellen fordert, daß sie auf ihre berechenbare Erscheinungsweise reduziert wird. Das, was sich in der Welt mit Sicherheit errechnen läßt, ist ihre geometrische Dimension, ihre Ausdehnung. Deshalb wird die Natur am Anfang der Neuzeit als raumzeitliche Ausdehnung bestimmt. Diese Bestimmung der Natur als *res extensa* kommt in Descartes' Philosophie zum Ausdruck und erhält durch ihn ihre philosophische Begründung. Ein Modus der Ausdehnung ist die Bewegung, so wird die Natur unter dem Aspekt der Bewegung betrachtet. Die neuzeitliche Physik stellt die Natur als Bewegungszusammenhang heraus. Dabei wird unter Bewegung nur Ortsbewegung verstanden,

Bewegung heißt nun Ortsbewegung, Stellenveränderung, die nach den Zeit-Raum-Koordinaten bestimmbar, d.h. meßbar ist. "Wo sich andere Bewegungserscheinungen zeigen, versucht man, sie von der Ortsveränderung her zu fassen."[95] Die Ortsbewegung selbst wird nur von der Geschwindigkeit her begriffen und untersucht. Die Geschwindigkeit läßt sich als Verhältnis zwischen Raum- und Zeitgrößen darstellen.

Raum und Zeit erscheinen in der Neuzeit als Parameter, nach denen die Bewegung von Massenpunkten gemessen wird. Der Parametercharakter von Raum und Zeit wird maßgebend für die Bestimmung ihrer Bedeutung. Raum und Zeit verlieren ihren ursprünglichen Bezug zur Welt und zum Menschen, sie sind vor allem durch ihre Berechenbarkeit, Gleichmäßigkeit und Unendlichkeit charakterisiert. Die Genauigkeit der Zeit- und Raummessung wird immer wieder gesteigert, dadurch wird aber das Wesen von Raum und Zeit verdeckt. "Der Parametercharakter verstellt das Wesen von Zeit und Raum. Er verbirgt vor allem das Verhältnis ihres Wesens zum Wesen der Nähe."[96]

Der Entwurf der Welt auf ihre planbare Berechnung und Beherrschung läßt alles Seiende gleichmäßig erscheinen. Die Welt wird zum Bereich der Gleichmäßigkeit und Gleichförmigkeit. "Diese Gleichförmigkeit wird das sicherste Instrument der vollständigen, nämlich technischen Herrschaft über die Erde."[97] Damit wird die Welt entschränkt, sie hat keinen Bezug mehr zum Menschen, es sei denn, den der Gegenständigkeit und der technisch-wissenschaftlichen Verfügbarkeit für den menschlichen Willen. Die ursprüngliche Dimension der Welt als Geviert von Erde und Himmel, von Sterblichen und Göttlichen[98] entzieht sich der wissenschaftlichen Erklärbarkeit.

Weil die Erfahrung von Welt und Ding untrennbar sind, entzieht sich auch die ursprüngliche Dimension des Dings als Orts des Versammelns des Gevierts[99] der technisch-wissenschaftlichen Auslegung. Selbst die Gegebenheit des Dings als Gebrauchsding innerhalb seiner Verweisungsbezüge wird verdeckt. Das Ding wird auf seine Stofflichkeit reduziert. Es ist nichts anderes mehr als ein ausgedehnter Massenkörper im Raum-Zeit-Kontinuum. Dagegen wird das in der Alltäglichkeit gegebene Ding als bloße Mannigfaltigkeit von subjektiven Empfindungen aufgefaßt[100]. Mit der neuzeitlichen Auffassung des Dings als Dingstoff wird jener Bereich der Dinge übersprungen, "in dem wir uns unmittelbar heimisch wissen, der Dinge, wie sie uns auch der Maler zeigt: der einfache Stuhl mit der eben hingelegten oder liegengelassenen Tabakpfeife bei van Gogh."[101]

Hier ist es auffallend, daß auch Husserl das Überspringen des anschaulichen Dings in der neuzeitlichen Wissenschaft mit seiner Interpretation als subjektiver Erscheinung, als Zeichen für das physikalisch konstruierte Ding, zusammengedacht hat. Er auch hat die objektivistische Auffassung, das physikalische Ding sei das wahre Ding und das anschauliche Ding sei bloße Erscheinung oder Komplex von subjektiven Empfindungen, kritisiert und entschieden zurückgewiesen.

Verdeckung und Entschränkung der Welt, Verdeckung der ursprünglichen Zeitlichkeit und Räumlichkeit, Reduzierung des Dings auf seine Stofflichkeit - diese Phänomene, die die technisch-wissenschaftliche Weltinterpretation bezeichnen, hat Heidegger schon in *Sein und Zeit* aufgezeigt. Dort führt er diese Phänomene auf die Tendenz zur Verdeckung zurück, die in der Verfallenheit des Daseins gründet. Diese verdeckende Auslegung wird nun tiefer gefaßt und seinsgeschichtlich interpretiert.

Auf Grund dieser geschichtlichen Interpretation kann Heidegger nun sehen, daß die beschriebenen Verdeckungen nicht nur die naturwissenschaftliche Denkweise, sondern die gesamte geschichtliche Situation des neuzeitlichen Menschen prägen. Die Kritik an der neuzeitlichen Naturwissenschaft ist zugleich Kritik des gegenwärtigen Zeitalters. Die inzwischen planetar gewordene technisch-wissenschaftliche Weltauffassung und -organisation bestimmt die gesamte Situation des heutigen Menschen. Die nächste Konsequenz der technisch-wissenschaftlichen Weltzivilisation ist die Zerstörung der Natur und der Beziehung des Menschen zu ihr. Die Natur wird nur als Gegenstand der machenschaftlich-technischen Beherrschung betrachtet, die Technik "zerrt die Erde in die Abmühung und Vernutzung und Veränderung des Künstlichen. Sie zwingt die Erde über den gewachsenen Kreis ihres Möglichen hinaus in solches, was nicht mehr das Mögliche und daher das Unmögliche ist."[102] Die Erde verschwindet in die Einförmigkeit und Gleichförmigkeit der technischen Einrichtung und Organisation. Damit verliert der neuzeitliche Mensch seine Heimat, er wird heimatlos. Die Heimatlosigkeit des neuzeitlichen Menschen ist die Kehrseite der Eroberung der Erde. Indem der neuzeitliche Mensch die Erde seinem Willen zur Herrschaft unterwirft und sie sich untertan macht, verliert er seine Heimat.

Die Bewegung der planenden Eroberung der Erde kennt keine Grenze, der Mensch geht von einem Angriff zum anderen, von einer Chance zur nächsten, er hält nie still. Das Verhalten des Menschen wird durch die 'Flüchtigkeit', 'das rasche Vergessen und Sichverlieren im Nächsten' und 'die Ruhelosigkeit des stets erfinderischen Betriebes'[103] geprägt. Der Mensch läßt sich von den Möglichkeiten des planenden rechnenden Denkens stetig ansprechen, er ist immer weg von sich selbst, er flieht vor seinem eigenen Wesen. Im Lärm des technisch planenden Betriebs betreibt der Mensch die Flucht vor seinem Eigenen. Die Flucht vor dem Eigenen bezeichnet, wie wir aus *Sein und Zeit* wissen, die Uneigentlichkeit. Diese wird nun seinsgeschichtlich interpretiert; die Uneigentlichkeit hat nun eine geschichtlich-epochale Bedeutung und bezeichnet ein gesamtes Zeitalter.

Sowohl für Heidegger als auch für Husserl darf die neuzeitliche Naturwissenschaft nicht als isolierte Erscheinung betrachtet, sondern sie muß auf die gesamte neuzeitliche europäische Geschichte bezogen werden. Während Husserl die Urstiftung dieser Grundstellung auf den willentlichen Entschluß des neuzeitlichen Menschen zurückführt, interpretiert sie Heidegger als Geschick des Seins. Bei beiden Philosophen hat die neuzeitliche Grundstellung und damit die mathematische Naturwissenschaft ihre tiefsten Wurzeln in der abendländischen Geschichte und Tradition. Das nächste Kapitel versucht zu zeigen, wie Heidegger diese Annahme begründet.

4. Kapitel

Die neuzeitliche Naturwissenschaft und die Geschichte der Metaphysik

Im letzten Kapitel habe ich Heideggers seinsgeschichtliche Interpretation zur neuzeitlichen Naturwissenschaft nachgezeichnet. Mit Heideggers Wendung zum seinsgeschichtlichen Denken gewinnt seine Interpretation der neuzeitlichen Wissenschaft zwei Charaktere. Zuerst konnte Heidegger auf Grund seiner Erfahrung der Geschichtlichkeit des Seins die Grenzen der existenzialen Interpretation überwinden. Dabei wird diese Interpretation nicht durchgestrichen, wohl aber erweist sie sich als nicht mehr zureichend. Das Seinsverständnis des Daseins, worin der mathematische Entwurf der Natur existenzial gründet, ist nicht mehr der letzte Grund. Das Seinsverständnis wird nun selbst als ekstatischer Bezug zum geschickhaften Lichten des Seins gefaßt. Dann gewinnt Heideggers Interpretation eine schärfere zeitkritische Dimension: die Kritik an den Verdeckungen der neuzeitlichen Naturwissenschaft, die schon in *Sein und Zeit* vorkommt, tritt jetzt in den Vordergrund. Sie wird radikalisiert und auf das heutige Zeitalter insgesamt bezogen. Die technisch-wissenschaftliche Weltorganisation, die im Begriff ist, sich auf den ganzen Erdball auszudehnen, und die alle Bereiche des menschlichen Lebens beherrscht, droht dem neuzeitlichen Menschen mit der Vernichtung seines Wesens.

Es sei hier bemerkt, daß Husserls Interpretation der neuzeitlichen Naturwissenschaft nach seiner Entdeckung der Geschichtlichkeit des Bewußtseins entsprechende Charaktere gewonnen hat. Die phänomenologische Analyse der neuzeitlichen Naturwissenschaft läßt es aber nicht damit bewenden, daß sie die Verwurzelung der Naturwissenschaft in der neuzeitlichen Geschichte aufzeigt. Sowohl Husserl wie Heidegger versuchen, die neuzeitliche Wissenschaft als Erscheinung der abendländischen Geschichte nachzuzeichnen. So wird die Naturwissenschaft bei beiden Denkern zuerst auf die Gesamtsituation der Neuzeit bezogen, und dann wird diese in ihrer Verwurzelung in der abendländischen Geschichte und Tradition erfaßt. Damit der Vergleich zwischen Husserl und Heidegger vervollständigt wird, möchte ich nun darauf eingehen, in welcher Weise Heidegger den Bezug der neuzeitlichen Wissenschaft auf die abendländische Geschichte und Tradition herausarbeitet.

Wir haben schon gesehen, daß Heidegger die neuzeitliche Grundstellung als metaphysisch bezeichnet. Wir haben aber nicht die Frage gestellt, wie er diese Bezeichnung begründet. Ich möchte nun von dieser Bezeichnung ausgehen; denn gerade sie ist der Bezugspunkt zwischen der neuzeitlichen Wissenschaft und der abendländischen Geschichte.

Bekanntlich meint Heidegger mit Metaphysik nicht eine philosophische Disziplin, sondern den tragenden und bestimmenden Grund der gesamten abendländischen Geschichte. Auch hier ist eine Übereinstimmung mit Husserl zu sehen; denn für Husserl meint Philosophie nicht nur die bekannte Disziplin, sondern auch den teleologischen Sinn, der in der abendländischen Geschichte wirkt. Wie der Rückgang auf die Urstiftung dieses Sinnes für Husserl, so ist auch für Heidegger der Rückgang auf den 'ersten Anfang' notwendig. Beide betrachten Platon als die bestimmende Figur der abendländischen Geschichte. Für Husserl ist er der Begründer des wissenschaftlich-philosophischen Ideals der Erkenntnis aus Letztbegründung und Selbstverantwortung, und für Heidegger ist er der Begründer des metaphysischen Denkens. Da die neuzeitliche technisch-wissenschaftliche Zivilisation, wie ich noch zu zeigen versuche, nur auf Grund der Metaphysik möglich ist, kann Heidegger sagen, daß die Neuzeit schon durch Platons Denken vorbereitet ist.

Anders als Husserl meint Heidegger aber nicht, daß die Philosophie Platons die ursprüngliche Erfahrung der Griechen darstellt. Für Heidegger ist die Philosophie Platons eine Umdeutung, ja sogar eine Verfälschung der ursprünglichen Erfahrung, die die ersten und großen Denker Griechenlands gemacht und in ihrem dichterischen Sagen festgehalten haben. Deshalb bedeutet der Rückgang auf den ersten Anfang für Heidegger vor allem die Auseinandersetzung mit dem vorplatonischen Denken, in welchem die ursprüngliche Erfahrung von Sein und Wahrheit vor der Metaphysik zum Ausdruck gekommen ist. Alles ist in diesem Anfang beschlossen. Sogar die Verfälschung dieser ursprünglichen Erfahrung und ihre Umdeutung als Metaphysik ist nur auf Grund dieser Erfahrung selbst möglich. Und was wir heute in unserem Atomzeitalter erleben, ist auch in dieser ursprünglichen Erfahrung vorgezeichnet. So kann Heidegger schreiben: "Die heutige Technik ... ist nur zu begreifen aus dem Anfang der abendländischen Grundstellung zum Seienden als solchem im Ganzen."[1] Unter 'Anfang' versteht Heidegger nicht einen Jetztpunkt, in dem die abendländische Geschichte beginnt. Der Anfang ist nicht der Beginn, vielmehr ist der Beginn die Verhüllung des Anfangs: "Der Anfang verbirgt sich im Beginn."[2] Der Anfang ist nach Heidegger nichts Vergangenes, er ist das, was auf uns zukommt, das Zukünftige und daher das Bestimmende, das, was uns mehr als jede Gegenwart bedrängt. Die Auseinandersetzung mit dem ersten Anfang und die Besinnung auf die gegenwärtige Situation gehören zusammen.

Diese Betrachtungen zeichnen meine nächsten Schritte vor. Zuerst ist zu zeigen, wie die ersten griechischen Denker das Sein und die Wahrheit erfahren haben. Dann muß gezeigt werden, wie sich das metaphysische Denken aus der Umdeutung dieser ursprünglichen Erfahrung entfaltet hat und in welchem Sinne die Vorbereitung der modernen Naturwissenschaft und Technik in dieser Umdeutung selbst liegt.

Vor der Durchführung dieser Schritte muß aber der Eindruck beseitigt werden, als ginge es hier um die 'Erzählung' einer 'Geschichte', die aus verschiedenen Etappen bestünde, wobei jede Etappe aus der vorausgegangenen hervorginge. Diese Auffassung ist sehr weit entfernt von Heideggers Verständnis der Geschichte. Die Geschichte ist nicht eine kontinuierliche Abfolge von Etappen oder Epochen. Geschichte ist nach Heidegger vom Geschick des Seins her zu verstehen, das sich je in einer epochalen Prägung zuschickt und die verschiedenen Seinsepochen zeitigt. Die verschiedenen Epochen der so verstandenen Geschichte entwickeln sich nicht auseinander wie in einem dialektischen Prozeß, sie sind nicht auseinander ableitbar. In der Seinsgeschichte gibt es keinen Platz für den Einfluß oder Nachwirkung einer Epoche. Das meint aber wiederum nicht, daß die Seinsepochen zusammenhangslos nebeneinander bestünden. Im Gegenteil betont Heidegger, daß es eine Überlieferung von Epoche zu Epoche gibt. Aber er versucht, diese Überlieferung aus dem Seinsgeschick zu denken, die Überlieferung "verläuft nicht zwischen den Epochen wie ein Band, das sie verknüpft, sondern die Überlieferung kommt jedesmal aus dem Verborgenen des Geschicks."[3] Jede Epoche ist verschieden von den anderen; in jeder sagt das Sein anders, trotzdem gibt es eine Einheitlichkeit aller Epochen, diese Einheitlichkeit hat ihren Grund darin, daß in allen Epochen das Seinsgeschick waltet. Aus diesem Grund ist Heideggers Rückgang auf den ersten Anfang nicht im Sinne einer historischen Betrachtung zu verstehen, die die Geschichte des abendländischen Denkens aus einem ersten Ausgangspunkt ableiten will, sondern als geschichtliche Besinnung, die das Selbige dieser Geschichte sehen läßt. Nach dieser Bemerkung gehen wir nun den erwähnten Schritten nach.

A. Die Erfahrung des ersten Anfangs

Wie schon erwähnt, ist in Heideggers Augen die Begründung der Metaphysik durch Platon und Aristoteles entscheidend für die gesamte abendländische Geschichte, die im ganzen die Geschichte der Metaphysik ist. Das Denken von Platon und Aristoteles ist aber durch die vorplatonische Denkerfahrung vorbereitet, obwohl es von ihr entfernt ist. Deshalb ist es sinnvoll, mit Heideggers Interpretation der Grunderfahrung der griechischen Denker vor Platon anzufangen. Dabei werde ich nicht auf Heideggers Interpretation der einzelnen Denker vor Platon eingehen. Ich beschränke mich auf eine kurze Darstellung der griechischen Denkerfahrung vor Platon. Eine hilfreiche Basis dafür bildet Heideggers Interpretation der Grundworte dieser Erfahrung, ich meine der griechischen Worte *physis*, *aletheia* und *logos*. In der folgenden Darstellung der Erfahrung des ersten Anfangs und des Übergangs vom ersten Anfang zur Metaphysik werde ich mich vor allem auf Heideggers Vorlesung zum Sommersemester 1935, erschienen unter dem Titel *Einführung in die Metaphysik*, stützen.

Das geläufige Verständnis der vorplatonischen Denkerfahrung ist durch das metaphysische Denken, in dessen Bann wir bis heute stehen, geprägt, d.h. nach Heidegger durch ein Denken, das sich gerade auf Grund der Umdeutung und Verfälschung dieser ursprünglichen Erfahrung etabliert hat. Die Interpretation des vorplatonischen Denkens benötigt die Befreiung vom geläufigen Verständnis und das nüchterne Hören auf seine Grundworte.

Ein bedeutendes Grundwort der Vorsokratik ist die *physis*. Es ist bekannt, daß die Vorsokratiker die *physis* gedacht und gedichtet haben. *Physis* wird mit Natur übersetzt. Es ist aber total verkehrt, wenn man unter *physis* die Natur im neuzeitlichen Sinne als Gegenstand der Naturwissenschaft versteht und die Vorsokratiker als Vorläufer der neuzeitlichen Physik betrachtet. Nach Heidegger meint das griechische Wort *physis* "das von sich aus Aufgehende (z.B. das Aufgehen einer Rose), das sich eröffnende Entfalten, das in solcher Entfaltung in die Erscheinung-Treten und in ihr sich halten und verbleiben, kurz, das aufgehend-verweilende Walten."[4] Das Aufgehen in diesem Sinne kann freilich auch an der Natur erfahren werden, aber die Griechen haben es nicht ausschließlich als Naturvorgang gedacht. Die *physis* beschränkt sich nicht auf die Natur im heutigen Sinne, sie bezieht sich wie auf Stein und Pflanze auch auf Menschen- und Götterwerke. "Die *physis* ist das Sein selbst, kraft dessen das Seiende erst beobachtbar wird und bleibt."[5]

Zum Sein als *physis* gehört das 'Sich eröffnende Entfalten', das 'In die Erscheinung Treten'. Das Seiende ist nur insofern seiend, als es zum Vorschein kommt, in die Erscheinung tritt, d.h. aus der Verborgenheit in die Unverborgenheit aufgeht und in ihr verweilt und verbleibt. Unverborgenheit ist nach Heidegger die der griechischen Erfahrung angemessenen Übersetzung des Wortes *aletheia*. Üblicherweise wird dieses Wort mit Wahrheit übersetzt und diese als Aufzeichnung des richtigen Denkens und Urteilens verstanden. Damit wird die ursprüngliche Erfahrung, die in diesem griechischen Grundwort steckt, verschüttet; denn die *aletheia* ist in der Erfahrung der ersten griechischen Denker nicht als Eigenschaft des menschlichen Denkens und Urteilens gedacht. Die Bedeutung der Wahrheit als Richtigkeit des Denkens ist selbst durch die ursprüngliche Bedeutung der Wahrheit als Unverborgenheit ermöglicht und von ihr abgeleitet. Diese abgeleitete Bedeutung der aletheia als Richtigkeit gewinnt seit Platon und Aristoteles den Vorrang und wird auch bestimmend für die Interpretation des vorplatonischen Verständnisses von *aletheia*. Nach der vorplatonischen

Erfahrung aber ist die Wahrheit zunächst keine Eigenschaft des menschlichen Denkens. *Aletheia* kommt dem Seienden selbst zu. Das meint aber nicht, daß *aletheia* dem Seienden wie eine zusätzliche Eigenschaft oder eine Zugabe hinzukäme. *Aletheia* gehört dem Wesen des Seins selbst. Deshalb konnten die Griechen das Seiende als wahr und das Wahre als seiend bezeichnen. "Indem Seiendes als ein solches ist, stellt es in die und steht in der Unverborgenheit, *aletheia*."[6] Hier ist zu beachten, daß die Zusammengehörigkeit zwischen Sein und Wahrheit bei den Griechen nicht zufällig ist. Vielmehr beruht sie nach Heidegger auf der griechischen Erfahrung des Wesens des Seins und der Wahrheit. Weil in dieser Erfahrung das Sein, die *physis*, als sich eröffnendes Entfalten, als Heraustreten in die Erscheinung und die Wahrheit als Aufgehen von der Verborgenheit in die Unverborgenheit verstanden wird, deshalb konnten die Griechen Sein und Wahrheit als zusammengehörig denken.

Das dritte Grundwort des griechischen Denkens ist der *logos*. Diesem Wort entsprechen mehrere Ausdrücke in der deutschen Sprache wie Rede, Vernunft und Grund. Heidegger aber sucht die ursprüngliche Bedeutung dieses Wortes aus den griechischen Grunderfahrung. Dadurch kommt er zur Feststellung der Zusammengehörigkeit des griechischen Verständnisses von *logos*, *aletheia* und *physis*. Ursprünglich bedeutet das griechische Wort *legein* legen, zum Liegen bringen, sammeln. Sammeln ist aber nicht als Zusammenbringen zu verstehen; zum Sammeln gehört die Bewahrung des Gesammelten. Gesammelt ist das, was in sich steht, was seiend ist. "*Logos* ist die ständige Sammlung, die in sich stehende Gesammeltheit des Seienden, d.h. das Sein ... *Physis* und *logos* sind dasselbe."[7] Der *logos* hat auch einen Wesenszusammenhang mit *aletheia*, denn als Sammeln hat der *logos* den Charakter des Entbergens, des Offenbarmachens.

Die drei Grundworte *physis*, *aletheia* und *logos* erweisen sich als zusammengehörig, wenn man auf ihre ursprüngliche Bedeutung zurückgeht und sie aus der griechischen Grunderfahrung beleuchtet. Heidegger faßt den Zusammenhang dieser Grundworte so zusammen: "Weil das *legein* als so bestimmtes Sammeln auf die ursprüngliche Gesammeltheit des Seins bezogen ist, weil Sein aber heißt: In-die-Unverborgenheit-kommen, deshalb hat dieses Sammeln den Grundcharakter des Eröffnens, des Offenbarmachens."[8]

Nun kommen wir zu der Frage: Was ist aus dieser Grunderfahrung geworden? Wie hat sich die Bedeutung dieser Grundworte gewandelt? Und wie ist dieser Wandel geschehen?

B. Vom ersten Anfang zur Metaphysik

Um den Wandel der ursprünglichen Erfahrung der Griechen zu verstehen, muß man nach Heidegger einen Wesenszug des abendländischen Denkens im Auge behalten. Gemeint ist hier, daß das abendländische Denken von seinem ersten Anfang bis zu seiner Vollendung das Sein als beständige Anwesenheit versteht. Dieses Verständnis bestimmt die anfängliche Erfahrung der Griechen, ihre Wandlung zur Metaphysik bei Platon und Aristoteles, das mittelalterliche Denken sowie alle Seinsvorstellungn der Neuzeit. Immer wird das Sein aus der Zeitdimension der Gegenwart als ständige Anwesenheit verstanden. "Die Griechen bestimmten das Sein des Seienden als Beständigkeit des Anwesens. Diese Bestimmung des Seins bleibt durch die ganze Geschichte der Metaphysik hindurch unerschüttert."[9] Damit will Heidegger aber nicht sagen, "die Griechen hätten dieses Seinsverständnis als solches ausdrücklich erkannt und eigens zum Problem gemacht."[10] Dieses Seinsverständnis bleibt bei den Griechen sowie bei allen Denkern des Abendlands verborgen. Trotzdem, oder gerade deshalb, bestimmt es die Richtung ihres Denkens und Fragens nach dem Sein.

Mit Rücksicht auf dieses verborgene Verständnis des Seins als ständige Anwesenheit ist nun zu zeigen, was aus der Grunderfahrung der griechischen Frühzeit durch Platon und Aristoteles geworden ist. Ich beginne diese Darstellung mit dem Wandel der Bedeutung der *physis*. *Physis* meint ursprünglich das Sein des Seienden, den Aufgang des Seienden in die Unverborgenheit, d.h. das Ankommen des Anwesenden in die Anwesenheit. Zur Anwesenheit des Anwesenden gehört wesensmäßig, daß das Anwesende ein Aussehen, einen Anblick zeigt. Das Seiende kann nur anwesen und zum Vorschein kommen, indem es sich in einem Aussehen darbietet. Das Aussehen ist das, worin das Seiende steht und verweilt und zugleich worin es sich uns präsentiert, vorstellt[11]. Zum Sein des Seienden gehört das Stehen in einem Aussehen. Aussehen heißt griechisch *eidos*, *idea*. Idee ist also eine Kennzeichnung des Seins des Seienden.

Damit ist aber Heideggers Analyse noch nicht am Ziel; denn die Kennzeichnung des Seins als *idea* bewegt sich noch innerhalb der ursprünglichen Erfahrung der Griechen. Daß das Seiende in einem Aussehen steht und verweilt, ist eine Wesensfolge der Auslegung des Seins als Aufgang in die Unverborgenheit, als 'In die Erscheinung Treten'. Der Abfall von der Erfahrung der griechischen Frühzeit liegt gerade nicht in der Kennzeichnung des Seins als *idea*, sondern darin, daß die *idea*, die nur eine Wesensfolge des Seins ist, zum Wesen des Seins erhoben wird. "Nicht daß überhaupt die *physis* als *idea* gekennzeichnet wurde, sondern daß die *idea* als die einzige und maßgebende Auslegung des Seins aufkommt, bleibt das Entscheidende."[12] Was ist nun der Unterschied zwischen der Bestimmung des Seins als *physis* und als *idea*.

"*Physis* ist das aufgehende Walten, das In-sich-dastehen, ist Ständigkeit. *Idea*, Aussehen als das Gesichtete, ist eine Bestimmung des Ständigen, sofern es und nur sofern es einem Sehen entgegensteht."[13] In den beiden Bestimmungen des Seins ist zwar das Erscheinen im Spiel, doch es meint nicht dasselbe. In der Bestimmung des Seins als *physis* ist das Erscheinen im ursprünglichen Sinne gemeint, Erscheinen meint hier das aufgehende Walten, das In-die-Anwesenheit-kommen und in ihr stehen und verbleiben, das Sich-zum-stehen-bringen. In der Bestimmung des Seins als *idea* meint Erscheinen dagegen ein Aussehen oder eine Vorderfläche für das Sehen darbieten[14].

Der Abfall von der Grunderfahrung der griechischen Frühzeit beginnt damit, daß das Erscheinen im zweiten Sinne den Vorrang gegenüber dem Erscheinen im ursprünglichen Sinne gewinnt. Das Erscheinen im zweiten Sinne, das anfänglich nur eine, obgleich notwendige, Folge des Erscheinens im ursprünglichen Sinne ist, wird maßgebend für die Bestimmung des Seins.

Idea ist nicht nur die Kennzeichnung des Seienden hinsichtlich seiner Gesichtetheit für ein Hinsehen, sondern sie selbst entscheidet über das Sein, sie macht das Sein des Seienden aus. Das, was ein Seiendes ist, liegt in seinem Aussehen. Aussehen oder *idea*, die nun nicht nur eine Kennzeichnung für das sinnlich Sichtbare, sondern für alles Vernehmbare ist, bestimmt das, was ein Seiendes ist; sie bestimmt das Seiende hinsichtlich seines 'Was'. Sein als *idea* bedeutet also soviel wie 'Wassein' (im Sinne der späteren *essentia*) im Vergleich zum 'Daß-sein' (*existentia*). Das 'Wassein' bestimmt die Auffassung des Seienden hinsichtlich seines Seins. Aus diesem Grund wird das griechische Wort *ousia*, das nach Heidegger das Sein oder, vorsichtiger ausgedrückt, die Seiendheit des Seienden meint, mit dem deutschen Wort Wesen übersetzt. Wesen meint das, was ein Seiendes ist, also sein 'Wassein'. Weil seit Platon *ousia*, ursprünglich das Sein des Seienden, in seinem 'Wassein' liegt, kann sie mit Wesen übersetzt werden.

Aber wie kommt zu diesem Vorrang des 'Wassein'? Warum haben die Griechen das Sein des Seienden in seinem 'Wassein', in seinem Wesen gefunden? Heideggers Antwort darauf: weil die Richtung ihres Fragens und Suchens von dem Verständnis des Seins als beständiger Anwesenheit bestimmt ist; denn das, was am Seienden ständig anwesend ist, ist eben sein Aussehen, sein 'Wassein'. Das 'Wassein' eines Seienden ist das, was an ihm beständig anwesend ist, auch bevor das einzelne Seiende entsteht oder nachdem es vergangen ist. "Sofern nun für die Griechen Sein beständige Anwesenheit besagt, wird die Seiendheit des Seienden (*ousia* des *on*) nur als das 'Wassein' im Sinne der *idea* bestimmbar."[15]

Die Auslegung des Seins als *idea* entfernt sich von seiner Auslegung als *physis*, gleichwohl ist sie nur auf deren Grund möglich; denn das Erscheinen als Darbieten eines Aussehens ist eine Wesensfolge des Erscheinens im ursprünglichen Sinne als Aufgang von der Verborgenheit in die Unverborgenheit. Diese Wesensfolge wird aber in der Metaphysik zum Wesen erhoben. "Nur ein Denken, das im vorhinein das Sein im Sinne von Anwesen in die Unverborgenheit gedacht hat, kann das Anwesen des Anwesenden als *idea* denken"[16]

Weil Sein und Wahrheit in der Grunderfahrung der griechischen Frühzeit zusammengehören, geht mit dem Wandel des Seins zu *idea* ein Wandel der Wahrheit zusammen. Mit diesem Wandel gewinnt die *idea*, so Heidegger, den Vorrang gegenüber der Wahrheit, der *aletheia*. Die *idea* wird bestimmend für die Wahrheit, das Wesen der Wahrheit wird nicht mehr aus der Unverborgenheit, sondern aus der *idea* erfaßt. Wie kommt es dazu? Was an einem Seienden der Idee des Seins als beständiger Anwesenheit vollkommen genügt, ist sein 'Wassein', seine *idea*. Deshalb ist die *idea* das eigentlich seiende am Seienden, das 'seiendste' am Seienden. Dagegen verunstaltet das einzelne wirkliche Seiende die reine *idea*, das 'Wassein', d.h. das Sein des Seienden. Das einzelne Besondere ist zwar auch seiend, aber nicht im eigentlichen Sinne, es ist immer eine Einschränkung und Beeinträchtigung der *idea*, die allein beständig ist. Die *idea* ist zum Vorbild, zum Ideal geworden, dagegen ist das Erschienen des Seienden nicht mehr der Aufgang des Verborgenen in die Unverborgenheit, sondern die Verunstaltung des Vorbilds, das Auftauchen des Abbildes. "Weil das eigentlich Seiende die *idea* und diese das Vorbild ist, muß alle Eröffnung des Seienden darauf gehen, dem Urbild gleichzukommen, dem Vorbild sich anzugleichen, nach der Idee zu richten."[17] Die Wahrheit wird zur Richtigkeit des Sehens, die Richtigkeit des Sehens entscheidet jetzt über die Wahrheit.

Ursprünglich gedacht, ist die Richtigkeit des Sehens nur eine Folge der Wahrheit als Unverborgenheit. Das Sichrichten nach etwas kann nur in einem schon offenen Bereich geschehen, der nicht durch das Sichrichten geöffnet, sondern von ihm übernommen wird. Die Richtigkeit gründet in der Unverborgenheit. Und wie die Folge der *physis*, die *idea*, zum Wesen des Seins, so wird auch die Folge der Unverborgenheit, die Richtigkeit, zum Wesen der Wahrheit erhoben. Wahr ist das, was sich nach der *idea* richtet, ihr angleicht und mit ihr übereinstimmt. Die *idea* entscheidet über die Richtigkeit und damit über die Wahrheit. Der Abfall von der ursprünglichen Erfahrung besteht auch hier nicht in der Kennzeichnung der *aletheia* als *idea*, da das Unverborgene sich wesensmäßig in einem Aussehen oder Gesicht darbietet, sondern darin, daß die *idea*, die ursprünglich nur eine Wesensfolge der Wahrheit als Unverborgenheit ist, nun über die Wahrheit entscheidet. Die *idea* dient nicht dem Unverborgenen, indem sie es zur Erscheinung bringt, darstellt, sondern sie entscheidet über das, was wahr, d.h. unverborgen heißt darf, "die *idea* ist nicht ein darstellender Vordergrund der *aletheia*, sondern der sie ermöglichende Grund."[18] Wahr, d.h. auch seiend, ist nur das, was an der 'Idee' teilhat. Die *idea* ist die Herrin, und die *aletheia* kommt unter das Joch der *idea*[19]. Mit dem Wandel des Wesens der Wahrheit wandelt sich auch ihr Ort. "Als Unverborgenheit ist sie noch ein Grundzug des Seienden selbst. Als Richtigkeit des 'Blickens' aber wird sie zur Auszeichnung des menschlichen Verhaltens zum Seienden."[20] Der Ort der Wahrheit verlagert sich in die Aussage. Wie bekommt die Aussage diese Bedeutung für die Wahrheit? Das zeigt Heidegger, indem er den Wandel der Bedeutung des Grundwortes *logos* verfolgt.

Ursprünglich wird *logos* als eröffnende Sammlung gedacht. Das in der eröffnenden Sammlung Erfahrene kann in der Aussage bewahrt werden, deshalb meint der *logos* auch Aussage. Das in der Aussage Angesprochene kann mitgeteilt werden, und das Mitgeteilte kann nachgesagt werden. Dafür ist der Nachvollzug der Eröffnung des Seienden, worüber es ausgesagt wird, nicht notwendig. Deshalb muß zwischen dem *logos*, der die eröffnende Sammlung des Seienden bewahrt, und dem, der bloßes Nachsagen ist, unterschieden werden. Die Unterscheidung, d.h. die Entscheidung über die Wahrheit, betrifft den *logos* als Aussage. Die Aussage ist wahr, wenn sie sich nach dem Seienden, und d.h. letztendlich nach der *idea* richtet. In der griechischen Frühzeit ist die Wahrheit als Geschehen der Unverborgenheit erfahren, in solches der *logos* ursprünglich einbezogen ist. Nun ist die Wahrheit eine Eigenschaft des *logos* als Aussage, sie besteht in der Richtigkeit des Aussagens. "Anfänglich ist der Logos als Sammlung das Geschehen der Unverborgenheit, in diese gegründet und ihr dienstbar. Jetzt wird der Logos als Aussage umgekehrt der Ort der Wahrheit im Sinne der Richtigkeit."[21]

Der *logos* ist jetzt der Bereich der Entscheidung über die Wahrheit, aber nicht nur das. In der Aussage wird über das Seiende ausgesagt, jeder Aussage liegt das Seiende zugrunde. Das Sein des Seienden wird in der Aussage bestimmt und zwar nach verschiedenen Hinsichten (z.B. nach der Beschaffenheit, der Größe usw.), diese Hinsichten heißen Kategorien. Der Ort der Seinsbestimmungen verlegt sich in den *logos* als Aussage. Die Ontologie wird zur Katergorienlehre. So ist der *logos* als Aussage nicht nur der Ort der Entscheidung über die Wahrheit, sondern auch über das Sein des Seienden. Aus diesem Grund konnte Heidegger behaupten, daß sich die Herrschaft der Vernunft über das Sein schon im griechischen Denken vorbereitet.

Der Abfall des griechischen Denkens vom ersten Anfang ist, wie gesagt, in diesem Anfang selbst beschlossen. "Er setzt ein im Wesen von *physis* und *logos*, genauer in einer Wesensfolge und zwar dergestalt, daß das Erscheinende (in seinem Scheinen) ein Aussehen zeigt, daß das Gesagte alsbald in den Bereich des aussagenden Geredes gerät."[22] Der Wandel der *physis* zu *idea* sowie des *logos* zur Aussage vollzieht sich im Zusammenhang mit dem Wandel der Wahrheit zur Richtigkeit. Der Grund des Abfalls von der Erfahrung der griechischen Frühzeit ist deshalb im Wandel der Wahrheit zu suchen. Heidegger schreibt: "Der Wandel von *physis* und *logos* zur Idee und Aussage hat seinen inneren Grund in einem Wandel des Wesens der Wahrheit als Unverborgenheit zur Wahrheit als Richtigkeit."[23] Die Griechen haben die Wahrheit als Unverborgenheit erfahren und aus dieser Erfahrung die Bestimmung der Wahrheit als Richtigkeit abgeleitet. Die Erfahrung der Wahrheit als Unverborgenheit geht aber verloren; dagegen gewinnt die Wahrheit als Richtigkeit den Vorrang und wird bestimmend für das nachfolgende Denken. Die Erfahrung der Wahrheit als Unverborgenheit geht aber nicht deshalb verloren, weil die Wahrheit zur Richtigkeit umgedeutet wird und diese Umdeutung den Vorrang gewinnt, sondern umgekehrt: das Nichtbehalten der ursprünglichen Erfahrung der Wahrheit als Unverborgenheit ermöglicht erst ihre Umdeutung zur Richtigkeit. Die Griechen haben also die Erfahrung der Unverborgenheit nicht bewahrt und haben nicht nach ihrem Wesen gefragt. *Aletheia* bleibt für die Griechen das Selbstverständliche und Fraglose, und gerade deshalb kam es zum 'Einsturz der Unverborgenheit'[24] und zum Wandel der *aletheia* zur Richtigkeit.

Daß die Griechen das Wesen der Unverborgenheit nicht bewahrt und nicht begründet haben, ist nach Heidegger kein Mangel oder Versäumnis, es entsteht nicht aus einer Unkraft des Denkens. "Vielmehr haben die Griechen hier nicht mehr gefragt, weil dieses Fragen gegen ihre eigenste Aufgabe gewesen wäre, und weil es deshalb gar nicht in ihren Gesichtskreis kommen konnte."[25] Das Unterbleiben der Frage nach dem Wesen der Unverborgenheit bei den Griechen bedeutet nicht die Flüchtigkeit ihres Denkens, sondern gerade umgekehrt das Ausharren in ihrer Aufgabe. Das Jagen nach immer Neuem und das Abspringen von einer Aufgabe zur nächsten, die, wie wir schon aus *Sein und Zeit* wissen, mit der Neugier und der Zerstreuung des Daseins zusammenhängen, sind das Einfachste. Dagegen bedarf das Ausharren in der eigenen Aufgabe und das Verweilen bei ihr einer ungeheueren Kraft des Denkens. Die Aufgabe der Griechen war nicht die Entfaltung und Begründung des Wesens der Unverborgenheit, sondern das erste Aufscheinen des Seienden als solchen festzuhalten. Darin gehört die Erfahrung der Unverborgenheit als Grundcharakter des Seienden aber nicht die Entfaltung ihres Wesens. Die Griechen sollten das Seiende als solches erstmals zur Auslegung bringen und von ihm sagen. Weil aber die ersten Griechen von ihrer Aufgabe nicht ausgewichen sind und aus diesem Grund das Wesen der Wahrheit als Unverborgenheit nicht begründet und nicht entfaltet haben, deshalb geschieht der Abfall der ursprünglichen Erfahrung der griechischen Frühzeit. Dieses Geschehen ist kein Fehler oder Versäumnis, es war unvermeidbar, es hat seinen Grund im ersten Anfang selbst. Wie geschieht aber der Einsturz der Unverborgenheit?

Die Aufgabe der Griechen war, wie schon gesagt, das erste Aufleuchten des Seienden als solchen zu fassen und festzuhalten, vom Seienden hinsichtlich seines Seins erstmalig zu sagen. Das Sein des Seienden erfahren die Griechen als Aufgang des Verborgenen in die Unverborgenheit, als *physis*. Das Festhalten der *physis* bedarf einer Gegenhaltung zur *physis*, eine Grundhaltung, die das Andere zu ihr ist, und sie gleichwohl freigibt, entfaltet und pflegt. Diese Grundhaltung ist, so Heidegger, die *téchne*; "*téchne* meint ein Erkennen - das Sichauskennen im Vorgehen gegen das Seiende (und in der Begegnung mit dem Seienden), d.h. gegen die *physis*."[26] Die *téchne* wird zum Grundcharakter der Erkenntnis des Seienden und des Verhaltens zu ihm. Und genau da liegt nach Heidegger die Gefahr. "Die *téchne* eröffnet und richtet ein die Wahrheit des Seienden, macht Seiendes als Seiendes zugänglich; aber zugleich läßt sie notwendig das Seiende nicht mehr wachsen, sondern stellt es ganz in ihre Herrschaft."[27] Die Haltung der *téchne* ist nicht so beschaffen, daß sie das Seiende walten läßt, ihm entspricht und gemäß wird. Die Haltung der *téchne* hat einen Vorgriffscharakter, sie geschieht als Vorgehen gegen das Seiende, sie faßt das Seiende nach ihrer eigenen Hinsicht, aus ihrem eigenen Gesichtskreis. Die Haltung der *téchne* hält das Seiende hinsichtlich seines Aussehens, *eidos*, seiner *idea* fest. "Das Fassen wird zu einem Sichauskennen in den Ideen, und das fordert die ständige Angleichung an diese."[28] Das ursprüngliche Fragen nach dem Seienden wird am Leitfaden der *téchne* entfaltet, und damit geht es verloren. Deshalb kann Heidegger behaupten, daß die *téchne* eine Grundbedeutung für die Entfaltung der Metaphysik, d.h. für den Abfall von der Grunderfahrung der griechischen Frühzeit, hat. Bei der Entfaltung des ersten Anfangs verliert er seine Ursprünglichkeit. Diese Folge war nach Heidegger unvermeidbar. Der erste Anfang birgt in sich die Notwendigkeit seines Abfalles. "Im Anfang hält sich das Fragen nach dem Seienden in der Helle der *aletheia* als des Grundcharakters des Seienden. Die *aletheia* selbst jedoch bleibt notwendig unbefragt. Aber das Aushalten der Anfangsstellung im Sinne der *téchne* führt zu einem Abfall vom Anfang. Das Seiende wird, überspitzt gesagt, zum Gegenstand des nach diesem sich richtenden Vorstellens."[29]

Aus dem Verfall der ursprünglichen Erfahrung entsteht die Metaphysik. Das Sein wird zu *idea*, d.h. zu dem, was sich am Seienden dem menschlichen Vernehmen zeigt; die Wahrheit zur Richtigkeit des Denkens und Aussagens, d.h. des menschlichen Verhaltens zum Seienden. Das menschliche Vernehmen ist nicht mehr das Waltenlassen, Übernehmen und Bewahren der ursprünglichen Sammlung des Seienden im *logos*, sondern es entscheidet nun über die Hinsicht des Erscheinens des Seienden. Das Fragen nach dem Seienden wird am Leitfaden des Denkens entfaltet.

Dieser Wandel, der zuerst mit Platon und Aristoteles geschieht, ist nach Heidegger nichts Vergangenes, sondern er bestimmt die Grundhaltung zum Seienden, in der wir noch heute stehen. Die wissenschaftlich-technische Weltauffassung wäre ohne diesen Wandel unmöglich gewesen. Damit ist aber nicht gemeint, daß die griechische metaphysische Grundstellung selbst noch in der Neuzeit herrsche. Die neuzeitliche Auslegung des Seins und der Wahrheit ist sehr weit entfernt von der griechischen Auslegung, gleichwohl ist jene durch diese vorbereitet.

Nun möchte ich im nächsten Abschnitt zeigen, wie die Grundzüge des metaphysischen Denkens, die ich hier aus der Sicht Heideggers nachgezeichnet habe, auch in der neuzeitlichen Grundstellung aufzufinden sind und welche Gestalt die Metaphysik in der Neuzeit angenommen hat. Hier ist aber nicht beabsichtigt, einen kausalen Zusammenhang zwischen den beiden Grundstellungen herzustellen. Das wäre selbstverständlich gegen Heideggers Verständnis der Geschichte. Aber es gilt, das Selbige in den beiden Grundstellungen aufzuweisen.

C. Die Vollendung der Metaphysik in der neuzeitlichen Geschichte

Heidegger betont, daß das griechische Denken von dem unausdrücklichen Verständnis des Seins als beständiger Anwesenheit bestimmt ist. Dieses Verständnis ist aber nicht nur in der griechischen Erfahrung am Werke, sondern es durchzieht die ganze Metaphysik, d.h. die ganze abendländische Geschichte. Es ist auch in denjenigen Bereichen am Werke, wo man glauben könnte, sie seien weit entfernt von der Philosophie und der Metaphysik, nämlich im Bereich der positiven Naturwissenschaft und der modernen Technik. Für Heidegger ist jedes Verhalten zum Seienden in jedem Lebensbereich von einer Auslegung des Seins des Seienden getragen. Die moderne Wissenschaft und Technik beruhen auf der Auslegung des Seins als Gegenständigkeit. Wie die Auslegung des Seins als *idea*, so ist auch die Auslegung des Seins als Gegenständigkeit nur möglich auf Grund der Auslegung des Seins als beständiger Anwesenheit, jene ist nur eine bestimmte Gestalt dieser. Die Gegenständigkeit ist nichts anderes als die neuzeitliche Art der Anwesenheit. Die Anwesenheit des Anwesenden besteht nun darin, daß es durch das menschliche Vorstellen gestellt wird. Nur dadurch wird es zum Ständigen und gewinnt Ständigkeit und Beständigkeit. "Im Gegenstand waltet Gegenwart und somit Anwesenheit. Wäre nicht das Seiende, *to eon*, schon als Anwesendes offenkundig, dann könnte Seiendes niemals als Gegenstand erscheinen."[30] Die Anwesenheit hat nun den Charakter der Präsenz in der Repräsentation des Vorstellens. "Der im metaphysischen Wesen des Seins waltende Charakter der Anwesenheit ... kommt jetzt als die Präsenz innerhalb des Vorstellens (der repraesentatio) zum Vorschein."[31] So ist die neuzeitliche Auslegung des Seins als Gegenständigkeit etwas Neues, aber sie bewegt sich immer noch auf dem Boden des Verständnisses des Seins als beständiger Anwesenheit.

Diese Feststellung macht Heidegger auch hinsichtlich des neuzeitlichen Begriffs der Wahrheit. Neuzeitlich verstanden, ist die Wahrheit die Gewißheit des Vorstellens. Wahr ist das, was dem menschlichen Subjekt mit Sicherheit zugestellt werden kann. Diese Auffassung ist wiederum eine bestimmte Modifikation der schon bei den Griechen entstandenen Auffassung der Wahrheit als Richtigkeit. Die Wahrheit als Gewißheit ist nur möglich auf Grund der Auffassung der Wahrheit als Richtigkeit. Die Gewißheit ist eine Art der Richtigkeit. Als Richtigkeit oder als Gewißheit setzt die Wahrheit ein Sichrichten nach etwas voraus. Neuzeitlich ist das, wonach sich die wahre Erkenntnis richten muß, nicht das Seiende, sondern das menschliche Subjekt, die Grundsätze der Vernunft oder die apriorischen Bedingungen der Möglichkeit der Gegenständigkeit. Der Maßstab ist nun das menschliche Vorstellen. "Die Richtigkeit besteht jetzt in der Einrichtung alles Vorzustellenden auf das Richtmaß, das im Wissensanspruch der vorstellenden *res cogitans sive mens* gesetzt ist."[32] Die neuzeitliche Auffassung der Wahrheit als Gewißheit streicht nicht die Wahrheit als Richtigkeit durch, sondern bestätigt sie. In beiden Bestimmungen muß sich das Wahre nach etwas richten; in der Neuzeit nach dem menschlichen Subjekt, und bei Platon nach der Idee. Doch das neuzeitliche Subjekt und die Platonische Idee haben etwas Gemeinsames: sie bezeichnen aus verschiedenen Gesichtspunkten das eigentlich Seiende, das ausgezeichnete Seiende, das Seiendste. Die Wahrheit ist also in der griechischen sowie in der neuzeitlichen Metaphysik das Sichrichten nach dem ausgezeichneten Seienden.

So kommen wir zu einem weiteren Charakter des metaphysischen Denkens, der auch im neuzeitlichen Denken vorhanden ist. Die Metaphysik begründet das Sein in einem ausgezeichneten Seienden, im Seiendsten des Seienden. Für Platon ist die *idea*, das 'Wassein', das ausgezeichnete Seiende, weil sie dem Verständnis des Seins als beständiger Anwesenheit am deutlichsten genügt. Was am Seienden immer ist und beständig bleibt, ist sein 'Wassein'. Welches Seiende ist in der Neuzeit ausgezeichnet? In seiner Suche nach dem ausgezeichneten *subjectum* läßt sich auch Descartes von dem Verständnis des Seins als beständiger Anwesenheit leiten. Nach Descartes kann das ausgezeichnete Seiende nicht die *idea* sein; denn er denkt die *idea* als *perceptio*, als dasjenige, was das menschliche Vorstellen vor sich bringt. Das menschliche Vorstellen ist dasjenige, was über das Sein des Seienden entscheidet. Das ausgezeichnete Seiende muß ein Seiendes sein, das im menschlichen Vorstellen beständig anwesend ist. Es wird nach einem Seienden gefragt, "das in allem Vorstellen und für alles Vorstellen jeweils schon vorliegt und im Umkreis des zweifellosen Vorstellens das Ständige und Stehende ist."[33] Das ausgezeichnete *subjectum*, das zugleich die Grundgewißheit, das *fundamentum absolutum inconcussum* ist, ist das *ego cogito*. Das *ego cogito* ist in jedem Vorstellen mitvorgestellt, es ist der beständige, immer bleibende Grund jedes Vorstellens. "Insofern Descartes dieses *subiectum* in der vorgezeichneten Bahn der Metaphysik sucht, findet er, die Wahrheit als Gewißheit denkend, das *ego cogito* als das ständig Anwesende."[34] Descartes und die ganze neuzeitliche Philosophie liegt also immer noch auf der Linie des durch Platon und Aristoteles begründeten metaphysischen Denkens.

Mit diesen Überlegungen weist Heidegger nach, daß die neuzeitliche Grundstellung durch die griechische Metaphysik ermöglicht und vorbereitet ist. Deshalb kann er nun sagen, daß die moderne Naturwissenschaft und Technik ihre Wesensherkunft in der Antike haben, obwohl sie dem Geist der Antike sehr fremd sind. Die moderne Wissenschaft und Technik wären undenkbar ohne das griechische Verständnis des Seins als beständige Anwesenheit. "Wäre das Sein des Seienden nicht als Anwesen des Anwesenden offenbar, dann hätte niemals die elektrische Atomenergie zum Vorschein kommen und auf ihre Weise den Menschen in die überall technisch bestimmte Arbeit einstellen können."[35]

Wir haben im ersten Teil dieser Arbeit gesehen, daß auch nach Husserl die Übernahme der griechischen Idee und Aufgabe der Philosophie für die Entstehung der modernen Naturwissenschaft entscheidend war. Die neuzeitliche Philosophie und Wissenschaft sind von der Idee der Erkenntnis aus absoluter Begründung und Rechtfertigung bestimmt, die Wissenschaftler wollten diese Idee in allen Bereichen verwirklichen. Die ersten Naturwissenschaftler wollten eine exakte Naturerkenntnis erreichen, die die Relativität der Naturauffassungen überwindet. Insoweit waltet auch nach Husserls Ansicht das griechische Ideal, das bei Platon am deutlichsten zu sehen ist, im Denken der Neuzeit und in der Naturwissenschaft, auch wenn dieses Ideal in der Neuzeit nicht zur Erfüllung gekommen ist. Bezeichnend für den griechischen Anfang ist nach Husserl das Ideal der strengen Erkenntnis, das in der Neuzeit übernommen wird. Dagegen ist nach Heidegger die Auslegung des Seins des Seienden bestimmend; denn für Heidegger ist unser Verhalten zum Seienden dadurch bestimmt, wie das Sein sich jeweils zuschickt und das Seiende erscheinen läßt. Die griechische Auslegung des Seins als beständige Anwesenheit ermöglicht die neuzeitliche Grundstellung und damit die technisch-wissenschaftliche Weltauffassung.

Heidegger meint aber damit nicht, daß es keinen Unterschied zwischen der griechischen und der neuzeitlichen Auslegung des Seins gäbe. Daß das neuzeitliche Denken durch die Metaphysik geprägt ist, spricht nicht dagegen, daß mit ihm doch ein tiefgreifender Wandel der Metaphysik vollzogen ist. Und nur auf Grund dieses Wandels ist etwas wie die moderne Naturwissenschaft und Technik möglich geworden. Zuerst habe ich gezeigt, wie das neuzeitliche Denken noch auf der Linie der Metaphysik liegt, ja eine Gestalt der Metaphysik ist. Nun ist es aufschlußreich zu sehen, wie Heidegger die Besonderheit der neuzeitlichen Metaphysik im Vergleich zu der antiken herausstellt.

Mit Platon und Aristoteles beginnt der Abfall der griechischen Grunderfahrung, gleichwohl bleibt doch noch bei den Griechen eine Spur von dieser Erfahrung erhalten, diese Spur wird in der Neuzeit weitgehend getilgt. Bei den Griechen setzt sich schon das Denken als Leitfaden für das Fragen nach dem Seienden an. Das Seiende wird aber immerhin aufgefaßt als das Ständige, das In-sich-Stehende, das von sich aus Anwesende. Nur wird die Ständigkeit des Ständigen von seinem Aussehen her begriffen, sie wird auf seine Sichtsamkeit für das menschliche Sehen beschränkt. Das Aussehen aber ist eine Bestimmung des Seienden selbst, es ist das, worin das Seiende steht und sich zeigt. "Obzwar *idea* auf *idein* (*noein*) bezogen ist, so meint das Wort gerade nicht das Vorgestellte des Vorstellens, sondern umgekehrt das Aufscheinen des Aussehens selbst, was die Aussicht bietet für ein Hinsehen."[36] Demgegenüber wird das Seiende in der Neuzeit bestimmt als das Gegen-Ständige, als das, was erst im menschlichen Vorstellen Entgegen-Gestellte. Das Seiende wird durch das Vorstellen zum Stehen gebracht, und dadurch gewinnt es Stand. Für die Griechen hat das Seiende den Charakter des 'Gegenüber', aber nicht den des Gegenstands. Zwischen den beiden besteht nach Heidegger doch ein großer Unterschied: "Im Gegenstand bestimmt sich das Gegen aus dem vorstellenden Entgegenwurf durch das Subjekt. Im Gegenüber enthüllt sich das Gegen in dem, was über den vernehmenden, blickend-hörenden Menschen kommt, was den Menschen überkommt, ihn, der sich niemals als Subjekt für Objekte begriffen hat."[37]

Auch das Wesen des Vorstellens erfährt einen Wandel. Das Vorstellen ist nicht mehr ein Vernehmen im Sinne des Aufnehemens und Hinnehmens. Dieser Zug des Vorstellens geht in der Neuzeit verloren, das Vorstellen ist nun "das Ergreifen und Begreifen von ... Nicht das Anwesende waltet, sondern der Angriff herrscht."[38] Das Vorstellen wird zum Vernehmen und Verhör im gerichtlichen Sinne[39]. Das Seiende wird daraufhin vernommen, wie es dem menschlichen Subjekt mit Sicherheit zugestellt werden kann. Es ist nicht zufällig, daß Kant in seiner Vorrede zur zweiten Auflage der *Kritik der reinen Vernunft* den Wissenschaftler mit dem Richter vergleicht, der die Zeugen verhört und sie zur Antwort auf seine Fragen nötigt. Heidegger schreibt: "Das Vorstellen ist jetzt nicht mehr nur die Leitbahn zur Vernehmung des Seienden als eines solchen, d.h. des anwesenden Beständigen. Das Vorstellen wird zum Gerichtshof, der über die Seiendheit des Seienden entscheidet."[40] Das menschliche Vorstellen und Aussagen ist schon in der griechischen Metaphysik zum Ort der Entscheidung über das Sein und die Wahrheit geworden. Doch Ort ist nicht Gerichtshof. Das Seiende ist bei den Griechen nur seiend, insofern er sich der *idea* angleicht. *Idea* ist aber nicht *perceptio*, nicht das Vorgestellte des menschlichen Vorstellens. In der Platonischen Idee waltet noch eine Spur des griechischen Anfangs, eine Spur der Wahrheit als Unverborgenheit, obwohl diese unter der Idee steht. Demgegenüber ist das Seiende in der Neuzeit nur insofern seiend, als es dem menschlichen Vorstellen mit Sicherheit zugestellt werden kann. Dieser Unterschied betrifft auch die antike und neuzeitliche Auffassung der Wahrheit. Der Ort der Entscheidung über die Wahrheit in der griechischen Metaphysik ist das menschliche Vorstellen und Aussagen, aber dieses ist nicht der Gerichtshof. Wahr ist das, was sich nach der Idee richtet; dagegen meint das Wahre in der Neuzeit das, was mit Gewißheit vorgestellt werden kann. So wird der Mensch erst in der Neuzeit als Maß für das Sein und die Wahrheit angesehen.

Um sein Verständnis des Unterschieds zwischen der griechischen und neuzeitlichen metaphysischen Grundstellung zu verdeutlichen und zu erhärten, stellt Heidegger einen Vergleich zwischen der neuzeitlichen Stellung zum Menschen und der des Protagoras an. Heidegger bezieht sich auf den bekannten Spruch von Protagoras: 'Aller Dinge Maß ist der Mensch, der seienden, daß sie sind, der nichtseienden, daß sie nicht sind.'[41] Der Mensch ist also auch nach Protagoras das Maß aller Dinge. Klingt hier nicht, so fragt sich Heidegger, die Auffassung des neuzeitlichen Menschen als Bezugsmitte des Seienden und als Maßstab der Wahrheit? Es sieht zunächst so aus. Das ist aber nach Heidegger doch nur eine Täuschung, die dadurch entsteht, daß wir das griechische Denken neuzeitlich auslegen und unsere neuzeitlichen Vorstellungen in das Denken der Antike hineinlegen. Eine angemessene und vorsichtige Auslegung des Spruchs von Protagoras muß auf die griechische Grunderfahrung Bezug nehmen. Dadurch wird es klar, daß Protagoras' Auffassung des Menschen und die der Neuzeit sehr weit voneinander entfernt sind.

Der Mensch im Spruch Protagoras' meint nicht das menschliche Subjekt der Neuzeit, sondern den jeweiligen Menschen. Nach dieser Auslegung steht jeder Mensch in einem offenen Bereich, in einem Bezirk der Unverborgenheit, dieser Bezirk ist jeweils begrenzt. D.h., jeder Mensch verweilt in einem begrenzten Umkreis der Unverborgenheit und vernimmt die Dinge, die in seinem jeweiligen Umkreis anwesend sind. Das Vernehmen jedes Menschen gründet in seinem Verweilen innerhalb eines Umkreises der Unverborgenheit. Der Umkreis der Unverborgenheit jedes Menschen bestimmt die Dinge, die sich diesem Menschen zeigen und die, die sich ihm nicht zeigen können. Die Unverborgenheit des Seienden ist eingeschränkt auf den jeweiligen Umkreis der Welterfahrung. Heidegger faßt seine Interpretation zu Protagoras so zusammen: "Der Mensch ist jeweilen das Maß der Anwesenheit und Unverborgenheit durch die Mäßigung und Beschränkung auf das nächste Offene, ohne das fernste Verschlossene zu leugnen und eine Entscheidung über dessen Anwesen und Abwesen sich anzumaßen."[42] Die Beschränkung der Unverborgenheit auf den Umkreis, in dem der Mensch jeweils verweilt, läßt also die Verborgenheit zu.

In der neuzeitlichen Grundstellung ist der Mensch das Maß der Dinge in einem anderen Sinne. Dabei meint der Mensch nicht den jeweiligen Menschen, der Mensch ist hier als Subjekt verstanden, das im voraus bestimmt, was als seiend angesehen werden kann und was nicht. Das menschliche Subjekt gibt hier von sich aus und im voraus das Maß, dem jedes Seiende genügen muß, damit es als seiend betrachtet werden kann. Der Mensch schreibt vor, was das Sein des Seienden heißen soll; und alles, was diesem Maß genügt, ist allen Menschen zugänglich und für sie alle verbindlich. Und weil der Mensch selbst dem Seienden das Maß gibt, ist die Einschränkung des

Erscheinens des Seienden auf einen Umkreis undenkbar. So etwas wie Verborgenheit ist nicht zugelassen. Alles, was ist, muß dem menschlichen Subjekt zugestellt werden können. Die Eroberung des Seienden im Wissen und Herstellen hat keine Schranken mehr. Die Welt ist entschränkt. Das, was Protagoras mit der Auslegung des Menschen als Maß meint und das, was in der Neuzeit damit gemeint ist, ist doch grundverschieden.

Die letzten Ausführungen haben gezeigt, wie Heidegger die neuzeitliche Grundstellung interpretiert. Einerseits ist sie durch die Metaphysik geprägt, sie liegt auf der Linie der Metaphysik. Andererseits hat sie eine besondere Stellung in der Geschichte der Metaphysik. Heidegger behauptet, die neuzeitliche Metaphysik sei die Vollendung der Metaphysik. In der Neuzeit gelangt die Seinsvergessenheit, die die Metaphysik kennzeichnet, in ihre extreme Möglichkeit. Hier berühren wir einen Wesenszug der Metaphysik, den ich bisher außer Betracht gelassen habe. Zuerst ist zu zeigen, was Heidegger mit der Seinsvergessenheit meint. Wir haben doch mit Heidegger bemerkt, daß die antike wie die neuzeitliche Metaphysik vor allem durch ihre Auslegungen des Seins gekennzeichnet sind. Wir haben ferner gehört, daß die Seinsfrage die Frage der Metaphysik ist. Mit welchem Recht behauptet Heidegger dann, daß die Seinsvergessenheit ein Grundzug der Metaphysik ist?

Für Heidegger ist die metaphysische Frage nicht die Frage nach dem Sein, sondern nach dem Seienden. Die Metaphysik kann aus Wesensgründen die Frage nach dem Sein nicht stellen. Das Sein bleibt in der Metaphysik das Ungefragte und Unbedachte. Die Metaphysik fragt nach dem Seienden als solchem, nach dem Seienden hinsichtlich seines Seins, aber nie nach dem Sein als solchem; das Erfragte der Metaphysik ist das Seiende und nie das Sein selbst. Indem aber die Metaphysik nach dem Seienden fragt, streift sie das Sein, ohne daß sie eigens nach ihm fragt. "Wenn aber das Denken das Seiende als das Seiende vorstellt, bezieht es sich zwar auf das Sein. Doch es denkt in Wahrheit stets nur das Seiende als solches und gerade nicht und nie das Sein als solches."[43] In der metaphysischen Frage nach dem Seienden ist das Sein selbst angegangen, das Sein als solches bleibt aber in ihr ungefragt und unbedacht. Das Sein taucht erst in der Antwort auf die metaphysische Frage auf und nicht in der Frage selbst. Vom Seienden her wird das Sein als die allgemeine Eigenschaft und zugleich die leerste Bestimmung vorgestellt, es wird als das, was in jedem Seienden vorliegt, d.h. als Seiendheit gedacht. In jeder metaphysischen Auslegung wird die Seiendheit des Seienden bestimmt, dagegen bleibt das Sein als solches vergessen.

Indem aber das metaphysische Denken vom Seienden als solchem sagt, glaubt es das Sein zu denken. Die Metaphysik verwechselt das Sein mit dem Seienden, der Unterschied des Seins zum Seienden wird in der Metaphysik nicht bedacht. Die Seinsvergessenheit ist also die Vergessenheit des Unterschiedes des Seins zum Seienden. Indem die Metaphysik den Unterschied des Seins zum Seienden vergißt, vergißt sie ihren eigenen Grund; der Unterschied des Seins zum Seienden ist der ermöglichende Grund der Metaphysik. Die Metaphysik kann nur nach dem Seienden als solchem fragen, insofern das Sein in seinem Unterschied zum Seienden lichtet. Das bedeutet aber nicht, daß der Unterschied als Unterschied erscheint und eigens gedacht wird. "Die Unterscheidung von Sein und Seiendem ist der unbekannte und ungegründete, aber gleichwohl überall in Anspruch genommene Grund aller Metaphysik."[44]

Der Grund der Metaphysik bleibt ihr aus Wesensgründen verborgen, und sie kann ihn nie einholen. Die Vergessenheit des Seins und des Unterschieds des Seins zum Seienden ist also kein Fehler, kein Mangel, den die Metaphysik beheben könnte. Die Vergessenheit des Seins ist nach Heidegger der Grund des Reichtums des metaphysischen Denkens und der ständige Anstoß für das metaphysische Fragen. Die Seinsvergessenheit ist aber nicht als etwas Subjektives zu begreifen, sie ist kein menschliches Tun oder Lassen, sie ist nicht die Folge des menschlichen Versäumens. Die Vergessenheit befällt nicht das Sein nachträglich aufgrund menschlicher Vergeßlichkeit. "Sie gehört zur Sache des Seins selbst, waltet als Geschick seines Wesens."[45] Die Seinsvergessenheit muß von der *léthe*[46] her als Verbergung, als Seinsverlassenheit oder als Entzug gedacht werden; die Vergessenheit ist vom Sein selbst ereignet. Das Sein selbst verbirgt sich, entzieht sich und 'west' als Entzug. Das Sein schickt sich uns zu, indem es sich in seinem Wesen entzieht. Deshalb ist die Metaphysik aus dem Geschick des Seins zu denken und darf nicht als menschliches Tun mißinterpretiert werden. Die Metaphysik ist vom Sein ereignet, sie ist eine Epoche der Seinsgeschichte. So schreibt Heidegger: "Die Geschichte des Seins beginnt und zwar notwendig mit der Vergessenheit des Seins."[47]

Die Vergessenheit des Seins ist aber nicht wie die eines Seienden zu denken. Das Sein bleibt nicht wie ein Seiendes schlechthin verborgen. Das Sein verbirgt sich so, daß es immer in einer Sicht bleibt. Ebenso erscheint das Sein auch nicht wie ein Seiendes, das Sein ist nie unmittelbar zugänglich. Das Sein hat den Charakter, sich zu verbergen, an sich zu halten. Entbergung und Verbergung des Seins, das Sichzuschicken und Sichentziehen sind dasselbe. Das Sein entzieht sich, bleibt in seinem Wesen verborgen, aber zugleich erscheint es in einer geschichtlichen Gestalt, z.B. als *idea*, als Wirklichkeit oder als Gegenständigkeit. Das Sein erscheint je in einer geschichtlichen Prägung, seine Wesensherkunft bleibt aber immer verborgen, entzogen.

Der Entzug des Seins raubt nicht dem Seienden das Sein, sondern umgekehrt, er läßt erst das Seiende erscheinen. Das Seiende erscheint immer im Lichte einer Gestalt des Entzugs des Seins. Die Offenbarkeit des Seienden ist dem geschickhaften Entzug des Seins zu verdanken. Das "Seyn verbirgt sich in der Offenbarkeit des Seienden."[48] Das Sein entzieht sich in seiner Wahrheit, damit die Wahrheit des Seienden erscheinen kann. In jeder Gestalt des Entzugs bestimmt das Sein den Spielraum, worin das Seiende erscheint. Der Entzug ist aber nicht eine Eigenschaft, die dem Sein gelegentlich oder nachträglich hinzukäme. Der Entzug gehört zum Wesen des Seins. Das Sein selbst 'west' als Entzug.

Indem die Metaphysik das Sein aus dem Seienden her, d.h. als Seiendheit vorstellt, verkennt sie das Sein in seinem Unterschied zum Seienden, deshalb vermag sie nicht, das Sein in seinem Wesen als Entzug zu denken. Der Entzug des Seins, die Seinsvergessenheit wird selbst in der Metaphysik vergessen. Als Seinsvergessenheit ist die Metaphysik nach Heidegger kein Gemächte des Menschen, sie waltet als Geschick des Seins selbst. Die Metaphysik ist jene Phase der Geschichte des Seins, in der der Entzug des Seins sich entzieht. Weil in der Metaphysik mit dem Sein nichts ist, ist sie in ihrem Wesen Nihilismus. Die nihilistische Vergessenheit des Seins ist nicht nichts, die Verbergung des Seins wird nicht einfach durch ihre Vergessenheit beseitigt. Die Seinsvergessenheit bestimmt das Grundverhalten des Menschen zum Seienden in allen Lebensbereichen. Die Seinsvergessenheit ermöglicht es, daß wir nur das Seiende denken und betreiben. "Die Seinsvergessenheit bekundet sich mittelbar darin, daß der Mensch immer nur das Seiende betrachtet und bearbeitet."[49] Je entschiedener das Sein sich entzieht, desto mehr drängt uns das Seiende auf, desto ausschließlicher hält der Mensch im Bereich des Beherrschbaren und Machbaren. "Die Ansässigkeit im Gängigen ist aber in sich das Nichtwaltenlassen der Verbergung des Verborgenen."[50]

In der Neuzeit kommt es zu einer neuen Epoche des Entzugs des Seins, in der das Sein sich in der Gestalt der Gegenständigkeit zuschickt. Damit wird der Andrang des Seienden entschiedener. Mit diesem Geschick vollendet sich die Metaphysik. Die Vollendung der Metaphysik meint nach Heidegger nicht das Aufhören des metaphysischen Denkens, sondern die Erschöpfung der Wesensmöglichkeiten, die in der Metaphysik seit ihrem Anfang beschlossen liegen. Die Vollendung der Metaphysik bedeutet, daß die Seinsvergessenheit ihre äußere Möglichkeit erreicht hat. Im Zeitalter der äußersten Seinsvergessenheit erscheint das Seiende nur als Gegenstand des menschlichen Vorstellens und Herstellens. In der vollständigen Vergegenständlichung und Beherrschung des Seienden bekundet sich die äußerste Vergessenheit des Seins. In der vollständigen Vergegenständlichung und der äußersten Seinsvergessenheit waltet dasselbe Geschick: "das Geschick der völligen Verborgenheit des Seins inmitten der vollständigen Sicherung des Seienden."[51] Alles, was ist, erscheint als Gegenstand für die menschliche Machenschaft, das Seiende erscheint nur als verfügbarer Gegenstand für den menschlichen Angriff. Alles muß in die Planungen und Berechnungen des menschlichen Angriffes eingepaßt werden. Darin waltet die äußerste Seinsvergessenheit; "das Seiende als Seiendes, d.i. als Gegenständliches wird schließlich soweit in die Beherrschbarkeit aufgelöst, daß der Seinscharakter des Seienden gleichsam verschwindet und die Seinsverlassenheit des Seienden sich vollendet."[52]

So ist nach Heidegger die technisch-wissenschaftliche Weltauffassung der Neuzeit in ihrem Wesen ein seinsgeschichtliches Geschick, in welchem die äußerste Seinsvergessenheit waltet und die Metaphysik sich vollendet. Die nihilistische Seinsvergessenheit ist aber nicht zu fassen als eine Erscheinung, die neben anderen in der neuzeitlichen Geschichte vorhanden ist. Die Seinsvergessenheit ist der Grund, der die neuzeitliche Geschichte mit allen ihren Erscheinungen ermöglicht. Als Erscheinung der Neuzeit gründet die mathematische Naturwissenschaft in der Seinsvergessenheit. Die Seinsvergessenheit ist aber nicht der Grund der neuzeitlichen Naturwissenschaft im sinne einer Ursache, die einem Vorgang vorausgeht. Die Seinsvergessenheit druchherrscht die Naturwissenschaft wie die ganze neuzeitliche Geschichte. Die wissenschaftliche Vergegenständlichung der Natur ist nur deshalb möglich, weil das Sein als Gegenständigkeit erscheint und hinter ihr verborgen, d.h. vergessen bleibt. Es waltet also in der neuzeitlichen Naturwissenschaft und ihrem Willen, alles zu erklären und dadurch alles zu 'entbergen', die Seinsvergessenheit, die selbst vergessen ist. Die Seinsvergessenheit ist konstitutiv für die neuzeitliche Naturwissenschaft.

Im zweiten Kapitel dieses Teils haben wir gesehen, daß Heidegger auch in seiner existenzialen Analyse zur neuzeitlichen Naturwissenschaft den Zusammenhang der wissenschaftlichen Vergegenständlichung der Natur mit der Seinsvergessenheit gesehen hat. Obwohl Heidegger dort die Seinsvergessenheit vom Gesichtspunkt des Daseins gefaßt hat, hat er schon Züge berührt, die er erst vom Standpunkt des seinsgeschichtlichen Denkens her entfaltet hat. Heidegger unterscheidet in *Sein und Zeit* zwischen der Vergessenheit im primären und im abgeleiteten Sinne. Die Vergessenheit meint im primären Sinne nicht das Fehlen einer Erinnerung oder das Nichtbehalten eines Erlebnisses. Die Vergessenheit im primären Sinne geht jedem Behalten voran, sie selbst ermöglicht das Behalten der Dinge, dem die Vergessenheit im abgeleiteten Sinne entspricht. Die Vergessenheit des Seins ist eine Vergessenheit im primären Sinne. Es ist nicht so, daß das Dasein irgendwann den Sinn des Seins begriffen und dann vergessen hätte. Vielmehr hat das Dasein das Sein immer schon vergessen. Die Seinsvergessenheit meint auch schon in *Sein und Zeit* nicht die Abwesenheit jeder Auslegung des Seins. Seinsvergessenheit meint dort, daß die Frage nach dem Sinn des Seins nicht entfaltet worden ist, und daß trotz des Ausbleibens dieser Frage das Verständnis des Seins als Vorhandenheit sowohl die öffentliche Ausgelegtheit des 'Man' wie auch die Wissenschaft und die Philosophie beherrscht. Vergessenheit des Seins und Verständnis des Seins als Vorhandenheit gehören zusammen. Schließlich hat Heidegger auch schon in *Sein und Zeit* die Möglichkeit der Vergessenheit, selbst in die Vergessenheit zu geraten, aufgedeckt und gegründet. Im Rahmen der Existenzialanalytik wird aber die Seinsvergessenheit in der Verfallenheit des Daseins begründet. Jetzt wird sie als epochales Geschick des Seins interpretiert. Wie sieht nun Heidegger unter dem Gesichtspunkt seines seinsgeschichtlichen Denkens den Ausweg aus der nihilistischen Seinsvergessenheit? Vor der Antwort auf diese Frage möchte ich kurz an Husserls Vision erinnern.

Auch Husserl hat in seiner Analyse zur neuzeitlichen Naturwissenschaft eine Vergessenheit aufgedeckt: die Lebensweltvergessenheit. Die Lebensweltvergessenheit, die schon in der vorneuzeitlichen Wissenschaft im Spiel ist, erfährt mit der Entstehung der mathematischen Naturwissenschaft in der Neuzeit eine Steigerung. Diese Wissenschaft emanzipiert sich im Unterschied zur vorneuzeitlichen Wissenschaft völlig von den Horizonten der Welt der alltäglichen Erfahrung. Der Versuch der neuzeitlichen Forschung, das objektive Sein der Welt radikal von ihren horizonthaft perspektivistischen Erscheinen abzulösen, muß dazu führen, daß die Bindung der wissenschaftlichen Forschung auf die Verantwortlichkeit des menschlichen Handelns verlorengeht. Das ist die Sinnkrise der europäischen Wissenschaften und der europäischen Kultur. Sie besteht letztendlich in der Aufhebung der Verantwortlichkeit des Menschen. Die Überwindung dieser Situation bedarf der Rückbindung der Wissenschaft an die Lebenswelt als Horizont des Erscheinens aller vorwissenschaftlichen und wissenschaftlichen Gegenstände. Dafür muß die Lebenswelt thematisiert werden. Die Lebenswelt kann aber nicht in den positiven Wissenschaften thematisiert werden, da sie alle die Lebenswelt voraussetzen und nur auf ihrem Boden sich betätigen können. Die Thematisierung der Lebenswelt ist die Aufgabe einer transzendentalphänomenologischen Wissenschaft von der Lebenswelt.

Im Gegensatz zu Husserl lehnt Heidegger ausdrücklich die medizinische Metaphorik ab[53]. Die Herrschaft der nihilistisch-wissenschaftlich-technischen Weltauffassung und -organisation ist nach ihm nicht als krankhafter Zustand zu fassen. Der Nihilismus ist nicht die Folge einer Fehlentwicklung der abendländischen Geschichte, sondern ihr innerer Grund. Nihilismus ist nicht ein Fehler, der die neuzeitliche Geschichte, aus welchem Grund auch immer, befallen hätte und der so zu beheben wäre, wie bei Husserl die objektivistische Lebensweltvergessenheit durch die Erneuerung und Radikalisierung der ursprünglichen Motivation der europäischen Geschichte überwunden werden soll. Auch ist der Nihilismus nicht durch ein menschliches Versäumen entstanden. Der Nihilismus ist jenes Geschick des Seins, in dem das Sein sein Wesen als Sichverbergendes verbirgt. In diesem Geschick stehen wir noch heute; nur daß die Verborgenheit des Seins in ihre äußerste Möglichkeit gelangt ist. Die Herrschaft der technisch-wissenschaftlichen Machenschaft ist ein Geschick des Seins. Und weil die Sache so ist, kann der Mensch daran nichts ändern, deshalb ist nach Heidegger sinnlos, eine Therapie vorzuschlagen. Es ist sinnlos zu glauben, daß der Nihilismus durch eine Korrektur der Wissenschaft zu überwinden wäre. Ebenfalls ist es auch nach Heidegger sinnlos zu glauben, daß die gegenwärtige Situation sich dadurch überwinden ließe, daß man von naturwissenschaftlichen Theorien und technischen Gegenständen Abstand hielte oder daß man jene als falsch erkläre und zerstöre. Wir leben im Zeitalter der Wissenschaft und Technik und können nicht nach unserem Willen aus diesem Zeitalter herausspringen. Die Verteufelung der Naturwissenschaft und Technik ist genauso gefährlich, wie wenn man ihnen blindlings folgt. In beiden Fällen verschließt sich der Mensch einem freien Verhältnis zu Wissenschaft und Technik. Ist dann die Überwindung der heutigen Lage undenkbar?

Das technisch-wissenschaftliche Verhältnis zur Welt ist eine Gestalt der Metaphysik, deshalb kann die Überwindung der heutigen Lage nur als Überwindung der Metaphysik geschehen. Metaphysik ist eine Phase der Seinsgeschichte, ihre Überwindung ist nur möglich auf Grund eines neuen Seinsgeschicks. Der Wandel des Seinsgeschicks kann nur vom Sein selbst kommen, der Mensch kann ihn nicht erzwingen. Der Mensch kann das Aufkommen des Wandels des Seinsgeschicks nicht beschleunigen und kann nicht einmal wissen, wann es geschehen wird; denn das Geschick entzieht sich jeder Bestimmung oder Vorausberechnung des Menschen. Kann man mindestens auf diesen Wandel hoffen? Heideggers Antwort: Ja; denn die äußerste Seinsvergessenheit, die in unserem Zeitalter herrscht, denkt er als Anzeichen dafür, daß wir vor einem Wandel des Seinsgeschicks, vor einem, im Vergleich zum ersten Anfang bei den Griechen, 'andren Anfang' stehen. "Im Wesen der Gefahr verbirgt sich darum die Möglichkeit einer Kehre, in der die Vergessenheit des Wesens des Seins sich so wendet, daß mit dieser Kehre die Wahrheit des Wesens des Seins in das Seiende eigens einkehrt."[54]

Die Ankunft eines neuen Seinsgeschicks, das die metaphysische Seinsvergessenheit überwinden und das Wesen des Menschen verwandeln soll, kann aber auch nicht ohne die Mithilfe des Menschen geschehen. Der Mensch ist das vom Sein gebrauchte 'Da'; das Sein braucht das Dasein als die Stätte seiner Offenheit, und deshalb benötigt das Aufkommen eines Wandels des Seinsgechicks das Zutun des Menschen. "Die Verschlossenheit kann niemals durch den Menschen aufgebrochen werden. Sie öffnet sich aber auch nicht ohne das Zutun des Menschen."[55] Der Wandel des Seinsgeschicks braucht eine Vorbereitung auf der Seite des Menschen, die seine Bereitschaft zum Empfang erweckt. Als Vorbereitung muß das Denken sich darauf einlassen, was in der Herrschaft der technisch-wissenschaftlichen Weltinterpretation waltet. Wenn wir darauf hören, was sich uns im technisch-wissenschaftlichen Zeitalter unter der Herrschaft des Gestells zuspricht, und diesem Zuspruch entsprechen, werden wir erkennen, daß das, was heute geschieht, eine Gestalt der Wahrheit des Seienden, d.h. eine Weise des Entbergens des Seienden ist. So erwächst aus der Besinnung auf unser Zeitalter die Notwendigkeit des Rückgangs auf das erste Aufleuchten der Wahrheit als Unverborgenheit, d.h. auf den ersten Anfang.

Der Rückgang auf den ersten Anfang geschieht aber nicht zwecks seiner Erneuerung oder Radikalisierung wie bei Husserl. Der Schritt zurück in den ersten Anfang beabsichtigt nicht die Erneuerung oder Nachahmung dieses Anfangs, "dieser Schritt zurück meint nicht, die alte griechische Welt müsse auf irgendeine Weise erneuert werden und das Denken solle bei den vorsokratischen Philosophen seine Zuflucht suchen."[56] Der Schritt zurück in den ersten Anfang ist eine Auseinandersetzung mit ihm, und diese Auseinandersetzung ist notwendig für die Überwindung der von ihm abgefallenen und durch ihn vorbereiteten Geschichte der Metaphysik. Die Auseinandersetzung mit dem ersten Anfang muß ihn ursprünglich begreifen, um den anderen Anfang vorzubereiten. Wie im ersten Anfang denkt auch das andersanfängliche Denken die Wahrheit in ihrem Zusammenhang mit dem Sein, trotzdem ist der Entwurf der Wahrheit des Seins im anderen Anfang grundverschieden von dem des ersten Anfangs. Im ersten Anfang wird die Zusammengehörigkeit von Sein und Wahrheit erfahren, in dieser Erfahrung schwingt eine Ahnung von der Zugehörigkeit der Verborgenheit zur Wahrheit mit; denn die Griechen haben die Wahrheit als Unverborgenheit und das Sein als Aufgang von der Verborgenheit in die Unverborgenheit erfahren. Trotzdem haben die Griechen den Entzug, d.h. das Sichverbergen des Seins doch nicht eigens gedacht. "Weil gleichsam nur das 'Positive' der Unverborgenheit, das frei Zugängliche und Zugang Gewährende in Ansatz gebracht wird, verliert die *aletheia* auch in dieser Hinsicht an ihrer ursprünglichen Tiefe und Abgründigkeit."[57] Obwohl im griechischen Wort und Verständnis der Wahrheit die Verborgenheit klingt, ist diese erfahren als das, was zu beseitigen ist, was sich das Denken zu bemächtigen hat. "Die *a-letheia* meint die Unverborgenheit und das Unverborgene selbst. Schon darin zeigt sich an, daß die Verbergung selbst nur erfahren ist als das zu Beseitigende, was weg gebracht (*a-*) werden muß."[58] Im anderen Anfang dagegen wird die Verborgenheit als Wesenszug der Unverborgenheit, der nie zu beseitigen wäre, erfahren. Auch im anderen Anfang wird die Wahrheit wie im ersten Anfang als Unverborgenheit, als Wesenscharakter des Seienden selbst und nicht zunächst des menschlichen Denkens und Aussagens erfahren. Aber die Wahrheit wird nicht auf Offenbarkeit und Zugänglichkeit festgelegt. Der andere Anfang erfährt die Wahrheit als die Lichtung, in die das Seiende hereinsteht. Die Wahrheit, die Unverborgenheit des Seienden, ist aber kein vorhandener Zustand, sondern ein Geschehnis. Zu ihm gehört das Verweigern in der Weise des Verbergens[59]. Die Wahrheit wird als Lichtung des Sichverbergens erfahren. "Sowenig die Offenheit nur einfach Unverborgenheit des Seienden ist, sondern Lichtung für das Sichverbergen, sowenig ist dieses Sichverbergen ein bloßes Abwesendsein, sondern zögernde Versagung."[60] Die Verbergung ist nicht das, was zu beseitigen ist. "Die Lichtung der Verbergung meint nicht die Aufhebung des Verborgenen und seine Freistellung und Umwandlung ins Unverborgene, sondern gerade die Gründung des abgründigen Grundes für die Verbergung (die zögernde Versagung)."[61] Das zögernde Sichverbergen meint aber gerade das Sein; das Wesen der Wahrheit ist ursprünglich auf das Wesen des Seins bezogen.

Der Entwurf der Wahrheit im anderen Anfang ermöglicht die Erfahrung des Seins als Sichverbergen, als Entzug. Das Denken des Entzugs ist nicht als Schritt zu seiner Beseitigung zu verstehen. Das Denken des Seins muß den Entzug walten lassen, hüten und bewahren. "Diese Dunkelheit ist vielleicht bei allem Denken jederzeit im Spiel. Der Mensch kann sie nicht beseitigen. Er muß vielmehr lernen, das Dunkle als das Unumgängliche anzuerkennen."[62] Der Versuch, sich dem Entzug des Seins zu bemächtigen und ihn zu beseitigen bedeutet die Vergessenheit des Seins in seinem Wesen und das Verfallen in die Betriebsamkeit des Seienden. Dagegen ist das eigentliche Denken dasjenige, das das Sein als Entzug denkt. Weil aber das Sein der Hintergrund alles Erscheinens ist, ermöglicht das eigentliche Denken des Seins die eigentliche Erfahrung der Welt als Geviert und des Dings als Versammlung der Weltbezüge. Die eigentliche Erfahrung der Welt und des Dings steht der neuzeitlichen naturwissenschaftlichen Auffassung gegenüber, die das Ding zum Energiebestand und die Welt zur Energiequelle reduziert und damit vernichtet hat.

Wir haben schon gesehen, daß Heidegger auch in *Sein und Zeit* die Verdeckungen der primären Ding- und Welterfahrung durch die naturwissenschaftliche Denkweise analysiert hat. Das Verdeckte dort ist aber die Erfahrung der Welt als alltägliche Umwelt und des Dings als Gebrauchsdings. Jetzt ist das Verdeckte vor allem nicht die Erfahrung des alltäglichen Besorgens, sondern die originäre Erfahrung, die über den Rahmen der Funktionalität des alltäglichen Besorgens hinausgeht. Diese originäre Erfahrung von Welt und Ding, die der naturwissenschaftlichen Erklärbarkeit gegenübersteht, ist, wie gesagt, nur möglich auf Grund der Erfahrung des Seins als Entzug.

Die Kritik an der neuzeitlichen Naturwissenschaft ist bei Heidegger von *Sein und Zeit* bis zu seinen späteren Schriften mit der Frage nach dem Sein verbunden, da das Sein der Hintergrund alles Erscheinens ist. Parallel dazu mündet Husserls Kritik an der neuzeitlichen Naturwissenschaft in die Notwendigkeit der Ausbildung der Wissenschaft von der Lebenswelt ein, d.h. dessen, was er als den Hintergrund alles Erscheinens betrachtet. Auch bei Husserl ermöglicht diese Wissenschaft die Thematisierung der Welt als Horizonts und des Dings in seiner Einbettung in die Weltbezüge. Das eigentliche Seinsdenken bei Heidegger ermöglicht die Erfahrung der Welt als Gevierts und des Dings als Versammlung der Weltbezüge, und bei Husserl ermöglicht die transzendentale Wissenschaft die Thematisierung der Welt als Verweisungszusammenhangs und des Dings in seinem Erscheinen in den Weltbezügen.

Die eigentliche Welt- und Dingerfahrung ist aber bei Heidegger nur möglich auf Grund des Denkens des Seins als Entzug. Gibt es nicht auch bei Husserl so etwas wie Entzug oder Verborgenheit? Man kann annehmen, daß der Horizontcharakter der Welt bei Husserl eben in seiner Verborgenheit besteht. Husserl wirft der neuzeitlichen Wissenschaft und Philosophie vor, daß sie den Horizontcharakter der Welt, d.h. seine Unthematizität, nicht beachtet und die Welt wie einen Gegenstand behandelt haben. Demgegenüber hat die phänomenologische Philosophie die Aufgabe, die Welt in ihrem Horizontcharakter, also in ihrer Verborgenheit zu thematisieren. In diesem Zusammenhang schreibt Held: "Also ergibt sich, wenn man Husserls Objektivismuskritik zu Ende denkt, formal keine andere Aufgabe als die, die sich bei Heidegger durchgeführt findet: den Verborgenheitscharakter der Offenbarkeitsdimension 'Welt' zu bedenken."[63] Nun aber liegt ein wesentlicher Unterschied zwischen Husserl und Heidegger darin, wie sie das Schlüsselwort 'bedenken' verstehen. Bei Heidegger muß das eigentliche Denken das Sein als Entzug bedenken, es muß die Verborgenheit als Wesenszug des Seins walten lassen und pflegen. Dagegen besteht die Aufgabe der Philosophie nach Husserl in der Aufklärung des Weltphänomens. Aber die echte Philosophie darf die Welt nicht wie einen Gegenstand thematisieren; sie muß darauf achten, daß die Welt in der natürlichen Einstellung unthematisch, d.h. dem natürlich eingestellten Menschen verborgen bleibt. Deshalb bedarf die Thematisierung der Welt einer Umstellung, sie bedarf des Übergangs in die transzendentale Einstellung. In der transzendentalen Wissenschaft von der Lebenswelt muß der Welthorizont in seiner Verborgenheit für den natürlichen Menschen enthüllt werden. Die Philosophie muß die Welt thematisieren; nur sie muß berücksichtigen, daß die Welt im natürlichen Leben unthematisch, verborgen bleibt. Nur wenn die Philosophie die Unthematizität der Welt für das natürliche Leben berücksichtigt, kann sie der Gefahr entgehen, die Welt objektivistisch, d.h. als Gegenstand oder als Summe aller Gegenstände, zu behandeln. Freilich ist die phänomenologische Aufhellung des Welthorizonts nach Husserl nur als eine unendliche Aufgabe zu denken, aber ein Bedenken der Welt im Sinne des Waltenlassens der Verborgenheit und des Geheimnisses wie bei Heidegger scheint mir mit Husserls Grundposition zur Philosophie und Wissenschaft nicht zu vereinbaren. Darin liegt ein wesentlicher Unterschied zwischen beiden Phänomenologen.

Zusammenfassung des II. Teils

Die Darstellung von Heideggers Interpretation der neuzeitlichen Naturwissenschaft war von Anfang an mit der Frage konfrontiert, wie das seinsgeschichtliche Denken Heideggers sich zu seinem Denken in *Sein und Zeit* verhält. Gibt es ein Kontinuität in Heideggers Denken? Oder muß man vielmehr von zwei verschiedenen Positionen sprechen, wobei die zweite die erste durchstreicht? Die Erörterung dieser Frage liegt zwar außerhalb der Aufgabe dieser Arbeit. Aber die Darstellung von Heideggers Kritik an der neuzeitlichen Naturwissenschaft mußte Stellung zu dieser Frage beziehen. Die Interpretationslinie, die ich in dieser Arbeit verfolgt habe, besteht aus zwei Aspekten. Einerseits scheint es mir nicht richtig, Heideggers Denkweg in der Gestalt einer 'gradweisen Entwicklung' darzustellen. Andererseits scheint mir aber die Behauptung unhaltbar, daß Heidegger mit seiner Wendung zum seinsgeschichtlichen Denken sein früheres Denken in *Sein und Zeit* verabschiedet habe. Denn zum einen spricht das seinsgeschichtliche Denken nicht gegen die Analysen von *Sein und Zeit*, sondern es versucht, sie radikaler zu begründen. Zum anderen ist die Erfahrung der Geschichtlichkeit des Seins, die, soweit ich sehe, den Grundgedanken des seinsgeschichtlichen Denkens ausmacht, nur auf Grund der Analyse des Daseins in *Sein und Zeit* möglich geworden. Deshalb scheint mir die Annahme, Heidegger hätte in den dreißiger Jahren sein früheres Denken aufgegeben und einen neuen Weg zur Ausarbeitung der Seinsfrage gesucht, weil sein Unternehmen in *Sein und Zeit* gescheitert war, nicht gerechtfertigt. Das seinsgeschichtliche Denken streicht nicht die Analyse des Daseins durch, sondern es stellt fest, daß sie unzureichend ist und versucht, sie radikaler zu begründen.

Bezüglich des Themas dieser Arbeit stellt sich dieses Problem dar in der Form der Beziehung der seinsgeschichtlichen zur existenzialen Interpretation der neuzeitlichen Naturwissenschaft. Ich bin davon ausgegangen, daß es sich hier nicht um zwei miteinander konkurrierende Interpretationen handelt. Die existenziale Interpretation erweist sich vom Standpunkt des seinsgeschichtlichen Denkens als unzureichend. Das seinsgeschichtliche Denken versucht eine geschichtliche Interpretation der Naturwissenschaft, die die Grenze der existenzialen Interpretation überwindet. Deshalb aber sind die Befunde der existenzialen Analyse der Wissenschaft nicht in Frage gestellt. Daß die wissenschaftliche Vergegenständlichung der Natur sich mittels des mathematischen Entwurfs ihrer Seinsverfassung vollzieht, daß die wissenschaftliche Haltung zur Natur stimmungmäßig geschieht, daß die naturwissenschaftliche Auslegung der Natur verfallend-verdeckend ist - alle diese Befunde hat das seinsgeschichtliche Denken nicht widerlegt, sondern es hat versucht, sie geschichtlich zu begründen.

Die seinsgeschichtliche Interpretation der Wissenschaft ermöglicht, daß Heideggers

Kritik an der neuzeitlichen Wissenschaft in den Vordergrund tritt. Heidegger hat schon in *Sein und Zeit* gezeigt, daß die Entdeckungen der Naturwissenschaft nur auf Grund einer Gegenbewegung der Verdeckung möglich sind. Die Verdeckung wird dort bezüglich der Welt als alltäglicher Umwelt gezeigt, da die Analyse der Welt in *Sein und Zeit* sich mit der alltäglichen Umwelt befaßt. Die Naturwissenschaft verdeckt also die Welt als Bewandtniszusammenhang und das Ding als Gebrauchsding. Dagegen wird die naturwissenschaftliche Haltung im seinsgeschichtlichen Denken einer ursprünglicheren Erfahrung der Welt als Geviert und des Dings als Versammlung der Weltbezüge entgegengestellt.

Die zeitkritische Dimension von Heideggers Denken ist schon in *Sein und Zeit* zu erkennen. Die Analyse der öffentlichen Ausgelegtheit des 'Man' sowie die Kritik an er Verdinglichung und Selbstentfremdung des Daseins sind wichtige Stücke in *Sein und Zeit*. Aber erst mit dem seinsgeschichtlichen Denken tritt diese zeitkritische Dimension in den Vordergrund und wird zum zentralen Kern von Heideggers Philosophie. Der Zusammenhang von Heideggers Kritik an der neuzeitlichen Naturwissenschaft und an der Lage der Gegenwart wird deutlicher. Die Wissenschaftskritik wird in die Zeitkritik einbezogen, oder besser: sie werden zur selben Sache: zur Kritik an der naturwissenschaftlich-technischen Weltinterpretation und -organisation, die unser Zeitalter durchherrscht. Die Naturwissenschaft wird im seinsgeschichtlichen Denken auf die neuzeitliche Geschichte und diese wiederum auf die abendländische Geschichte bezogen. Die neuzeitliche Naturwissenschaft hat also einen geschichtlichen Ort, sie ist eine Gestalt der abendländischen Geschichte und ist im ersten Anfang dieser Geschichte schon als Möglichkeit vorgezeichnet. Die abendländische Geschichte ist bisher die Geschichte der Metaphysik, die Heidegger als Seinsvergessenheit bezeichnet. Im Zeitalter der vollständigen Offenbarkeit des Seienden als Gegenstand der wissenschaftlich-technischen Machenschaft und Betriebsamkeit gelangt die Vergessenheit des Seins ins Äußerste. Diesen Zustand hat nicht der Mensch erwirkt, sondern er ist vom Sein selbst ereignet, deshalb kann er auch nur durch einen Wandel im Geschick des Seins überwunden werden. Das Aufkommen eines neuen Seinsgeschicks, das das Wesen des Menschen verwandeln soll, kann aber ohne das Zutun des Menschen nicht geschehen. Das Zutun des Menschen darf aber nicht die Gestalt der betriebsamen Neugier, die alles erklären, berechnen und beherrschen will, annehmen. Das Denken muß sich auf die gegenwärtige Lage besinnen, also auf das, was uns heute in der Herrschaft des Gestells anspricht.

Die Kritik an der neuzeitlichen Naturwissenschaft ist, wie schon in *Sein und Zeit*, mit der Frage nach dem Sein verbunden, da das Sein der Hintergrund alles wissenschaftlichen sowie außerwissenschaftlichen Erscheinens des Seienden ist. Unser Verhalten zum Seienden sowohl in der Wissenschaft als auch außerhalb ihrer ist durch die Weise, wie das Sein uns erscheint, bestimmt und ermöglicht. Das Denken des

Seins als Hintergrund alles Erscheinens darf aber das Sein nicht wie ein Seiendes behandeln; denn das Sein als ermöglichender Hintergrund aller Offenbarkeit des Seienden erscheint nie wie das Seiende. Das Denken des Seins muß das Sein in seinem Unterschied zum Seienden denken. Zum Sein gehört wesensnotwendig, daß es nur in einer entzugshaften Gestalt erscheint. Diesen Unterschied hat die Metaphysik nicht bedacht, sie denkt das Sein vom Seienden her und bestimmt es als allgemeine Eigenschaft des Seienden. Damit bleibt ihr der Entzug des Seins entzogen. Das Denken des Seins muß dagegen den Entzug als das Sein denken und walten lassen. Nur so wird das Sein als Hintergrund des Erscheinens alles Seienden in seiner Wahrheit erfahren und der Mensch zum Empfang des Geschenks des Seins bereit.

Schlußteil

Das Anliegen dieser Arbeit bestand in erster Linie darin zu zeigen, wie der phänomenologische Denkansatz für das Verständnis des gegenwärtigen Zeitalters fruchtbar gemacht worden ist. Dieses Zeitalter ist vor allem durch die Herrschaft einer Weltauffassung und -organisation bestimmt, in der die mathematische Naturwissenschaft mit ihren Folgen die führende Rolle übernimmt. Die Wissenschaft in ihrer neuzeitlichen Gestalt bestimmt heute das Verhalten des Menschen in allen Lebensbereichen. Deshalb ist die Besinnung auf die neuzeitliche Wissenschaft und ihr Wesen notwendig für das Verständnis des gegenwärtigen Zeitalters. Damit aber die Besinnung auf die mathematische Naturwissenschaft ans Ziel kommt und nicht in den Grenzen der wissenschaftstheoretischen oder epistemologischen Betrachtungsweise verhaftet bleibt, muß sie diese Wissenschaft in ihrem Zusammenhang mit der Gesamtsituation des neuzeitlichen Menschen analysieren. Diese Art von Besinnung auf die Wissenschaft haben sowohl Husserl als auch Heidegger aus dem phänomenologischen Denkansatz betrieben. Obwohl beide schon in ihren ersten Schriften eine kritische Stellung zur neuzeitlichen Naturwissenschaft eingenommen haben, gewinnt ihre Wissenschaftskritik erst in ihren Spätphilosophien eine zentrale Bedeutung. Die Kritik an der neuzeitlichen Wissenschaft wird einbezogen in ihre Überlegungen über die Gefahr der Herrschaft der technisch-wissenschaftlichen Rationalität, die alle Bereiche des menschlichen Lebens in unserem Zeitalter durchdringt, und in ihre Bemühungen, einen Ausweg aus dieser bedrohlichen Situation zu suchen.

Meine Darstellung von Husserls und Heideggers Analyse der neuzeitlichen Naturwissenschaft hat eine tiefe Parallelität zwischen den beiden Denkern aufgezeigt. In ihren Analysen haben beide diese Wissenschaft unter parallelen Gesichtspunkten betrachtet und dieselben Phänomene an ihr gesehen und aufgedeckt. Die Parallelität zwischen den beiden Denkern ist nicht, wie oft angenommen, auf die frühe Phase ihres Denkens beschränkt, sondern sie ist, wie schon gezeigt, auch zwischen ihren Spätphilosophien nachweisbar. Der Nachweis dieser Parallelität will aber nicht die tiefe Divergenz zwischen den beiden Denkern in ihrer Besinnung auf das Wesen der neuzeitlichen Naturwissenschaft und das gegenwärtige Zeitalter herunterspielen oder wegdiskutieren. Im Gegenteil, erst wenn man diese Parallelität im Auge hat, können die charakteristischen Abweichungen zwischen den Analysen der beiden Denker deutlich und verständlich werden. Und wie diese Parallelität auch nach Heideggers Wendung zum seinsgeschichtlichen Denken bestehen bleibt, so ist die Divergenz zwischen ihnen auch nicht erst nach dieser Wendung entstanden. Vielmehr hat diese Divergenz ihre Wurzeln, soweit ich sehe, in der Weise, wie die beiden Denker von Anfang an die phänomenologische Methode verstanden haben. Doch ich werde später auf dieses Problem zurückkommen, nachdem ich zuerst den Vergleich zwischen Husserl und Heidegger in ihren Analysen der neuzeitlichen Naturwissenschaft rekapituliere. Ich beginne mit dem Punkten, worin die beiden Analysen übereinstimmen, dann möchte ich zeigen, worin die charakteristischen Abweichungen zwischen den beiden Analysen liegen.

A. Die Parallelitäten in Husserls und Heideggers Interpretation der neuzeitlichen Naturwissenschaft

Auf Grund ihrer Exaktheit und Objektivität ist man dazu verführt, die naturwissenschaftliche Erkenntnis als das maßgebende Verhältnis des Menschen zur Welt zu betrachten. Diese Betrachtungsweise sieht in der Wissenschaft die höchste Gestalt der menschlichen Kultur und versteht sie als eine geschlossene Sphäre, die radikal von allen vor- und außerwissenschaftlichen Praxisarten des Menschen getrennt ist und nur ihre eigenen Regel und Arbeitsmaßnahmen gelten läßt. Entgegen dieser Betrachtungsweise geht die phänomenologische Analyse davon aus, daß die exakte und objektive Wissenschaft eine Verhaltensweise des Menschen zum Seienden ist, die in einem inneren Zusammenhang mit den anderen vor- und außerwissenschaftlichen Praxis- und Erfahrungsweisen des Menschen steht. So ist die Wissenschaft für Husserl eine Möglichkeit, die im intentionalen Bewußtsein und seiner Tendenz zur Erfüllung beschlossen liegt. Die wissenschaftliche Erkenntnis ist eine Leistung des intentionalen Bewußtseins, und ihre Bildung vollzieht sich nach den Wesensgesetzen des Bewußtseins. Parallel dazu versteht Heidegger die wissenschaftliche Forschung als eine Weise, wie das Dasein existiert und sich zum Seienden verhält. Die Bedingungen der Möglichkeit dieser Verhaltensweise müssen also in der Seinsverfassung des Daseins gesucht werden. Die Strukturen der Existenz wie Befindlichkeit, Auslegung und Verfallen sind auch in der wissenschaftlichen Erkenntnis am Werke.

Beide Phänomenologen sind sich auch darüber einig, daß die wissenschaftliche Erkenntnis nur auf Grund des Entdeckens des Seienden in einer primären, vorwissenschaftlichen Erfahrungsweise möglich ist. Diese primäre Erfahrungsweise ist für Husserl die sinnliche Wahrnehmung und für Heidegger das umsichtige Besorgen. So sieht sich die phänomenologische Analyse mit der Frage konfrontiert: Was kennzeichnet den wissenschaftlichen Bezug des Menschen zum Seienden? Und wie entsteht das theoretisch-wissenschaftliche Entdecken des Seienden? Die phänomenologische Betrachtungsweise distanziert sich von der geläufigen Meinung, daß die wissenschaftliche Erkenntnis durch die Anwendung einer Forschungsmethode auf vorgegebene Gegenstände entsteht. Die Phänomenologie geht dagegen von der Frage aus: Wie kann das Seiende als Gegenstand der wissenschaftlichen Forschung begegnen? Was ist die Bedingung der Möglichkeit dafür, daß das Seiende als Thema der wissenschaftlichen Forschung und Befragung erscheint?

Im Ausgang vom Korrelationsprinzip ist also aufzuklären, wie die naturwissenschaftliche Haltung und ihr Korrelat: das physikalische Ding oder die physikalische Natur entstehen. Das Problem der Entstehung des wissenschaftlichen Verhaltens zur Natur ist also eine Konstitutionsproblem. Für Husserl ist die Aufgabe der Konstitutionsforschung aufzuklären, wie das Bewußtsein die fließenden subjektiv-relativen Gegebenheitsweisen transzendieren und Gegenstände als identische, vom Bewußtsein unabhängige Einheiten konstituieren kann. Diese Aufgabe betrifft nach Husserl auch die Gegenständlichkeiten der exakten Wissenschaften. Diese Gegenständlichkeiten sind zwar Gegenständlichkeiten höherer Stufe, aber sie sind auch Sinneinheiten, die sich im intentionalen Bewußtsein konstituieren. Das Ding, das uns in der alltäglichen Erfahrung gegeben ist, ist das anschauliche Ding. Dies ist aber nicht objektiv und exakt bestimmbar. Deshalb versucht Husserl zu zeigen, wie das anschauliche Ding über sich hinaus auf das physikalische Ding und die physikalische Natur als Substrat mathematischer Bestimmungen und Prädikate verweist.

Auch Heidegger läßt sich bei seiner Analyse vom Korrelationsprinzip leiten. Für ihn verhält sich das Dasein zum Seienden in der Form des Sichentwerfens auf Möglichkeiten. Die wissenschaftliche Erforschung der Natur ist eine Existenzmöglichkeit des Daseins, und sie gründet in der Grundverfassung des In-der-Welt-seins. Mit dem Sich-entwerfen des Daseins auf diese Möglichkeit vollzieht sich unthematisch die Bestimmung der Seinsverfassung der Natur. Die Natur wird auf ihre mathematische Verfassung hin entworfen. Der mathematische Entwurf der Natur ermöglicht die exakte Bestimmung der Naturvorgänge. Dadurch wird die Natur Gegenstand der wissenschaftlichen Forschung. Die Entstehung der exakten Naturwissenschaft verdankt sich also dem Akt der Vergegenständlichung der Natur auf dem Wege des mathematischen Entwurfs ihrer Seinsverfassung. Husserl kann sich mit dem Hinweis auf die Vergegenständlichung nicht zufrieden geben, da für ihn das intentionale Verhalten des Bewußtseins zum Seienden auch schon in der vorwissenschaftlichen Erfahrung gegenständlich gerichtet ist. Deshalb muß er die Art der Vergegenständlichung der Natur in der neuzeitlichen Wissenschaft näher bestimmen. Den Akt der Konstitution der naturwissenschaftlichen Gegenständlichkeiten nennt Husserl Idealisierung. Mit der Methode der Idealisierung erzeugt das Bewußtsein aus den vorwissenschaftlichen Evidenzen höherstufige intentionale Sinneinheiten: die Ideen oder die Idealitäten. Diese machen die Welt der Wissenschaftler aus.

Die Vergegenständlichung bzw. Idealisierung der Natur ermöglicht einen neuen Stand in der Entdeckung der Natur und der Welt. Komplementär hierzu vollzieht sich aber eine Verdeckung der primären Ding- und Welterfahrung. Denn durch die Vergegenständlichung bzw. Idealisierung wird eine abstrakte Natur entdeckt. Die Dinge werden nach Husserls Analyse auf Naturkörper reduziert; die Natur der Naturwissenschaftler enthält keine Gebrauchsdinge, keine Wert- oder Kulturgegenstände, keine Kunstwerke usw. Die Naturwissenschaft kann die Natur nicht in der Fülle ihrer Bestimmtheiten entdecken. Die sinnlichen Qualitäten werden ausgeschaltet und die Dinge werden nur durch mathematische Prädikate bestimmt. In Übereinstimmung mit Husserl stellt Heidegger fest, daß die Welt in der Naturwissenschaft in einer, durch den mathematischen Entwurf der Seinsverfassung der Natur im voraus bestimmten Hinsicht entdeckt wird. Die Natur wird auf den Bewegungszusammenhang von Massenkörpern reduziert. Alles, was nicht in diesen Zusammenhang untergebracht werden kann, wird nicht als Naturtatsache anerkannt. Das Interesse der Naturwissenschaftler gilt nur der Entdeckung der Kausalgesetze, die die Körperbewegungen in der Natur regeln. Die Dinge selbst werden auf ihre Stofflichkeit reduziert.

Beide Phänomenologen versuchen, diese Verdeckungen im Zusammenhang mit dem Phänomen Welt zu denken. Obwohl Husserl die sinnliche Wahrnehmung als die primäre Erfahrungsweise und das anschauliche Ding als Leitfaden zur Bestimmung der Welt nimmt, während Heidegger das praktische Besorgen als die primäre Zugangsweise zum Seienden und das zuhandene Zeug als Leitfaden zur Bestimmung der Welt betrachtet, stimmen beide doch darin überein, daß die Entdeckungsweise der Naturwissenschaft nur möglich ist auf Grund der Ausblendung der Verweisungszusammenhänge, in die das Seiende in seiner primären Gegebenheit eingebettet ist. Nach Husserl ist das Ding wesensmäßig in einer unendlichen Mannigfaltigkeit von Abschattungen und Perspektiven gegeben. In der Anschauung vermag das Bewußtsein nicht, diese unendlichen Gegebenheitsweisen zu durchlaufen; dagegen wird in der Idealisierung ein denkmäßiges ideales Durchlaufen dieser unendlichen Gegebenheitsweisen vollzogen und das Ding als strenge Identität antizipiert. Die Verweisungsbezüge des Dings werden übersprungen, d.h. das Ding wird aus seinem Gegebensein im lebensweltlichen Horizont herausgelöst. Obwohl Heidegger die umweltlichen Verweisungsbezüge anders als Husserl auffaßt, stellt auch er fest, daß diese Bezüge in der naturwissenschaftlichen Auffassung der Welt übersprungen werden. Nach Heidegger begegnet das Ding zuerst als Gebrauchsding vor dem Horizont des praktischen besorgens und wird immer vor dem Hintergrund einer vorentdeckten Bewandtnisganzheit entdeckt. Mit dem Akt der Vergegenständlichung verliert das Ding seinen Bewandtnischarakter und wird aus seinen Bewandtnisbezügen herausgelöst, es wird als vorhandenes Stoffding aufgefaßt.

Mit der Verdeckung der primären Erfahrung des Dings geschieht die Verdeckung der primären Welterfahrung. Der idealisierten Natur wird nach Husserls Analyse ein *An-sich-Sein* jenseits des Bewußtseins zugeschrieben und sie wird als die wahre Welt unterschoben. Die wahre Welt ist die Welt der mathematisch-physikalischen Idealitäten und Theorien, diese Welt, so beschreibt Husserl das Selbstverständnis der neuzeitlichen Naturwissenschaft, ist kein Korrelat des Bewußtseins und der methodischen Denkarbeit, sondern die Welt ist vor jedem methodischen Zugriff an sich mathematisch. So verliert die Welt ihren Seinscharakter als Korrelat des Bewußtseins. Parallel dazu stellt Heidegger fest, daß die neuzeitliche Naturwissenschaft die Welt als homogenes unendliches Raum-Zeit-Kontinuum auffaßt, in dem alle Raum- und Zeitstellen gleich sind. Der primäre Charakter der Welt als Struktur des Daseins, worin alle umweltlichen Verweisungsbezüge geknüpft sind, wird verdeckt.

Neben diesen Verdeckungen stellen Husserl und Heidegger fest, daß die neuzeitliche Wissenschaft die Naivität des alltäglichen Lebens nicht hinter sich läßt. Für Husserl sind die positiven Wissenschaften nicht in der Lage, ihr eigenes Tun zu verstehen und zu begründen. Ihre Begriffe und Theorien sind mit Unklarheiten und Paradoxien behaftet. All das ist nach Husserl darauf zurückzuführen, daß die positiven Wissenschaften das ursprüngliche Ideal der Erkenntnis aus Letztbegründung und Selbstverantwortung aufgegeben haben und zu theoretischen Techniken geworden sind. Die positiven Wissenschaften können ihre Arbeit nicht aus letzten Gründen rechtfertigen. Die ursprüngliche Motivation und die schöpferischen Leistungen des wissenschaftlichen Denkens bleiben diesen Wissenschaften verborgen. Auch Heidegger bemerkt, daß die positiven Wissenschaften mit undurchsichtigen und unausgewiesenen Begriffen arbeiten. Jeder wissenschaftlichen Forschung liegt ein Entwurf der Seinsverfassung des zu erforschenden Sachgebietes zugrunde, aber die Wissenschaften selbst sind nicht in der Lage, die Seinsverfassung ihres Sachgebietes ontologisch zu begreifen und zu begründen, sie verhalten sich zum Sein ihres Sachgebietes vorontologisch. Dasselbe kann gesagt werden über die Grundbegriffe, die das Sachgebiet einer Wissenschaft eingrenzen. Der Physiker z.B. gebraucht Begriffe wie Raum, Zeit und Bewegung und hat ein Wissen um diese Begriffe, aber er kann sie nicht aufklären und begründen. Die Bestimmung der Seinsverfassung des Sachgebietes und seiner Grundbegriffe bleibt naiv und undurchsichtig.

Diese Betrachtungen führen uns zur Frage des Verhältnisses der Wissenschaft zur Alltäglichkeit; dieses Verhältnis ist sowohl nach Husserl als auch nach Heidegger zweideutig. Für Husserl stützt sich die idealisierende Wissenschaft auf die Evidenzen der alltäglichen Lebenswelt. Diese sind das Sinnesfundament der logisch-theoretischen Evidenzen, sie sind die Bewährungsquelle der objektiven und exakten Wahrheiten der Wissenschaften. Aber trotzdem verachten die objektiven Wissenschaften die lebensweltlichen Evidenzen wegen ihrer Subjektivität und Relativität. Die alltägliche Lebenswelt wird in den objektiven Wissenschaften nicht thematisiert, und der Ursprung dieser Wissenschaften aus der Lebenswelt wird verdeckt. Und auch Heidegger hat eine Zweideutigkeit im Verhältnis der Wissenschaft zur Alltäglichkeit herausgestellt. Der theoretisch-wissenschaftlichen Forschung geht die Entdeckung des Seienden im alltäglichen Besorgen voran. Bevor das Seiende Thema der wissenschaftlichen Forschung werden kann, muß es zuerst im Horizont des alltäglichen Besorgens begegnen. Die theoretische Auslegung des Seienden ist eine Modifikation der umsichtigen Auslegung des Seienden. Seinsweisen der Alltäglichkeit wie Neugier und Gerede sind auch in der wissenschaftlichen Arbeit am Werke. Außerdem arbeitet die Wissenschaft mit vulgären Begriffen, die aus der alltäglichen Ausgelegtheit des 'Man' geschöpft sind. Trotzdem verdeckt die Wissenschaft die alltägliche Erfahrung und ihr Verhältnis zu dieser Erfahrung.

Mit dem Aufweis des Verhältnisses der Naturwissenschaft zur Alltäglichkeit meinen aber weder Husserl noch Heidegger, daß es eine kontinuierliche 'Entwicklung' vom alltäglichen Verhalten zum Seienden zur theoretisch-wissenschaftlichen Forschung gibt. Die wissenschaftliche Theorie stützt sich nach Husserl auf die lebensweltlichen Evidenzen und die vorwissenschaftliche Erkenntnis. Damit meint er aber nicht, daß man durch die kontinuierliche Verbesserung und Vervollkommnung der vorwissenschaftlichen Erkenntnisse die Stufe der wissenschaftlichen Theorie erreichen könnte. Denn die theoretisch-wissenschaftliche Einstellung setzt einen Bruch mit der Naivität des natürlichen Lebens und mit seinen Interessen voraus. Auch Heidegger vertritt die Auffassung, daß der wissenschaftlichen Erkenntnis das Entdecken des Seienden im alltäglichen Besorgen vorangeht und daß die wissenschaftliche Erkenntnis eine Modifikation der umsichtigen Auslegung des Seienden ist. Damit will er aber nicht sagen, daß der Umschlag vom umsichtigen Entdecken zum theoretischen Sehen durch die Bedürfnisse der alltäglichen Praxis motiviert ist. Nach Heidegger kann die wissenschaftliche Theorie, die auf das pure Entdecken des Seienden zielt, nur aus der eigentlichen Existenz entspringen. Weder Husserl noch Heidegger glauben, daß die Wissenschaft ihrer ursprünglichen Motivation treu geblieben ist.

Das Problem der Genesis der physikalischen Theorie wird von beiden deutlicher thematisiert, nachdem sie in ihre Analysen die geschichtliche Dimension der Wissenschaft in die Betrachtung wesentlich mit einbezogen haben. Diese Dimension war bei beiden Denkern in ihren frühen Schriften nicht völlig abwesend, aber sie spielt erst in ihren Spätphilosophien eine zentrale Rolle. Diese parallele Entwicklung der beiden Denker ist ein Indiz dafür, daß die phänomenologische Analyse ihrem Sinn nach geschichtlich sein muß.

Wie schon gesagt, gibt es auch eine Parallelität zwischen Husserls und Heideggers Analysen in ihrer Spätzeit. Die Naturwissenschaft ist jetzt nicht mehr nur als eine Möglichkeit analysiert, die in der Struktur des Bewußtseins oder in der Seinsverfassung des Daseins wurzelt, sondern sie wird auf ihren geschichtlichen Ort zurückbezogen, sie wird aus dem Hintergrund der neuzeitlichen Geschichte interpretiert. Die neuzeitliche Geschichte ist nach beiden Phänomenologen durch eine umfassende

Grundstellung oder Geisteshaltung bestimmt. Die mathematische Naturwissenschaft entsteht nach Husserl aus der Geisteshaltung der Renaissance und der frühen Neuzeit, als sich das europäische Menschentum von den mittelalterlichen Bindungen und Traditionalitäten befreien und sein Schicksal in die Hand nehmen wollte. Nach Heideggers Analyse wird die mathematische Naturwissenschaft erst durch die neuzeitliche metaphysische Grundstellung, also durch die Auffassung des Seins als Gegenständigkeit und der Wahrheit als Gewißheit ermöglicht.

In ihrer geschichtlichen Interpretation der neuzeitlichen Naturwissenschaft gehen Husserl und Heidegger aber noch einen Schritt weiter, nämlich zur Rückbeziehung der neuzeitlichen Grundstellung und damit der mathematischen Naturwissenschaft auf die gesamte europäische Geschichte und Tradition seit ihren Anfängen. Die Naturwissenschaft wird als eine Gestalt der europäischen Kultur betrachtet und ihre tiefsten Wurzeln werden in der griechischen Antike gefunden. Für Husserl ist die Neuzeit vor allem durch die Wiedergeburt der ursprünglichen Intentionen des antiken Griechentums charakterisiert. Für Heidegger ist die neuzeitliche metaphysische Grundstellung schon in der antiken Metaphysik vorbereitet. Obwohl Husserl und Heidegger in ihrem Verständnis der Geschichte weit auseinandergehen und obwohl sie die abendländische Geschichte von verschiedenen Gesichtspunkten her auslegen und bewerten, sehen beide in Platon die bestimmende Figur der abendländische Kultur und Geschichte. Für Husserl ist Platon der Anfang der echten Philosophie und für Heidegger der Begründer der Metaphysik. Dabei verstehen beide Philosophie bzw. Metaphysik nicht zuerst als Wissensgebiet. Philosophie ist nach Husserl die eingeborene Zweckidee, der teleologische Sinn der europäischen Geschichte, sie ist die Triebkraft der europäischen Kultur. Für Heidegger ist die Metaphysik der tragende Grund, der den bisherigen Gang der europäischen Geschichte bestimmt hat. Metaphysik ist nicht eine Kulturform neben anderen, sondern sie durchdringt alle Erscheinungen und Kulturgestalten der abendländischen Geschichte.

Mit der Berücksichtigung des geschichtlichen Hintergrundes der neuzeitlichen Naturwissenschaft gewinnt die Kritik der beiden Philosophen an dieser Wissenschaft an Schärfe und wird zur Kritik des gegenwärtigen Zeitalters, das durch die Herrschaft der technisch-wissenschaftlichen Weltauslegung geprägt ist. Diese zeitkritische Dimension war bei beiden Philosophen in ihren ersten Schriften zwar schon vorhanden, aber erst jetzt tritt sie in den Vordergrund, ja, die kritische Besinnung auf das gegenwärtige Zeitalter wird zum Kern ihrer philosophischen Überlegungen.

Die naturwissenschaftliche Denkweise beeinflußt gemäß beider Denker nicht nur die Naturwissenschaftler, und ihre Auswirkung bleibt nicht auf ihre Labors und Einrichtungen beschränkt, sondern sie ist zu einer allgemeinen Denkweise geworden, die das Verhalten des Menschen in allen Lebensbereichen bestimmt. In der Bestimmung der neuzeitlichen Denkweise heben beide Philosophen die Rolle der Mathematik hervor. Die Mathematisierung eines Wissensbereiches ist zum Kriterium seiner Wissenschaftlichkeit geworden. Der Fortschritt der verschiedenen Disziplinen wird daran gemessen, inwieweit sie mathematisiert sind. Mit Mathematisierung ist aber zuerst nicht die Anwendung der Zahlen auf einen Bereich des Seienden gemeint, sondern eine Weise der Auffassung des Seienden, die es der mathematischen Bestimmung zugänglich macht. Die wissenschaftliche Forschung läßt nicht das Seiende in seiner Fülle erscheinen, sondern es wird im voraus in einer bestimmten Hinsicht anvisiert. Das Seiende begegnet nur aus dem Spielraum, den die Methode selbst bestimmt. Die Methode gewinnt den Vorrang vor die Sache. Das führt nach Heidegger zur Neutralisierung der Unterschiede zwischen den verschiedenen Bereichen des Seienden und damit zur Verstellung des Seienden, das uns nun gleichartig und gleichmäßig erscheint. Auch Husserl deckt die Einebnung der Unterschiede zwischen den verschiedenen Seinsregionen auf, zumal man alle diese Regionen mit der Methode der Idealisierung erschließt und auch die Phänomene des Geistes und des Bewußtseins der physikalischen Methode unterwerfen will.

Es ist von höchster Bedeutung zu bemerken, daß Husserl und Heidegger die Methodisierung der Wissenschaft mit ihrer Technisierung zusammengedacht haben. Die Technisierung der Wissenschaft meint nicht, daß die wissenschaftliche Forschung sich nach den technisch-praktischen Interessen richtet, und auch nicht, daß sie auf die technischen Apparaturen und Meßgeräte angewiesen ist, sondern vor allem, daß die Wissenschaft in ihrer Arbeits- und Denkweise technisch ist. Der technische Geist herrscht in der Naturwissenschaft schon als Theorie, die wissenschaftliche Forschung wird zu einem technischen Betrieb, zu einem technischen Rechnen mit Formeln und Informationen zwecks Erzeugung neuer Formeln und Informationen. Methodisierung, Formalisierung und Symbolisierung, die in der neuzeitlichen Wissenschaft eine hohe Bedeutung gewinnen, machen die Wissenschaft zu einer bloßen *téchne*, zu einem geschickten Umgehen mit sinnentleerten Symbolen. Darin sieht Heidegger eine Zerstörung des Seienden und des Bezugs des Menschen zu ihm und Husserl einen Sinn- und Anschauungsverlust. Die neuzeitliche Wissenschaft will nicht das Seiende erscheinen lassen, wie es ist, sondern sie will nur effektive Ergebnisse erreichen. Die Forderung nach Effektivität ist maßgebend für die wissenschaftliche Arbeit. Die Effektivität meint nicht nur die praktische Nützlichkeit, sondern vor allem den Erfolg in der Erfindung von neuen Formeln und Informationen.

B. Die Divergenz zwischen den Auffassungen von Husserl und Heidegger

Ich habe bis jetzt zu zeigen versucht, wie Husserl und Heidegger in ihrer Kritik der neuzeitlichen Naturwissenschaft dieselben Phänomene gesehen haben. Nun möchte ich darauf eingehen, wie ihre Interpretationen dieser Wissenschaft trotz dieser Übereinstimmungen soweit auseinandergehen, daß man bei ihren Vorstellungen zum Ausweg aus der heutigen Situation des europäischen Daseins mit Recht davon sprechen kann, daß die von ihnen vertretenen Grundpositionen zur technisch-wissenschaftlichen Weltauffassung eine große phänomenologische Alternative bilden.

Husserl und Heidegger versuchen eine geschichtliche Interpretation zur neuzeitlichen Naturwissenschaft. Beide verstehen diese Wissenschaft als eine Gestalt der abendländische Geschichte. Doch der leitende Gesichtspunkt ihrer Auslegung der abendländischen Geschichte ist grundverschieden. Für Husserl bestimmt das Erkennen in seinen veschiedenen Arten und Stufen unser Verhalten zum Seienden. Jedes Werten oder praktische Tun bezieht sich auf schon konstituierte Gegenstände. Deshalb beurteilt Husserl die Kulturen unter dem Gesichtspunkt der herrschenden Erkenntnisart. Wenn Husserl die europäische Kultur als die höchste Form der menschlichen Kultur betrachtet, dann begründet er seine Meinung damit, daß in dieser Kultur das echte Erkenntnisideal zum ersten Mal in der Geschichte zum Durchbruch gekommen ist. Dieses Ideal der Erkenntnis aus Letztbegründung und Selbstverantwortung, das Ideal eines theoretischen und praktischen Lebens aus den Normen der freien Vernunft hat nach Husserl Platon zum ersten Mal zum Ausdruck gebracht. Aus diesem Grund sieht Husserl in Platon die bestimmende Figur der abendländischen Geschichte. Das Ideal der Erkenntnis aus Letztbegründung und Selbstverantwortung ist die Triebkraft, die die europäische Kultur bestimmt, auch wenn dieses Ideal noch nicht zur Erfüllung gekommen ist. Heidegger interpretiert die abendländische Geschichte von einem anderen Gesichtspunkt aus. Für ihn vollzieht sich jedes theoretische oder praktische Verhalten des Menschen zum Seienden im Lichte eines Verständnisses des Seins. Deshalb interpretiert er die abendländische Geschichte unter dem Gesichtspunkt der Seinsauslegung. Den Rückgang auf die griechische Kultur rechtfertigt Heidegger damit, daß sich die neuzeitliche Auslegung des Seins schon in der griechischen Metaphysik vorbereitet. Auch für Heidegger ist Platon die bestimmende Figur der abendländischen Geschichte, aber nicht wegen seines Erkenntnisideals, sondern weil er mit seiner Auslegung des Seins als *idea* und der Wahrheit als Richtigkeit die neuzeitliche Auslegung des Seins als Gegenständigkeit und der Wahrheit als Gewißheit vorbereitet hat.

Obwohl Husserl und Heidegger in Platon die bestimmende Figur der abendländischen Geschichte sehen, sind sie nicht der gleichen Meinung hinsichtlich seiner Stellung in der griechischen und abendländischen Kultur. Für Husserl beginnt die echte Philosophie mit Platon. Das vorsokratische Denken ist eine Vorstufe der echten Philosophie. Entgegen dieser Meinung behauptet Heidegger, daß die echte griechische Denkerfahrung bei den Vorsokratikern zu suchen ist; dagegen stellt das Denken Platons, das für die ganze folgende Geschichte bestimmend ist, nicht die ursprüngliche Erfahrung der Griechen dar, sondern ihre Umdeutung und Verfälschung. Mit Platon beginnt nach Heidegger der Abfall von der ursprünglichen Erfahrung der griechischen Frühzeit. Während Husserl seine Philosophie als Erneuerung und Radikalisierung der Platonischen Intentionen versteht, stellt sich Heidegger die Aufgabe der Auseinandersetzung mit der vorsokratischen Erfahrung, die ein anfängliches Denken darstellt.

Der Ursprung der abendländischen Geschichte ist nach Husserl der Platonismus, und auch nach Heidegger ist der Platonismus bestimmend für die abendländische Kultur, aber er ist nicht der Ursprung, er ist eine Umdeutung des Ursprungs. Den Ursprung bezeichnet Husserl als erste Urstiftung und Heidegger als ersten Anfang. Die Urstiftung setzt einen urstiftenden Akt voraus, d.h. einen freien Entschluß des Menschen. Diese Urstiftung ist zwar durch das Staunen motiviert, aber sie ist undenkbar ohne den Entschluß des Menschen, sich von den engen Horizonten der praktischen Interessen und der Traditionalität zu befreien und die Stellung des 'unbeteiligten Zuschauers' einzunehmen. Heidegger spricht nicht von einer Urstiftung, sondern vom ersten Anfang, vom ersten Aufscheinen des Seienden als solchen; dieses Aufscheinen hat nicht der Mensch bewirkt, sondern es ist vom Sein selbst geschickt. Der Mensch vermag nicht mehr als diesem Aufscheinen des Seienden als solchen in der Stimmung des Staunens zu entsprechen. Husserl und Heidegger unterscheiden das Staunen von der Neugier. Für Husserl ist das Staunen mit dem theoretischen Interesse verbunden und ist deshalb nicht nur eine erweiterte Neugier. Trotzdem sieht Husserl in der Neugier des natürlichen Lebens eine Vorgestalt des Staunens, da die Neugier die Form eines von den praktischen Interessen nicht motivierten Sehens annehmen kann. Dagegen grenzt Heidegger die Neugier scharf vom Staunen ab. Die Neugier ist für ihn ein uneigentliches, zur Verfallenheit gehöriges Derivat des Staunens.

Damit läßt sich die Divergenz zwischen Husserl und Heidegger in ihren Analysen der neuzeitlichen Naturwissenschaft deutlicher erläutern. Husserl und Heidegger verstehen die mathematische Naturwissenschaft als Erscheinung der neuzeitlichen Geschichte. Diese Wissenschaft ist erst durch die gesamte Grundstellung der Neuzeit ermöglicht. Wie ist aber diese Grundstellung zu charakterisieren? Die neuzeitliche Grundstellung ist nach Husserl vor allem durch die Wiedergeburt der Idee der echten Philosophie und Wissenschaft gekennzeichnet, die im griechischen Altertum urgestiftet worden ist. Die exakte Naturwissenschaft wäre ohne die Erneuerung der alten

Platonischen Intentionen unmöglich gewesen. Auch für Heidegger gründet die mathematische Naturwissenschaft in der neuzeitlichen Grundstellung; diese kennzeichnet er nicht durch die Erneuerung eines Erkenntnisideals, sondern durch ihre Auslegung des Seins als Gegenständigkeit und der Wahrheit als Gewißheit, und diese Auslegung ermöglicht die Entstehung der neuzeitlichen Wissenschaft als Forschung. Die Auslegung des Seins als Gegenständigkeit und der Wahrheit als Gewißheit wäre unmöglich gewesen ohne die Platonische Auslegung des Seins als *idea* und der Wahrheit als Richtigkeit. Wie die erste Urstiftung der antiken Idee der Philosophie verdankt sich auch die Urstiftung der neuzeitlichen Grundstellung nach Husserl einem willentlichen Entschluß des europäischen Menschentums, sein theoretisches und praktisches Leben nach den Normen der freien Vernunft zu gestalten. Dagegen beruht die neuzeitliche Auslegung des Seins als Gegenständigkeit nach Heidegger nicht auf einem menschlichen Entschluß. Wie das Sein des Seienden in einer Epoche erscheint, kann der Mensch nicht entscheiden. Daß das Seiende in der Neuzeit nur als Gegenstand des menschlichen Vor- und Herstellens erscheint, ist nicht vom Menschen gewollt, sondern vom Sein selbst geschickt.

Obwohl beide Denker die neuzeitliche Kultur auf die griechische Erfahrung zurückbeziehen, gehen ihre Interpretationen der Auswirkung dieser Erfahrung auf die abendländische Kultur auseinander. Für Husserl ist die Idee der Philosophie und Wissenschaft als strenge Erkenntnis zu ihrem ersten Durchbruch bei den Griechen gekommen. Diese Idee wird in der europäischen Renaissance übernommen. Sie hat die ganze europäische Kultur beeinflußt. Aber sie ist weder in der griechischen Antike noch in der Neuzeit zur Erfüllung gekommen. Sie wurde immer gehemmt, und zwar durch das objektivistische Motiv, das auch die europäische Wissenschaft und Philosophie seit ihrem Anfang mitbeeinflußt hat. Die Geschichte der europäischen Kultur ist durch den Kampf zwischen diesen beiden Motiven beherrscht. Deshalb kann man nach Husserls Analyse von einer Doppelmotivation oder Zweideutigkeit der europäischen Geschichte sprechen. Diese Zweideutigkeit ist am deutlichsten bei Descartes zu sehen. Einerseits ist Descartes' Philosophie durch seinen Willen zur Letztbegründung der Philosophie und Wissenschaft bestimmt. Andererseits ist sie aber auch beeinflußt von Descartes' Glauben an die Vorbildlichkeit der mathematisch-physikalischen Methode. Deshalb konnte er seine Radikalität in der ersten und zweiten Meditation nicht bewahren und seine Entdeckung des *ego cogito* nicht richtig einschätzen.

Der Grund dieser Doppelmotivation liegt, soweit ich sehe, in der Struktur des Bewußtseins selbst beschlossen. Einerseits ist das intentionale Bewußtsein auf Erfüllung, Vernunft und Evidenz angelegt. Vernunft und Evidenz sind nach Husserl nicht nur auf Wissenschaft und Philosophie bezogen, sondern auf das ganze Bewußtseinsleben; jede Art von Erkenntnis und Erfahrung hat ihre entsprechende Art von Evidenz.

Das Verlassen der Naivität des natürlichen Lebens und der Übergang in die wissenschaftlich-philosophische Einstellung ist letztlich nur die extreme Erfüllung der Tendenz, die dem intentionalen Bewußtsein wesensmäßig innewohnt. Andererseits aber ist das Bewußtsein auch auf Grund seiner intentionalen Struktur immer auf Gegenstände gerichtet, das Bewußtsein ist Streben nach Gegenständen. Unser Interesse geht vor allem auf die Gegenstände, mit denen wir in unserem alltäglichen Leben zu tun haben. Aus diesem Grund bleiben die Gegebenheitsweisen, in denen die Gegenstände erscheinen und die vom Vollzug des Subjekts abhängig sind, von uns unbeachtet. Auch wenn wir im natürlichen Leben gelegentlich auf die Gegebenheitsweisen aufmerksam werden, bleiben wir am Sein des Gegenstandes interessiert. Mit der Konstitution eines Gegenstandes bildet sich zugleich ein Horizont für die Konstitution neuer Gegenstände. Jeder konstituierte Gegenstand bleibt für uns ein Erwerb, über den wir passiv verfügen. Wir können uns auf diesen Erwerb stützen und neue Gegenstände konstituieren, ohne daß wir den Prozeß seiner Sinnbildung zu vergegenwärtigen brauchen. Durch diese passive Habe der Gegenstände entsteht der naive Glaube des *An-sich-Seins* der höheren Gegenständlichkeiten und die Vergessenheit der konstitutiven Leistungen des Bewußtseins und der ursprünglichen Evidenzen der Lebenswelt. Es scheint mir also gerechtfertigt, zu behaupten, daß Husserl den Grund der Zweideutigkeit der abendländischen Kultur in der Struktur des intentionalen Bewußtseins sieht.

Entgegen dieser Interpretation sieht Heidegger keine Zweideutigkeit in der abendländischen Geschichte. Denn der Gang der bisherigen Geschichte Europas ist durch die Metaphysik geprägt. Diese ist zwar eine Umdeutung der ursprünglichen Erfahrung der griechischen Frühzeit, die Metaphysik ist aber doch nur möglich auf Grund dieser ursprünglichen Erfahrung. Deshalb kann Heidegger behaupten, daß die technisch-wissenschaftliche Weltauffassung, die dem Geist der Antike fremd ist, nur auf Grund des ersten Anfangs möglich geworden ist. Objektivismus und Subjektivismus sind keine entgegengesetzten Motive, sondern zwei Seiten derselben Medaille, und sie sind zugleich im ersten Anfang beschlossen. Der Gang der europäischen Geschichte kann nach Heidegger nicht aus der Struktur des Bewußtseins, sondern nur aus der Geschichte des Seins verstanden werden. Es ist hier nicht zu übersehen, daß auch Husserl - besonders in der *Krisis*-Abhandlung - das Bewußtsein und die Welt als geschichtlich auffaßt. Geschichte gründet aber in einem Apriori, das selbst nicht geschichtlich und nicht relativ ist. In dieser Hinsicht ist daran zu erinnern, daß nach Husserl die Teleologie der Geschichte in der intentionalen Struktur des Bewußtseins gründet[1]. Heidegger dagegen erfaßt die Geschichte radikaler, da er sie nicht aus dem Geschehen, sondern aus dem Geschick des Seins versteht. Deshalb gründet sie nicht etwa im Wesen des Menschen, da das Wesen des Menschen selbst nach ihm geschichtlich ist.

Um diese Unterschiede zwischen Husserl und Heidegger zur verdeutlichen, möchte ich zeigen, wie sie die Technisierung der Wissenschaft in der Neuzeit interpretieren. Für Husserl ist die Technisierung der wissenschaftlichen Erkenntnis eine Erscheinung der Neuzeit, aber sie gründet als Möglichkeit in der Struktur des Bewußtseins selbst. Die Technisierung ist eine Leistung des Bewußtseins, und sie ist notwendig für die Bewältigung der Aufgaben der neuzeitlichen Naturwissenschaft, für die Stiftung neuer Horizonte und die Konstitution neuer Gegenständlichkeiten. Diese positive Seite der Technisierung wird aber unvermeidlich mit einem Anschauungsverlust erkauft. Dagegen ist nach Heidegger die Herrschaft des technischen Geistes in der neuzeitlichen Wissenschaft nicht auf eine Leistung des Menschen zurückzuführen, sondern darauf, daß das Sein in der Neuzeit das Seiende nur als Bestand für die technische Bewältigung der Welt erscheinen läßt.

Diese Divergenz zwischen Husserl und Heidegger in ihrer Interpretation der abendländischen Geschichte führt zu einer weiteren Divergenz in ihrer Vorstellung zum Ausweg aus der heutigen Situation des europäischen Menschentums. Beide betonen die Gefahr der Herrschaft der naturwissenschaftlich-technischen Rationalität. Sie entwickeln aber unterschiedliche Vorstellungen zu ihrer Überwindung. Husserl bezeichnet die heutige Lage Europas mit Ausdrücken wie Krise und Krankheit; dabei versteht er den Begriff 'Krise' so, wie man medizinisch beim Höhepunkt des Verlaufs einer Krankheit von 'Krise' spricht. Die Krankheit der europäischen Kultur entsteht dadurch, daß sie ihre urstiftende Idee nicht zur Erfüllung bringen konnte. Die Wurzeln dieses Zustandes liegen in der Struktur des intentionalen Bewußtseins selbst, in seinem Interesse an den Gegenständen; die Konstitution neuer Gegenstände ist nur möglich mit der Entfernung von den ursprünglichen Evidenzen und von deren Anschaulichkeit. Das Mittel der Heilung von diesem Zustand ist aber auch in der Struktur des Bewußtseins zu suchen, in seiner Tendenz Auf Erfüllung, Vernunft und Anschaulichkeit. Diese Tendenz muß vom Interesse an den Gegenständen befreit werden. Nur durch diese Interessenfreiheit von den Gegenständen kann das Bewußtsein die in ihm angelegte Tendenz auf Vernunft und Anschaulichkeit konsequent entfalten und erfüllen. Die konsequente Erfüllung der Bewußtseinstendenz auf Vernunft ist die Aufgabe der echten Idee der Philosophie und Wissenschaft. Diese Idee, die im griechischen Altertum urgestiftet wurde, muß nun erneuert und radikalisiert werden. Das ist die Aufgabe der phänomenologischen Philosophie nach Husserl.

Heidegger versteht dagegen die Herrschaft der naturwissenschaftlich-technischen Weltauffassung nicht als krankhaften Zustand, sie ist nicht aus einer Fehlentwicklung entstanden und nicht durch menschliches Versagen verursacht. Deshalb kann sie nicht durch eine menschliche Entscheidung behoben werden. Die nihilistische Seinsvergessenheit kann nur durch ein neues Seinsgeschick überwunden werden. Der Mensch kann nicht ein neues Geschick erzwingen, allerdings kann dieses neue Geschick ohne das Zutun des Menschen nicht geschehen. Der Mensch muß sich für den Empfang des Geschenks vorbereiten. Dafür ist der Rückgang auf den ersten Anfang nach Heidegger notwendig, aber nicht um ihn zu übernehmen oder zu erneuern. Der Rückgang auf den ersten Anfang ist eine Auseinandersetzung mit ihm.

C. Der Grund der Auffassungsdivergenz

Nun stellt sich die Frage: Wie ist diese dargestellte tiefe Divergenz zwischen Husserl und Heidegger in ihren Vorstellungen des Auswegs aus der heutigen Lage des europäischen Menschentums zu erklären? Warum sind ihre Visionen für die Zukunft grundsätzlich unterschieden, obwohl beide Philosophen vom phänomenologischen Denkansatz ausgegangen sind und sich auch in ihrer Spätzeit zu diesem Ansatz bekannt haben? Ich glaube, daß der Grund dafür in ihrem Verständnis der phänomenologischen Methode liegt. Die Phänomenologie beansprucht eine Analyse des Erscheinenden in seinem Erscheinen zu leisten. Jedes Erscheinen ist nicht nur ein Erscheinen von etwas, sondern ist zugleich ein Erscheinen für jemanden, es hat einen Adressaten oder einen Empfänger, und das ist der Mensch. Die Divergenz zwischen Husserl und Heidegger liegt, soweit ich sehe, darin, wie sie den Ort des Erscheinens, also den Menschen, und zwar seine Endlichkeit gedacht haben.

Für Husserl ist das menschliche Bewußtsein endlich, aber es strebt nach der Unendlichkeit, da es über einen unendlichen Universalhorizont verfügt[2]. Dies läßt sich am deutlichsten am Beispiel der Wahrnehmung eines Raumgegenstandes zeigen. Ein Raumgegenstand ist uns in einer unendlichen Mannigfaltigkeit von Erscheinungsmöglichkeiten gegeben, jede Möglichkeit verweist wieder auf eine Unendlichkeit von Möglichkeiten. Das Bewußtsein kann nicht die unendliche Reihe aller Möglichkeiten, die ihm zur Verfügung steht, abschließen und alle Leermeinungen zur Erfüllung bringen. Im natürlichen Leben aber ist das Bewußtsein praktisch interessiert. Für das praktische Interesse sind nur die Gegenstände als identische Sinneinheiten relevant; die Gegebenheitsweisen, die das Bewußtsein vollzieht und die auf unendliche Möglichkeiten verweisen, bleiben unbeachtet. Das praktische Interesse verengt den Horizont des Bewußtseins und schränkt den Gesichtskreis seiner Möglichkeiten ein. Die Unendlichkeit der Welt kommt deshalb nicht zum Vorschein und wird nicht thematisch erfaßt.

Damit die Unendlichkeit zum Vorschein kommt, muß sich das Bewußtsein von den praktischen Interessen des alltäglichen Lebens distanzieren und die Haltung des unbeteiligten Zuschauers, die Haltung der reinen Theorie einnehmen. Dies geschieht zum ersten Mal mit der Entstehung der philosophisch-wissenschaftlichen Einstellung bei den Griechen. Die Befreiung von der Befangenheit in den interessenbedingten Horizonten setzt die Unendlichkeit der Welt für das Bewußtsein frei. Husserl bezeichnet die altgriechische Kultur als Ideenkultur[3]. Ideen sind Sinngebilde, die in sich intentionale Unendlichkeiten bergen[4]. Statt aber diese Unendlichkeiten in ihrem horizonthaften Charakter zu thematisieren, erliegt das Bewußtsein der Verführung, sie als Gegenstände zu betrachten, sie zu vergegenständlichen. Und weil das Bewußtsein die unendliche Mannigfaltigkeit der wirklichen und möglichen Gegebenheitsweisen in der Anschauung nicht abschließen kann[5], vollzieht es ein ideales Durchlaufen dieser Gegebenheitsweisen. Diesen Akt des idealen Durchlaufens nennt Husserl Idealisierung, weil er Ideen, also unendliche Sinneinheiten erzeugt. Auf Grund der Idealisierung gewinnt das Bewußtsein neue Gegenständlichkeiten, dieser Gewinn wird aber mit der Anschauungsferne erkauft, zumal die Abhängigkeit der idealen Gegenständlichkeiten einerseits von dem Bewußtseinsakt der Idealisierung und andererseits von den lebensweltlichen Evidenzen, die das 'Material' der Idealisierung liefern, vergessen wird.

Der Idealisierungsprozeß bleibt aber in der griechischen Kultur vor allem auf die abstrakte Gestaltseite der Welt beschränkt. Erst das neuzeitliche Denken kommt auf die Idee der Idealisierung des Weltalls[6]. Die Welt wird als unendlich aufgefaßt. Das meint nicht nur, daß die Ausdehnung der Welt in Raum und Zeit als unendlich betrachtet wird, sondern vor allem, daß jedes Ding mit inneren und äußeren Unendlichkeitshorizonten antizipiert wird. Da das Anschauungsvermögen des Bewußtseins begrenzt ist, kann die unendliche Aufgabe der neuzeitlichen Wissenschaft nur durch Symbolisierung und Technisierung des wissenschaftlichen Denkens und Forschens, also im Gegenzug zur Sinnentleerung bewältigt werden. Husserl sieht deutlich den Zusammenhang der Technisierung der neuzeitlichen Wissenschaft mit der Unendlichkeit ihrer Aufgabe[7]. Die Folge der Technisierung des wissenschaftlichen Denkens ist die Steigerung der Lebensweltvergessenheit und der Anschauungsferne. Das wissenschaftliche Denken wird zu einer Rechentechnik mit sinn- und anschauungsentleerten Symbolen. Die anschaulichen Elemente werden je und je von der wissenschaftlichen Arbeit ausgeschlossen. Das führt nach Husserl zur Krise der Sinnorientierung in der technisierten und verwissenschaftlichten Welt. Die Technisierung der Wissenschaft ist aber für Husserl notwendig und berechtigt, um die unendliche Aufgabe der neuzeitlichen Wissenschaft bewältigen zu können. Aber es muß dafür gesorgt werden, daß der Sinnzusammenhang zwischen den logisch-mathematischen Konstruktionen einerseits und den methodischen Leistungen des Bewußtseins und den lebensweltlichen Evidenzen andererseits immer reaktiviert wird. Es ist berechtigt mit technischer Methode zu arbeiten, aber der Ursprungssinn dieser Methode und ihr lebensweltliches Fundament muß bewahrt werden.

Der Ausweg aus der gegenwärtigen Krise des europäischen Menschentums ist nicht die Verwerfung der Wissenschaft, sondern die Restitution und Radikalisierung der ursprünglichen Idee und Aufgabe der Philosophie und Wissenschaft als reines Zuschauen. Und das ist nach Husserls Verständnis die transzendentale Phänomenologie, die mit ihrem Rückgang auf die Sachen selbst, auf die originären Gegebenheiten und die ursprünglichen Evidenzen die europäische Kultur aus ihrer Sinnkrise herausführen soll. Die Phänomenologie muß die logisch-formalen Evidenzen auf die lebensweltlichen Evidenzen zurückbeziehen und ihre Ursprungs- und Motivationsquelle aus der Lebenswelt aufzeigen. Dafür bedarf es aber der Enthüllung der Lebenswelt und der sie konstituierenden Subjektivität. Diese Aufgabe ist aber selbst nur als unendlicher Prozeß zu denken. So meint Husserl nicht nur, daß das Streben des Bewußtseins nach Unendlichkeit berechtigt ist, sondern er nimmt die Idee der Unendlichkeit auf, auch wenn er sie nur als eine regulative betrachtet.

Im Gegenteil zu Husserl denkt Heidegger die Endlichkeit des menschlichen Daseins radikal. Das Dasein verhält sich zu seinen Möglichkeiten, diese sind nach Heidegger wesenhaft begrenzt, endlich. Damit ist nicht nur gemeint, daß das Dasein im Sichentwerfen auf eine Möglichkeit auf andere Möglichkeiten verzichten muß, sondern auch und vor allem, daß die zur Verfügung stehenden Möglichkeiten selbst endlich sind. Die Möglichkeiten des Daseins sind wesenhaft durch seine Geworfenheit begrenzt. Das Dasein entwirft sich auf Möglichkeiten, in die es geworfen ist[8]. Das Dasein hat nicht sich selbst in sein 'Da' gebracht, sondern es ist in sein 'Da' geworfen, das Dasein findet sich in seiner Geworfenheit. "Existierend kommt es nie hinter seine Geworfenheit zurück, so daß es dieses 'daß es ist und zu sein hat' je eigens erst aus seinem Selbstsein entlassen und in das Da führen könnte."[9] Das Dasein ist nie seines Seins mächtig; der Grund seines Seins entspringt nicht aus seinem eigenen Entwurf, und es hat doch sein Grundsein zu übernehmen[10].

Die Endlichkeit des Daseins meint auch, daß es in den Tod geworfen ist. Sobald das Dasein existiert, ist es in die Möglichkeit des Todes, die Möglichkeit seiner Unmöglichkeit geworfen. Das Sein zum Tode oder das Sein zum Ende meint aber nicht, daß das Dasein ein Ende hat, wo es zu existieren aufhört und das immer aussteht, solange das Dasein existiert. Vielmehr ist das Sein zum Tode eine Weise zu sein, die das Dasein übernimmt, sobald es ist[11]; existierend stirbt das Dasein faktisch, und zwar ständig[12]. In seiner Endlichkeit verhält sich das Dasein zu seinem Tode. Zunächst und Zumeist verhält es sich aber zu dieser Möglichkeit verfallend und verdeckend in der Weise der Flucht vor ihr. Im Aufgehen in das 'Man' und bei der besorgten Welt verhält sich das Dasein verdeckend zu seiner eigensten Möglichkeit. Im Aufgehen in die Geschäftigkeit und Machenschaft der besorgten Welt und in die öffentliche Betriebsamkeit offenbart sich also die Flucht vor der eigenen Möglichkeit, vor dem Tod. Flüchtig vor ihr verdeckt das Dasein das eigene Sein zum

Tode[13]. Geworfen in den Tod existiert das Dasein zunächst und zumeist verfallend verdeckend .

Die Tendenz zur Verdeckung gehört also nach Heidegger wesenhaft zum Sein des Daseins, sie entsteht nicht etwa erst aus dem Interesse an den Gegenständen, um die ursprüngliche Tendenz des Bewußtseins auf Evidenz und Wahrheit zu deformieren. Vielmehr hat das Dasein wesenhaft die Tendenz zur Verdeckung. Deshalb ist das Dasein nach Heidegger zugleich erschlossen und verschlossen, es ist in der Wahrheit und zugleich in der Unwahrheit. Das Dasein kann nicht eigentlich sein, indem es seine Endlichkeit verkennt und die Unendlichkeit erstrebt, sondern nur indem es seine Endlichkeit, seine Geworfenheit in den Tod und in sein Erbe übernimmt. Die Übernahme der Endlichkeit und der eigenen Existenz entspringt aber nach Heidegger nicht einem willentlichen Entschluß des Daseins. Die Möglichkeit der eigentlichen Existenz erschließt sich nur in Erlebnissen wie der Angst und dem Ruf des Gewissens. Diese Erlebnisse werden nicht vom Dasein selbst geplant oder vorbereitet, sie werden nicht von ihm willentlich vollzogen[14], sondern sie widerfahren ihm und sie sind ihm unverfügbar. Die genannten Erlebnisse bewirken aber nicht die Entschlossenheit des Daseins, sondern sie machen ihm die Eigentlichkeit und die Uneigentlichkeit als Grundmöglichkeiten seiner Existenz offenbar.

Die Betonung der Endlichkeit des Menschen wird bei Heidegger noch deutlicher nach seiner Wendung zum seinsgeschichtlichen Denken. Der Mensch befindet sich in einer Offenheit, die er weder bewirken noch begründen, sondern nur übernehmen kann. Diese Offenheit wird dem Menschen nur in einer Grundstimmung erschlossen, derer er nicht mächtig ist[15]. Die Offenheit, in der der Mensch jeweils steht, ist von der Verschlossenheit durchzogen. Das meint nicht nur, daß jede Unverborgenheit ihre Wesensherkunft in der Verborgenheit hat, sondern daß die Verborgenheit wesenhaft zur Unverborgenheit gehört. Nur indem und weil das Sein sein Wesen verbirgt, entbirgt es sich dem Menschen. Das eigentliche Denken erstrebt nicht die 'reine' Offenheit, die Beseitigung der Verborgenheit und die Vernichtung des Geheimnisses, sondern das Bedenken der Verborgenheit.

Vor dem Hintergrund dieser Auffassung des Menschen wird die Kritik Heideggers an dem Husserlschen Verständnis der phänomenologischen Methode deutlicher. Für Husserl ist das Interesse des Bewußtseins in der Einstellung des natürlichen Lebens auf die Gegenstände gerichtet. Das Bewußtsein nimmt ständig Stellung zum Sein der Gegenstände, die ihm erscheinen; es setzt sie als seiend, nicht seiend, möglich seiend usw. Die Haltung des Phänomenologen beruht dagegen auf der Befreiung von dieser Weise des geradehin in die Welt Hineinlebens. Der Blick des Phänomenologen muß sich vom Seinsglauben an die Gegenstände befreien und sich auf den subjektiven Gegebenheitsweisen richten. In dieser reflexiven Haltung vollzieht der Phänomenologe das Interesse am Sein der Gegenstände nicht mit, er enthält sich jeder Stellungnahme zum Sein der Gegenstände. Seine Beziehung als natürlicher Mensch zu den Gegenständen muß er in Klammern setzen und neutral untersuchen. Die Haltung des Phänomenologen ist die des unbeteiligten Beobachters, des uninteressierten Zuschauers, die Haltung der *Epoché*.

Gegen die reflexive Haltung des unbeteiligten Zuschauers richtet sich Heideggers Kritik an Husserls Verständnis der Phänomenologie; hier liegt der Ausgangspunkt der Kritik. Nach Heidegger kann die Analytik des Daseins nicht in dieser Haltung durchgeführt werden. Die Analytik des Daseins und jede ontologische Untersuchung hat ihre Wurzeln in der Seinsverfassung des Daseins. Zum Sein des Daseins gehört die Möglichkeit der Selbstauslegung. Die phänomenologische Interpretation des Daseins ist der Vollzug einer Existenzmöglichkeit des Daseins und sie "vollzieht nur die Explikation dessen, was das Dasein selbst ontisch erschließt."[16] Deshalb bezeichnet Heidegger die phänomenologische Deskription in der Einleitung zu *Sein und Zeit* als Auslegung. Die Auslegung ist das Auseinanderlegen und Zueignen dessen, was im Vollzug der Existenz schon verstanden ist. So kann der Zugang zum Dasein nicht das distanzierte Sehen sein. Das distanzierte Sehen kann nicht die Strukturen der Existenz erschließen, weil es das Dasein wie ein vorhandenes Seiendes nimmt. Daß das Dasein ist und zu sein hat, kann nicht in einem distanzierten Sehen erschlossen werden; die Faktizität des Daseins und seine Geworfenheit in den Tod ist nicht ein Befund des theoretischen Forschens; gegenüber dem Sein zum Tode, der Angst und dem Ruf des Gewissens kann der Phänomenologe nicht die Stellung des unbeteiligten Zuschauers einnehmen, der sich über die Existenz erhebt[17]. In diesem Zusammenhang betont Heidegger die Bedeutung der Stimmung für die existenziale Interpretation des Daseins. Die Stimmung aber erchließt, so Heidegger, "nicht in der Weise des Hinblickens auf die Geworfenheit, sondern als An- und Abkehr."[18] Anstatt das distanzierte Hinsehen zu betreiben, muß die Daseinsanalytik den Erschließungsmöglichkeiten des Daseins in seiner Alltäglichkeit nachgehen und von ihnen Aufschluß über dieses Seiende entgegennehmen und sie auf das in ihnen Erschlossene abhören. Die Daseinsanalytik "geht in diesem Erschließen nur mit, um den phänomenologischen Gehalt des Erschlossenen existenzial in den Begriff zu heben."[19]

Damit meint Heidegger aber nicht, daß die Analytik des Daseins die alltägliche Selbstauslegung des Daseins übernimmt; denn diese ist vom 'Man' vollzogen und ist verfallend verdeckend. Aber gerade diese verdeckende Auslegung ist nach Heidegger der angemessene Zugang zur Erschließung des Seins des Daseins. Die Strukturen der Existenz werden nicht sichtbar, indem sich der Phänomenologe über die Alltäglichkeit und ihre Verdeckungen erhebt. Die Freilegung der Strukturen der Existenz vollzieht sich immer "als Wegräumen der Verdeckungen und Verdunkelungen, als Zerbrechen der Verstellungen, mit denen sich das Dasein gegen es selbst abriegelt."[20] Die Seinsstrukturen des Daseins können nicht in einem distanzierten Sehen gewonnen, sondern nur gegen die Verdeckungstendenz des Daseins abgerungen und erkämpft werden.

Die Kritik der Stellung des unbeteiligten Zuschauers radikalisiert sich bei Heidegger mit seiner Wendung zum seinsgeschichtlichen Denken. Die Geschichte ist kein Ding, über dem der Mensch stehen könnte. Der Mensch gehört, und zwar wesentlich, mit in die Geschichte des Seins. Das eigentliche Denken kann sich nicht über das Geschick des Seins erheben, es ist selbst vom Sein angesprochen und hat nur die Stimme des Seins zu hören und ihr zu entsprechen, jedoch nicht in der Weise, wie diese Entsprechung am meisten geschieht. Das eigentliche Denken muß auf den Zuspruch des Seins achten und die Entsprechung zum Sein eigens übernehmen und entfalten[21].

Die letzten Ausführungen haben versucht, die Divergenz der beiden Varianten der Phänomenologie vor dem Hintergrund ihres Verständnisses vom Menschen zu verdeutlichen. Husserl faßt den Menschen als ein Subjekt, das mit Vernunft und Willen ausgestattet ist. Die Überwindung der Sinnkrise der Lebensweltvergessenheit bedarf eines willentlichen Entschlusses des Menschen, der nach Husserl in der Lage ist, seine Verantwortung zu übernehmen und sein Schicksal zu bestimmen. Die Heilung ist nichts anderes als die Erinnerung der Philosophie und Wissenschaft an ihre ursprüngliche Motivation. Die Erinnerung ist immer noch möglich, weil die ganze Geschichte einer Wissenschaft im Horizont ihrer Gegenwart beschlossen liegt. Es ist immer noch möglich, auf die ursprünglichen Motivationen und Evidenzen der Wissenschaft zurückzugehen und die Rückbeziehung dieser Wissenschaft auf die Evidenzen der Lebenswelt und auf die Leistungen des menschlichen Subjekts zu vollziehen. Das Subjekt verfügt über seine Vergangenheit.

Anders als Husserl hat Heidegger die Endlichkeit des Menschen radikal gedacht. Der Mensch kann die Offenheit des Seins nicht bestimmen oder bewirken. Das Lichtungsgeschehen eröffnet sich dem Menschen nur in einer unverfügbaren Grundstimmung. Diese Offenheit kann der Mensch weder bestimmen noch begründen, sondern nur übernehmen. Der Mensch ist trotzdem am Lichtungsgeschehen beteiligt, er ist die Stätte, die das Sein braucht, damit es sich entbirgt und das Seiende erscheinen läßt. Deshalb bedarf die Überwindung der technisch-wissenschaftlichen Weltauffassung des Bedenkens des Menschen, damit ihm ein anfänglicherer Aufenthalt auf der Erde und ein neues Verhalten zu den Dingen, das sie nicht nur als verfügbaren Bestand ansieht, gelingt.

Diese tiefe Divergenz der beiden Denker in ihrer Interpretation des bisherigen Gangs der europäischen Geschichte und ihrer Vorstellung des Auswegs aus der gegenwärtigen Lage des europäischen Menschentums darf aber nicht verdecken, was ihren Analysen gemeinsam ist und was das Eigene der phänomenologischen Betrachtungsweise ausmacht: daß nämlich jedes Erscheinen durch einen Hintergrund ermöglicht wird und nur aus diesem Hintergrund geschehen kann. Diese Einsicht prägt Husserls und Heideggers Analyse zur mathematischen Naturwissenschaft. Gegen die objektivistische und positivistische Interpretation versuchen die beiden, auch die exakte und objektive Naturwissenschaft aus diesem Hintergrund heraus zu verstehen und sie damit in Zusammenhang mit dem konkreten geschichtlichen Leben zu sehen.

Aus dieser Dimension ihres Denkens formulieren beide Denker einen parallelen Einwand gegen die abendländische Philosophie und Wissenschaft, nämlich daß sie den Unterschied zwischen dem Erscheinenden und dem Hintergrund seines Erscheinens nicht beachtet und damit den Hintergrund des Erscheinens nicht eigens bedacht, also vergessen hat. Dieser Hintergrund ist nach Husserls Überlegungen in der *Krisis*-Abhandlung die Lebenswelt. Die abendländische Philosophie und Wissenschaft hat den Unterschied zwischen der Welt und den Gegenständen, die uns vor dem Welthorizont erscheinen, nicht beachtet. Die Welt wird wie ein Gegenstand oder die Summe aller Gegenstände betrachtet. Die Welt in ihrem eigentlichen Sinn als Horizont, d.h. als der Hintergrund, der das Erscheinen der Gegenstände ermöglicht, wird vergessen. Diese Vergessenheit gelangt ins Äußerste in der neuzeitlichen Wissenschaft und ihrem objektivistischen Selbstverständnis. Diese objektivistische Lebensweltvergessenheit macht Husserl verantwortlich für die Krise der Sinnorientierung der neuzeitlichen Kultur. Für Heidegger ist das Sein der Hintergrund des Erscheinens alles Seienden. In einer gewissen Parallelität zu Husserl macht er der abendländischen Metaphysik den Vorwurf, daß sie den Unterschied des Seins zum Seienden nicht bedacht hat. Das Sein wird wie eine allgemeine Eigenschaft des Seienden betrachtet, aber auf diese Weise wird es vergessen. Diese Vergessenheit erfährt eine Steigerung in der Neuzeit. Die Herrschaft des Willens zur planbaren Eroberung der Erde und die Auffassung des Seienden als Bestand zur technischen Bewältigung der Welt ist durch diese nihilistische Seinsvergessenheit ermöglicht.

Auffallend in diesem Zusammenhang ist, daß die beiden Phänomenologen die Vergessenheit des Hintergrunds des Erscheinens mit der Verkennung des Wesens des Menschen und seiner Beteiligung am Geschehen des Erscheinens zusammengedacht haben. Die Vergessenheit der Lebenswelt als Sinnesfundament der Wissenschaft hat nach Husserls Analyse die Unterschiebung der mathematischen Natur für die wahre Natur und den objektivistischen Glauben an das *An-sich-Sein* der mathematisch-physikalischen Formeln und Theorien zur Folge. Mit dieser Unterschiebung wird die Rolle des Menschen als Subjekt für die Welt verkannt. Auch Heidegger sieht den Zusammenhang zwischen der Seinsvergessenheit und der Wesensbestimmung des Menschen. Allerdings kann man der eigentlichen Wesensbestimmung des Menschen nach Heidegger nicht entsprechen, indem man den Menschen als Subjekt für die Welt erfaßt. Denn der Mensch "vermißt sich, je ausschließlicher er sich selbst als das Subjekt für alles Seiende zum Maß nimmt."[22] Die Beteiligung des Menschen am

Entbergungsgeschehen liegt nach Heidegger darin, die Stätte der Seinseröffnung zu sein. Diese Wesensbestimmung des Menschen gerät selbst zusammen mit der Seinsvergessenheit in Vergessenheit, ja die Vergessenheit der Wesensbestimmung des Menschen als des für das Entbergungsgeschehen gebrauchten Da gehört selbst wesentlich zur Seinsvergessenheit.

Die Kritik der neuzeitlichen Naturwissenschaft und des gegenwärtigen Zeitalters hängt bei Husserl und Heidegger mit der Bestimmung der eigentlichen Aufgabe der Philosophie zusammen. Diese Aufgabe besteht darin, den Hintergrund des Erscheinens zu thematisieren. Husserls und Heideggers Überlegungen haben gezeigt, daß der Hintergrund des Erscheinens eine andere Art der Thematisierung fordert als die Gegenstände, die vor diesem Hintergrund erscheinen. Inwieweit haben Husserl und Heidegger diese Forderung erfüllt?

Husserls Überlegungen in der *Krisis*-Abhandlung zeigen, daß er das Problem der Thematisierung der Lebenswelt nicht überzeugend lösen konnte. Um diese Behauptung zu rechtfertigen, möchte ich einige Gesichtspunkte anführen.

Der erste Gesichtspunkt bezieht sich auf Husserls Auffassung der Welt als Gebilde des Bewußtseins; diese Auffassung kann dazu führen, daß der Unterschied zwischen Welt und Ding verwischt wird. Husserl versucht trotzdem, den Unterschied zwischen der Welt und den anderen Gebilden des Bewußtseins zu betonen. So sagt er, daß die Welt im Gegenteil zu den anderen Gebilden des Bewußtseins kein Zweckgebilde ist und daß ihre Geltung jedem Zweck und jeder Absicht vorangeht. In einer Stelle bezeichnet er die Welt als Gebilde und setzt das Wort Gebilde in Anführungszeichen[23], offenbar um den Unterschied zwischen Welt und Ding zu markieren. Das ändert aber nichts daran, daß Husserl die Welt wie alle Gegenstände als eine Leistung der konstituierenden Subjektivität auffaßt. In der Auffassung der Welt als Gebilde des Bewußtseins liegt aber in nuce schon die Tendenz, den Unterschied zwischen Welt und Gegenstand zu verwischen.

Ein weiterer Gesichtspunkt betrifft die Funktion der Ontologie der Lebenswelt in der transzendentalen Phänomenologie. Im Abschnitt A des dritten Teils der *Krisis*-Abhandlung sieht Husserl die Hauptaufgabe der transzendentalen Phänomenologie in der Aufklärung des Weltphänomens. Für die Durchführung dieser Aufgabe erachtet er die Ausbildung einer Ontologie der Lebenswelt als notwendig. Die positive Seite dieser Einsicht liegt darin, daß die intentionale Analyse damit einen zuverlässigen Leitfaden hat. Nun aber gehört offenbar diese Ontologie nicht zur transzendentalen Wissenschaft, da sie auf dem Boden der natürlichen Einstellung, d.h. vor der *Epoché* ausgebildet wird. Aber wie kann die Welt auf dem Boden des natürlichen Lebens thematisiert werden? In diesem Zusammenhang ist noch zu bemerken, daß die Ontologie der Lebenswelt eine positive Wissenschaft ist. Laut §35 der *Krisis*-Abhandlung müssen alle positiven Wissenschaften außer Kraft gesetzt werden. Der Phänomenologe darf ihre Aussagen nicht mitvollziehen. Muß also der Phänomenologe nicht auch hinsichtlich der Ontologie der Lebenswelt *Epoché* üben?

Letztlich ist darauf hinzuweisen, daß die transzendentale Phänomenologie eine strenge Wissenschaft von der Welt und der die Welt konstituierenden Subjektivität sein will. Die Phänomenologie will wahre Aussagen erreichen, die allgemeingültig und intersubjektiv nachvollziehbar sind, und trotzdem muß sie sich von der Art der Wissenschaftlichkeit im neuzeitlichen Sinne distanzieren, da sie ja eine Wissenschaft von dem Subjektiven ist. Wie hat aber diese neue Art der Wissenschaftlichkeit auszusehen? Es scheint mir, daß es Husserl nicht gelungen ist, eine Art der Wissenschaftlichkeit zu entwickeln, mit der es möglich ist, die Welt in ihrem Unterschied von den Gegenständen zu thematisieren.

Im Gegensatz zu Husserl hat Heidegger versucht, die Sache der Phänomenologie in ihrer Eigentümlichkeit zu denken und dem Unterschied des Seins zum Seienden konsequent Rechnung zu tragen. Dafür bezahlte er aber den Preis, daß er nicht das Prinzip der Verbindlichkeit des Denkens im Sinne der intersubjektiven Nachvollziehbarkeit und Überprüfbarkeit festhalten konnte: Das eigentliche Denken ist nach Heidegger dazu berufen, auf die Stimme des Seins zu hören und ihr zu entsprechen. Nun aber entspricht der Mensch in allen seinen Verhaltungen nach Heidegger dem Sein. Auch indem wir das Seiende in der Weise des Bestellens als Bestand entbergen und es nur als Gelegenheit für das Vor- und Herstellen ansehen, entsprechen wir dem Anspruch des Seins. "Die Entsprechung zum Sein des Seienden bleibt zwar stets unser Aufenthalt. Doch nur zuzeiten wird sie zu einem von uns eigens übernommenen und sich entfaltenden Verhalten."[24] Man wird unterscheiden müssen zwischen der eigentlichen und uneigentlichen Entsprechung zum Sein. Die Frage, auf deren Beantwortung es ankommt, ist dann: Was sind die Kriterien und Maßstäbe, die uns ermöglichen, die eigentliche Entsprechung von der uneigentlichen zu unterscheiden? Wie kann der eigentliche Denker die Mitdenkenden überzeugen, daß er der Stimme des Seins eigentlich entspricht?[25] Ich finde bei Heidegger keine befriedigende Antwort auf diese Frage.

Seit ihren Anfängen kennt die Phänomenologie sowohl bei Husserl als auch bei Heidegger eine Spannung zwischen zwei Forderungen. Einerseits wollte die Phänomenologie ihre Sache theoretisch-wissenschaftlich erschließen und ein verbindliches Denken sein. Andererseits war sie aber dessen bewußt, daß die durch die mathematische Naturwissenschaft der Neuzeit geprägte Art der Wissenschaftlichkeit der Sache der Phänomenologie nicht angemessen ist und daß die Phänomenologie eine neue Art von Wissenschaftlichkeit braucht. Trotz all ihrer Bemühungen haben beide Denker dieses Problem einseitig gelöst. Maßgeblich für Husserl war, das Prinzip der Selbstverantwortung des Philosophen zu erhalten, deshalb war für ihn die Forderung der Wissenschaftlichkeit, der Strenge und der Verbindlichkeit entscheidend. Dafür konnte er aber der Eigentümlichkeit der Sache der Phänomenologie nicht konsequent Rechnung tragen. Heidegger hat dagegen den anderen Weg eingeschlagen. Der Preis dafür war die gerade angedeutete Vernachlässigung der Forderung der Verbindlichkeit und damit des Prinzips der Verantwortung des Philosophen gegenüber den Mitdenkenden und Mitmenschen. Die Entfaltung einer Art von Wissen und Denken, die der Eigenart der Sache der Phänomenologie angemessen ist, ohne dafür die intersubjektive Nachvollziehbarkeit und Überprüfbarkeit zu opfern, darin sehe ich eine wesentliche Aufgabe der Phänomenologie heute.

Anmerkungen

Einleitung:

1. Mit den frühen Schriften Heideggers meine ich im folgenden vor allem sein Hauptwerk *Sein und Zeit* und die in seinem Umkreis gehaltenen Vorlesungen.

2. Die Einsicht in die Vergleichbarkeit zwischen Husserl und Heidegger auch in ihrer Spätzeit verdanke ich K. Held. Besonders in seinem Aufsatz *Husserls phänomenologische Gegenwartsdiagnose im Vergleich mit Heidegger* hat er darauf aufmerksam gemacht, daß die Parallelität zwischen Husserls und Heideggers Spätphilosophien von den Interpreten zu wenig beachtet wird. Dort hat er auch versucht, eine Brücke zwischen den Spätphilosophien der beiden Denker zu schlagen.

3. Nach Husserl besteht der objektivistische Glaube an das *An-sich-Sein* der mathematischen Natur auch in der Atomphysik. Ob die Naturvorgänge mit Eindeutigkeit oder nur mit Wahrscheinlichkeit bestimmbar sind, ändert nichts am Glauben an die mathematisch berechenbare Natur. Er schreibt: "Es ändert ja im Prinzipiellen nichts durch die angeblich philosophisch umstürzende Kritik 'des klassischen Kausalgesetzes' von seiten der neuen Atomphysik. Denn bei allem Neuen verbleibt doch, wie mir scheint, das prinzipiell Wesentliche: die an sich mathematische Natur, die in Formeln gegebene, aus den Formeln erst heraus zu interpretierende." (*Krisis*, S. 53) Auch Heidegger meint, daß die Atomphysik sich noch auf dem Boden der neuzeitlichen Metaphysik bewegt. "Und dennoch - auch die moderne Kern- und Feldphysik bleibt noch Physik, d.h. Wissenschaft, d.h. Theorie, die den Gegenständen des Wirklichen in ihrer Gegenständigkeit nachstellt, um sie in der Einheit der Gegentändigkeit sicherzustellen." (*V. u. A.*, S. 56) Ferner "Der grobe Hinweis auf den Unterschied der Epochen innerhalb der neuzeitlichen Physik macht deutlich, wo der Wandel von der einen zur anderen sich abspielt: in der Erfahrung und Bestimmung der Gegenständigkeit, in die sich die Natur herausstellt. Was sich jedoch bei diesem Wandel von der geometrisierend-klassischen zur Kern- und Feldphysik nicht wandelt, ist dies, daß die Natur zum voraus sich dem nachstellenden Sicherstellen zu stellen hat, das die Wissenschaft als Theorie vollzieht." (*Ebd.*, S. 57)

I. Teil:

1. L. Landgrebe: *Phänomenologie und Geschichte*, S. 148; ders.: *Lebenswelt und Geschichtlichkeit des menschlichen Daseins*, S. 23.

2. K. Held: *Husserls phänomenologische Gegenwartsdiagnose im Vergleich mit Heidegger*, S. 36.

3. H.-G. Gadamer: *Die Wissenschaft von der Lebenswelt*, S. 152.

4. J. Habermas: *Technik und Wissenschaft als Ideologie*, S.152.

5. *Logos-Aufsatz*, S. 65.

6. *Krisis*, S. 314-348.

1. Kapitel:

1. *Ideen II*, S. 186.
2. *Ideen II*, S. 187; vgl. auch *Erf.u. Urteil*, S. 52-53.
3. *Ideen II*, S. 208.
4. *Erste Ph. I*, S. 46.
5. *Erste Ph. I*, S. 292.
6. *Ideen II*, S. 276.
7. E. Husserl: *Ding und Raum*, S. 7.
8. *Ideen II*, S. 75.
9. *Ideen II*, S. 77.
10. *Ideen III*, S. 63.
11. *Ideen II*, S. 230.
12. *Ideen I*, S. 113.
13. *Ideen II*, S. 89.
14. *Krisis*, S. 373.
15. *Krisis*, S. 367.
16. E. Husserl, *Zur Phänomenologie des inneren Zeitbewußtseins*, S. 29.
17. E. Husserl, *Zur Phänomenologie des inneren Zeitbewußtseins*, S. 29-30, 32.
18. *Krisis*, S. 381.
19. *F. u. tr. Logik*, S. 15.
20. *Krisis*, S. 321.
21. *Krisis*, S. 146, 154, 326.
22. *Krisis*, S. 330.
23. *Krisis*, S. 330.
24. *Krisis*, S. 331.

25. *Erste Ph. I,* S. 13.

26. *Erste Ph. II*, S. 197.

27. *A. u. V.*, S. 187.

28. *A. u. V.*, S. 86.

29. *Krisis*, S. 322.

30. *Krisis*, S. 331.

31. *Krisis*, 331-332; vgl. auch *A.u.V.*, S. 79, 188.

32. *A. u. V.*, S. 80.

33. *Krisis*, S. 332.

34. *A. u. V.*, S. 187.

35. *Krisis*, S. 332.

36. *Krisis*, S. 332.

37. *Ideen I*, S. 24; vgl. auch *Erste Ph. I*, S. 34, 327-328; *F. u. tr. Logik*, S. 297; *Krisis*, S. 18; *A. u. V.*, s. 116, 192-193.

38. *Krisis*, S. 289-290.

39. *Krisis*, S. 292.

40. *Krisis*, S. 361.

41. *Krisis*, S. 325, 335.

42. *A. u. V.*, S. 79.

43. *Krisis*, S. 384.

44. *Krisis*, S. 384.

45. *Krisis*, S. 22.

46. *Ideen I*, S. 147.

47. *Krisis*, S. 359.

48. *Krisis*, S. 361.

49. *Krisis*, S. 31.

50. *Krisis*, S. 24.

51. *Krisis*, S. 377.

52. *A. u. V.*, S. 108. Husserl ist davon überzeugt, daß die antike Idee der Philosophie und Wissenschaft ein Beweggrund der neuzeitlichen Kultur ist. Bei ihm lesen wir: "Was die Neuzeit anlangt, so beginnt sie, wie wir sahen, als Renaissance der Platonischen Intentionen." (*Erste Ph. I*, S. 143) Ferner heißt es: "Ein bestimmtes Ideal einer universalen Philosophie und einer dazugehörigen Methode macht den Anfang, sozusagen als Urstiftung der philosophischen Neuzeit und aller ihrer Entwicklungsreihen." (*Krisis*, S. 10) Husserl spricht vom erneuten Platonismus in der Neuzeit. (*Krisis*, S. 6)

53. *Ideen III*, S. 139.

54. Freilich versteht Husserl Europa nicht als geographische, sondern als kulturelle Gestalt.

55. *Ideen I*, S. 24-25, 52, 178.

56. *Erste Ph. I*, S. 143.

57. *Logos-Aufsatz*, S. 34.

58. *Ideen II*, S. 45. In einer andren Stelle lesen wir: "Kausalität gehört, wenn das Wort seinen geprägten Sinn behalten soll, zur Realität." (*Ideen II*, S. 157) Ferner: "Nach unseren Analysen und in Rücksicht auf das Wesen der Erfahrungen, in denen sich Realität konstituiert, ist Erkenntnis von Realität und Erkenntnis von Kausalität untrennbar eins." (*Ideen III*, S. 3-4)

59. *Krisis*, S. 36.

60. *Krisis*, S. 35.

61. *Krisis*, S. 360.

62. *Krisis*, S. 48.

63. *Krisis*, S. 46.

64. *Krisis*, S. 44. Husserl versteht hier das Rechnen im Sinne des technischen Operierens mit sinnentleerten Zeichen.

65. *Krisis*, S. 49.

66. *Krisis*, S. 52.

2. Kapitel:

1. *Cart. Medit.*, S. 43.

2. *Erste Ph. I*, S. 60.

3. E. Fink, *Nähe und Distanz*, S. 169.

4. *Krisis*, S. 84.

5. *Cart. Medit.*, S. 63.

6. Der vollständige Titel der Untersuchung ist: *Die bodenlose Wissenschaft. Husserls Kritik von Objektivismus und Technizismus in Mathematik und Naturwissenschaft.*

7. *Ebd.*, S. 97.

8. *Ebd.*, S. 98.

9. *Ebd.*, S. 99.

10. *Ebd.*, S. 98.

11. *Krisis*, S. 341.

12. K. Held: *Husserls neue Einführung in die Philosophie: Der Begriff Lebenswelt*, S. 95.

13. Husserl schreibt: "Alte und neue Philosophien waren und bleiben objektivistisch." (*Krisis*, S. 339) Ferner: "Das Altertum ist ganz und gar objektivistisch gerichtet in seiner Wissenschaft und allen Entwicklungsstufen dieser Wissenschaft." (*A. u. V.*, S. 230)

14. *A. u. V.*, S. 228-231.

15. *A. u. V.*, S. 229.

16. Vgl. oben S. 29-34.

17. *Krisis*, S. 338.

18. Husserl schreibt: "Aber wie sehr die nachkommende griechische und neuzeitliche Wissenschaft hinter dieser Idee auch zurückbleiben mag: diese Idee ist ihr als wirksame Idee eingepflanzt." *(A. u. V.*, S. 82-83)

19. *A. u. V.*, S. 79.

20. *A. u. V.*, S. 81. Ferner: "Bei Platon ist die Idee einer aus freier Vernunft zu gestaltenden Kultur in der prägnanten Form einer philosophisch-wissenschaftlichen Kultur voll ausgestaltet und zudem in reicher systematischer Entfaltung durchdacht." (*A. u. V.*, S. 108) Vgl. auch *F. u. tr. Logik*, S. 5-6.

21. Vgl. oben S. 58.

22. *A. u. V.*, S. 118. Auch im *Wiener Vortrag* unterscheidet Husserl scharf zwischen dem echten Rationalismus, "der in der klassischen Periode der griechischen Philosophie zum Ideal geworden war" und dem sich verirrenden Rationalismus, in dem die europäische Sinnkrise wurzelt. (*Krisis*, S. 337)

23. *Krisis*, S. 10. In diesem Sinne schreibt Husserl auch: "Wenn nun das neue, von jenem hohen Geiste beseelte und beglückte Menschentum nicht standhielt, so konnte es nur dadurch geschehen, daß es den schwunggebenden Glauben an eine universale Philosophie, seines Ideals und an die Tragweite der neuen Methode verlor." (*Krisis*, S. 8)

24. *Ideen III*, S. 139.

25. *Krisis*, S. 17.

26. *Krisis*, S. 195.

27. *Krisis*, S. 102.

28. E. Fink: *Nähe und Distanz*, S. 105. In derselben Untersuchung benutzt Fink auch den Ausdruck 'Objektivismus der natürlichen Einstellung', S. 108.

29. A. Aguirre: *Die Phänomenologie Husserls im Licht ihrer gegenwärtigen Interpretation und Kritik*, S. 94-98.

30. *Krisis*, S. 442.

31. *Ideen III*, S. 95.

32. *Ideen III*, S. 95.

33. *Erste Ph. II*, S. 325.

34. *Erste PH. II*, S. 249.

35. *Cart. Medit* S. 179; vgl auch *F. u. tr. Logik*, S. 7.

36. *Krisis*, S. 52.

37. *A. u. V.*, S. 209.

38. *Cart. Medit.*, S. 179.

39. *Krisis*, S. 378.

40. *A. u. V.*, S. 224.

41. *Erste Ph. II*, S. 325.

42. Vgl. oben, S. 36-37.

43. *F. u. tr. Logik*, S. 6; vgl. auch *Cart. Medit.*, S. 179.

44. K. Held: *Husserls neue Einführung in die Philosophie: Der Begriff Lebenswelt*, S. 91 ff.; vgl. auch: Ders., *Husserls phänomenologische Gegenwartsdiagnose im Vergleich mit Heidegger*, S. 42.

45. B. Rang: *Die bodenlose Wissenschaft. Husserls Kritik von Objektivismus und Technizismus in Mathematik und Naturwissenschaft*, S. 102.

46. *Ebd.*, S. 104-105.

47. *Ebd.*, S. 105 Fußnote.

48. *Krisis*, S. 121.

49. *Erf. u. Urteil*, S. 44-45.

50. *Krisis*, S. 2.

51. *Krisis*, S. 68.

52. *Krisis*, S. 343.

53. *Krisis*, S. 390.

54. *Ideen III*, S. 94.

55. *Ideen III*, S. 96.

56. *Ideen III*, S. 94.

57. *Ideen III*, S. 94.

58. *Krisis*, S. 46.

59. *Krisis*, S. 57.

60. *A. u. V.*, S. 208-209

61. *A. u. V.*, S. 209.

62. *Krisis*, S. 198.

63. *Krisis*, S. 67.

3. Kapitel:

1. *Krisis*, S. 115.

2. *Erf. u. Urteil*, S. 25.

3. *Ideen I*, §30, S. 60.

4. *Ideen I*, S. 61.

5. *Krisis*, S. 113.

6. *Ideen I*, S. 113. Schon vor Ideen I bringt Husserl diesen Gedanken zum

Ausdruck: "Mag der Naturforscher auch sagen: Dieses Stück Platin ist in Wahrheit ein Atomkomplex von der und der Beschaffenheit, begabt mit den und den Bewegungszuständen usw., so bestimmt er mit solchen Reden doch immer dies Ding da, das er sieht, das er in der Hand hat, das er auf die Waagschale legt usw., oder er spricht allgemein von Dingen dieser Art." (*Ding und Raum*, S. 6-7)

7. *Krisis*, S. 462.

8. *Ding und Raum*, S.7.

9. *Krisis*, S. 128.

10. *Ideen III*, S. 66.

11. *Krisis*, S. 123.

12. *Krisis*, S. 129.

13. *Krisis*, S. 461.

14. *Krisis*, S. 452; vgl. auch S. 123-124, 129.

15. *Ideen II*, S. 230.

16. *Ideen III*, S. 23.

17. *Krisis*, S. 129.

18. *Krisis*, S. 465.

19. *Krisis*, S. 229.

20. *Krisis*, S. 230.

21. *Krisis*, S. 230.

22. *Logos-Aufsatz*, S. 34-35.

23. *Ideen II*, S. 52.

24. *Ideen II*, S. 50.

25. Vgl. oben, S. 37.

26. *Krisis*, S. 107.

27. *Krisis*, S. 133.

28. *Krisis*, S. 459.

29. *Krisis*, S. 460.

30. *Krisis*, S. 459.

31. *Krisis*, S. 461.

32. *Krisis*, S. 460.

33. *Krisis*, S. 446.

34. *Krisis*, S. 51.

35. *Phä. Psycho.*, S. 102.

36. *Krisis*, S. 51.

37. *F. u. tr. Logik*, S. 207.

38. *Erf. u. Urteil*, S. 26 38. *Erf. u. Urteil*, S. 26.

39. *Krisis*, S. 51.

40. *Erf. u. Urteil*, S. 27.

41. *Erf. u. Urteil*, S. 28.

42. *Erf. u. Urteil*, S. 28.

43. *Krisis*, S. 142.

44. *Krisis*, S. 459; vgl. auch S. 460, 461, 466.

45. *Krisis*, S. 224.

46. *Krisis*, S. 115; vgl. auch S. 141, 466.

47. U. Claesges: *Zweideutigkeiten in Husserls Lebenswelt-Begriff*, S. 100.

48. *Krisis*, S. 143.

49. *Krisis*, S. 506.

50. *Erf. u. Urteil*, S. 41.

51. *Ideen I*, S. 83.

52. U. Claesges: *Zweideutigkeiten in Husserls Lebenswelt-Begriff*, S. 88.

53. *Krisis*, S. 115; vgl auch S. 143, 466.

54. A. Aguirre: *Die Phänomenologie Husserls im Licht ihrer gegenwärtigen Interpretation und Kritik*, S. 103.

4. Kapitel:

1. *Krisis*, S. 347.

2. *Krisis*, S. 3, 315.

3. In seinen Überlegungen zur Weltproblematik bezeichnet E. Fink den Unterschied zwischen Welt und Ding als 'kosmologische Differenz'. Für ihn ist die Weckung dieser Differenz der Anfang der Weltfrage, er schreibt: " Den Unterschied von Welt und binnenweltich Seiendem nennen wir die kosmologische Differenz. Wo diese aufbricht, wo sie als Problem wach wird, dort allein kann es eine ausdrückliche Frage nach der Welt geben." (*Welt und Endlichkeit*, S. 19)

4. Zu diesem Thema: K. Held, *Husserls phänomenologische Gegenwartsdiagnose im Vergleich mit Heidegger*, S. 45f.

5. *Krisis*, S. 347.

6. *Krisis*, S. 138.

7. *Krisis*, S. 383.

8. *Krisis*, S. 143.

9. *Krisis*, S. 141.

10. U. Claesges: *Zweideutigkeiten in Husserls Lebenswelt-Begriff.*

11. *Ebd.*, S. 98.

12. *Krisis*, S. 177; vgl. auch *Cart. Medit.*, S. 165.

13. *Krisis*, S. 176.

14. A. Aguirre: *Die Phänomenologie Husserls im Licht ihrer gegenwärtigen Interpretation und Kritik*, S. 125.

15. *Krisis*, S. 145, U. Claesges: *Zweideutigkeiten in Husserls Lebenswelt-Begriff*, S. 97.

16. *Ebd.*, S. 98.

17. *Krisis*, S. 146.

18. *U. Claesges: Zweideutigkeiten in Husserls Lebenswelt-Begriff, S.* 98.

19. *Phä. Psycho.*, S. 69.

20. *Phä. Psycho.*, S. 93.

21. *Phä. Psycho.*, S. 225.

22. *Phä. Psycho.*, S. 93.

23. *F. u. tr. Logik*, S. 297.

24. *Cart. Medit.*, S. 164.

25. *Krisis*, S. 145.

26. *Krisis*, S. 145.

27. *Krisis*, S. 146.

28. *Krisis*, S. 149.

29. *Krisis*, S. 149.

30. *Krisis*, S. 149.

31. *Krisis*, S. 150.

32. *Krisis*, S. 151.

33. *Krisis*, S. 158.

34. *Krisis*, S. 182.

35. *Krisis*, S. 169.

36. *Krisis*, S. 154, 162.

37. *Krisis*, S. 155.

38. *Krisis*, S. 173-174.

39. Vgl. z. B. *Cart. Medit.*, S. 87.

40. *Krisis*, S. 175.

41. *Krisis*, S. 175-176.

42. Landgrebe hat gezeigt, daß jede intentionale Analyse ihre Leitfäden von den jeweiligen Gegenständlichkeiten nimmt. Er schreibt: "Was als Seiendes in der Erfahrung vor uns steht, ist Produkt dieser Leistungen, und sie werden zugänglich in der Rückfrage von dem fertigen Produkt auf die Weise seiner Bildung im Bewußtsein." (*Der Weg der Phänomenologie*, S. 35) "Wenn daher die Frage nach den Bewußtseinsleistungen richtig angesetzt werden soll, bedarf es vor allem der Einsicht in die Struktur und Auseinanderschichtung, das Fundierungsverhältnis der Gegenständlichkeiten selbst." (*Ebd.*, S. 29) Dieselbe Bemerkung macht Landgrebe betreffend die Analyse der Welt: "vor dem Vollzug der Reduktion und vor den auf ihren Boden durchzuführenden konstitutiven Bewußtseinsanalysen bedarf es der Gewinnung der Leitfäden durch Herausstellung der Welt, wie sie in ursprünglicher Erfahrung erschlossen ist." (*Ebd.*, S. 30) Auch E. Fink vertritt in seiner Interpretation von Husserls Phänomenologie die gleiche Meinung, wenn er schreibt: "Die Reflexion auf den

Akt, die noetische Reflexion, ist in der ihr möglichen Reichweite und Tiefe aber bestimmt durch die Sinngestalt des Gegenstandes, von dem sie sich zurückwendet auf das entsprechende Subjektive hin. Diese Einsicht ist ein wesentliches Moment der phänomenologischen Methode der intentionalen Analyse." (*Studien zur Phänomenologie*, S. 220)

43. *Krisis*, S. 177.

44. *Krisis*, S. 177.

45. In seiner Untersuchung der Wegen zur Reduktion bei Husserl analysiert I. Kern den Weg zur transzendentalen Reduktion über die Ontologie der Lebenswelt. Obwohl er diesen Weg zur Reduktion vorzieht, zeigt er nicht, was die Ontologie dabei eigentlich leistet. Er bemerkt, daß das Thema der konsequent reflexiven Einstellung auf das 'Wie' der mannigfaltigen subjektiven Gegebenheitsweisen der Lebenswelt die ontologische Struktur der Lebenswelt in ihrer Korrelation mit dem universal leistenden Bewußtseinsleben umfaßt. Was aber die Funktion der Ontologie der Lebenswelt in dieser Thematisierung ist und in welchem Sinne die ontologische Struktur der Lebenswelt vom Thema der reflexiven Einstellung über das 'Wie' der Gegebenheitsweisen der Lebenswelt umfaßt, darüber wird nichts gesagt. Vgl.: *Die drei Wege zur transzendental-phänomenologischen Reduktion in der Philosophie Edmund Husserls*, vor allem S. 340.

46. *Cart. Medit.*, S. 165.

47. *Krisis*, S. 191.

48. *Krisis*, S. 150.

Zusammenfassung des I. Teils:

1. *F. u. tr. Logik*, S. 168-169.

2. *Erste Ph. I*, S. 71.

3. K. Held: Edmund Husserl. *Phänomenologie der Lebenswelt*, S. 48.

4. *Erste Ph. II*, S. 197.

5. *Erste Ph. II*, S. 201.

II. Teil:

1. *Prolegomena*, S. 140.

2. *Prolegomena*, S. 148.

3. *Prolegomena*, S. 157.

4. *Prolegomena*, S. 183.

5. *Prolegomena*, S. 184.

6. *S. u. Z.*, S. 35.

7. C.F. Gethmann, *Der existenziale Begriff der Wissenschaft*, S. 186.

8. *Ebd.*, S. 187.

9. *Grundbegriffe*, S. 33.

10. *S. u. Z.*, S. 357.

11. *Beiträge*, S. 141.

1. Kapitel:

1. *Wegmarken*, S. 141.

2. *S. u. Z.*, S. 54.

3. *S. u. Z.*, S. 56-57.

4. *S. u. Z.*, S. 67.

5. *S. u. Z.*, S. 352.

6. *S. u. Z.*, S. 84.

7. *S. u. Z.*, S. 69.

8. *S. u. Z.*, S. 69.

9. *S. u. Z.*, S. 354.

10. *F. D.*, S. 51.

11. *F. D.*, S. 52.

12. Bemerkenswert an dieser Stelle ist, daß Heidegger in seinen späteren Schriften das Wort Methode nicht mehr im geläufigen Sinne als Instrument der wissenschaftlichen Forschung gebraucht, sondern im Sinn der Weise, wie das zu erforschende Sachgebiet entworfen wird. Vgl. unten, S. 212-213.

13. *Ph. Int. Kant*, S. 27.

14. *Leibniz*, S. 20.

15. *S. u. Z.*, S. 70.

16. *Phä. Int. Kant*, S. 21.

17. *Grundprobleme*, S. 457.

18. Im Anschluß an Heideggers Überlegungen zu diesem Thema hat K. Ulmer in seiner Untersuchung *Die Wandlung des naturwissenschaftlichen Denkens zu Beginn der Neuzeit bei Galilei* versucht, einen ausführlichen Vergleich zwischen der Aristotelischen und der Galileischen Physik darzulegen.

19. *F. D.*, S. 64.

20. *F. D.*, S. 66.

21. *F. D.*, S. 67.

22. *F. D.*, S. 68.

23. I. Kant: *Kritik der reinen Vernunft*, B XIII.

24. *Holzwege*, S. 81.

25. *F. D.*, S. 72.

26. *Beiträge*, S. 150.

27. *Grundprobleme*, S. 72.

28. Diese Linie verfolgen auch andere Interpreten. Als Beispiel zitiere ich O. Pöggeler: "Die handwerkliche Praxis ist z.B. nicht ohne Theorie; sie hat ihre eigene Weise der 'Sicht', die 'Umsicht'. Die Sicht, die als Umsicht die Praxis leitet, kann hochstilisiert werden und auch in reine Theorie umschlagen. Wir untersuchen den Hammer, wenn es einmal beim Hämmern nicht mehr klappt; wir suchen überhaupt nach der besten Hammerform; die hier möglichen Untersuchungen sind - in der Industrieforschung - zuerst noch von dem Interesse geleitet, gute Hämmer zu bekommen; sie können sich aber aus diesem Interesse zugunsten reiner Theorie weitgehend lösen." (*Heidegger und die hermeneutische Philosophie*, S. 267-268)

29. C.F. Gethmann, *Heideggers Konzeption des Handelns in 'S. u. Z.'*, S. 145; vgl. auch: ders., *Der existenziale Begriff der Wissenschaft*, S. 191.

30. C.F. Gethmann, *Der existenziale Begriff der Wissenschaft*, S. 192.

31. *Ebd.*, S. 193.

32. C.F. Gethmann, *Heideggers Konzeption des Handelns in 'S. u. Z.'*, S. 146.

33. *Ebd.*, S. 146.

34. C.F. Gethmann, *Der existenziale Begriff der Wissenschaft*, S. 192.

35. *S. u. Z.*, S. 74.

36. C.F. Gethmann, *Der existenziale Begriff der Wissenschaft*, S. 195-196; vgl. auch: ders., *Heideggers Konzeption des Handelns in 'S. u. Z.'*, S. 152-153, 153.

37. C.F. Gethmann, *Der existenziale Begriff der Wissenschaft*, S. 195.

38. C.F. Gethmann, *Heideggers Konzeption des Handelns in 'S. u. Z.'*, S. 153.

39. C.F. Gethmann, *Der existenziale Begriff der Wissenschaft*, S. 192.

40. *Ebd.*, S. 196.

41. C.F. Gethmann, *Heideggers Konzeption des Handelns in 'S. u. Z.'*, S. 146.

42. *Ebd.*, S. 147.

43. *S. u. Z.*, S. 101.

44. *S. u. Z.*, S. 67.

45. Vgl. F.-W. von Herrmann: "Der besorgende Umgang, der sowohl das zutunhabende als auch das theoretisch-erkennende Besorgen einschließt, ist Heideggers terminologische Bezeichnung für das existenziale, d.h. in der Existenz gründende Verhältnis des Daseins zum innerweltlichen Seienden." (*Subjekt und Dasein*, S. 55) Ferner: "Die daseinsmäßige Zugangsweise läßt das Seiende innerweltlich begegnen, im zutunhabenden Besorgen als zuhandenes Zeug, im betrachtender-kennenden Besorgen als einer Modifikation jenes ersten als vorhandenes Ding. Im zutunhabenden Umgang wird das Seiende als innerweltliches Zeug in seinem Zuhandensein, im erkennenden Umgang wird es als innerweltliches Ding in seinem Vorhandensein besorgt." (*Ebd.*)

46. *S. u. Z.*, S. 56-57.

47. *S. u. Z.*, S. 69.

48. *Prolegomena*, S. 390.

49. *S. u. Z.*, S. 69, 73.

50. *S. u. Z.*, S. 69.

51. *S. u. Z.*, S. 358.

52. *S. u. Z.*, S. 76, 107, 333, 352, 356, 357.

53. *S. u. Z.*, S. 172; vgl. auch *Prolegomena*, S. 379.

54. *S. u. Z.*, S. 67.

55. *S. u. Z.*, S. 358.

56. *Phä. Int. Kant*, S. 21.

57. *S. u. Z.*, S. 69.

58. *S. u. Z.*, S. 75.

59. *S. u. Z.*, S. 112.

60. *S. u. Z.*, S. 147.

61. *S. u. Z.*, S. 67, 358; hier S. 147.

62. C.F. Gethmann, *Der existenziale Begriff der Wissenschaft*, S. 192.

63. Die defizienten Modi des Besorgens haben nach Heidegger die Möglichkeit, die unthematische Vertrautheit in den thematischen Blick des besorgenden Daseins zu heben. Ein weiteres Beispiel dafür ist die Entdeckung der Gegend: "Die vorgängige Zuhandenheit der jeweiligen Gegend hat in einem noch ursprünglicheren Sinne als das Sein des Zuhandenen den Charakter der unauffälligen Vertrautheit. Sie wird nur sichtbar in der Weise des Auffallens bei einem umsichtigen Entdecken des Zuhandenen und zwar in den defizienten Modi des Besorgens. Im Nichtantreffen von etwas in seinem Platz wird die Gegend des Platzes zum erstenmal als solche zugänglich." (*S. u. Z.*, S. 104)

64. *S. u. Z.*, S. 74.

65. *S. u. Z.*, S. 73.

66. *S. u .Z.*, S. 74.

67. *Prolegomena*, S. 255.

68. *S. u. Z.*, S. 73; vgl. auch *Prolegomena*, S. 255.

69. *S. u. Z.*, S. 61.

70. *S. u. Z.*, S. 357-358.

71. *Prolegomena*, S. 265.

72. *Phä. Int. Kant*, S. 25.

73. *S. u. Z.*, S. 358; vgl. auch *Phä.Int. Kant*, S. 25.

74. *S. u. Z.*, S. 61; hier S. 151-152.

75. *Wegmarken*, S. 104.

76. *Grundprobleme*, S. 455.

77. *Phä. Int. Kant*, S. 26.

78. *Ebd.*

79. *Grundprobleme*, S. 455; vgl. auch *Phä.Int. Kant*, S. 26.

80. *Wegmarken*, S. 104.

81. S. o., S. 22-25.

82. S. o., S. 26 ff.

2. Kapitel:

1. *Grundbegriffe*, S. 102.

2. *Grundprobleme*, S. 398.

3. *Grundbegriffe*, S. 102.

4. *W. i. Ph.*, S. 28.

5. *S. u. Z.*, S. 138.

6. *S. u. Z.*, S. 172;vgl. auch *Prolegomena*, S. 381.

7. Man beachte hier, daß Heidegger in diesem Zusammenhang nicht so etwas wie die Störung der alltäglichen Praxis ins Spiel bringt.

8. *S. u. Z.*, S. 172.

9. S. o., S. 33-35.

10. *S. u. Z.*, S. 172.

11. *Grundfragen*, S., 172, 174.

12. *S. u. Z.*, S. 346.

13. *S. u. Z.*, S. 172; vgl. auch *Prolegomena*, S. 382.

14. *Prolegomena*, S. 381.

15. *S. u. Z.*, S. 172; vgl. auch *Prolegomena*, S. 382.

16. *W. i. Ph.*, S. 25

17. *Grundbegriffe*, S. 52.

18. *W. i. Ph.*, S. 27.

19. *Ebd.*

20. *Grundprobleme*, S. 398.

21. *Grundprobleme*, S. 392.

22. *Grundprobleme*, S. 392.

23. *S. u. Z.*, S. 284.
24. *S. u. Z.*, S. 366.
25. *K. P. M.*, S. 226.
26. *S. u. Z.*, S. 150.
27. *S. u. Z.*, S. 192.
28. *S. u. Z.*, S. 157.
29. *Logik*, S. 135.
30. *Grundprobleme*, S. 299.
31. *Leibniz*, S. 158.
32. *Logik*, S. 144.
33. *S. u. Z.*, S. 158.
34. *Logik*, S. 155; vgl. auch *S. u. Z.*, S. 158.
35. *Logik*, S. 155-156; vgl. auch *S. u. Z.*, S. 158.
36. *Logik*, S. 154-155; vgl. auch *S. u. Z.*, S. 158.
37. *Logik*, S. 157.
38. *Prolegomena*, S. 298.
39. *Grundprobleme*, S. 440.
40. *S. u. Z.*, S. 106-107.
41. *Grundprobleme*, S.429.
42. *Logik*, S. 247.
43. *Logik*, S. 403.
44. *S. u. Z.*, S. 395.
45. *S. u. Z.*, S. 127.
46. *S. u. Z.*, S. 153.
47. *Prolegomena*, S. 298.
48. *S. u. Z.*, S. 363.
49. *S. u. Z.*, S. 175; vgl. auch *Grundprobleme*, S. 228.

50. *S. u. Z.*, S. 167.

51. *Prolegomena*, S. 391; vgl. auch *S.u.Z.*, S. 179.

52. *S. u. Z.*, S. 176.

53. *S. u. Z.*, S. 176; vgl. auch *Prolegomena*, S. 378.

54. *S. u. Z.*, S. 129, 130, 179.

55. *Prolegomena*, S. 378.

56. *S. u. Z.*, S. 130, 179, 267, 268.

57. *Grundprobleme*, S. 243.

58. *Logik*, S. 213.

59. *S. u. Z.*, S. 177.

60. Aus Heideggers Feststellung, daß die Wissenschaft aus der eigentlichen Existenz entspringt (*S. u. Z.*, S. 363), kommt B. Merker zu dem Schluß, daß es in *Sein und Zeit* weder Wissenschafts- noch Technikkritik gibt. Sie schreibt: "Es gibt in *Sein und Zeit* weder Wissenschafts- noch Technikkritik. Im Gegenteil. Technik taucht nur, liebenswert und harmlos, als Rundfunk, Telefon, Kraftwagen und Konfektionskleidung auf. Das Interesse der Wissenschaften wird als Interesse an der Wahrheit, nicht als technisches Interesse gedeutet. Die Genese der Wissenschaften wie der Phänomenologie setzt Eigentlichkeit der Existenz voraus." (*Selbsttäuschung und Selbsterkenntnis. Zu Heideggers Transformation der Phänomenologie Husserls*, S. 277) Daß diese Interpretation einseitig ist, zeigen die letzten Ausführungen. Heideggers kritische Stellung zur neuzeitlichen Naturwissenschaft und ihrem Verdeckungscharakter ist schon in *Sein und Zeit* deutlich. Andererseits ist es nicht zu bestreiten, daß *Sein und Zeit* die Technikfrage nicht thematisiert. Daraus kann man aber nicht schließen, daß Heidegger dort eine 'positive' Stellung zur Technik eingenommen hat. Man bedenke z. B. diese Stelle: "Mit dem 'Rundfunk' zum Beispiel vollzieht das Dasein heute eine in ihrem Daseinssinn noch nicht übersehbare Entfernung der 'Welt' auf dem Wege einer Erweiterung und Zerstörung der alltäglichen Umwelt." (*S. u. Z.*, S. 105)

61. *Prolegomena*, S. 416-417.

62. Statt der natürlichen bzw. der philosophischen Einstellung spricht Heidegger von der Uneigentlichkeit bzw. der Eigentlichkeit. Diese Differenzen sind zwar parallel zueinander, doch sie decken sich nicht miteinander. Zum einen spricht Heidegger nicht von Einstellungen, sondern von Existenzweisen; denn der Ausdruck Einstellung weist auf einen willentlichen Akt des Subjekts hin. Dann identifiziert Heidegger die Eigentlichkeit nicht mit der philosophischen Haltung. Näheres zu diesem Thema in: K. *Held, Husserls phänomenologische Gegenwartsdiagnose im Vergleich mit Heidegger*, S. 34, 48-49; vgl. auch: B. Merker, *Selbsttäuschung und Selbsterkenntnis. Zu Heideggers Transformation der Phänomenologie Husserls*.

63. *Grundbegriffe*, S. 52.

64. *S. u. Z.*, S. 354.

65. *S. u. Z.*, S. 339; vgl. auch *Grundprobleme*, S. 411.

66. *Grundprobleme*, S. 411.

67. *S. u. Z.*, S. 339.

68. *S. u. Z.*, S. 385.

69. *S. u. Z.*, S. 22.

70. *K. P. M.*, S. 234.

71. *Leibniz*, S. 186-187.

3. Kapitel:

1. *Beiträge*, S. 489.
2. *S. v. Grund*, S. 120-121.
3. *W. h. Denken*, S. 74.
4. *Beiträge*, S. 251.
5. *Beiträge*, S. 304.
6. *Beiträge*, S. 447.
7. *Beiträge*, S. 304.
8. *Wegmarken*, S. 337.
9. *Wegmarken*, S. 326, 374.
10. *S. D.*, S. 8-9.
11. *Beiträge*, S. 84.
12. *Beiträge*, S. 85.
13. *Beiträge*, S. 84.
14. *Beiträge*, S. 85.
15. F.-W. von Herrmann, *Die Seltbstinterpretation Martin Heideggers*, S. 276; vgl. auch: W. Marx, *Vernunft und Welt*, S. 87-88.

16. O. Pöggeler, *Der Denkweg Martin Heideggers*, S. 79.

17. *S. D.*, S. 48, 90; vgl. auch *U. z. Sp.*, S. 121.

18. Vgl. z.B.: F.-W. von Herrmann, *Weg und Methode. Zur hermeneutischen Phänomenologie des seinsgeschichtlichen Denkens*; ferner, *Die Frage nach dem Sein als hermeneutische Phänomenologie.*

19. Zu diesem Thema vgl. auch: K. Held, *die Endlichkeit der Welt. Phänomenologie im Übergang von Husserl zu Heidegger.*

20. K. Held, *Heidegger und das Prinzip der Phänomenologie*, S. 124.

21. *F. D.*, S. 52.

22. *Holzwege*, S. 79.

23. *Schelling*, S. 52.

24. *F. D.*, S. 75.

25. *F. D.*, S. 75.

26. *Schelling*, S. 53.

27. *Schelling*, S. 53.

28. *N. II*, S. 320.

29. *Holzwege*, S. 108.

30. *I. u. D.*, 27.

31. *Gelassenheit*, S. 14.

32. *Beiträge*, S. 121.

33. *Beiträge*, S. 121.

34. *Wegmarken*, S. 237.

35. *S. v. Grund*, S. 99.

36. *S. v. Grund*, S. 99.

37. *Holzwege*, S. 108.

38. *Holzwege*, S. 108.

39. *N. II*, S. 295-296.

40. M. Heidegger, *1. Nietzsches Metaphysik. 2. Einleitung in die Philosophie. Den*

ken und Dichten, S. 111.

41. *N. II*, S. 298.
42. *Holzwege*, S. 77.
43. *Athener Vortrag*, S. 16.
44. *N. II*, S. 168.
45. *N. I*, S. 531.
46. *Holzwege*, S. 88.
47. *S. v. Grund*, S. 139.
48. *N. II*, S. 298.
49. *S. v. Grund*, S. 137.
50. *Holzwege*, S. 93.
51. *N. II*, S. 193.
52. *N. II*, S. 199.
53. *Holzwege*, S. 110; vgl. auch *N. II*, S. 25.
54. *N. II*, S. 129.
55. *N. II*, S. 296.
56. *Einf. Meta.*, S. 22; vgl. auch *Beiträge*, S. 252; *S. v. Grund*, S. 146.
57. *Holzwege*, S. 372.
58. *V. u. A.*, S. 88.
59. M. Heidegger, *1. Nietzsches Metaphysik. 2. Einleitung in die Philosophie. Denken und Dichten*, S. 114.
60. *Schelling*, S. 56.
61. *Beiträge*, S. 109.
62. *N. II*, S. 26.
63. *Beiträge*, S. 109.
64. *N. II*, S. 378.
65. *Beiträge*, S. 406.
66. *N. II*, S. 320.

67. *Beiträge*, S. 132.

68. *V. u. A.*, S. 9-40.

69. *W. h. Denken*, S. 54.

70. *V. u. A.*, S. 18.

71. *V. u. A.*, S. 22.

72. *Holzwege*, S. 85.

73. *Beiträge*, S. 148.

74. *Beiträge*, S. 148.

75. *Holzwege*, S. 65.

76. *Gelassenheit*, S. 19-20.

77. *Gelassenheit*, S. 20.

78. *S. v. Grund*, S. 100.

79. *W. h. Denken*, S. 142.

80. *S. v. Grund*, S. 201.

81. *N. II*, S. 142.

82. *N. II*, S. 170.

83. *N. II*, S. 170.

84. *Bedrohung*, S. 22.

85. *Einf. Meta.*, S. 37.

86. *Bedrohung*, S. 9.

87. *S. v. Grund*, S. 203.

88. *S. v. Grund*, S. 41.

89. F. Nietzsche, *Der Wille zur Macht*, n. 466.

90. *U. z. Sp.*, S. 178.

91. *U. z. Sp.*, S. 178.

92. *Athener Vortrag*, S. 16.

93. *Bedrohung*, S. 8.

94. *Athener Vortrag*, S. 16.
95. *Einf. Meta.*, S. 149.
96. *U. z. Sp.*, S. 213.
97. *Holzwege*, S. 111.
98. M. Heidegger, *Das Ding*, in: *V. u. A.*, S. 157-175.
99. *Ebd.*
100. *F. D.*, S. 164.
101. *F. D.*, S. 164.
102. *V. u. A.*, S. 94.
103. *Beiträge*, S. 121.

4. Kapitel:

1. *Grundfragen*, S. 179.
2. *W. h. Denken*, S. 98.
3. *S. v. Grund*, S. 154.
4. *Einf. Meta.*, S. 11.
5. *Einf. Meta.*, S. 11.
6. *Einf. Meta.*, S. 77.
7. *Einf. Meta.*, S. 100.
8. *Einf. Meta.*, S. 130.
9. *N. I*, S. 655.
10. M. Heidegger, *Vom Wesen der menschlichen Freiheit. Einleitung in die Philosophie*, S. 66.
11. *Einf. Meta.*, S. 138.
12. *Einf. Meta.*, S. 139.
13. *Einf. Meta.*, S. 139.
14. *Einf. Meta.*, S. 139.

15. *Grundfragen*, S. 70.

16. *Holzwege*, S. 370.

17. *Einf. Meta.*, S. 141.

18. *Wegmarken*, S. 234.

19. *Wegmarken*, S. 230.

20. *Wegmarken*, S. 231.

21. *Einf. Meta.*, S. 142.

22. *Einf. Meta.*, S. 144.

23. *Einf. Meta.*, S. 145.

24. *Einf. Meta.*, S. 145.

25. *Grundfragen*, S. 122.

26. *Grundfragen*, S. 179.

27. *Bedrohung*, S. 17.

28. *Grundfragen*, S. 181.

29. *Grundfragen*, S. 181.

30. *W. h. Denken*, S. 142.

31. *N. II*, S. 433.

32. *Holzwege*, S. 244.

33. *N. II*, S. 432.

34. *Holzwege*, S. 238.

35. *W. h. Denken*, S. 142.

36. *Beiträge*, S. 208.

37. *S. v. Grund*, S. 140.

38. *Holzwege*, S. 108.

39. *N. II*, S. 295, 320.

40. *N. II*, S. 295.

41. Zitiert nach M. Heidegger, *N. II*, S. 135; *Holzwege*, S. 102.

42. *N. II*, S. 140.

43. *Wegmarken*, S. 331.

44. *N. II*, S. 210.

45. *Wegmarken*, S. 415.

46. *I. u. D.*, 46-47.

47. *Holzwege*, S. 263.

48. *Beiträge*, S. 111.

49. *Wegmarken*, S. 339.

50. *Wegmarken*, S. 195.

51. *N. II*, S. 387.

52. *Beiträge*, S. 495.

53. *Wegmarken*, S. 387.

54. M. Heidegger, *Die Technik und die Kehre*, S. 40.

55. *Athener Vortrag*, S. 20.

56. *Athener Vortrag*, S. 20.

57. *Beiträge*, S. 332.

58. *Beiträge*, S. 350.

59. *Holzwege*, S. 41.

60. *Grundfragen*, S. 211.

61. *Beiträge*, S. 352.

62. M. Heidegger, *Grundsätze des Denkens*, S. 39-40.

63. K. Held, *Heidegger und das Prinzip der Phänomenologie*, S. 125; vgl. auch: ders., *Husserls phänomenologische Gegenwartsdiagnose im Vergleich mit Heidegger*, S. 47.

Schlußteil:

1. *Krisis*, S. 13, 275-276; vgl. auch: L. Landgrebe, *Faktizität und Individuation*, S. 37.

2. Zu diesem Thema vgl. K. Held, *Die Endlichkeit der Welt. Phänomenologie im Übergang von Husserl zu Heidegger.*

3. *Krisis*, S. 324.

4. *Krisis*, S. 322.

5. *Krisis*, S. 359, 360.

6. *Krisis*, S. 19.

7. *Krisis*, S. 57.

8. *S. u. Z.*, S. 284.

9. *S. u. Z.*, S. 284.

10. *S. u .Z.*, S. 284.

11. *S. u. Z.*, S. 245.

12. *S. u. Z.*, S. 329.

13. *S. u. Z.*, S. 251.

14. *S. u. Z.*, S. 275.

15. Zum Begriff der Grundstimmung und seine Bedeutung in Heideggers Philosophie vgl. K. Held, *Grundstimmung und Zeitkritik bei Heidegger.*

16. *S. u. Z.*, S. 185.

17. Vgl. L. Landgrebe: *Faktizität und Individuation*, S. 114.

18. *S. u. Z.*, S. 135.

19. *S. u. Z.*, S. 140.

20. *S. u. Z.*, S. 129.

21. *W. i. Ph.*, S. 22-23.

22. *Wegmarken*, S. 196.

23. *Krisis*, S. 462.

24. *W. i. Ph.*, S. 22.

25. Ich übernehme hier die Fragen, die W. Marx in seiner Auseinandersetzung mit Heidegger gestellt hat und die meiner Meinung nach für das menschliche Denken und Handeln eine hohe Bedeutung haben. Vgl. W. Marx, *Heidegger und die Tradition*, S. 243-247; *Das Denken und seine Sache*, S. 37-41; *Vernunft und Welt*, S. 95-97.

Literaturverzeichnis

Husserls Schriften:

Philosophie als Strenge Wissenschaft, neu hrsg. von W. Szilasi, Frankfurt a.M. 1965.

Cartesianische Meditationen und Pariser Vorträge, Husserliana Bd. I, hrsg. von S. Strasser, 2. Auflage, Den Haag 1973.

Die Idee der Phänomenologie. Fünf Vorlesungen, Husserliana Bd. II, hrsg. von W. Biemel, Den Haag 1950

Ideen zu einer reinen Phänomenologie und phänomenologischen Philosophie. Erstes Buch. Allgemeine Einführung in die reine Phänomenologie, Husserliana Bd. III,1, hrsg. von K. Schuhmann, Den Haag 1976.

Ideen zu einer reinen Phänomenologie und phänomenologischen Philosophie. Zweites Buch. Phänomenologische Untersuchungen zur Konstitution, Husserliana Bd. IV, hrsg. von M. Biemel, Den Haag 1952.

Ideen zu einer reinen Phänomenologie und phänomenologischen Philosophie. Drittes Buch. Die Phänomenologie und die Fundamente der Wissenschaften, Husserliana Bd. V, hrsg. von M. Biemel, Den Haag 1952.

Die Krisis der europäischen Wissenschaften und die transzendentale Phänomenologie, Husserliana Bd. VI, hrsg. von W. Biemel, 2. Auflage, Den Haag 1976.

Erste Philosophie (1923-1924). Erster Teil. Kritische Ideengeschichte, Husserliana Bd. VII, hrsg. von R. Boehm, Den Haag 1956.

Erste Philosophie (1923-1924). Zweiter Teil. Theorie der phänomenologischen Reduktion, Husserliana Bd. VIII, hrsg. von R. Boehm, Den Haag 1959.

Phänomenologische Psychologie. Vorlesungen Sommersemester 1925, Husserliana Bd. IX, hrsg. von W. Biemel, Den Haag 1962.

Zur Phänomenologie des inneren Zeitbewußtseins (1893-1917), Husserliana Bd. X, hrsg. von R. Boehm, Den Haag 1966.

Ding und Raum. Vorlesungen 1907, Husserliana Bd. XVI, hrsg. von U. Claesges, Den Haag 1973.

Formale und transzendentale Logik. Versuch einer Kritik der logischen Vernunft, Husserliana Bd. XVII, hrsg. von P. Janssen, Den Haag 1974.

Aufsätze und Vorträge (1922-1937), Husserliana Bd. XXVII, hrsg. von T. Nenon und H.R. Sepp, Dordrecht/Boston/London 1989.

Erfahrung und Urteil. Untersuchungen zur Genealogie der Logik, redigiert und hrsg. von L. Landgrebe, 6. Auflage, Hamburg 1985.

Heideggers Schriften:

Sein und Zeit, 16. Auflage, Tübingen 1986.

Holzwege, Gesamtausgabe Bd. 5, hrsg. von F.-W. von Herrmann, Frankfurt a.M. 1977.

Wegmarken, Gesamtausgabe Bd. 9, hrsg. von F.-W. von Herrmann, Frankfurt a.M. 1976.

Prolegomena zur Geschichte des Zeitbegriffs, Gesamtausgabe Bd. 20, hrsg. von P. Jaeger, 2. Auflage, Frankfurt a.M. 1988.

Logik. Die Frage nach der Wahrheit, Gesamtausgabe Bd. 21, hrsg. von W. Biemel, Frankfurt a.M. 1976.

Grundprobleme der Phänomenologie, Gesamtausgabe Bd. 24, hrsg. von F.-W. von Herrmann, 2. Auflage, Frankfurt a.M. 1989.

Phänomenologische Interpretation von Kants 'Kritik der reinen Vernunft', Gesamtausgabe Bd. 25, hrsg. von I. Görland, Frankfurt a.M. 1977.

Metaphysische Anfangsgründe der Logik im Ausgang von Leibniz, Gesamtausgabe Bd. 26, hrsg. von K. Held, 2. Auflage, Frankfurt a.M. 1990.

Grundbegriffe der Metaphysik. Welt-Endlichkeit-Einsamkeit, Gesamtausgabe Bd. 29/30, hrsg. von F.-W. von Herrmann, Frankfurt a.M. 1983.

Vom Wesen der menschlichen Freiheit. Einleitung in die Philosophie, Gesamtausgabe Bd. 31, hrsg. von H. Tietjen, Frankfurt a.M. 1982.

Schelling: Vom Wesen der menschlichen Freiheit (1809), Gesamtausgabe Bd. 42, hrsg. von I. Schüßler, Frankfurt a.M. 1988.

Grundfragen der Philosophie. Ausgewählte 'Probleme' der 'Logik', Gesamtausgabe Bd. 45, hrsg. von F.-W. von Herrmann, Frankfurt a.M. 1984.

1. Nietzsches Metaphysik. 2. Einleitung in die Philosophie. Denken und Dichten, Gesamtausgabe Bd. 50, hrsg. von P. Jaeger, Frankfurt a.M. 1990.

Beiträge zur Philosophie. (Vom Ereignis), Gesamtausgabe Bd. 65, hrsg. von F.-W. von Herrmann, Frankfurt a.M. 1989.

Kant und das Problem der Metaphysik, 4. Auflage, Frankfurt a.M. 1973.

Einführung in die Metaphysik, 5. Auflage, Tübingen 1987.

Die Frage nach dem Ding, 2. Auflage, Tübingen 1975.

Nietzsche. Bd. I/ Bd. II, Pfullingen 1961.

Was heißt Denken?, 4. Auflage, Tübingen 1984.

Der Satz vom Grund, 6. Auflage, Pfullingen 1986.

Vorträge und Aufsätze, 5. Auflage, Pfullingen 1985.

Die Technik und die Kehre, Pfullingen 1962.

Was ist das - die Philosophie?, 7. Auflage, Pfullingen 1981.

Identität und Differenz, Pfullingen 1957.

Gelassenheit, 2. Auflage, Pfullingen 1960.

Zur Sache des Denkens, Tübingen 1969.

Unterwegs zur Sprache, 8. Auflage, Pfullingen 1986.

Grundsätze des Denkens, in: Jahrbuch für Psychologie und Psychotherapie, 6(1959) S. 33-41.

Vorwort. Brief an P. William J. Richardson, in: Philosophisches Jahrbuch, 72(1964/65) S. 397-402.

Martin Heidegger im Gespräch, hrsg. von R. Wisser, Freiburg/München 1970, S. 67-77.

Die Herkunft der Kunst und die Bestimmung des Denkens. In: Distanz und Nähe. Reflexionen und Analysen zur Kunst der Gegenwart, hrsg. von P. Jaeger und R. Lüthe, Würzburg 1983, S. 11-22.

Neuzeitliche Naturwissenschaft und moderne Technik. Grußwort an die Teilnehmer des zehnten (Heidegger) Kolloquium vom 14.-16. Mai 1976 in Chicago, in: Research in Phenomenology 7(1977) S. 1-2.

Die Bedrohung der Wissenschaft, in: Zur philosophischen Aktualität Heideggers, hrsg. von D. Papenfuss und O. Pöggeler, Bd. 1, Philosophie und Politik, Frankfurt a.M. 1991, S. 5-27.

Weitere Schriften:

Aguirre, A.: Genetische Phänomenologie und Reduktion. Zur Letztbegründung der Wissenschaft aus der radikalen Skepsis im Denken E. Husserls, Den Haag 1970.

Ders.: Die Phänomenologie Husserls im Licht ihrer gegenwärtigen Interpretation und Kritik, Darmstadt 1982.

Ders.: Transzendentalphänomenologischer Rationalismus, in: U. Claesges und K. Held (Hrsg.), s.u., S. 102-128.

Ders.: Die Idee und die Grenzenlosigkeit der Erfahrung. Kant und Husserl, in: B. Niemeyer und D. Schütze (Hrsg.), s.u., S. 101-129.

Ahlers, R.: Technologie und Wissenschaft bei Heidegger und Marcuse, in: Zeitschrift für philosophische Forschung 25(1971) S. 575-590.

Bast, R.A.: Der Wissenschaftsbegriff Martin Heideggers im Zusammenhang seiner Philosophie, Stuttgart 1986.

Bernet, R.: Endlichkeit und Unendlichkeit in Husserls Phänomenologie der Wahrnehmung, in: Tijdschrift voor Filosofie 40(1978) S. 251-269.

Ders.: Die Frage nach dem Ursprung der Zeit bei Husserl und Heidegger, in: Heideggers Studies 3/4(1987/1988) S. 89-104.

Ders./ Kern, I./ Marbach, E.: Edmund Husserl. Darstellung seines Denkens, Hamburg 1989.

Biemel, W.: Husserls Encyclopaedia-Britannica Artikel und Heideggers Anmerkungen dazu, in: Tijdschrift voor Filosofie 12(1950) S. 246-280.

Ders.: Die entscheidenden Phasen der Entfaltung von Husserls Philosophie, in: Zeitschrift für philosophische Forschung 13(1959) S. 187-213.

Ders.: Reflexionen zur Lebenswelt-Thematik, in: ders. (Hrsg.), Phänomenologie Heute. Festschrift für Ludwig Landgrebe, Den Haag 1972, S. 49-77.

Ders./ von Herrmann, F.-W. (Hrsg.): Kunst und Technik. Gedächtnisschrift zum 100. Geburtstag von Martin Heidegger, Frankfurt a.M. 1989.

Blumenberg, H.: Lebenswelt und Technisierung unter Aspekten der Phänomenologie, in: ders., Wirklichkeiten in denen wir leben, Stuttgart 1986, S. 7-54.

Brand, G.: Welt, Ich und Zeit. Nach unveröffentlichten Manuskripten E. Husserls, Den Haag 1955.

Ders.: Die Lebenswelt. Eine Philosophie des konkreten Apriori, Berlin 1971.

Bretschneider, W.: Sein und Wahrheit. Über die Zusammengehörigkeit von Sein und Wahrheit im Denken Martin Heideggers, Meisenheim am Glan 1965.

Claesges, U.: Intentionalität und Transzendenz. Zur Konstitution der materiellen Natur, in: Analecta Husserliana 1(1971) S. 91-99.

Ders.: Zweideutigkeiten in Husserls Lebenswelt-Begriff, in: ders./ K. Held (Hrsg.), s.u., S. 85-101.

Ders./ K. Held (Hrsg.): Perspektiven transzendentalphänomenologischer Forschung, Den Haag 1972.

Fink, E.: Studien zur Phänomenologie. 1930-1939, Den Haag 1966.

Ders.: Nähe und Distanz. Phänomenologische Vorträge und Aufsätze, hrsg. von F.-A. Schwarz, Freiburg/München 1976.

Ders.: Welt und Endlichkeit, hrsg. von F.-A. Schwarz, Würzburg 1990.

Funke, G.: Phänomenologie - Metaphysik oder Methode?, 3. Auflage, Bonn 1979.

Gadamer, H.-G.: Wahrheit und Methode. Grundzüge einer philosophischen Hermeneutik, 2. Auflage, Tübingen 1965.

Ders.: Die phänomenologische Bewegung, in: Philosophische Rundschau 11(1963) S. 1-45.

Ders.: Die Wissenschaft von der Lebenswelt, in: ders., Neuere Philosophie I, gesammelte Werke Bd. 3, Tübingen 1987. S. 147-159.

Gethmann, C.F.: Verstehen und Auslegung. Das Methodenproblem in der Philosophie Martin Heideggers, Bonn 1974.

Ders.: Heideggers Konzeption des Handelns in 'Sein und Zeit', in: A. Gethmann-Siefert und O. Pöggeler (Hrsg.), s.u., S. 140-176.

Ders. (Hrsg.): Lebenswelt und Wissenschaft. Studien zum Verhältnis von Phänomenologie und Wissenschaftstheorie. Bonn 1991.

Ders.: Phänomenologie, Lebensphilosophie und konstruktive Wissenschaftstheorie. Eine historische Skizze zur Vorgeschichte der Erlanger Schule, in: ders. (Hrsg.), s.o., S. 28-77.

Ders.: Der existenziale Begriff der Wissenschaft. Zu 'Sein und Zeit', §69 b, in: ders. (Hrsg.), s.o., S. 181-208.

Gethmann-Siefert, A./ Pöggeler, O. (Hrsg.): Heidegger und die praktische Philosophie, Frankfurt a.M. 1988.

Gründer, K.: M. Heideggers Wissenschaftskritik in ihren geschichtlichen Zusammenhängen, in: Archiv für die Philosophie 11(1961), S. 312-335.

Habermas, J.: Technik und Wissenschaft als 'Ideologie', Frankfurt a.M. 1969.

Ders.: Der philosophische Diskurs der Moderne, Frankfurt a.M. 1988.

Heinz, M.: Zeitlichkeit und Temporalität. Die Konstitution der Existenz und die Grundlegung einer temporalen Ontologie im Frühwerk Martin Heideggers, Würzburg 1982.

Held, K.: Lebendige Gegenwart. Die Frage nach der Seinsweise des transzendentalen Ich bei Edmund Husserl, entwickelt am Leitfaden der Zeitproblematik, Den Haag 1966.

Ders.: Heraklit, Parmenides und der Anfang von Philosophie und Wissenschaft. Eine phänomenologische Besinnung, Berlin/New York 1980.

Ders.: Husserls Rückgang auf das phainómenon und die geschichtliche Stellung der Phänomenologie, in: Phänomenologische Forschungen 10(1980) S. 89-145.

Ders.: Heideggers These vom Ende der Philosophie, in: Zeitschrift für philosophische Forschung 35(1980) S. 535-560.

Ders. (Hrsg.): Edmund Husserl. Die phänomenologische Methode. Ausgewählte Texte I, Stuttgart 1985, Einleitung des Herausgebers, S. 5-51.

Ders. (Hrsg.): Edmund Husserl. Phänomenologie der Lebenswelt. Ausgewählte Texte II, Stuttgart 1986, Einleitung des Herausgebers, S. 5-53.

Ders.: Heidegger und das Prinzip der Phänomenologie, in: A. Gethmann-Siefert und O. Pöggeler (Hrsg.) s.o., S. 111-139.

Ders.: Husserls phänomenologische Gegenwartsdiagnose im Vergleich mit Heidegger, in: G. Funke (Hrsg.); Husserl Symposium 27.6.-4.7.1988, Mainz 1989, S. 33-50.

Ders.: Husserls These von der Europäisierung der Menschheit, in: C. Jamme und O. Pöggeler (Hrsg.), Phänomenologie im Widerstreit. Zum 50. Todestag Edmund Husserls, Frankfurt a.M. 1989, S. 13-39.

Ders.: Husserl und die Griechen, in: Phänomenologische Forschungen 22(1989) S. 137-176.

Ders.: Heimwelt, Fremdwelt und die eine Welt, in: Phänomenologische Forschungen 24/25(1991) S. 305-337.

Ders.: Husserls neue Einführung in die Philosophie: Der Begriff der Lebenswelt, in: C.F. Gethmann (Hrsg.), s.o., S. 79-113.

Ders.: Grundstimmung und Zeitkritik bei Heidegger, in: D. Papenfuss und O. Pöggeler (Hrsg.), Bd. 1, s.u., S. 31-56.

Ders.: Die Endlichkeit der Welt. Phänomenologie im Übergang von Husserl zu Heidegger, in: B. Niemeyer und D. Schütze (Hrsg.), s.u., S. 130-147.

Henrich, D.: Über die Grundlagen von Husserls Kritik der philosophischen Tradition, in: Philosophische Rundschau 6(1958) S. 1-26.

Von Herrmann, F.-W.: Die Selbstinterpretation Martin Heideggers, Meisenheim am Glan 1964.

Ders.: Subjekt und Dasein. Interpretationen zu 'Sein und Zeit', Frankfurt a.M. 1974.

Ders.: Der Begriff der Phänomenologie bei Husserl und Heidegger, 2. Auflage, Frankfurt a.M. 1988.

Ders.: Weg und Methode. Zur hermeneutischen Phänomenologie des seinsgeschichtlichen Denkens, Frankfurt a.M. 1990.

Ders.: Die Frage nach dem Sein als hermeneutische Phänomenologie, in: E. Spaude (Hrsg.), Große Themen Martin Heideggers, Freiburg i.B. 1990, S. 11-30.

Ders.: Von 'Sein und Zeit' zum 'Ereignis', in: H.-H. Gander (Hrsg.), Von Heidegger her. Wirkungen in Philosophie - Kunst - Medizin, Frankfurt a.M. 1991, S. 29-

49.

Ders.: Technik, Politik und Kunst in den 'Beiträgen zur Philosophie', in: J.M. Fehér (Hrsg.), Wege und Irrwege des neueren Umgangs mit Heideggers Werk, Berlin 1991, S. 29-41.

Hohl, H.: Geschichte und Geschichtlichkeit. Ein Beitrag zur Spätphilosophie E. Husserls, in: Philosophisches Jahrbuch 69(1961/62) S. 101-124.

Hüni, H.: Rekonstruktion des Fragens. Ein systematischer Versuch zum Ansatz von Heideggers Frage nach dem Sinn von Sein, Dissertation Köln 1973.

Ders.: Phänomenologie des Gewissens im Zusammenhang von 'Sein und Zeit', in: Perspektiven der Philosophie 11(1985) S. 31-46.

Janke, W.: Existenzphilosophie, Berlin/New York 1982.

Janssen, P.: Geschichte und Lebenswelt. Ein Beitrag zur Diskussion von Husserls Spätwerk, Den Haag 1970.

Ders.: Ontologie, Wissenschaftstheorie und Geschichte im Spätwerk Husserls, in: U. Claesges und K. Held (Hrsg.), s.o., S. 145-163.

Kamlah, W.: Heidegger und die Technik. Ein offener Brief, in: Deutsche Universitätszeitung, Heft 11, 2. Juni 1954, S. 10-13.

Kant, I.: Kritik der reinen Vernunft, Hamburg 1976.

Kern, I.: Die drei Wege zur transzendental-phänomenologischen Reduktion in der Philosophie Edmund Husserls, in: Tijdschrift voor Filosofie 24(1962) S. 303-349.

Landgrebe, L.: Der Weg der Phänomenologie. Das Problem einer ursprünglichen Erfahrung, Gütersloh, 3. Auflage 1969.

Ders.: Phänomenologie und Geschichte, Gütersloh 1968.

Ders.: Die Bedeutung der Phänomenologie Husserls für die Selbstbesinnung der Gegenwart, in: H.L. van Breda und J. Taminiaux (Hrsg.), Husserl und das Denken der Neuzeit, Den Haag 1959, S. 216-223.

Ders.: Die Phänomenologie als transzendentale Theorie der Geschichte, in: Phänomenologische Forschungen 3(1976) S. 17-47.

Ders.: Lebenswelt und Geschichtlichkeit des menschlichen Daseins, in: B. Waldenfels /M. Broekman/ A. Pazanin, Phänomenologie und Marxismus, Bd. 2 Praktische Philosophie, Frankfurt a.M. 1977, S. 13-58.

Ders. Faktizität und Individuation. Studien zu den Grundfragen der Phänomenologie, Hamburg 1982.

Löwith, K.: Heidegger. Denker in dürftiger Zeit, 2. Auflage, Göttingen 1960.

Lübbe, H.: Husserl und die europäische Krise, in: Kant-Studien 49(1957/58) S. 225-237.

Marx, W.: Heidegger und die Tradition. Eine problemgeschichtliche Einführung in die Grundbestimmungen des Seins, Stuttgart 1961.

Ders.: Vernunft und Welt. Zwischen Tradition und anderem Anfang, Den Haag 1970.

Ders.: Das Denken und seine Sache, in: Ders. (Hrsg.), Heidegger. Freiburger Universitätsvorträge zu seinem Gedenken, Freiburg/München 1977, S. 11-41.

Ders.: Die Phänomenologie Edmund Husserls. Eine Einführung, München 1987.

Merker, B.: Selbsttäuschung und Selbsterkenntnis. Zu Heideggers Transformation der Phänomenologie Husserls, Frankfurt a.M. 1988.

Müller, M.: Existenzphilosophie. Von der Metaphysik zur Metahistorik, 4. Auflage, hrsg. von A. Madler, Freiburg/München 1986.

Niemeyer, B. / Schütze D. (Hrsg.): Philosophie der Endlichkeit. Festschrift für E.C. Schröder zum 65. Geburtstag, Würzburg 1992.

Nietzsche, F.: Der Wille zur Macht, Stuttgart 1980.

Papenfuss, D./ Pöggeler O. (Hrsg): Zur philosophischen Aktualität Heideggers. Symposium der Alexander von Humboldt-Stiftung vom 24.-28. April 1989, Bd. 1, Philosophie und Politik, Frankfurt a.M. 1991.

Papenfuss, D./ Pöggeler O. (Hrsg): Zur philosophischen Aktualität Heideggers. Symposium der Alexander von Humboldt-Stiftung vom 24.-28. April 1989, Bd. 2, Im Gespräch der Zeit, Frankfurt a.M. 1990.

Pöggeler, O.: Der Denkweg Martin Heideggers, 2. Auflage, Pfullingen 1983.

Ders. (Hrsg.): Heidegger. Perspektiven zur Deutung seines Werks, 2. Auflage, Köln/Berlin, 1970.

Ders.: Heidegger und die hermeneutische Philosophie, Freiburg/München, 1983.

Ders.: Heideggers Neubestimmung des Phänomensbegriffs, in: Phänomenologische Forschungen 9(1980) S. 124-162.

Pugliese, O.: Vermittlung und Kehre. Grundzüge des Geschichtsdenkens bei Martin Heidegger, Freiburg/München 1965.

Prauss, G.: Erkennen und Handeln in Heideggers 'Sein und Zeit', Freiburg/München 1977.

Rang, B.: Kausalität und Motivation. Untersuchungen zum Verhältnis von Perspektivität und Objektivität in der Phänomenologie Edmund Husserls, Den Haag 1973.

Ders.: Husserls Phänomenologie der materiellen Natur, Frankfurt a.M. 1990.

Ders.: Die bodenlose Wissenschaft. Husserls Kritik von Objektivismus und Technizismus in Mathematik und Naturwissenschaft, in: Phänomenologische Forschungen

22(1989) S. 88-136.

Rosales, A.: Heideggers Kehre im Lichte ihrer Interpretationen, in: D. Papenfuss und O. Pöggerler (Hrsg.), s.o., Bd. 1, S. 118-140.

Richardson, W.J.: Heideggers Weg durch die Phänomenologie zum Seinsdenken, in: Philosophisches Jahrbuch 72(1964/65) S. 385-396.

Seubold, G.: Heideggers Analyse der neuzeitlichen Technik, Freiburg/München 1986.

Sinn, D.: Heideggers Spätphilosophie, in: Philosophische Rundschau 14(1967) S. 81-182.

Strasser, S.: Der Begriff Welt in der phänomenologischen Philosophie, in: Phänomenologische Forschungen 3(1976) S. 151-179.

Ströker, E. (Hrsg.): Lebenswelt und Wissenschaft in der Philosophie Edmund Husserls, Frankfurt a.M. 1979.

Dies./ Janssen, P.: Phänomenologische Philosophie, Freiburg/München 1989.

Theunissen, M.: Intentionaler Gegenstand und ontologische Differenz. Ansätze zur Fragestellung Heideggers in der Phänomenologie Husserls, in: Philosophisches Jahrbuch 70(1962/63) S. 344-362.

Tugendhat, E.: Der Wahrheitsbegriff bei Husserl und Heidegger, Berlin 1970.

Ulmer, K.: die Wandlung des naturwissenschaftlichen Denkens zu Beginn der Neuzeit bei Galilei, in: Symposion 2(1949) S. 293-349.

Uscatescu Barrón, J.: Die Grundartikulation des Seins. Eine Untersuchung auf dem Boden der Fundamentalontologie Martin Heideggers, Würzburg 1992.

Von Weizäcker, C.F.: Heidegger und die Naturwissenschaft, in: W. Marx (Hrsg.), s.o., S. 63-86.

Welter, R.: Der Begriff der Lebenswelt. Theorien vortheoretischer Erfahrungswelt, München 1986.

Wiplinger, F.: Wahrheit und Geschichtlichkeit. Eine Untersuchung über die Frage nach dem Wesen der Wahrheit im Denken Martin Heideggers, Freiburg/München 1961.

Wisser, R.: Humanismus und Wissenschaft in der Sicht Martin Heideggers, in: D. Stolte/ Ders. (Hrsg.), Integritas. Geistige Wandlung und menschliche Wirklichkeit, Tübingen 1966, S. 141-159.

www.ingramcontent.com/pod-product-compliance
Lightning Source LLC
LaVergne TN
LVHW102226300926
849160LV00005B/44